RECUEIL D'EXERCICES

SUR LA

MÉCANIQUE RATIONNELLE.

PARIS. — IMPRIMERIE GAUTHIER-VILLARS ET FILS,
Quai des Grands-Augustins, 55.

RECUEIL D'EXERCICES

SUR LA

MÉCANIQUE RATIONNELLE,

A L'USAGE DES CANDIDATS

A LA LICENCE ET A L'AGRÉGATION DES SCIENCES MATHÉMATIQUES;

PAR

A. DE SAINT-GERMAIN,

Professeur de Mécanique à la Faculté des Sciences de Caen.

DEUXIÈME ÉDITION, ENTIÈREMENT REFONDUE.

PARIS,

GAUTHIER-VILLARS ET FILS, IMPRIMEURS-LIBRAIRES

DE L'ÉCOLE POLYTECHNIQUE, DU BUREAU DES LONGITUDES,

Quai des Grands-Augustins, 55.

1889

PRÉFACE.

L'accueil favorable qui a été fait à la première édition de cet Ouvrage m'a permis de croire que le plan en était bon et je l'ai conservé dans l'édition nouvelle; mais j'ai apporté tous mes soins à revoir mon travail, à faire disparaître les incorrections de détails qui s'y étaient glissées; en bien des endroits, j'ai amélioré la rédaction primitive et j'ai fait de nombreuses additions qui devront être utiles aux aspirants à la Licence et à l'Agrégation. C'est à eux que ce Livre s'adresse spécialement. J'ai voulu leur présenter des exemples des divers genres de problèmes qu'ils pourront avoir à résoudre, sans fatiguer leur attention par l'inutile répétition d'exercices trop semblables les uns aux autres; je n'ai point multiplié les questions dont la solution est intuitive; mais, d'autre part, j'ai évité celles que leur difficulté ou leur étendue empêcherait de considérer comme de véritables exercices ou de proposer comme sujets de composition.

J'essaye d'arriver à la solution de chaque problème par la voie la plus naturelle et la plus facile, puis, une fois cette solution trouvée, de l'étudier aussi complètement que possible : il ne suffit pas d'avoir obtenu l'équation d'un mouvement ou d'une courbe : il faut mettre en lumière la nature du mouvement, la forme de la courbe et discuter les divers cas qui peuvent se présenter. J'ai presque exclusivement traité des problèmes pour lesquels cette étude était possible; mais j'ai montré, par maints exemples, qu'il n'est pas pour cela nécessaire, ni même toujours désirable, d'arriver à des formules définitives au point de vue analytique : une équation différentielle peut indiquer, parfois plus clairement que son intégrale, la loi d'un mouvement; il peut être facile d'apercevoir la forme d'une courbe quand on a exprimé, en fonction d'un paramètre variable, les coordonnées du point qui la décrit et l'on n'a pas intérêt à en chercher l'équation explicite.

Au début de chacun des Chapitres, je rappelle brièvement les résultats théoriques qui doivent y être appliqués, afin d'en préciser le sens et la portée; par exception, je développe quelques théories qui pourraient trouver place dans le cours proprement dit, lorsqu'on peut les regarder comme accessoires ou que je désire, à titre d'exercice, les exposer d'une façon particulière; je citerai l'étude des forces qui ne changent pas quand on déplace leur point d'application, les propriétés fondamentales du potentiel, de l'accélération centrale, les accélérations d'ordre supérieur, la théorie géométrique des brachistochrones, l'étude de l'herpolhodie. D'un autre côté, j'ai supprimé quelques développements sur les mouvements relatifs, sur les équations d'Euler, de Lagrange, d'Hamilton et d'autres questions complètement entrées dans l'enseignement depuis la publication de ma première édition.

J'ai conservé, en modifiant parfois leur solution, presque tous les problèmes que j'ai d'abord développés : parmi ceux que j'ai ajoutés, on trouvera quelques applications géométriques de la Statique et de la composition des vitesses, la généralisation, d'après Abel, du problème des tautochrones, un problème sur les forces centrales de Jacobi, une application des équations de Lagrange au gyroscope, les questions proposées à l'Agrégation depuis une dizaine d'années, etc. Mais ce qui a donné le plus d'extension au Volume primitif, c'est l'introduction de nombreux exercices dont plusieurs ont été proposés aux examens de Licence et dont la plupart sont accompagnés d'indications propres à guider le lecteur ou à lui permettre de contrôler les résultats qu'il aura trouvés.

On peut se demander s'il convient de commencer le Cours de Mécanique par la Cinématique ou par la Statique; quant à leurs applications, elles sont si complètement indépendantes les unes des autres que l'ordre dans lequel on les présente est indifférent. J'ai, comme en 1876, commencé par la Statique, puis viennent les problèmes, plus spécialement géométriques, de la Cinématique, dans laquelle on s'occupe de mouvements donnés *a priori;* mais, pour le mouvement d'un solide invariable, j'ai dû me borner aux propriétés les plus simples, afin de ne pas introduire un Chapitre bien intéressant, mais singulièrement étendu, de la Géométrie cinématique. La Dynamique tient naturellement la place principale; quant à la Mécanique des fluides, on lui emprunte si rarement des sujets de composition dans nos concours, que je l'ai laissée de côté.

Si j'ai apporté tous mes soins à bien exposer les points délicats, j'ai cru pouvoir me permettre des abréviations dans les parties les plus faciles et dans l'énoncé des problèmes proposés aux examens; il s'agit ici d'un Livre d'exercices et il faut laisser quelque chose à faire au lecteur, même des figures quand elles n'offrent pas de difficultés.

Un grand nombre de questions traitées dans ce Livre sont tirées des Recueils de Walton, du P. Jullien, du Dr Fuhrmann et des compositions données à la Licence ou à l'Agrégation; j'ai aussi été très heureux de pouvoir beaucoup emprunter aux écrits de maîtres éminents parmi lesquels je me fais un devoir de citer MM. Darboux, Resal, Gilbert. J'ai indiqué les sources où je puisais, sans entrer dans des détails historiques qui n'ont d'intérêt réel que s'ils sont complets. C'est d'abord avec les méthodes de la Mécanique que mes lecteurs doivent se familiariser; ces méthodes sont d'ailleurs loin de présenter les difficultés que leur attribuent trop souvent les débutants; elles se ramènent à un très petit nombre de principes généraux et les problèmes de Mécanique sont peut-être ceux qu'on peut aborder avec le moins d'hésitation.

A. S.-G.

TABLE DES MATIÈRES.

DYNAMIQUE.

FIN DE LA TABLE DES MATIÈRES.

RECUEIL D'EXERCICES

SUR LA

MÉCANIQUE RATIONNELLE.

STATIQUE.

ÉQUILIBRE D'UN POINT MATÉRIEL.

Cas où le point est libre.

1. Tout système de forces agissant sur un point matériel peut être remplacé par une résultante, dont la projection sur un axe quelconque est égale à la somme des projections des forces données. Si le point est entièrement libre, il y aura équilibre quand la résultante sera nulle; et pour cela il faut et il suffit que les projections des forces données, faites sur trois axes parallèlement aux trois faces d'un trièdre, aient une somme nulle. Si toutes les forces agissent dans un même plan, il suffit d'égaler à zéro la somme de leurs projections sur deux axes pris dans ce plan.

Quand trois forces concourantes P, Q, R se font équilibre, elles peuvent être représentées en grandeur et en direction par les côtés d'un triangle (principe de Stévin) : chacune est égale et opposée à la résultante des deux autres;

elles sont alors liées par les relations de la Trigonométrie, convenablement modifiées,

$$\frac{P}{\sin(Q, R)} = \frac{Q}{\sin(R, P)} = \frac{R}{\sin(P, Q)},$$
$$P^2 = Q^2 + R^2 + 2QR\cos(Q, R)\ldots.$$

Souvent le point considéré est attaché à un fil dont l'extrémité est sollicitée par une force connue, ou fixée en un point invariable. Dans le premier cas, le fil se dirige suivant la force qui le sollicite, et sa tension est égale à cette force si l'on regarde le fil comme de masse négligeable; dans l'autre cas, la tension est inconnue *a priori;* mais, en exprimant que l'extrémité est fixe, on a une condition qui, jointe aux autres conditions de l'équilibre, permettra de déterminer la tension du fil et la position du point matériel. Quand un fil sans masse, en équilibre ou non, passe sur une très petite poulie ou dans un anneau parfaitement poli, les deux brins du fil ont la même tension : autrement le fil se mouvrait du côté où il est le plus tendu avec une vitesse infinie, ce qu'on ne peut admettre.

2. *Résultante des attractions exercées sur un point* M *par des points fixes avec des intensités proportionnelles à la distance; position d'équilibre.*

Soient x, y, z les coordonnées rectangulaires de M; x_1, y_1, z_1; x_2, y_2, z_2, ... celles des points fixes; r_1, r_2, ... les distances de ces points à M. L'intensité de la force exercée par le premier de ces points fixes a pour expression $\lambda_1 r_1$; et, comme elle est dirigée suivant la droite dont les cosinus directeurs sont $\frac{x_1 - x}{r_1}$, ..., ses projections sur les axes sont $\lambda_1(x_1 - x)$, $\lambda_1(y_1 - y)$, $\lambda_1(z_1 - z)$. On a des résultats analogues pour les autres points, et les composantes de l'attraction totale sont

$$X = \lambda_1(x_1 - x) + \lambda_2(x_2 - x) + \dots,$$
$$Y = \lambda_1(y_1 - y) + \lambda_2(y_2 - y) + \dots,$$
$$Z = \lambda_1(z_1 - z) + \lambda_2(z_2 - z) + \dots.$$

M serait en équilibre si l'on avait

$$x = \frac{\lambda_1 x_1 + \lambda_2 x_2 + \dots}{\lambda_1 + \lambda_2 + \dots}, \quad y = \frac{\lambda_1 y_1 + \lambda_2 y_2 + \dots}{\lambda_1 + \lambda z_2 + \dots}, \quad z = \frac{\lambda_1 z_1 + \dots}{\lambda_1 + \lambda_2 + \dots}.$$

Si $\lambda_1, \lambda_2, \dots$ sont proportionnels aux masses des points attirants, on en conclut que la position d'équilibre est au centre de gravité du système de ces points : en tout autre lieu, le mobile est attiré vers ce centre comme si toutes les masses attirantes y étaient réunies.

3. *Position d'équilibre d'un point* M, *attiré vers les trois sommets d'un triangle par des forces constantes, mais qui sont entre elles dans le même rapport que les côtés opposés aux sommets dont elles émanent respectivement.*

On peut désigner les trois forces (*fig.* 1) par $P = \lambda a$

Fig. 1.

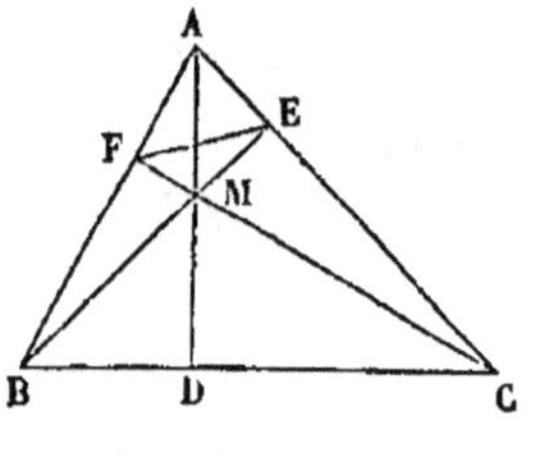

suivant MA, $Q = \lambda b$ suivant MB, $R = \lambda c$ suivant MC. La relation

$$P^2 = Q^2 + R^2 + 2QR\cos(Q, R)$$

donne, en divisant tout par λ^2,

$$a^2 = b^2 + c^2 + 2bc\cos(P, Q).$$

Comparant avec la relation qui lie a, b, c et A, on en conclut

$$(Q, R) = EMF = \pi - A.$$

De même $FMD = \pi - B$, $DME = \pi - C$. Le point M est à l'intersection des segments capables des angles $\pi - B$, $\pi - C$ décrits respectivement sur AC et AB. Soit A le plus grand des angles du triangle ; s'il est aigu, les deux segments se coupent à l'intérieur du triangle, car leurs tangentes en A, faisant respectivement avec AC et AB les angles B et C dont la somme est $>$ A, les segments empiètent l'un sur l'autre. Il est aisé de voir qu'alors M est le point de concours des hauteurs de ABC ; car les quadrilatères inscriptibles AEMF, FMDB donnent

$$AFM + AEM = \pi, \quad AMF = AEF = ABC.$$

La dernière égalité prouve que le quadrilatère BCEF est inscriptible ; les angles AEM, AFM sont donc égaux ; nous venons de voir qu'ils sont supplémentaires : ils sont donc droits, et BE, CF sont deux hauteurs de ABC.

Lorsque A est obtus, les deux segments capables n'ont d'autre point commun que le sommet A ; or le point attiré ne saurait y être en équilibre, même en supposant à la force P telle direction qu'on voudra ; car les forces Q et R, dirigées suivant AB et AC, peuvent se représenter respectivement par des droites $AC' = \lambda AC$, $AB' = \lambda AB$: si l'on construit leur parallélogramme, la diagonale partant de A ne sera pas égale à $B'C'$, c'est-à-dire à λBC ou P ; les trois forces ne se détruiront pas, et il n'y aura aucune position d'équilibre. Le point de concours des hauteurs de ABC serait une position d'équilibre si la force émanant du sommet A était répulsive.

4. *Position d'équilibre d'un poids* C *attiré vers deux*

points pareils A, B, *situés sur une horizontale, par des forces variant en raison inverse de la distance.*

Soient a, b, c les côtés de ABC ; P le poids du mobile C; les attractions qu'il reçoit de A et de B peuvent se représenter par $\frac{\lambda P}{b}$, $\frac{\lambda P}{a}$, λ étant la distance pour laquelle l'attraction serait égale au poids. Égalons à zéro la somme des projections horizontales et verticales des forces agissant sur C :

$$\frac{\lambda P}{b}\cos A - \frac{\lambda P}{a}\cos B = 0, \quad \frac{\lambda P}{b}\sin A + \frac{\lambda P}{a}\sin B - P = 0.$$

Remplaçons a et b par $c\frac{\sin A}{\sin C}$, $c\frac{\sin B}{\sin C}$, et réduisons :

$$\sin 2A = \sin 2B, \quad \lambda\left(\frac{\sin A}{\sin B} + \frac{\sin B}{\sin A}\right) = \frac{c}{\sin C}.$$

Il y a deux solutions :

1° $$A = B, \quad \sin C = \frac{c}{2\lambda}.$$

Cette solution n'est acceptable que si $c < 2\lambda$; ABC est isoscèle, C étant susceptible de deux valeurs supplémentaires.

2° $$\left\{\begin{array}{l} A = \frac{\pi}{2} - B, \quad \sin C = 1, \\ c = \lambda(\operatorname{tang} A + \cot A) = \frac{2\lambda}{\sin 2A}, \quad \sin 2A = \frac{2\lambda}{c}. \end{array}\right.$$

Il faut que c soit $> 2\lambda$; à cette solution correspondent deux triangles rectangles symétriques par rapport à la verticale issue du milieu de AB.

Il y a toujours deux positions d'équilibre, et pas davantage.

Ce problème est un cas particulier du suivant :

Trouver les positions d'équilibre d'un point (x, y) *attiré vers des centres fixes* $(x_1, y_1, x_2, y_2 \ldots)$, *situés dans un plan, avec des intensités réciproques à la distance et proportionnelles aux masses des points attirants.*

Les coordonnées étant rectangulaires, m_i désignant la masse du centre x_i, y_i, les équations d'équilibre sont évidemment

$$\sum \frac{m_i(x-x_i)}{(x-x_i)^2+(y-y_i)^2}=0, \quad \sum \frac{m_i(y-y_i)}{(x-x_i)^2+(y-y_i)^2}=0.$$

Ces équations ont une interprétation remarquable : ajoutons-les, après avoir multiplié la seconde par $-\sqrt{-1}$,

$$\sum m_i \frac{x-x_i-\sqrt{-1}(y-y_i)}{(x-x_i)^2+(y-y_i)^2}=\sum \frac{m_i}{x-x_i+\sqrt{-1}(y-y_i)}=0.$$

Posons

$$z=x+y\sqrt{-1}, \quad z_i=x_i+y_i\sqrt{-1},$$

ce qui revient à définir chaque point du plan comme l'affixe de l'imaginaire z; l'équation précédente s'obtiendrait en égalant à zéro la dérivée de la fonction

$$F(z)=(z-z_1)^{m_1}(z-z_2)^{m_2}\ldots.$$

Pour en déduire notre cas particulier, nous supposerons d'abord C non pesant, mais attiré par A et B et par un point H situé sur la perpendiculaire au milieu de AB; on prendra cette droite pour axe des y, AB pour axe des x; alors $z_1=\frac{c}{2}$, $z_2=-\frac{c}{2}$, $z_3=h\sqrt{-1}$. Faisons $m_1=m_2=\lambda$, et choisissons m_3 de manière que, pour l'origine, les attractions de A et de H soient dans le rapport de $\frac{2\lambda P}{c}$ à P : on aura

$$\frac{2\lambda}{c}=\frac{2\lambda h}{cm_3}, \quad m_3=h.$$

La fonction $F(z)$ considérée précédemment sera ici

$$F(z) = \left(z^2 - \frac{1}{4}c^2\right)^\lambda (z - h\sqrt{-1})^h.$$

Égalant $F'(z)$ à zéro :

$$2\lambda z(z - h\sqrt{-1}) + h\left(z^2 - \frac{1}{4}c^2\right) = 0.$$

Remplaçons z par $x + y\sqrt{-1}$, et séparons les parties réelles et imaginaires :

$$(2\lambda + h)(x^2 - y^2) + 2\lambda hy - \frac{1}{4}hc^2 = 0, \quad (2\lambda + h)xy - \lambda hx = 0.$$

Divisant maintenant par h et faisant h infini,

$$x^2 - y^2 + 2\lambda y - \frac{1}{4}c^2 = 0, \quad xy - \lambda x = 0;$$

on en déduit les quatre positions d'équilibre trouvées géométriquement.

5. *Un fil flexible, inextensible et sans masse est fixé à l'une de ses extrémités* B : *il porte en* C *un poids* P *qui y est attaché à une distance connue* a *de* B ; *puis il passe sur une très petite poulie* A *située à la même hauteur que* B ; *enfin il porte un poids* Q *à l'autre extrémité, qui est libre. Quelle est la figure d'équilibre? Cas de* P = Q.

La tension du cordon CA est, d'après une remarque faite au commencement, égale à celle de AQ, c'est-à-dire à Q : le point C est donc en équilibre sous l'influence d'une force Q dirigée suivant CA, d'une force verticale P et d'une force inconnue T qui n'est autre que la tension du cordon CB. Chacune de ces forces est proportionnelle au sinus de l'angle des deux autres.

$$(1) \qquad \frac{Q}{\cos B} = \frac{P}{\sin C} = \frac{T}{\cos A}.$$

Soit $AB = c$; on a, dans le triangle ABC,

$$\sin C = \frac{c \sin B}{b} = c\sqrt{\frac{1-\cos^2 B}{a^2+c^2-2ac\cos B}}.$$

Égalons à la valeur $\frac{P\cos B}{Q}$ qu'on déduit de (1), et réduisons : il vient

$$(2) \quad 2acP^2\cos^3 B - (a^2P^2 + c^2P^2 + c^2Q^2)\cos^2 B + c^2Q^2 = 0.$$

Les équations (1) exigent que B soit aigu, et aussi A si l'on veut que T soit positif; cette dernière condition exige que c soit $> a\cos B$, ou $\cos B < \frac{c}{a}$. On ne peut donc prendre que les racines de l'équation (2) qui sont positives, inférieures à $\frac{c}{a}$ ainsi qu'à l'unité. Le premier membre de l'équation (2) est positif pour $\cos B = 0$, négatif et égal à $-P^2(a-c)^2$ pour $\cos B = 1$; il s'annule toujours pour une valeur de $\cos B$ comprise entre 0 et 1; quand c est $> a$, cette racine est acceptable et donne une figure d'équilibre. Lorsque c est $< a$, il faut exprimer que la racine est $< \frac{c}{a}$ ou que le premier membre de l'équation est < 0 pour $\cos B = \frac{c}{a}$; le résultat de cette substitution est

$$c^2\frac{a^2-c^2}{a^2}(Q^2-P^2);$$

les deux premiers facteurs étant positifs, il faut $Q < P$: il y a alors une figure d'équilibre ; mais, si $Q > P$, l'équilibre est impossible; le point C serait tiré jusqu'en A, et AC ne serait pas rectiligne comme on l'a supposé.

Dans le cas de $P = Q$, l'équation (2) pourrait être résolue, car elle admet la racine $\frac{c}{a}$; mais il est plus simple de remarquer que les équations (1) donnent alors

$$\sin C = \cos B, \quad \text{d'où} \quad C = \frac{\pi}{2} \pm B.$$

Le signe + suppose $c > a$; alors

$$\frac{a}{c} = \frac{\cos 2B}{\cos B}, \quad \cos B = \frac{1}{4c}\left(a + \sqrt{a^2 + 8c^2}\right).$$

Quand c est $< a$, on prend $C = \frac{\pi}{2} - B$ et ABC est rectangle en A, alors T est nul, comme l'exige la verticalité du fil AC.

Si le poids P était porté par un anneau dans lequel passerait le fil, on trouverait facilement

$$T = Q, \quad \sin A = \sin B = \frac{P}{2Q}.$$

EXERCICES.

1. Position d'équilibre d'un point non pesant attiré vers deux points fixes suivant la loi de Newton.

2. Un point attiré suivant la loi de Newton par trois masses placées en A, B, C est en équilibre au point de rencontre O des médianes du triangle ABC; déterminer le rapport des masses attirantes.

Elles sont inversement proportionnelles à $\overline{OA}^3$, $\overline{OB}^3$, $\overline{OC}^3$.

3. Montrer qu'un point placé dans le plan d'un polygone et soumis à des forces perpendiculaires aux côtés et proportionnelles à leurs longueurs est en équilibre.

4. Les extrémités A, B d'un fil sont fixées en deux points d'une horizontale; déterminer les points C et D du fil auxquels il faudrait attacher deux poids donnés pour que, dans l'état d'équilibre, ABCD fût un trapèze de hauteur h. (WALTON.)

Prendre les angles CAB, DBA pour inconnues auxiliaires.

Cas où le point doit rester sur une surface ou une courbe.

6. Quand un point sollicité par des forces F, F′, .. est assujetti à rester sur une surface ou une courbe rigide et polie, il peut être en équilibre sans que la résultante des forces soit nulle; il suffit qu'elle soit normale à la surface

ou à la courbe; autrement dit, les forces représentées par les projections de F, F′,... soit sur le plan tangent, soit sur la tangente, se font équilibre.

Soient X, Y, Z les sommes des projections de F, F′,... sur trois axes rectangulaires; pour que le mobile soit en équilibre au point x, y, z d'une surface $\varphi(x, y, z) = 0$, on doit avoir

$$(1) \qquad \frac{X}{\varphi'_x} = \frac{Y}{\varphi'_y} = \frac{Z}{\varphi'_z}.$$

Le point doit-il être en équilibre en un point d'une courbe sur laquelle les déplacements dx, dy, dz sont liés par les deux équations de la courbe, on a

$$(2) \qquad X\,dx + Y\,dy + Z\,dz = 0.$$

On peut résoudre les mêmes questions en traitant le point comme un point libre, pourvu qu'aux forces extérieures F, F′, ... on adjoigne la réaction de la courbe ou de la surface; on n'en connaît pas la grandeur *a priori*, mais on sait qu'elle est normale : elle est d'ailleurs égale et opposée à la résultante des projections de F, F′, ... soit sur la normale à la surface, soit sur le plan normal à la courbe. Quand le point doit être en équilibre sur une surface dans laquelle il ne peut pénétrer, mais dont il peut s'éloigner d'un certain côté, la résultante des forces F, F′, ..., qui est encore normale, doit être dirigée vers la partie de l'espace où le mobile ne peut pénétrer; et l'on sait (*Calcul différentiel* de M. Bertrand, p. 94) que la portion de normale tracée dans la région de l'espace pour laquelle $\varphi(x, y, z) > 0$ a pour cosinus directeurs

$$\frac{1}{V}\varphi'_x, \quad \frac{1}{V}\varphi'_y, \quad \frac{1}{V}\varphi'_z, \quad V = +\sqrt{(\varphi'_x)^2 + (\varphi'_y)^2 + (\varphi'_z)^2}.$$

Au lieu de chercher les positions d'équilibre d'un point sur une ligne ou une surface donnée, cherchons quelle doit être la nature de cette ligne ou de cette surface pour que le point y soit partout en équilibre sous l'action de forces données ; appelons, pour abréger, ces lieux *courbes* ou *surfaces de niveau*. Les équations (1) et (2) doivent être satisfaites pour tous leurs points ; mais, au lieu de définir les surfaces par les équations simultanées (1), il revient au même de les regarder comme déterminées par l'équation différentielle totale (2) ; elle peut n'être pas intégrable : alors il n'y a pas de surface de niveau pour les forces données. Quant aux courbes, cette équation (2) ne suffirait pas à les définir : il faut se donner une surface sur laquelle elles doivent se trouver. Lorsqu'il s'agit de courbes planes situées dans le plan xy, on fera $z = 0$ dans les équations qui précèdent.

7. *Un point pesant est placé sur une ellipse dont le petit axe est vertical et exerce sur ce point une action répulsive horizontale proportionnelle à la distance du point à l'axe : position d'équilibre, pression correspondante.*

Les composantes de la force qui sollicite le point sont

$$X = \lambda x, \quad Y = -p.$$

L'équation de l'ellipse $\frac{x^2}{a^2} + \frac{y^2}{b^2} = 1$ donne

$$\frac{x\,dx}{a^2} + \frac{y\,dy}{b^2} = 0.$$

La condition $X\,dx + Y\,dy = 0$ devient

$$\frac{px}{a^2} + \frac{\lambda xy}{b^2} = 0.$$

La solution $x = 0$ montre qu'il y a équilibre si le point est aux extrémités du petit axe ; la pression sur l'ellipse est le poids du corps. L'autre solution

$$y = -\frac{pb^2}{\lambda a^2}, \quad x = \pm \frac{1}{\lambda a}\sqrt{\lambda^2 a^4 - p^2 b^2}$$

donne deux positions d'équilibre si $\lambda a^2 > pb$. La pression exercée sur la courbe a pour composantes

$$X = \pm \frac{1}{a}\sqrt{\lambda^2 a^4 - p^2 b^2}, \quad Y = -p;$$

ces composantes sont de même signe que les cosinus directeurs de la normale extérieure $\frac{1}{V}\varphi'_x$, $\frac{1}{V}\varphi'_y$: le point est donc appuyé contre la partie concave de l'ellipse.

8. *Trouver dans un plan vertical une courbe de niveau pour un point pesant, repoussé de l'axe des y, qui est vertical, par une force λx.*

En tous les points de la courbe, on doit avoir

$$\lambda x\, dx - p\, dy = 0;$$

intégrant,

$$\lambda x^2 - 2p(y - y_0) = 0.$$

On a des paraboles égales, dont l'axe est l'axe des y; la pression est dirigée vers l'extérieur et égale à $\sqrt{\lambda^2 x^2 + p^2}$.

9. *Trouver dans un plan une courbe de niveau pour un point repoussé de l'origine avec une force proportionnelle à la distance et sollicité par une force constante dirigée suivant la tangente du côté où les rayons vecteurs des points de cette droite vont en diminuant.*

Soient F la force constante, $\frac{Fr}{a}$ la force émanant du pôle; leurs composantes sont $-F\frac{dx}{ds}$, $-F\frac{dy}{ds}$ et $\frac{Fx}{a}$, $\frac{Fy}{a}$; la condition d'équilibre devient, après avoir divisé par F,

$$\left(\frac{x}{a} - \frac{dx}{ds}\right) dx + \left(\frac{y}{a} - \frac{dy}{ds}\right) dy = 0.$$

On aurait aisément l'intégrale en prenant des coordonnées polaires; mais, si l'on écrit l'équation sous la forme équivalente

$$x \frac{dx}{ds} + y \frac{dy}{ds} = a,$$

elle exprime que la distance de l'origine à une normale quelconque de la courbe est égale à a; la ligne cherchée est donc la développante d'un cercle ayant pour centre le pôle et pour rayon a. La pression normale est égale à

$$\sqrt{X^2 + Y^2} = F \sqrt{\left(\frac{x}{a} - \frac{dx}{ds}\right)^2 + \left(\frac{y}{a} - \frac{dy}{ds}\right)^2} = \frac{F}{a} \sqrt{r^2 - a^2};$$

elle est proportionnelle au rayon de courbure de la développante.

10. *Position d'équilibre d'un point pesant assujetti à rester sur une hélice dont l'axe est vertical; un point de l'axe repousse le mobile avec une intensité réciproque au carré de la distance.*

Prenons le centre de répulsion pour origine, l'axe de l'hélice pour axe des z, et appelons a le rayon du cylindre qui contient l'hélice. Si la force répulsive est P à la distance c, ses composantes seront, pour la distance $\sqrt{a^2 + z^2}$,

$$\frac{Pc^2 x}{(a^2 + x^2)^{\frac{3}{2}}}, \quad \frac{Pc^2 y}{(a^2 + x^2)^{\frac{3}{2}}}, \quad \frac{Pc^2 z}{(a^2 + z^2)^{\frac{3}{2}}}.$$

Pour tous les points de l'hélice, on a

$$x\,dx + y\,dy = 0;$$

la condition d'équilibre se réduit à $Z = 0$, ou, en divisant par P,

$$c^2 z - (c^2 + z^2)^{\frac{3}{2}} = 0.$$

Posons $a^2 + z^2 = u$, nous aurons l'équation

$$f(u) = u^3 - c^4 u + a^2 c^4 = 0.$$

On ne peut admettre que les racines $> a^2$. Or $f(a^2)$ et $f(\infty)$ sont positifs; pour qu'il y ait une position d'équilibre, il faut que la racine positive de l'équation dérivée soit $> a^2$ et rende $f(u) < 0$; cette double condition est comprise dans l'inégalité $c^2 > \frac{3}{2} a^2 \sqrt{3}$. Si elle est vérifiée, il y aura deux positions d'équilibre, et non quatre, parce qu'à chaque valeur de u il faut faire correspondre la valeur de z qui est positive. La pression exercée sur la courbe aura pour composantes

$$\frac{Pc^2 x}{(a^2 + z^2)^{\frac{3}{2}}}, \quad \frac{Pc^2 y}{(a^2 + z^2)^{\frac{3}{2}}}, \quad 0.$$

Elle est dirigée suivant la normale principale de l'hélice, et, comme le reste, indépendante du pas.

11. *Trouver sur une sphère une courbe de niveau pour un point pesant, attiré vers l'extrémité d'un diamètre horizontal par une force réciproque au cube de la distance.*

Prenons pour origine le centre de la sphère dont le rayon est a, et faisons passer l'axe des x par le point attirant; les composantes de l'attraction peuvent se représenter par

$$\frac{Pc^3(a - x)}{[(a - x)^2 + y^2 + z^2]^2}, \quad \frac{-Pc^3 y}{[(a - x)^2 + y^2 + z^2]^2}, \ldots.$$

La condition d'équilibre en un point de la courbe cherchée

sera

$$\frac{Pc^3}{[(a-x)^2+y^2+z^2]^2}[(a-x)\,dx - y\,dy - z\,dz] - P\,dz = 0.$$

Or

$$(a-x)^2+y^2+z^2 = 2a(a-x) \quad \text{et} \quad x\,dx+y\,dy+z\,dz = 0;$$

donc

$$\frac{c^3\,dx}{4a(a-x)^2} - dz = 0, \quad c^3 = 4a(a-x)(z-z_0).$$

Les courbes cherchées sont à double courbure et se projettent, sur le plan des xz, suivant des portions d'hyperboles équilatères dont une asymptote touche la sphère au point attirant. La pression sur la courbe se calcule aisément pour chaque point :

$$\sqrt{X^2+Y^2+Z^2} = P\sqrt{1+\frac{8(z-z_0)^2(2z-z_0)}{c^3}}.$$

12. *Positions d'équilibre d'un point pesant assujetti à rester sur la surface d'un ellipsoïde dont le petit axe est vertical. Le point est attiré vers une extrémité de l'axe moyen par une force proportionnelle à la distance, et qui serait égale au poids du point s'il était au centre de la surface.*

Prenons le grand axe pour axe des x, l'axe moyen pour axe des y, l'autre pour axe des z; l'équation de l'ellipsoïde sera

$$\frac{x^2}{a^2}+\frac{y^2}{b^2}+\frac{z^2}{c^2} = 1.$$

Les composantes de la force qui sollicite le point (x, y, z sont

$$X = -\frac{Px}{b}, \quad Y = -P\frac{y-b}{b}, \quad Z = -P\frac{z+b}{b}.$$

Par suite, les équations d'équilibre sont, en multipliant par $-\frac{b}{P}$,

$$(1)\qquad \frac{x}{\frac{x}{a^2}} = \frac{y-b}{\frac{y}{b^2}} = \frac{z+b}{\frac{z}{c^2}}.$$

Ce sont précisément les conditions pour que la normale à l'ellipsoïde en x, y, z passe au point S dont les coordonnées sont o, b, $-b$. Le résultat pouvait se prévoir, car les valeurs de X, Y, Z montrent que la force attractive et la pesanteur se composent en une attraction aussi proportionnelle à la distance et émanant de S.

Les équations (1) se réduisent à une seule en faisant $x=0$; mais on ne trouve alors que deux systèmes de valeurs réelles pour y et z; car on ne peut mener que deux normales à la trace de l'ellipsoïde sur le plan yz par notre point S qui est extérieur à la développée de cette trace. Dans l'une des solutions, la valeur de z est négative; dans l'autre, positive; comme la composante Z de la pression sur l'ellipsoïde est toujours négative, il en résulte que dans la première position le point est pressé contre le côté concave de la surface, dans l'autre, contre le côté convexe.

En supposant $x \gtrless 0$, les équations (1) donnent deux nouvelles positions d'équilibre à l'intersection de l'ellipsoïde et de la droite

$$y = -\frac{b^3}{a^2-b^2}, \quad z = \frac{bc^2}{a^2-c^2}.$$

Ces points sont réels si $a^2(a^2-2b^2)(a^2-c^2)^2 > b^2c^2(a^2-b^2)^2$; le point y sera pressé contre le côté convexe de la surface; en sorte que, si le mobile était posé dans l'ellipsoïde, il n'aurait qu'une position d'équilibre.

13. *Trouver les surfaces de niveau pour un point dont*

le poids est P, *et qui est attiré vers un point fixe* O *par une force constante* Q.

Prenons pour origine le point O, et pour axe des z une verticale dans le sens de la pesanteur; les composantes de l'attraction du point O sont

$$\frac{-Qx}{\sqrt{x^2+y^2+z^2}}, \quad \frac{-Qy}{\sqrt{x^2+y^2+z^2}}, \quad \frac{-Qz}{\sqrt{x^2+y^2+z^2}},$$

en sorte que l'équation des surfaces de niveau sera

$$P\,dz - Q\frac{x\,dx + y\,dy + z\,dz}{\sqrt{x^2+y^2+z^2}} = 0,$$

d'où

$$\sqrt{x^2+y^2+z^2} = \frac{P}{Q}(z-c).$$

Les surfaces de niveau sont les lieux des points tels que leurs distances à l'origine et au plan $z=c$ soient dans un rapport constant : ce sont des surfaces de révolution autour de l'axe des z, et leur méridienne est une conique ayant pour foyer l'origine, pour directrice la droite $z=c$; ce sera une ellipse, une parabole ou une hyperbole, selon que P sera $< Q$, $= Q$, $> Q$; mais il ne faut prendre que les points pour lesquels $z-c$ est >0, c'est-à-dire ceux qui sont au-dessous du plan $z=c$; les autres correspondent au cas où Q serait négatif, c'est-à-dire au cas où le point serait repoussé de l'origine. Lorsque l'on a un ellipsoïde ou un paraboloïde, il faut que c soit négatif, et toute la surface répond à la question; dans le cas de l'hyperboloïde, c peut être quelconque, et la partie utile est toujours la nappe inférieure de l'hyperboloïde.

La pression exercée sur la surface est dirigée suivant la partie de la normale qui va rencontrer l'axe des z; sa grandeur est

$$\sqrt{X^2+Y^2+Z^2} = \sqrt{P^2+Q^2-2PQ\frac{z}{\sqrt{x^2+y^2+z^2}}}$$
$$= \sqrt{P^2-Q^2-2Q^2\frac{c}{z-c}}.$$

Sur l'ellipsoïde, elle va de $P+Q$, au sommet supérieur, à $Q-P$, au point le plus bas; dans l'hyperboloïde, elle va de $P+Q$ ou de $P-Q$ à $\sqrt{P^2-Q^2}$, selon que c est $\lessgtr 0$.

Cas où il y a des frottements.

14. Lorsqu'un corps M est posé sur une surface naturelle qui n'est jamais parfaitement polie, une force tangentielle quelconque ne suffit pas pour le faire glisser; elle doit dépasser une certaine limite qui est celle de la résistance de la surface au glissement; cette résistance est la force de frottement. On dit habituellement que la force de frottement est égale au produit de la pression normale N par un coefficient constant f; mais il faut bien entendre qu'il s'agit de la valeur maximum qu'elle puisse atteindre, alors que le glissement est près d'avoir lieu; si le corps n'est pas près de glisser, la force de frottement n'est qu'une fraction, inconnue *a priori*, de fN, mais égale et opposée à la projection de la force extérieure sur le plan tangent à la surface. Quand cette projection est précisément égale à fN, le corps M est sur le point de glisser suivant cette projection : la condition de cet équilibre limite est facile à exprimer, puisque N est égale à la composante normale de la force extérieure. De même, pour qu'un point soit près de glisser sur une courbe dépolie, il faut et il suffit que le rapport des composantes tangentielle et normale de la force extérieure soit égal à f.

Quand M glisse sur la surface, il se produit encore un

frottement proportionnel à la pression normale; mais le rapport est exprimé par un coefficient moindre que celui du frottement au départ. L'angle qui a pour tangente les coefficients précédents est dit *angle de frottement* : c'est l'angle de la normale à la surface et de sa réaction. Observons dès à présent que si deux surfaces, toutes deux mobiles, glissent l'une sur l'autre, elles sont soumises à des forces de frottement égales et opposées, dont la direction est celle du glissement relatif, c'est-à-dire qu'elle est parallèle au plan tangent commun.

15. *Trouver sur une parabole dépolie, dont l'axe est vertical et la convexité tournée vers le haut, le point le plus bas où puisse rester en équilibre un corps pesant, attiré vers le foyer par une force réciproque au carré de la distance, et qui est égale au poids quand le corps attiré est au sommet : le coefficient de frottement est* $\frac{3}{5}$.

Soient p le demi-paramètre, r la distance du foyer au point cherché, α l'angle que la normale en ce point fait avec le rayon vecteur et avec la verticale; en prenant le poids du corps pour unité de force, l'attraction du foyer sera $\frac{p^2}{4r^2}$; projetons les forces sur la normale et sur la tangente : on aura, en remarquant que le mobile est sur le point de glisser vers le bas,

$$N = \cos\alpha\left(1 + \frac{p^2}{4r^2}\right), \quad \frac{3}{5}N = \sin\alpha\left(1 - \frac{p^2}{4r^2}\right).$$

On trouve aisément que $r = \frac{p}{2\cos^2\alpha}$; remplaçons-le par cette valeur, et éliminons N :

$$\sin\alpha(1 - \cos^4\alpha) - \frac{3}{5}\cos\alpha(1 + \cos^4\alpha) = 0$$

ou

$$5\,\text{tang}^5\alpha - 3\,\text{tang}^4\alpha + 10\,\text{tang}^3\alpha - 6\,\text{tang}^2\alpha - 6 = 0.$$

Il y a la solution $\tang\alpha = 1$; si on la supprime, il reste l'équation

$$5\tang^4\alpha + 2\tang^3\alpha + 12\tang^2\alpha + 6\tang\alpha + 6 = 0,$$

qui n'a plus de racines positives. Le point cherché est à l'intersection de la parabole et de l'horizontale menée par le foyer, où la tangente fait un angle de 45 degrés avec l'axe.

16. *Soit* O *un point pesant posé sur un plan dépoli qui fait un angle i avec l'horizon : déterminer l'intensité de la force ayant une direction quelconque donnée, qu'il faut appliquer à la masse* O *pour qu'elle soit sur le point de glisser.*

Prenons pour origine le point O, pour axe des x la ligne de plus grande pente du plan dans le sens descendant, l'axe des y étant horizontal et l'axe des z suivant la portion de la normale au plan située au-dessus; définissons la direction donnée par ses cosinus directeurs α, β, γ. Soient F la force correspondante, P le poids du corps; les composantes des forces extérieures auxquelles il est soumis sont

$$X = P\sin i + F\alpha, \quad Y = F\beta, \quad Z = F\gamma - P\cos i.$$

Le corps étant posé sur le plan exerce sur lui une réaction $-Z$ qui doit être dirigée en dessous; la composante qui tire le point dans le plan est $\sqrt{X^2 + Y^2}$; on a donc, si l'équilibre est près d'être rompu,

$$\sqrt{(F\alpha + P\sin i)^2 + F^2\beta^2} = f(P\cos i - F\gamma).$$

Pour étudier la manière dont varie F quand sa direction change, portons sur chaque direction une longueur proportionnelle à la valeur correspondante de F, P étant représenté à la même échelle par une longueur a; le lieu des extrémités de ces droites représentatives a pour équation

$$\sqrt{(x+a\sin i)^2+y^2} = \operatorname{tang}\varphi(a\cos i - z). \tag{1}$$

C'est la nappe inférieure d'un cône droit : le sommet a pour coordonnées $-a\sin i$, o, $a\cos i$; l'axe est perpendiculaire au plan, et fait avec les génératrices l'angle φ. (La nappe supérieure répondrait au cas où le mobile serait en dessous du plan.) Lorsque $\varphi > i$, le point O est à l'intérieur du cône; si la direction de la force est au-dessus du plan, il y aura toujours une valeur de F répondant à la question; il en sera de même si F est dirigée au-dessous du plan, mais fait avec l'axe du cône un angle $> \varphi$; quand cet angle devient $< \varphi$, la demi-droite correspondante ne coupe plus le cône, et le problème est impossible. Soit maintenant $\varphi < i$: l'origine est en dehors du cône; la ligne d'action de la force peut ne pas rencontrer la surface, et dans ce cas le problème est impossible; si elle la coupe en deux points, la force correspondante aura deux valeurs. Il faut remarquer que, dans chaque cas, le glissement se fait dans la direction indiquée par les composantes X, Y; cette direction n'est pas liée d'une manière évidente *a priori* à α, β, γ; mais elle est parallèle à la trace du plan méridien qui contient l'extrémité de la droite représentative de la force.

Du point O on peut mener deux normales au cône, et l'une a une longueur minima; elle fait avec le plan l'angle φ, et est au-dessus si $\varphi > i$, au-dessous si $\varphi < i$; c'est la force minimum qui mettra le corps sur le point de glisser. La seconde normale n'est minima que parmi les droites comprises dans le plan méridien de l'origine; elle fait l'angle φ au-dessus du plan, et c'est la direction la plus avantageuse pour faire remonter le corps suivant la ligne de plus grande pente.

Si, dans une direction donnée, on applique une force représentée par une droite qui se termine à l'intérieur du cône, il n'y a pas mouvement; car, pour l'extrémité de cette droite, le premier membre de l'équation (1) est moindre que le second; la composante tangentielle est $< Nf$. Si l'extrémité de la droite qui représente la force est extérieure au cône, il y aura mouvement dans le sens de la droite dont les projections sont X et Y.

Lorsqu'on donne la grandeur de F et qu'on cherche sa direction, on voit que cette force doit se trouver sur un cône ayant O pour sommet et pour directrice l'intersection du cône étudié précédemment avec une sphère dont le centre est O, et le rayon égal à la droite qui représente F.

17. *On donne un paraboloïde $xy = az$ rapporté à trois axes rectangulaires, l'axe des z étant vertical; un poids P est placé sur sa surface dépolie, et repoussé de l'axe des z par une force horizontale, proportionnelle à la distance du point à l'axe, et qui serait égale à P pour la distance a; lieu des points où P est près de glisser.*

La force qui sollicite le point a pour composantes $\frac{Px}{a}$, $\frac{Py}{a}$, $-P$; il suffit d'écrire qu'elle fait avec la normale en x, y, z l'angle de frottement

$$\cos\varphi = \frac{2P\frac{xy}{a} + aP}{\sqrt{\left(\frac{P^2x^2}{a^2} + \frac{P^2y^2}{a^2} + P^2\right)(y^2 + x^2 + a^2)}}$$

$$= \frac{2xy + a^2}{x^2 + y^2 + a^2} = \frac{2az + a^2}{x^2 + y^2 + a^2}.$$

La courbe cherchée est donc à l'intersection du paraboloïde équilatère avec un paraboloïde de révolution ayant même axe : c'est une courbe gauche à branches infinies.

EXERCICES.

1. Un poids P, posé sur un plan incliné, est tenu en équilibre par deux forces égales à $\frac{1}{2}$ P, l'une horizontale, l'autre suivant une ligne de plus grande pente du plan, toutes deux tendant à faire monter le mobile; calculer l'angle i du plan avec l'horizon. (PH. GILBERT.)

En projetant sur la ligne de pente, on trouve

$$\operatorname{tang}\frac{i}{2} = \frac{1}{2}.$$

2. Deux poids P, P', posés sur deux plans inclinés, sont attachés aux extrémités d'un fil sans masse, de longueur l, qui passe dans un petit anneau situé verticalement à une hauteur h au-dessus de l'intersection des deux plans, supposée horizontale : il n'y a pas de frottement. Déterminer les angles θ, θ' des deux parties du fil avec l'horizon quand il y a équilibre.

On exprime que P et P' sont maintenus en équilibre par la tension du fil, la même aux deux extrémités, puis on évalue les deux portions du fil; on a

$$\frac{P \sin i}{\cos(\theta - i)} = \frac{P' \sin i'}{\cos(\theta' - i')}, \quad l = h\left[\frac{\cos i}{\sin(\theta - i)} + \frac{\cos i'}{\sin(\theta' - i')}\right].$$

3. Positions d'équilibre d'un poids P assujetti à rester sur une spirale hyperbolique située dans un plan vertical et soumis à une force répulsive de grandeur constante Q émanant du pôle. (A. FUHRMANN.)

Équation de la forme $Q \cos\mu = P \sin(\mu + \theta)$.

4. Quelle force horizontale faut-il appliquer à un poids P pour le tenir en équilibre en un point quelconque d'une hyperbole équilatère dont une asymptote est verticale et sur laquelle il est assujetti à rester? (A. FUHRMANN.)

5. Trouver sur le paraboloïde $x^2 + y^2 = 2pz$, les axes coordonnés étant rectangulaires, une ligne de niveau pour un point soumis à une force dont les composantes sont

$$X = -\lambda^2 y, \quad Y = \lambda^2 x, \quad Z = -\mu^2 z.$$

On a

$$\lambda^2(x\,dy - y\,dx) - \mu^2 z\,dz = 0,$$

donc

$$\lambda^2 \frac{x\,dy - y\,dx}{x^2 + y^2} = \frac{\mu^2\,dz}{2p};$$

la ligne est sur un hélicoïde à plan directeur.

6. Positions d'équilibre d'un poids P assujetti à rester sur un ellipsoïde dont un axe est vertical : le point est en outre soumis à une force répulsive de grandeur donnée Q, émanant du centre.

Les positions d'équilibre sont sur quatre droites issues du centre et situées dans les plans principaux qui sont verticaux ; mais on devra remarquer que sur chaque droite il n'y a qu'une position d'équilibre ; il y a en outre le point le plus haut et le point le plus bas de la surface.

7. Surfaces de niveau dans le cas d'une force ayant pour composantes

$$X = ax + \alpha, \quad Y = by + \beta, \quad Z = cz + \gamma.$$

8. Surface de niveau pour un point pesant attiré vers une droite horizontale par une force perpendiculaire à cette droite et inversement proportionnelle au carré de la distance du mobile.

C'est une surface engendrée par la révolution d'une hyperbole équilatère autour d'une de ses asymptotes, qui est verticale.

9. Un poids P, posé sur un plan incliné dépoli, soumis à une force horizontale égale à P qui tendrait à le faire remonter suivant une ligne de plus grande pente, est sur le point de glisser : calculer l'angle du plan avec l'horizon.

Cet angle est $45° \pm \varphi$, suivant que le point est près de glisser vers le bas ou vers le haut : il faut d'ailleurs $\varphi < 45°$.

10. Déterminer les régions d'un tube hélicoïdal à axe horizontal dans lesquelles un point pesant peut se tenir sans glisser.

11. Un poids P, posé sur un plan incliné dépoli, est attaché à une des extrémités d'un fil qui va passer sur une très petite poulie O et porte un poids Q à sa seconde extrémité qui est libre : les deux brins de fil sont dans un plan normal au plan incliné. Calculer l'angle α du plan avec la ligne PO quand P est près de glisser.

La tension du fil est Q et l'on a

$$Q\cos(\alpha \pm \varphi) = P\sin(i \mp \varphi).$$

COMPOSITION DES FORCES PARALLÈLES.

18. Quand on a un système de forces parallèles, mais qui n'agissent pas toutes dans le même sens, on peut les traiter de la même façon dans les calculs, à condition de donner le signe + à celles qui ont une certaine direction, le signe — à celles de direction opposée. Il y a généralement une résultante parallèle aux forces données, égale à leur somme et dont le moment par rapport à un plan quelconque est égal à la somme des moments des composantes; désignons celles-ci par P, P′, ... et les coordonnées de leurs points d'application par x, y, z; x', y', z'; ... : nous aurons, pour déterminer la grandeur de la résultante et les coordonnées de son point d'application,

$$(1) \qquad R = \Sigma P, \quad x_1 = \frac{\Sigma P x}{\Sigma P}, \quad y_1 = \frac{\Sigma P y}{\Sigma P}, \quad z_1 = \frac{\Sigma P z}{\Sigma P};$$

le point x_1, y_1, z_1, centre des forces parallèles, est indépendant de leur direction.

Soit

$$\frac{x}{\alpha} = \frac{y}{\beta} = \frac{z}{\gamma}$$

une droite à laquelle les forces sont parallèles; les conditions d'équilibre seront

$$(2) \qquad \Sigma P = 0, \quad \frac{\Sigma P x}{\alpha} = \frac{\Sigma P y}{\beta} = \frac{\Sigma P z}{\gamma}.$$

Si la première condition est seule satisfaite, on a un couple.

Pour que l'équilibre ait lieu quelle que soit la direction (α, β, γ), il faut que ΣPx, ΣPy, ΣPz soient nuls; quand ces conditions sont remplies, si l'on change non pas la direction des forces, mais l'orientation du corps où elles sont appliquées, il y aura encore équilibre, et le système est dit *astatique*.

19. Le fait de l'existence du centre des forces parallèles, unique et bien déterminé, et les règles de leur composition peuvent conduire à des théorèmes purement géométriques, et c'est un des cas si intéressants où deux parties différentes de la science se rapprochent et se prêtent un mutuel appui.

Ainsi, appliquons aux quatre sommets d'un tétraèdre quatre forces égales et parallèles : on peut trouver leur résultante en composant d'abord trois d'entre elles en une seule, puis celle-ci avec la quatrième; ou bien, en composant les deux premières, puis la troisième et la quatrième, et enfin les deux résultantes partielles. On arrive aux théorèmes connus de Géométrie : dans un tétraèdre, les droites menées de chaque sommet au centre de gravité de la face opposée se coupent en un point qui les divise dans le rapport de 3 à 1 : ce point est au milieu de la droite qui joint les milieux de deux arêtes opposées.

Soient encore appliquées aux sommets A, B, C d'un triangle des forces parallèles $P = \operatorname{tang} A$, $Q = \operatorname{tang} B$, $R = \operatorname{tang} C$; deux d'entre elles ont une résultante appliquée au pied de la hauteur tombant sur le côté dont elles sollicitent les extrémités; donc la résultante des trois forces est appliquée au point de rencontre H des hauteurs, et égale à

$$F = \operatorname{tang} A + \operatorname{tang} B + \operatorname{tang} C = \operatorname{tang} A \operatorname{tang} B \operatorname{tang} C,$$

d'après un calcul de Trigonométrie bien connu. Considérons maintenant trois autres forces appliquées aux mêmes sommets :

$$P_1 = \frac{\sin A}{\cos B \cos C}, \quad Q_1 = \frac{\sin B}{\cos C \cos A}, \quad R_1 = \frac{\sin C}{\cos A \cos B}.$$

Les deux dernières ont une résultante appliquée en un point I de BC, tel que

$$\frac{IB}{IC} = \frac{\sin 2C}{\sin 2B}.$$

On reconnait aisément que ce point se trouve sur la droite qui va de A au centre du cercle circonscrit; les forces P_1, Q_1, R_1 ont une résultante appliquée au centre S du cercle circonscrit, et égale à

$$F_1 = \frac{\sin 2A + \sin 2B + \sin 2C}{2 \cos A \cos B \cos C} = 2 \operatorname{tang} A \operatorname{tang} B \operatorname{tang} C = 2F.$$

Cela posé, remarquons que

$$\begin{aligned} P + P_1 &= \operatorname{tang} A + \frac{\sin A}{\cos B \cos C} \\ &= \frac{\sin A(\cos B \cos C + \cos A)}{\cos A \cos B \cos C} = \operatorname{tang} A \operatorname{tang} B \operatorname{tang} C = F; \end{aligned}$$

on peut donc composer les six forces données soit en groupant celles qui sont appliquées à un même sommet, ce qui donne trois forces F, dont la résultante sera au centre de gravité O du triangle, soit en formant les résultantes partielles F en H, 2F en S, et les composant; il s'ensuit que le point O est sur la droite SH, de telle sorte que SO = 2OH.

On obtient le théorème relatif aux six segments déterminés par une transversale sur les côtés d'un triangle en composant quatre forces : P et Q appliquées en A et B, R et — R en C.

20. Proposons-nous, dans le cas général, de composer trois forces parallèles P, Q, R, appliquées aux sommets

d'un triangle ABC. Les forces Q, R peuvent être remplacées par une force Q + R appliquée en un point A' de BC. Cette dernière, composée avec P, donne une résultante appliquée en O :

$$\frac{OA}{R+Q} = \frac{OA'}{P} = \frac{AA'}{P+Q+R}.$$

Or OA' et AA' sont entre elles dans le même rapport que les triangles OBC, ABC ; les aires des triangles OBC, OCA, OAB sont proportionnelles aux forces P, Q, R.

Cette proposition permet de décomposer une force en trois autres qui lui soient parallèles et dont les rapports ou les points d'application soient connus. Par exemple, si trois hommes soutiennent par les sommets une planche triangulaire homogène, ils auront des charges égales ; car les actions de la pesanteur sur la planche se composent en une force appliquée au centre de gravité ; les triangles ayant pour sommet ce point, pour bases les côtés du triangle, sont équivalents, et les forces dont la résultante doit détruire le poids de la planche sont égales.

Étant donné un disque circulaire soutenu en son centre, placer sur sa circonférence trois poids P, Q, R, *de manière que le disque soit en équilibre.*

Désignant par A, B, C les points où l'on attache les poids, O le centre, on aura

$$\frac{\text{aire BOC}}{P} = \frac{\text{aire COA}}{Q} = \frac{\text{aire AOB}}{R}, \quad \frac{\sin BOC}{P} = \frac{\sin COA}{Q} = \frac{\sin AOB}{R}.$$

Les trois angles en O ont pour somme 2π ; ils seront les suppléments des angles d'un triangle ayant pour côtés P, Q, R.

21. THÉORÈMES DE LEIBNITZ ET DE LAGRANGE. — *Soient* O *une origine quelconque,* A_1, A_2, ... *des points fixes auxquels on applique des forces parallèles* P_1, P_2, ..., G *le*

centre de ces forces parallèles; si l'on considère les forces $OA_1 \times P_1, OA_2 \times P_2, \ldots$ *dirigées suivant* $OA_1, OA_2, \ldots,$ *leur résultante* R *sera dirigée suivant* OG *et égale à* $OG(P_1 + P_2 + \ldots)$.

En effet, considérons trois plans coordonnés rectangulaires passant en O, et écrivons que la somme des moments des forces parallèles par rapport à chacun de ces plans est égale au moment de leur résultante ; on a trois équations de la forme

$$(\alpha) \qquad \Sigma P \times OA \cos AOX = (P_1 + P_2 + \ldots) OG \cos GOX \ldots.$$

Ces équations expriment précisément que les forces concourantes $P \times OA$ ont pour résultante $OG \Sigma P$; si le point O était en G, les forces P.GA se feraient équilibre.

Si l'on ajoute membre à membre les trois équations (α), après les avoir élevées au carré, on trouve la relation

$$(\beta) \qquad \overline{OG}^2 (\Sigma P)^2 = \Sigma P^2 \overline{OA}^2 + 2 \Sigma P_1 P_2 OA_1 \times OA_2 \cos A_1 OA_2.$$

En remplaçant $2 OA_1 . OA_2 \cos A_1 OA_2$ par

$$\overline{OA_1}^2 + \overline{OA_2}^2 - \overline{A_1 A_2}^2,$$

on obtient une expression remarquable de R^2, due à Lagrange,

$$(\gamma) \qquad \overline{OG}^2 (\Sigma P)^2 = \Sigma P \Sigma P . \overline{OA}^2 - \Sigma P_1 P_2 . \overline{A_1 A_2}^2.$$

Enfin, si l'on suppose que le point O coïncide avec G, cette équation montre que $\Sigma P_1 P_2 \overline{A_1 A_2}^2$ est égal à $\Sigma P \Sigma P \overline{GA}^2$; en le remplaçant par cette valeur dans (γ), on peut tout diviser par ΣP et il vient

$$\overline{OG}^2 \Sigma P = \Sigma P . \overline{OA}^2 - \Sigma P . \overline{GA}^2.$$

22. *Cas particulier où* ΣP *s'annule.* — Les résultats qu'on vient d'obtenir sont encore vrais si l'on suppose quelques-unes des quantités P_1, P_2, ... négatives; si

pourtant ΣP est nul, le centre des forces parallèles P_1, P_2, ... n'existe plus, et le théorème de Leibnitz est inapplicable; mais on peut énoncer un théorème particulier à ce cas (*voir* la Note II de M. Darboux à la suite du Cours de Despeyrous) : *la résultante* R *des forces* $P_i \times OA_i$ *est constante en grandeur et en direction, quel que soit le point* O.

Pour le démontrer, je considère le centre G' des forces parallèles $P'_1, P'_2, \ldots$, dont la valeur est positive, et le centre G'' des forces $P''_1, P''_2, \ldots$, qui sont négatives. Appliquons le théorème de Leibnitz à chacun des deux groupes : il vient, en adoptant la notation la plus ordinaire des égalités géométriques,

$$\Sigma\,\overline{P' \times OA'} = \overline{OG'.\Sigma P'}, \quad \Sigma\,\overline{P''.OA''} = \overline{OG''.\Sigma P''};$$

ajoutant, et tenant compte de ce que $\Sigma P'' = -\Sigma P'$, on a

$$\overline{R} = \Sigma\,\overline{P \times OA} = \overline{OG'\Sigma P'} - \overline{OG''\Sigma P'} = \overline{G''G'\Sigma P'},$$

ce qui démontre le théorème; d'ailleurs l'équation (γ) de Lagrange montre que R^2 se réduit à $-\Sigma P_1 P_2 . \overline{A_1 A_2}^2$.

23. *Trouver les coordonnées du centre* I *du cercle inscrit à un triangle* ABC, *sa distance à un des sommets, au centre* T *du cercle circonscrit*, etc.

On reconnaîtra très facilement que si, en A, B, C, on applique trois forces parallèles, égales respectivement aux côtés a, b, c, le centre de ces forces est en I et qu'on a sur la bissectrice AA', par exemple,

$$(1) \qquad \frac{AA'}{AI} = \frac{a+b+c}{b+c} = \frac{2p}{b+c}.$$

Soient donc x', y'; x'', y''; x''', y''' les coordonnées des trois sommets; on aura celles du point I en prenant les moments par rapport à Ox et Oy :

$$x = \frac{ax' + bx'' + cx'''}{2p}, \quad y = \frac{ay' + by'' + cy'''}{2p}.$$

Les distances du point I aux points remarquables du triangle s'obtiendront en appliquant l'équation (γ) de Lagrange aux forces a, b, c et aux points A, B, C; faisons d'abord coïncider le point O avec A et divisons par $(\Sigma P)^2 = 4p^2$: on aura

$$\overline{AI}^2 = \frac{b^2c + c^2b}{2p} - \frac{bca^2 + cab^2 + abc^2}{4p^2} = \frac{p-a}{p}bc;$$

l'équation (1) ferait connaître AA'. Si nous faisons coïncider O avec le centre T du cercle circonscrit, comme $TA = TB = TC = R$, on aura

$$\overline{IT}^2 = \frac{R^2(a+b+c)}{2p} - \frac{abc}{2p};$$

on sait que $abc = 4Rrp$, et l'on a, par suite,

$$\overline{IT}^2 = R^2 - 2Rr,$$

égalité remarquable d'où il résulte qu'étant donnés deux cercles il n'existe qu'exceptionnellement un triangle inscrit dans l'un, circonscrit à l'autre.

On pourra trouver quelques autres applications de l'équation de Lagrange dans une Note que j'ai publiée en janvier 1884, dans les *Nouvelles Annales de Mathématiques*.

24. *Un vase hémisphérique très mince, de poids* R, *repose par sa partie convexe sur un plan horizontal et porte deux poids* P, Q *aux extrémités* A, B *de deux rayons perpendiculaires : position d'équilibre.*

Les poids P, Q se composent en un poids P + Q appliqué en un point G facile à déterminer sur AB; le poids du vase est appliqué à son centre de gravité, au milieu M du rayon perpendiculaire à la base ; la résultante des trois forces devant être détruite par la réaction du plan fixe sera dirigée suivant le rayon OH qui passe au point d'appui, le plan MOG sera vertical, en sorte que OG sera la ligne de plus grande pente de OAB. Soit α l'angle qu'elle fait avec le plan horizontal; les moments de R et de $P+Q$ par rapport au plan passant par OH et perpendiculaire à MOG se détruisent; donc

$$OM \times R\sin\alpha - OG(P+Q)\cos\alpha = 0, \quad \tang\alpha = \frac{OG}{OM}\,\frac{P+Q}{R}.$$

D'ailleurs, par la formule (β), n° 21,

$$\overline{OG}^2(P+Q)^2 = \overline{OA}^2 \times P^2 + \overline{OB}^2 \times Q^2;$$

si l'on fait $OA = OB = a$, $OM = \frac{a}{2}$, il vient

$$\tang\alpha = \frac{2}{R}\sqrt{P^2+Q^2}.$$

25. Quand on considère un corps parfaitement rigide s'appuyant sur un plan par plus de trois points, la Statique laisse indéterminées les pressions aux points d'appui; cette anomalie disparaît si l'on tient compte des déformations éprouvées par les solides naturels et des actions moléculaires qui en résultent: il y a des cas simples où le problème peut se résoudre aisément; en voici un exemple :

Une table, qui est d'abord horizontale et qui doit rester parfaitement plane, est soutenue par n pieds verticaux AA', BB', ... *d'égale longueur, reposant sur un plan horizontal rigide et fixe; on la charge de poids qui ont une résultante verticale* P *appliquée en un point connu* M: *trouver les charges des appuis, en admettant qu'ils se raccourcissent de quantités très petites proportionnelles à leurs charges respectives et qu'ils restent verticaux.*

Prenons pour plan des xy le plan de la table quand les pieds sont dans leur longueur naturelle, et pour axe des z une verticale quelconque dirigée de haut en bas. Je détermine la position des points d'appui par leurs coordonnées primitives x_1, y_1, ..., x_n, y_n. Quand on charge la table et qu'on laisse les pieds se raccourcir, les x et les y des points d'appui ne changent pas, par hypothèse, mais leurs ordonnées deviennent $z_1, \ldots, z_n$. Soient Q_1, Q_2, ... les pressions qu'ils supportent; on a, d'après l'énoncé,

$$Q_1 = \lambda z_1, \quad Q_2 = \lambda z_2, \quad \ldots;$$

mais, par hypothèse, la table reste plane et coïncide avec un plan $z = ax + by + c$; on aura donc

$$Q_i = \lambda(ax_i + by_i + c).$$

Soit (x, y) le point M où est appliquée la force P; elle est égale à la somme des Q_i, et son moment par rapport à OXZ et OYZ est la somme des moments de ces réactions; donc

$$P = \lambda\Sigma(ax_i + by_i + c) = a\lambda\Sigma x_i + b\lambda\Sigma y_i + n\lambda c,$$
$$Px = a\lambda\Sigma x_i^2 + b\lambda\Sigma x_i y_i + c\lambda\Sigma x_i,$$
$$Py = a\lambda\Sigma x_i y_i + b\lambda\Sigma y_i^2 + c\lambda\Sigma y_i,$$

Nous avons trois équations pour déterminer a, b, c, et par suite les Q_i. On peut choisir l'origine et les axes de manière à annuler Σx_i, Σy_i, $\Sigma x_i y_i$, l'origine étant le centre des moyennes distances des points A, B, ..., et les axes étant ce qu'on appelle les *axes principaux du système*. Il vient alors

$$P = n\lambda c, \quad Px = a\lambda\Sigma x_i^2, \quad Py = b\lambda\Sigma y_i^2.$$

$$Q_i = P\left(\frac{xx_i}{\Sigma x_i^2} + \frac{yy_i}{\Sigma y_i^2} + \frac{1}{n}\right).$$

S'il s'agit d'une table rectangulaire soutenue aux coins et dont les côtés soient $2a$, $2b$, les axes seront les médianes, et l'on aura

$$Q_1 = \frac{P}{4}\left(\frac{x}{a} + \frac{y}{b} + 1\right), \quad Q_2 = \frac{P}{4}\left(-\frac{x}{a} + \frac{y}{b} + 1\right),$$
$$Q_3 = \frac{P}{4}\left(-\frac{x}{a} - \frac{y}{b} + 1\right), \quad Q_4 = \frac{P}{4}\left(\frac{x}{a} - \frac{y}{b} + 1\right).$$

Pour que les quatre pressions soient positives ou qu'aucun pied ne soit soulevé, il faut que le point M soit à l'intérieur du losange dont les sommets sont les milieux des côtés de la table et dont les côtés ont pour équations

$$\frac{x}{\pm a} + \frac{y}{\pm b} + 1 = 0.$$

Supposons encore que la table soit un polygone régulier de n côtés, soutenu à ses sommets et inscrit dans un cercle de rayon a; l'origine est au centre et l'un des sommets sur l'axe des x. On aura

$$x_i = a \cos \frac{2i\pi}{n}, \quad y_i = a \sin \frac{2i\pi}{n}, \quad \sum x_i^2 = \frac{na^2}{2}, \quad \sum y_i^2 = \frac{na^2}{2},$$

$$Q_i = \frac{P}{n}\left(\frac{2x}{a} \cos \frac{i\pi}{n} + \frac{2y}{a} \sin \frac{i\pi}{n} + 1\right).$$

Il est aisé de voir que toutes les charges seront positives si le point M est à l'intérieur d'un polygone régulier dont les côtés touchent le cercle concentrique à la table et de rayon $\frac{a}{2}$ aux points situés sur les prolongements des rayons qui aboutissent aux sommets de la table.

Si l'on trouve pour les pressions supportées par quelques-uns des pieds des valeurs négatives, et si l'on suppose l'extrémité de ces pieds fixée au sol, ils doivent s'allonger; mais, s'ils peuvent quitter le sol, ils ne soutiendront plus rien; on devra reprendre le problème en répartissant la charge sur les autres pieds, et tenant compte du poids des appuis qui sont soulevés.

EXERCICES.

1. Un parallélogramme homogène est porté par trois hommes dont un le tient en un sommet : en quels points du périmètre les deux autres doivent-ils soutenir la plaque pour que tous trois soient également chargés? (P. JULLIEN.)

Aux milieux des côtés non adjacents au sommet considéré.

2. Montrer que le centre de forces parallèles et égales, dont les points d'application divisent dans un même rapport les côtés successifs d'un polygone donné est indépendant du rapport adopté. (P. JULLIEN.)

3. Si les droites qui joignent les sommets A, B, C d'un triangle à un point O rencontrent les côtés opposés en A', B', C', on a

$$AC'.BA'.CB' = C'B.A'C.B'A, \quad \frac{OA'}{AA'} + \frac{OB'}{BB'} + \frac{OC'}{CC'} = 1.$$

On décomposera une force appliquée en O en trois forces parallèles P, Q, R appliquées en A, B, C; la résultante de Q et R est appliquée en A'; donc....

4. Si A', B', C', D' divisent les côtés d'un quadrilatère gauche ABCD de telle sorte que le produit de quatre segments non consécutifs soit égal au produit des quatre autres, les droites A'C', B'D' se rencontrent.

On peut appliquer en A, B, C, D des forces P, Q, R, S telles que la résultante de P, Q soit en A', de Q, R en B', de R, S en C', de S, P en D' : le centre des quatre forces doit être à la fois sur A'C' et sur B'D'. La réciproque s'en déduit.

5. T étant le centre du cercle circonscrit à ABC, H le point de concours des hauteurs, la résultante des forces TA, TB, TC est TH.

Appliquer le théorème de Leibnitz.

6. Construire un pentagone ABCDE, connaissant les milieux A', B', C', D', E' des côtés : généraliser. (COLLIGNON.)

On applique en A', C', E' des forces 1, dont on construit le centre G, en B', D' des forces —1 dont le centre est G'; le système a une résultante 1 appliquée en A ; ce point est sur GG'; AG double de GG'.

7. H, K étant les milieux des diagonales AC, BD de ABCD, on a

$$4\overline{HK}^2 = \overline{AB}^2 + \overline{BC}^2 + \overline{CD}^2 + \overline{DA}^2 - \overline{AC}^2 - \overline{BD}^2.$$

(DARBOUX.)

Égaler les valeurs de R données n° 22, quand $\Sigma P = 0$.

CENTRES DE GRAVITÉ.

26. Le centre de gravité d'un corps est le point d'application de la résultante des actions de la pesanteur sur ses diverses parties, ces actions étant considérées comme parallèles. Quand il s'agit d'un corps continu, on le décompose en éléments infiniment petits, qu'on suppose homogènes : et, si dp est le poids de l'un d'eux, on a, pour les coordonnées du centre de gravité,

$$x_1 = \frac{\int x\,dp}{\int dp}, \quad y_1 = \frac{\int y\,dp}{\int dp}, \quad z_1 = \frac{\int z\,dp}{\int dp};$$

les intégrales s'étendent à tout le corps, qui peut se réduire à une surface ou à une ligne dont les éléments seraient doués d'un poids spécifique. Le poids d'un corps est proportionnel à sa masse ; donc, m désignant la masse d'un système, son centre de gravité a pour coordonnées

$$x_1 = \frac{1}{m}\int x\,dm, \quad y_1 = \frac{1}{m}\int y\,dm, \quad z_1 = \frac{1}{m}\int z\,dm.$$

Étant donné un système quelconque, même soustrait à l'action de la pesanteur, même non solide, ces équations définissent un point bien déterminé, qui n'a plus de rapport avec la pesanteur, mais que l'on continue d'appeler *centre de gravité du système,* et qui a des propriétés importantes.

Il suffit de rappeler les simplifications qu'apporte dans la recherche du centre de gravité l'existence de lignes ou de surfaces diamétrales.

Centre de gravité des lignes.

27. *Centre de gravité d'un arc homogène de chaînette commençant au sommet.*

La chainette a pour équation

$$y = \frac{a}{2}\left(e^{\frac{x}{a}} + e^{-\frac{x}{a}}\right);$$

y part de la valeur a pour $x = 0$, et croît indéfiniment. La chainette étant homogène, la masse d'un de ses éléments peut être mesurée par sa longueur ; alors

$$m = \int ds = \int_0^x \frac{1}{2}\left(e^{\frac{x}{a}} + e^{-\frac{x}{a}}\right) dx = \frac{a}{2}\left(e^{\frac{x}{a}} - e^{-\frac{x}{a}}\right) = a\frac{dy}{dx},$$

$$\int x\,dm = \int x\,ds = \frac{ax}{2}\left(e^{\frac{x}{a}} - e^{-\frac{x}{a}}\right)$$

$$- \frac{a^2}{2}\left(e^{\frac{x}{a}} + e^{-\frac{x}{a}}\right) + a^2 = sx - a(y - a),$$

$$\int y\,dm = \int y\,ds = \frac{a^2}{8}\left(e^{\frac{2x}{a}} - e^{-\frac{2x}{a}}\right) + \frac{ax}{2} = \frac{1}{2}sy + \frac{1}{2}ax;$$

d'où

$$x_1 = x - (y - a)\frac{dx}{dy}, \quad y_1 = \frac{1}{2}\left(y + x\frac{dx}{dy}\right).$$

L'abscisse du point cherché est la même que celle de l'intersection de la tangente au sommet et de la tangente à l'extrémité de l'arc; l'ordonnée est la moitié de l'ordonnée à l'origine de la normale menée à l'extrémité de l'arc.

28. *Centre de gravité d'un arc de cardioïde*

$$r = a(1 + \cos\theta).$$

On a

$$ds = d\theta\sqrt{2a^2(1+\cos\theta)} = 2a\cos\frac{1}{2}\theta\,d\theta,$$

$$s = 4a\left(\sin\frac{1}{2}\theta - \sin\frac{1}{2}\theta_0\right),$$

$$\int x\,ds = \int_{\theta_0}^{\theta} r\cos\theta\,ds$$

$$= a^2\int_{\theta_0}^{\theta}\left(2\cos\frac{\theta}{2} + \frac{3}{2}\cos\frac{3\theta}{2} + \frac{1}{2}\cos\frac{5\theta}{2}\right)d\theta$$

$$= a^2\left(4\sin\frac{\theta}{2} - 4\sin\frac{\theta_0}{2} + \sin\frac{3\theta}{2} - \sin\frac{3\theta_0}{2} + \frac{1}{5}\sin\frac{5\theta}{2} - \frac{1}{5}\sin\frac{5\theta_0}{2}\right),$$

$$\int y\,ds = \int r\sin\theta\,ds = 8a^2\int\cos^4\frac{\theta}{2}\sin\frac{\theta}{2} = \frac{16}{5}a^2\left(\cos^5\frac{\theta_0}{2} - \cos^5\frac{\theta}{2}\right).$$

Il est aisé d'en tirer x_1 et y_1; pour la moitié de la courbe, de $\theta = 0$ à $\theta = \pi$, on a

$$s = 4a,\quad x_1 = y_1 = \frac{4}{5}a.$$

29. *Centre de gravité d'un arc d'hélice ordinaire commençant sur le plan des xy, et où la densité est représentée par e^{-cz}.*

Soient a le rayon du cylindre sur lequel est l'hélice, $2\pi h$ le pas; on a, pour chaque point de la courbe,

$$x = a\cos\frac{z}{h},\quad y = a\sin\frac{z}{h}.$$

La masse de l'arc considéré est

$$m = \frac{\sqrt{a^2+h^2}}{h}\int_0^z e^{-cz}dz = \sqrt{a^2+h^2}\,\frac{1-e^{-cz}}{ch},$$

$$\int x\,dm = \frac{a}{h}\sqrt{a^2+h^2}\int_0^z e^{-cz}\cos\frac{z}{h}\,dz$$

$$= \frac{a\sqrt{a^2+h^2}}{1+c^2h^2}\left[e^{-cz}\left(\sin\frac{z}{h} - ch\cos\frac{z}{h}\right) + ch\right],$$

$$\int y\,dm = a\frac{\sqrt{a^2+h^2}}{1+c^2h^2}\left[1 - e^{-cz}\left(\cos\frac{z}{h} + ch\sin\frac{z}{h}\right)\right],$$

$$\int z\,dm = \frac{\sqrt{a^2+h^2}}{h}\int_0^z ze^{-cz}\,dz = \frac{\sqrt{a^2+h^2}}{c^2h}\left[1-(1+cz)e^{-cz}\right].$$

On aura immédiatement x_1, y_1, z_1. Si l'arc est prolongé indéfiniment, les résultats se simplifient et deviennent

$$m = \frac{\sqrt{a^2+h^2}}{ch},\quad x_1 = \frac{ac^2h^2}{1+c^2h^2},\quad y_1 = \frac{ach}{1+c^2h^2},\quad z_1 = \frac{1}{c}.$$

30. *Déterminer une courbe plane passant par l'origine, et telle que la densité soit une fonction donnée $f(s)$ de l'arc, et que l'ordonnée y_1 du centre de gravité d'un arc, compté à partir de l'origine, soit une autre fonction donnée $\varphi(s)$. Cas où $f(s) = as^m$, $\varphi(s) = \alpha s^\mu$.*

(Agrégation, 1871.)

On voit immédiatement que la courbe satisfait à l'équation

$$\varphi(s)\int_0^s f(s)\,ds = \int_0^s y\,f(s)\,ds.$$

Différentions :

$$\varphi(s)\,f(s) + \varphi'(s)\int_0^s f(s)\,ds = y\,f(s);$$

y est dès lors une fonction connue de s

$$(1)\qquad y = \psi(s),$$

donc

$$(2)\qquad dx = ds\sqrt{1-\psi'^2(s)}.$$

Si l'on peut intégrer, il n'y aura plus qu'à éliminer s à l'aide de l'équation (1) pour avoir l'équation finie de la courbe. Quelquefois on peut résoudre l'équation (1) par rapport à s,

$$s = \varpi(y),$$

et il suffit d'intégrer

$$dx = dy\sqrt{\varpi^2(y) - 1}. \tag{3}$$

Dans le cas particulier proposé, l'équation (1) devient

$$y = \frac{m+\mu+1}{m+1}\alpha s^\mu = \frac{m+\mu+1}{m+1} y_1 = \frac{c}{\mu} s^\mu,$$

en introduisant, pour abréger, la nouvelle constante c. L'équation (2) donne alors

$$dx = ds\sqrt{1 - c^2 s^{2\mu-2}}.$$

Cette différentielle binôme pourra s'intégrer quand $\frac{1}{2\mu-2}$ ou $\frac{1}{2\mu-2} + \frac{1}{2}$ seront des nombres entiers; l'une de ces deux conditions sera satisfaite si μ est de la forme $\frac{n+1}{n}$, n étant entier. On pourra choisir arbitrairement la valeur de m : elle déterminera le rapport de y à y_1.

Soit $n = 1$; alors $\mu = 2$, $y = \frac{c}{2} s^2$. Nous appliquerons l'équation (3)

$$dx = dy\sqrt{\frac{1-2cy}{2cy}}.$$

C'est une cycloïde ayant son sommet à l'origine et touchant l'axe des x; le rayon du cercle générateur est $\frac{1}{2c}$.

Soit $n = 2$, $\mu = \frac{3}{2}$: nos formules deviennent

$$y = \frac{2}{3} c s^{\frac{3}{2}}, \quad dx = ds\sqrt{1 - c^2 s}.$$

Intégrant,

$$x = \frac{2}{3c^2}\left[1 - (1 - c^2 s)^{\frac{3}{2}}\right], \quad \left(x - \frac{2}{3c^2}\right)^{\frac{2}{3}} + y^{\frac{2}{3}} = \left(\frac{2}{3c^2}\right)^{\frac{2}{3}}.$$

C'est l'hypocycloïde à quatre rebroussements, enveloppe d'une droite de longueur $\frac{2}{3c^2}$ qui glisse sur l'axe des x et la droite $x = \frac{2}{3c^2}$.

Pour $n = \infty$, $\mu = 1$, on a une droite.

On ne peut donner à n de valeurs négatives, car μ serait < 1, et $\frac{dy}{ds}$ infini pour $s = 0$, ce qui est impossible.

Centre de gravité des surfaces.

31. *Centre de gravité de l'aire comprise entre un arc d'ellipse, le diamètre qui aboutit à une extrémité de l'arc et la corde conjuguée passant par l'autre extrémité.*

En prenant pour axe des x le diamètre donné, pour axe des y la tangente à son extrémité, l'équation de l'ellipse est de la forme

$$y^2 = 2\frac{b^2}{a}x - \frac{b^2 x^2}{a^2}.$$

On décompose l'aire donnée en une infinité de bandes élémentaires parallèles à l'axe des y; la masse de chacune peut être représentée par $y\,dx$, et son centre de gravité a pour coordonnées x et $\frac{1}{2}y$. L'aire considérée est, θ désignant l'angle des axes,

$$\begin{aligned} A &= \int_0^h \sqrt{2\frac{b^2}{a}x - \frac{b^2}{a^2}x^2}\,dx \sin\theta \\ &= \frac{b\sin\theta}{2a}\left[a^2 \operatorname{arc\,cos}\frac{a-h}{a} - (a-h)\sqrt{2ah - h^2}\right]. \end{aligned}$$

Si x_1, y_1 sont les coordonnées du centre de gravité,

$$\mathrm{A}x_1 = \int_0^h x \sin\theta\, dx \sqrt{2\frac{b^2}{a}x - \frac{b^2}{a^2}x^2}$$

$$= \frac{b\sin\theta}{2a}\left[a^3 \operatorname{arc\,cos}\frac{a-h}{a} - \frac{2}{3}(2ah-h^2)^{\frac{3}{2}} - a(a-h)\sqrt{2ah-h^2}\right],$$

$$\mathrm{A}y_1 = \int_0^h \frac{1}{2}\left(2\frac{b^2}{a}x - \frac{b^2}{a^2}x^2\right)\sin\theta\, dx = \frac{b^2\sin\theta}{2a^2}\left(ah^2 - \frac{h^3}{3}\right).$$

On en déduit pour x_1, y_1 des valeurs assez compliquées, mais qui s'adaptent, en se simplifiant, à plusieurs cas particuliers; ainsi, pour le quart d'ellipse, on fera $h = a$, et l'on aura

$$\mathrm{A} = \frac{\pi ab}{4}, \quad x_1 = a - \frac{4a}{3\pi}, \quad y_1 = \frac{4b}{3\pi}.$$

Si l'on veut passer au cas de la parabole, on fera $b^2 = ap$, on développera suivant les puissances négatives de a, qu'on fera ensuite infini; mais il est bon de remplacer arc cos $\frac{a-h}{a}$ par 2 arc sin $\sqrt{\frac{h}{2a}}$; on a

$$\mathrm{A} = \frac{1}{2}\sin\theta\sqrt{\frac{p}{a}}\left[2a^2 \operatorname{arc\,sin}\sqrt{\frac{h}{2a}} - (a-h)\sqrt{2ah}\left(1-\frac{h}{2a}\right)^{\frac{1}{2}}\right]$$

$$= \sqrt{\frac{ph}{2}}\sin\theta\left[a\left(1+\frac{h}{12a}+\dots\right) - (a-h)\left(1-\frac{1}{4}\frac{h}{a}+\dots\right)\right],$$

et ainsi pour les autres; à la limite, en faisant $\sqrt{2ph} = k$,

$$\mathrm{A} = \frac{2}{3}hk\sin\theta, \quad x_1 = \frac{3}{5}h, \quad y_1 = \frac{3}{8}k.$$

32. *Centre de gravité de l'aire comprise à l'intérieur*

d'une parabole et d'un cercle représentés par les équations

$$y^2 = 16ax, \quad x^2 + y^2 - 10ay = 0.$$

Le cercle passe au sommet de la parabole et touche son axe; il rencontre la courbe en un point dont l'abscisse est $4a$, et le segment considéré est biconvexe. Pour évaluer les intégrales qui servent à déterminer le centre de gravité de l'aire, le mieux serait de la décomposer en bandes infiniment étroites parallèles à OX; mais, pour donner un exemple des précautions à prendre dans le calcul des intégrales multiples où l'expression analytique des limites change, je décomposerai en éléments $dx\,dy$, et j'intégrerai d'abord par rapport à y. J'ai une expression de la forme

$$A = \int\int dx\,dy = \int (y' - y'')\,dx;$$

x ne varie pas seulement de zéro à $4a$, mais de zéro à $5a$, car le rayon du cercle est $5a$, et l'arc qui limite le contour surpasse un quadrant. Dans tout l'intervalle, on aura

$$y'' = 5a - \sqrt{25a^2 - x^2};$$

mais y' sera $\sqrt{16ax}$ quand x croîtra de zéro à $4a$, et $5a + \sqrt{25a^2 - x^2}$ quand x sera compris entre $4a$ et $5a$; donc

$$A = \int_0^{4a} \left(4\sqrt{ax} - 5a + \sqrt{25a^2 - x^2}\right) dx + \int_{4a}^{5a} 2\sqrt{25a^2 - x^2}\,dx,$$

$$A = \frac{25}{2} a^2 \arcsin\frac{4}{5} - \frac{14}{3} a^2,$$

en prenant l'arc sinus terminé dans le deuxième quadrant, $126^\circ 52' 12''$, ou, en parties du rayon, 2,2143. L'intégrale $\int x\,dx\,dy$ se calcule de même et donne

$$A x_1 = \frac{928}{15} a^3.$$

Enfin

$$A y_1 = \iint y\,dx\,dy = \frac{1}{2}\int (y'^2 - y''^2)\,dx$$

$$= \frac{1}{2}\int_0^{4a} (16ax - 50a^2 + x^2 + 10a\sqrt{25a^2 - x^2})\,dx$$

$$+ 10a\int_{4a}^{5a} dx\,\sqrt{25a^2 - x^2},$$

$$A y_1 = \frac{125}{2} a^3 \arcsin\frac{4}{5} - \frac{166}{3} a^3.$$

L'arc sinus est le même que dans la première intégrale. On a sans peine x_1 et y_1.

33. *Centre de gravité d'une demi-boucle de la lemniscate de Bernoulli*

$$r = a\sqrt{2\cos 2\theta}.$$

On fait varier θ de zéro à $\frac{\pi}{4}$; alors $r = 0$, et l'aire de la courbe est

$$A = \int_0^{\frac{\pi}{4}}\int_0^{a\sqrt{2\cos 2\theta}} r\,dr\,d\theta = a^2\int_0^{\frac{\pi}{4}} \cos 2\theta\,d\theta = \frac{1}{2}a^2,$$

$$A x_1 = \iint r^2\cos\theta\,dr\,d\theta = \frac{2}{3}a^3\int_0^{\frac{\pi}{4}} \sqrt{2}\cos\theta\,(\cos 2\theta)^{\frac{3}{2}}\,d\theta.$$

On intègre en posant $\sqrt{2}\sin\theta = u$, d'où

$$\sqrt{2}\cos\theta\,d\theta = du, \quad \cos 2\theta = 1 - u^2,$$

$$A x_1 = \frac{2}{3}a^2\int_0^1 (1-u^2)^{\frac{3}{2}}\,du = \frac{3}{16}\pi \times \frac{2}{3}a^3 = \frac{\pi a^3}{8},$$

$$A y_1 = \iint r^2\sin\theta\,dr\,d\theta = \frac{2}{3}a^3\int_0^{\frac{\pi}{4}} \sqrt{2}\sin\theta\,\cos 2\theta^{\frac{3}{2}}\,d\theta.$$

Posons $\sqrt{2}\cos\theta = u$, $\sqrt{2}\sin\theta\, d\theta = -du$, $\cos 2\theta = u^2 - 1$;

$$A y_1 = \frac{2}{3} a^3 \int_1^{\sqrt{2}} (u^2 - 1)^{\frac{3}{2}} du = a^3 \left[\frac{1}{4} L(1 + \sqrt{2}) - \frac{1}{3}\sqrt{2} \right].$$

On en conclut

$$x_1 = \frac{\pi}{4} a, \quad y_1 = a \left[\frac{1}{2} L(1 + \sqrt{2}) - \frac{2}{3}\sqrt{2} \right].$$

34. *Déterminer une courbe plane telle que le centre de gravité de l'aire comprise entre les axes, la courbe et l'ordonnée $x = h$ ait pour abscisse $x_1 = \frac{ah}{a+h}$.*

La courbe cherchée satisfait à l'équation

$$(1) \qquad \frac{ax}{a+x} \int_0^x y\, dx = \int_0^x xy\, dx.$$

Différentions et réduisons:

$$\int_0^x y\, dx = \frac{a+x}{a^2} x^2 y;$$

Différentions encore:

$$a^2 y = (2ax + 3x^2) y + x^2(a+x) \frac{dy}{dx},$$

d'où

$$\frac{1}{y}\frac{dy}{dx} = \frac{a^2 - 2ax - 3x^2}{x^2(a+x)} = \frac{a - 3x}{x^2}.$$

L'intégration donne évidemment

$$y = \frac{c}{x^3} e^{-\frac{a}{x}}.$$

La courbe présente un point d'arrêt à l'origine; du côté des x positifs, elle part de l'origine tangentiellement à OX, s'élève au-dessus de cet axe, et lui devient asymptote pour

x infini. Quand x décroît de zéro à $-\infty$, y croît de $-\infty$ à zéro. De ce côté de l'axe des x, il était impossible *a priori* de satisfaire à l'énoncé du problème; mais il n'y a pas contradiction avec nos calculs, car, si x est < 0, la valeur trouvée pour y rend infinies les intégrales de l'équation (1), et celle-ci devient illusoire.

35. *Établir la relation qui existe entre les aires des quatre triangles ayant pour bases les côtés d'un quadrilatère et pour sommet commun le centre de gravité du quadrilatère.*

Prenons (*fig.* 2) pour axes les diagonales AA', BB', et faisons $OA = a$, $OA' = a'$, $OB = b$, $OB' = b'$, $AOB = \theta$. Joignons B, B' au milieu M de AA'; il est clair que le centre

Fig. 2.

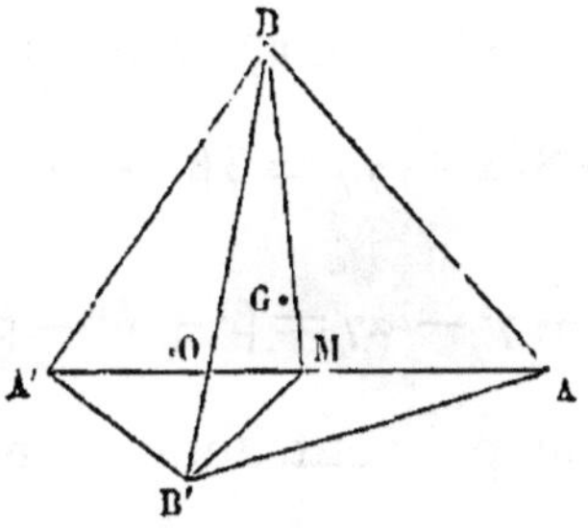

de gravité G se trouve sur une parallèle à BB' qui coupe MB et MB' au tiers de leur longueur à partir de M; et, comme $OM = \frac{1}{2}(a - a')$, l'abscisse de G est $\frac{1}{3}(a - a')$; par analogie, son ordonnée sera $\frac{1}{3}(b - b')$. Maintenant l'aire du triangle GAB est

$$\alpha = \frac{1}{2}\sin\theta \begin{vmatrix} 1 & \frac{a-a'}{3} & \frac{b-b'}{3} \\ 1 & a & 0 \\ 1 & 0 & b \end{vmatrix} = \frac{1}{6}\sin\theta(ab + ab' + ba').$$

L'aire de GBA' se calcule de même, A' ayant pour coordonnées $-a'$, o,

$$GBA' = \beta = \frac{1}{6}\sin\theta(ab + ba' + a'b');$$

de même

$$GA'B' = \gamma = \frac{1}{6}\sin\theta(ab' + ba' + a'b'),$$

$$GB'A = \delta = \frac{1}{6}\sin\theta(ab + ab' + a'b').$$

On tire de ces équations, en posant $\alpha + \beta + \gamma + \delta = S$,

$$a'b' = \frac{2}{\sin\theta}(S - 3\alpha), \quad ab = \frac{2}{\sin\theta}(S - 3\gamma),$$

$$ab' = \frac{2}{\sin\theta}(S - 3\beta), \quad a'b = \frac{2}{\sin\theta}(S - 3\delta).$$

Il suffit d'égaler le produit des deux premières et des deux dernières quantités; on a, en divisant par 12 $\operatorname{coséc}^2\theta$,

$$3\alpha\gamma - S(\alpha + \gamma) = 3\beta\delta - S(\beta + \delta)$$

ou

$$\alpha^2 + \gamma^2 - \alpha\gamma = \beta^2 + \delta^2 - \beta\delta.$$

Les quatre aires ne peuvent donc être prises arbitrairement.

36. *Centre de gravité de la portion de surface du paraboloïde*

$$2z = \frac{x^2}{a} + \frac{y^2}{b},$$

qui se projette sur le plan des xy entre les parties positives des axes et l'ellipse

$$\frac{x^2}{a^2} + \frac{y^2}{b^2} = 1, \quad z = 0. \quad \text{(Fuhrmann.)}$$

Le long de la courbe à double courbure qui limite l'aire

proposée, la normale au paraboloïde fait un angle constant avec l'axe des z. Pour effectuer les quadratures, je substitue à x et y les variables u et φ définies par les équations

$$x = au\sin\varphi, \quad y = bu\cos\varphi;$$

on a tous les points situés à l'intérieur du quart d'ellipse donné en faisant varier u de zéro à 1, φ de zéro à $\frac{\pi}{2}$. On découpe le plan des xy en petits parallélogrammes qui ont pour aire, d'après les formules connues pour le changement de variables dans les intégrales multiples,

$$d\sigma = \left(\frac{\partial x}{\partial\varphi}\frac{\partial y}{\partial u} - \frac{\partial x}{\partial u}\frac{\partial y}{\partial\varphi}\right) du\, d\varphi = ab\, u\, du\, d\varphi.$$

La normale au paraboloïde en x, y faisant avec l'axe un angle γ tel que

$$\frac{1}{\cos\gamma} = \sqrt{1 + \left(\frac{\partial z}{\partial x}\right)^2 + \left(\frac{\partial z}{\partial y}\right)^2} = \sqrt{1 + \frac{x^2}{a^2} + \frac{y^2}{b^2}} = \sqrt{1 + u^2},$$

on aura pour l'aire courbe et pour ses moments par rapport aux plans coordonnés :

$$A = ab\int_0^{\frac{\pi}{2}}\int_0^1 u\, du\, d\varphi\sqrt{1+u^2} = \frac{\pi ab}{6}(2\sqrt{2}+1),$$

$$Ax_1 = a^2b\iint u^2\, du\, d\varphi\sin\varphi\sqrt{1+u^2} = \frac{a^2b}{8}[3\sqrt{2} - L(1+\sqrt{2})],$$

$$Ay_1 = ab^2\iint u^2\, du\, d\varphi\cos\varphi\sqrt{1+u^2} = \frac{ab^2}{8}[3\sqrt{2} - L(1+\sqrt{2})],$$

$$Az_1 = \frac{1}{2}ab\iint u^3(a\sin^2\varphi + b\cos^2\varphi)\, du\, d\varphi\sqrt{1+u^2}$$

$$= \frac{\pi ab}{60}(a+b)(1+\sqrt{2}).$$

37. *La distance du centre de gravité de l'aire d'une figure sphérique à un plan est quatrième proportionnelle à l'aire de la figure, à sa projection sur le plan et au rayon R de la sphère.*

En effet, prenons le plan de projection pour OXY, le centre pour origine; on a

$$A z_1 = \int\int z \frac{R}{z} dx\, dy = R \text{ proj. de A}.$$

On en déduit que la distance du centre de gravité d'un triangle sphérique ABC au plan du grand cercle BC est

$$\frac{R}{2} \frac{a - b\cos C - c\cos B}{A + B + C - \pi};$$

cette formule et les deux autres analogues font connaître le point cherché.

Considérons une demi-boucle de la surface de Viviani

$$x^2 + y^2 + z^2 = R^2, \quad x^2 + y^2 - Rx = 0;$$

son aire est $\left(\frac{\pi}{2} - 1\right) R^2$, et ses projections sur les trois plans coordonnés sont, comme on le voit sans peine,

$$\frac{1}{3} R^2, \quad \left(\frac{\pi}{4} - \frac{2}{3}\right) R^2, \quad \frac{1}{8} \pi R^2;$$

on en déduit

$$x_1 = \frac{2R}{3(\pi - 2)}, \quad y_1 = \frac{(3\pi - 8)R}{6(\pi - 2)}, \quad z_1 = \frac{\pi R}{4(\pi - 2)}.$$

Centre de gravité des solides.

38. *Centre de gravité du volume homogène engendré par la révolution de la boucle d'une strophoïde autour de l'axe.*

Prenons l'axe pour axe des x, et le point double pour origine; l'équation de la courbe est

$$y^2 = x^2 \frac{a - x}{a + x}.$$

Le volume est

$$V = \int_0^a \pi x^2 \frac{a - x}{a + x} dx$$

$$= \pi \int_0^a \left(-x^2 + 2ax - 2a^2 + \frac{2a^3}{a + x}\right) dx = 2\pi a^3 \left(L2 - \frac{2}{3}\right).$$

Le centre de gravité est sur l'axe des x, et, x_1 étant son abscisse, on a

$$V x_1 = \int_0^a \pi x^3 \frac{a - x}{a + x} dx = \pi a^4 \left(\frac{17}{12} - 2L2\right),$$

d'où

$$x_1 = a \frac{17 - 24L2}{24L2 - 16} = a \frac{0,365}{0,636} = 0,57a.$$

39. *Centre de gravité du volume engendré par un secteur parabolique compris entre deux rayons vecteurs et tournant autour de l'axe de la parabole.*

Le rayon vecteur correspondant à l'angle θ est

$$\rho = \frac{p}{1 + \cos\theta},$$

et, si α et β sont les angles polaires des rayons qui limitent le secteur, on a

$$V = 2\pi \int_\alpha^\beta \int_0^\rho r^2 \sin\theta \, d\theta \, dr = \frac{1}{3} p^3 \pi \left[\frac{1}{(1 + \cos\beta)^2} - \frac{1}{(1 + \cos\alpha)^2}\right],$$

$$V x_1 = 2\pi \int_\alpha^\beta \int_0^\rho r^3 \sin\theta \cos\theta \, d\theta \, dr$$

$$= \frac{1}{2} \pi p^4 \left[\frac{1}{2} \frac{1}{(1 + \cos\theta)^2} - \frac{1}{3} \frac{1}{(1 + \cos\theta)^3}\right]_\alpha^\beta;$$

d'où

$$x_1 = \frac{1}{4} p \frac{3(1+\cos\alpha)(1+\cos\beta)(\cos\alpha+\cos\beta) - 2(\cos\alpha-\cos\beta)^2}{(1+\cos\alpha)(1+\cos\beta)(2+\cos\alpha+\cos\beta)}.$$

39. *Centre de gravité du volume compris entre les trois plans de coordonnées rectangulaires et les surfaces des cylindres elliptiques*

$$\frac{y^2}{b^2} + \frac{z^2}{c^2} = 1, \quad \frac{x^2}{a^2} + \frac{z^2}{c^2} = 1.$$

La surface courbe qui limite l'espace compris à l'intérieur des cylindres au-dessus du plan xy est la voûte d'arête, et les lignes d'intersection des deux cylindres sont contenues dans les plans $ay = \pm bx$. Nous ne prenons que le quart du volume compris sous la voûte; des plans horizontaux y déterminent des sections rectangulaires dont les côtés ont pour longueur

$$\frac{a}{c}\sqrt{c^2 - z^2}, \quad \frac{b}{c}\sqrt{c^2 - z^2}.$$

On aura de suite le volume V et l'ordonnée z du centre de gravité

$$V = \int_0^c \frac{ab}{c^2}(c^2 - z^2)\,dz = \frac{2}{3} abc,$$

$$Vz_1 = \int \frac{ab}{c^2}(c^2 - z^2)\,z\,dz = \frac{1}{4} abc^2, \quad z_1 = \frac{3}{8} c.$$

Pour calculer les moments relatifs au plan des yz, on peut diviser le volume en petits prismes de base $dx\,dy$, parallèles à OZ; mais la hauteur de ces prismes n'a pas la même expression aux divers points du plan xy : pour les points compris entre l'axe des x et les droites $x = a$ et $ay = bx$, le volume des petits prismes est limité au second cylindre parallèle à OY; au contraire, c'est au premier cylindre que se terminent les parallèles menées à OZ par des points compris entre l'axe des y, les droites $y=b$ et $ay=bx$. On partage l'intégrale définie en deux

$$\mathrm{V}x_1=\int_0^a dx\int_0^{\frac{bx}{a}} dy\,\frac{cx}{a}\sqrt{a^2-x^2}+\int_0^b dy\int_0^{\frac{ay}{b}} dx\,\frac{cx}{b}\sqrt{b^2-y^2}.$$

Pour la première, on intègre d'abord par rapport à y, et dans la seconde c'est par x qu'on commence, et l'on trouve, en écrivant y_1 par analogie,

$$\mathrm{V}x_1=\frac{3\pi a^2bc}{32},\quad x_1=\frac{9}{64}\pi a,\quad y_1=\frac{9}{64}\pi b.$$

41. *Centre de gravité du volume compris entre le plan des xy, le plan des zx, la sphère de rayon a dont le centre est à l'origine, et le cylindre*

$$x^2+y^2-ax=0.$$

Le volume ainsi défini et la surface sphérique qui le limite ont été étudiés par Viviani. Prenons des coordonnées semi-polaires r, θ et z; sur la base du cylindre, on a $r=a\cos\theta$, et les formules ordinaires conduisent à des quadratures qui ne présentent pas de difficulté :

$$\mathrm{V}=\int_0^{\frac{\pi}{2}} d\theta\int_0^{a\cos\theta} r\,dr\sqrt{a^2-r^2}=\frac{3\pi-4}{18}a^3,$$

$$\mathrm{V}x_1=\iint r^2\cos\theta\sqrt{a^2-r^2}\,d\theta\,dr=\frac{2}{15}a^4,$$

$$\mathrm{V}y_1=\iint r^2\sin\theta\sqrt{a^2-r^2}\,d\theta\,dr=\frac{15\pi-32}{240}a^4,$$

$$\mathrm{V}z_1=\iint \frac{1}{2}(a^2-r^2)\,r\,d\theta\,dr=\frac{5\pi}{128}a^4.$$

On en déduit de suite x_1, y_1, z_1.

42. *Des solides terminés par deux faces planes parallèles, et tels que l'aire de la section faite par un plan parallèle à ces bases s'exprime par une fonction entière et du deuxième degré de la distance du plan sécant à l'une d'elles.*

La définition précédente comprend un grand nombre de corps remarquables par la simplicité avec laquelle on peut déterminer leur volume et la distance de leur centre de gravité aux bases. Soient $2h$ la hauteur d'un de ces corps, z la distance de la base inférieure à un plan parallèle horizontal, pour fixer les idées, et

$$A = mz^2 + pz + q$$

l'aire de la section déterminée par ce plan. Le volume est

$$V = \int_0^{2h} (mz^2 + pz + q)\,dz = \frac{h}{3}(8mh^2 + 6ph + 6q).$$

On peut l'écrire

$$V = \frac{2h}{6}[(4mh^2 + 2ph + q) + 4(mh^2 + ph + q) + q].$$

Les trois parties du crochet représentent l'aire de la base supérieure, de la section moyenne et de la base inférieure; désignons-les par B_1, B_2, B_0, et nous aurons

$$V = \frac{1}{6}2h(B_0 + B_1 + 4B_2).$$

La distance du centre de gravité à la base inférieure est

$$z_1 = \frac{1}{V}\int_0^{2h} (mz^2 + pz + q)z\,dz$$
$$= \frac{2h^2}{3V}(6mh^2 + 4ph + 3) = \frac{2h^2}{3V}(B_1 + 2B_2).$$

On aura de même la distance à la base supérieure et leur

rapport

$$\frac{z_0}{z_1} = \frac{B_1 + 2B_2}{B_0 + 2B_2}.$$

Dans la classe des solides que nous considérons rentrent les segments de surfaces du second ordre, et les polyèdres limités par deux bases parallèles, et latéralement par des triangles ou des trapèzes dont les sommets coïncident avec ceux des bases. Pour le reconnaître dans ce dernier cas, prenons le plan de la base inférieure pour plan des xy; les arêtes latérales ont des équations de la forme

$$x = az + \alpha, \quad y = bz + \beta;$$

le polygone déterminé par un plan sécant parallèle à Oxy a des sommets dont les coordonnées sont fonctions linéaires du z du plan; ce polygone se projette en vraie grandeur sur Oxy, et l'on sait que l'aire d'un polygone est une fonction entière du second degré des coordonnées des sommets, et par suite de z. Puisque le nombre des faces latérales est quelconque, on peut les supposer infiniment étroites et en nombre infini : on aura alors un solide limité latéralement par une surface réglée quelconque.

Ce résultat est très souvent utile, surtout si l'on connaît à l'avance une ligne sur laquelle doive être le centre de gravité : en voici quelques applications. Le centre de gravité d'un demi-ellipsoïde divise le demi-axe dans le rapport de 3 à 5. Quand deux surfaces du second degré se coupent suivant deux coniques situées dans des plans parallèles, le volume compris entre ces deux surfaces (tel serait le volume engendré par la rotation d'un segment de conique autour de l'axe) a son centre de gravité au milieu de la droite qui joint les centres des coniques communes. Que deux ellipsoïdes homothétiques et concentriques soient coupés suivant des courbes réelles par deux plans parallèles, le volume compris entre les deux plans et les deux ellipsoïdes a son centre au milieu du diamètre de ce solide; car les aires annulaires déterminées par des plans sécants parallèles sont équivalentes : $B_0 = B_1 = B_2$.

43. Lorsque dans un de ces solides, limités latéralement par une surface gauche, que nous venons de considérer, les centres de gravité des sections parallèles aux bases ne sont plus en ligne droite, on peut déterminer le centre de gravité du solide au moyen d'un élégant théorème dû à M. Darboux. On voit immédiatement que le moment, par rapport au plan Oyz, de la tranche comprise entre les plans menés à des hauteurs z et $z + dz$ est de la forme $\varphi(z)\,dz$, $\varphi(z)$ étant un polynôme du troisième degré.

On a

$$Vx_1 = \int_0^{2h} \varphi(z)\,dz;$$

mais on reconnaît, comme nous l'avons fait quand $\varphi(z)$ était du second degré, que l'intégrale est égale à

$$\frac{h}{3}[\varphi(0) + \varphi(2h) + 4\varphi(h)];$$

$\varphi(0)$ est égal au produit de B_0 par l'abscisse α_0 du centre de gravité de cette aire; $\varphi(2h)$ et $\varphi(h)$ sont égales à $B_1\alpha_1$ et à $B_2\alpha_2$: remplaçant V par sa valeur et divisant par $\frac{h}{3}$, on a

$$(B_0 + B_1 + 4B_2)x_1 = B_0\alpha_0 + B_1\alpha_1 + 4B_2\alpha_2.$$

On a une relation analogue pour y_1. Donc *le centre de gravité du solide coïncide avec celui de trois masses égales à* $B_0, B_1, 4B_2$, *placées respectivement aux centres de gravité de la base inférieure, de la base supérieure et de la section moyenne.*

EXERCICES.

1. Centre de gravité d'un arc de cycloïde homogène dont l'origine est au sommet de la courbe.

$$s = 2\sqrt{2ay}, \quad y_1 = \frac{1}{3}y, \quad x_1 = x - \frac{2}{3\sqrt{y}}\left[(2a)^{\frac{3}{2}} - (2a-y)^{\frac{3}{2}}\right].$$

2. Centre de gravité d'un arc de la spirale $r = ae^\theta$, θ étant nul à l'origine de l'arc considéré. (FUHRMANN.)

$$s = a\sqrt{2}(e^\theta - 1), \quad x_1 = \frac{a^2}{5s}[(\sin\theta + 2\cos\theta)e^{2\theta} - 2]\sqrt{2}.$$

3. Centre de gravité d'un arc de courbe qui se projette sur OXY suivant la parabole $y^2 = 4ax$, et sur OXZ suivant une demi-cycloïde partant du point O et engendrée par un cercle de diamètre b qui roule sur OX. (FUHRMANN.)

$$x_1 = \frac{1}{3}b, \quad y_1 = \sqrt{ab}, \quad z_1 = \frac{3\pi - 4}{6}b.$$

4. Déterminer la masse et le centre de gravité d'une demi-circonférence où la densité est λy, y étant la distance au diamètre de base.

$$m = 2\lambda R^2, \quad x_1 = 0, \quad y_1 = \frac{\pi}{4}R.$$

5. Centre de gravité d'un arc de parabole, de lemniscate, de loxodrome.

6. Centre de gravité de l'aire comprise entre un arc de chaînette, sa base, son axe et une parallèle à cet axe.

$$A = as, \quad x_1 = x - \frac{ay - a^2}{s}, \quad y_1 = \frac{sy + ax}{4s}.$$

7. Centre de gravité de l'aire comprise entre un demi-cercle limité par un diamètre PQ et la podaire du point P relative à la demi-circonférence.

$$A = \frac{\pi R^2}{4}, \quad x_1 = \frac{R}{4}, \quad y_1 = \frac{8R}{3\pi}.$$

8. Centre de gravité de l'aire de la portion de la surface

$$z = \frac{2}{3\sqrt{a}}\left(x^{\frac{3}{2}} + y^{\frac{3}{2}}\right),$$

qui se projette sur le plan des xy entre OX, OY et la droite $x+y=a$.

$$A=\int_0^a\int_0^{a-x}dx\,dy\sqrt{1+\frac{x}{a}+\frac{y}{a}}=\frac{4}{15}(1+\sqrt{2})a^2,$$

$$x_1=y_1=\frac{26-15\sqrt{2}}{14}a,\quad z_1=\frac{122\sqrt{2}-15\,\mathrm{L}(3+2\sqrt{2})}{192(\sqrt{2}+1)}a.$$

9. Une chaînette, tournant autour de sa base, engendre une alysséide : centre de gravité de la zone comprise entre l'équateur et un parallèle.

$$A=\frac{\pi a^2}{4}\left(e^{\frac{2z}{a}}-e^{-\frac{2z}{a}}+\frac{4z}{a}\right),\quad z_1=z-\frac{\pi a^3}{8A}\left(e^{\frac{z}{a}}-e^{-\frac{z}{a}}\right)^2.$$

10. Centre de gravité de l'aire comprise entre une cissoïde, son axe et son asymptote, entre une spirale d'Archimède et deux rayons vecteurs, entre une ellipse et deux rayons issus du foyer; d'une boucle de strophoïde.

11. Centre de gravité d'une zone de paraboloïde de révolution, de la surface convexe d'un tronc de cône comprise entre deux génératrices.

12. Centre de gravité du volume compris entre une sphère et un cône qui a pour sommet le centre et pour directrice une courbe de Viviani, dans la région des coordonnées positives.

$$V=\frac{\pi-2}{6}R^3,\quad x_1=\frac{R}{2\pi-4},\quad y_1=\frac{3\pi-8}{8\pi-6}R,\quad z_1=\frac{3\pi R}{16\pi-32}.$$

13. Centre de gravité du volume compris entre les trois plans coordonnés et le plan $x+y+z=a$, la densité variant comme le carré de la distance à l'origine.

$$m=\int_0^a\int_0^{a-x}\int_0^{a-x-y}\lambda(x^2+y^2+z^2)\,dx\,dy\,dz=\frac{\lambda a^5}{20},$$

$$x_1=y_1=z_1=\frac{5a}{18}.$$

14. Centre de gravité du volume engendré par une parabole tournant autour de la tangente au sommet; par un quart d'ellipse dont le centre parcourt l'axe d'une demi-ellipse horizontale, l'un

des demi-axes de l'ellipse mobile étant l'ordonnée de l'ellipse fixe; l'autre axe vertical et de grandeur constante. Volume compris entre un paraboloïde hyperbolique, le plan tangent au sommet et les plans menés parallèlement à l'axe par quatre génératrices qui forment un quadrilatère gauche.

15. Volume et centre de gravité d'un solide ayant la forme d'un tas de pierres.

16. Calculer l'aire engendrée par une circonférence dont le plan s'enroule sur un cylindre droit : centre de gravité de cette aire.

17. Volume et centre de gravité d'un cylindre tronqué.

ÉQUILIBRE DES CORPS SOLIDES.

Théorèmes sur l'équilibre et la composition des forces.

44. Un système quelconque de forces F_i, appliquées en des points M_i d'un solide invariable, peut toujours être remplacé par une *résultante de translation* R appliquée en un point arbitraire O du solide et par un couple G. Prenons le point O pour origine de trois axes de coordonnées faisant entre eux, dans le cas général, les angles λ, μ, ν : R a pour composantes

$$X = \Sigma X_i, \quad Y = \Sigma Y_i, \quad Z = \Sigma Z_i;$$

G est le couple résultant de trois couples situés dans les plans coordonnés et ayant pour moments $L \sin\lambda$, $M \sin\mu$, $N \sin\nu$, si

$$L = \Sigma(y_i Z_i - z_i Y_i),$$
$$M = \Sigma(z_i X_i - x_i Z_i),$$
$$N = \Sigma(x_i Y_i - y_i X_i).$$

Pour qu'il y ait équilibre, il faut et il suffit que R et G soient nuls, d'où les six équations connues. On peut dire aussi qu'il faut que la somme des projections des forces sur une droite quelconque et celle de leurs moments par rapport à cette droite soient nulles : il suffit que les projections faites sur trois axes parallèlement aux trois faces d'un trièdre aient une somme nulle, ainsi que les moments par rapport aux trois arêtes d'un trièdre.

Le cas où il n'y a que trois forces offre un intérêt exceptionnel : pour qu'il y ait équilibre, il faut que les trois forces soient dans un même plan et que l'une d'elles soit égale et opposée à la résultante des deux autres.

45. Le système des forces F_i ne peut, en général, être remplacé par une seule force; pour qu'il admette une résultante appliquée en un point (x, y, z), il faut que cette résultante soit égale à R et qu'on ait

$$(1) \qquad yZ - zY = L, \quad zX - xZ = M, \quad xY - yX = N;$$

or ces équations ne sont compatibles que si

$$(2) \qquad LX + MY + NZ = 0;$$

cette condition remplie, les équations (1) se réduisent à deux, qui représentent évidemment la ligne d'action HH' de la résultante. Les équations de HH' peuvent se mettre sous une forme symétrique ; multiplions la seconde équation (1) par $-Z$, la troisième par Y et ajoutons : nous en tirerons, en désignant $X^2 + Y^2 + Z^2$ par S^2,

$$Xx + Xy + Zz = \frac{S^2 x - (NY - MZ)}{X};$$

on en conclut, par raison de symétrie, que les équations de HH' sont de la forme

$$(3) \qquad \frac{x - \dfrac{NY - MZ}{S^2}}{X} = \frac{y - \dfrac{LZ - NX}{S^2}}{Y} = \frac{z - \dfrac{MX - LY}{S^2}}{Z};$$

S est égal à R quand les axes sont rectangulaires.

L'équation (2), quand les axes sont rectangulaires, exprime que R est perpendiculaire à l'axe de G : il est intéressant, dit Duhamel, de retrouver la même interprétation en supposant les axes obliques. Prenons sur OY et sur OZ des longueurs $OB = N$, $OC = M$: on peut former l'un des couples composants de G, $N \sin \nu$, à l'aide d'une force F_1 égale à l'unité, agissant suivant OX, et d'une force F_2 égale, mais de direction opposée, appliquée en B; de même on formera le couple $M \sin \mu$ à l'aide d'une force F_3 égale à 1, agissant suivant le prolongement de OX, et d'une force F_4 appliquée en C; enfin, j'obtiens le couple $L \sin \lambda$ au moyen d'une force F_5, égale à $\frac{L}{M}$, agissant en B dans le sens de OY, et d'une force F_6, égale, mais de direction opposée, appliquée en C. Les forces F_1, F_3 se détruisent; les forces F_2 et F_5, F_4 et F_6 ont des résultantes ρ, ρ' dont le plan est celui du couple G. Or ρ, appliquée en B, rencontre OX en un point A dont l'abscisse est $\frac{MN}{L}$; le plan ABC a pour équation

$$\frac{Lx}{MN} + \frac{y}{N} + \frac{z}{M} = 1, \quad Lx + My + Nz = MN;$$

l'équation (2) exprime que R est parallèle à ce plan, c'est-à-dire perpendiculaire à l'axe de G.

Quand les forces F_i n'ont pas de résultante, les équations (3) représentent l'axe central à condition que les coordonnées soient rectangulaires.

46. Le système des forces F_i peut être remplacé par deux forces P, Q, appelées conjuguées et dont l'une agit suivant une droite choisie à volonté, hormis celles dont la direction est parallèle à R. On étudie aisément les groupes de forces conjuguées en remplaçant d'abord le système des F_i par une résultante de translation agissant suivant l'axe central et par le couple correspondant, dont je désignerai le moment par K.

Étant donnés deux groupes de forces conjuguées P, Q et P', Q', si les forces P, P' se rencontrent en un point M, Q et Q' seront dans un plan μ passant en M. En effet, une droite quelconque passant par M et rencontrant Q doit rencontrer Q' puisque, les moments de P, Q et de P' par rapport à cette droite étant nuls, celui de Q' doit aussi être nul : μ est le *plan focal* de M, M le *foyer* de μ. Si M se déplace sur une droite, μ tourne autour de la droite conjuguée.

Le tétraèdre qui a pour arêtes opposées deux forces conjuguées quelconques a un volume constant égal à $\frac{1}{6}$RK; la première partie de cette proposition est un cas particulier du théorème suivant.

47. Théorème de Moebius. — *Étant donnés deux systèmes de forces* $P_1, P_2, \ldots, P_m$; $Q_1, Q_2, \ldots, Q_n$ *équivalents, la somme des volumes des tétraèdres qui ont pour arêtes opposées deux des forces* P *combinées de toutes les manières possibles est égale à la somme analogue correspondant aux forces* Q; *le volume du tétraèdre construit sur deux forces sera affecté du signe* + *ou du signe* — *selon que le moment d'une des forces par rapport à la direction de l'autre est positif ou négatif.*

Le volume (P, Q) du tétraèdre qui a P et Q pour arêtes opposées est égal au sixième du produit de P et de Q par leur plus courte distance et par le sinus de l'angle de leurs directions, c'est-à-dire au produit de $\frac{P}{6}$ par le moment de Q relatif à P. Cela posé, égalons successivement la somme des moments des forces P et celle des moments des forces Q, par rapport à chacune des $m + n$ droites suivant lesquelles agissent les forces P et les forces Q : il vient

$$(P_1, P_2)+(P_1, P_3)+\ldots+(P_1, P_m)=(P_1, Q_1)+\ldots+(P_1, Q_n);$$

$$\ldots\ldots\ldots\ldots\ldots\ldots\ldots\ldots\ldots\ldots\ldots\ldots\ldots\ldots\ldots\ldots$$

$$(Q_n, P_1)+\ldots+(Q_n, P_m)=(Q_n, Q_1)+\ldots+(Q_n, Q_{n-1}).$$

Si l'on ajoute membres à membres ces $m+n$ équations, les volumes (P_i, Q_j) se détruisent et il reste, en divisant par 2,

$$(P_1, P_2)+(P_1, P_3)+\ldots+(P_{m-1}, P_m)=(Q_1, Q_2)+\ldots+(Q_{n-1}, Q_n).$$

48. *Droites en involution de M. Cayley.* — Une force P peut, en général, être remplacée par six forces F_1, F_2, ..., F_6 qui agissent suivant six droites données et dont, par conséquent, les points d'application et les paramètres directeurs peuvent être considérés comme connus : si l'on exprime que les F_i font équilibre à la force $-P$, les six équations d'équilibre feront connaître les grandeurs des forces F_i, à moins que le déterminant de ces inconnues ne soit nul. Dans ce cas particulier, on peut trouver six forces F_i agissant suivant les droites données et se faisant équilibre : M. Cayley dit que les droites sont *en involution*. Lorsque cinq des droites données ont une transversale qui ne rencontre pas la sixième, elles ne peuvent être les droites d'action de six forces en équilibre; mais si elles ont une transversale commune T, elles sont en involution ; car une force P qui ne rencontre pas T ne saurait être remplacée par six forces agissant suivant les droites données et dont les moments par rapport à T seraient nuls tandis que celui de P ne l'est pas. Cette remarque a été utilisée dans les applications de la Statique à la Géométrie.

49. *Équations de l'équilibre astatique.* — Dans ce qui va suivre, nous supposerons que les forces F_i, appli-

quées à divers points M_i d'un solide S, conservent leur direction et leur grandeur lorsqu'on change la position et l'orientation de S ; ces systèmes de forces ont été étudiés notamment par Mœbius dans sa *Statique* et par M. Darboux dans un beau Mémoire sur l'*Équilibre astatique* : nous allons en établir les propriétés les plus simples. Posons, pour abréger,

$$\Sigma X_i = X, \quad \Sigma X_i x_i = X_x, \quad \Sigma X_i y_i = X_y, \quad \Sigma X_i z_i = X_z, \quad \ldots;$$

nous avons ainsi douze quantités, les U_v, qui, pour une orientation déterminée des axes et de S, définissent l'état du solide.

Cherchons les conditions nécessaires et suffisantes pour que les forces F_i se fassent équilibre dans la position actuelle du solide et dans toutes les positions qu'on peut lui donner, en un mot, pour qu'il y ait équilibre astatique. Il faut d'abord que la résultante de translation R soit nulle

$$(1) \qquad X = 0, \quad Y = 0, \quad Z = 0.$$

Remplaçons chaque force F_i par ses composantes X_i, Y_i, Z_i : la somme algébrique des X_i étant nulle, quelques-unes de ces forces agissent dans le sens de OX et ont une résultante A appliquée en un point a qui occupe toujours la même position dans S, tandis que les autres, agissant en sens contraire, ont une résultante A' égale à A et appliquée en un point déterminé a' de S. De même, les Y_i peuvent toujours être remplacées par deux forces B, B', égales mais de directions opposées, appliquées en deux points b, b' de S, les Z_i par deux forces C, C' appliquées en des points c, c' de S. Je dis que si les bras du levier aa', bb', cc' ne sont pas nuls tous les trois, on peut amener S dans une position telle qu'il n'y ait pas équilibre.

Orientons S de manière que aa' soit parallèle à OX : les forces A, A′ se détruisent. Supposons qu'en même temps les couples BB′, CC′ se fassent équilibre : il faut pour cela que leurs plans aient une direction commune qui sera nécessairement celle de OYZ : bb' et cc' seront parallèles à ce plan; or, si les axes sont obliques, il suffit de faire tourner S autour de aa' pour détruire ce parallélisme et rompre l'équilibre : s'ils sont rectangulaires, nous pouvons rendre bb' parallèle à OZ; supposons encore les moments de BB′, CC′ égaux et de signes contraires. Si je fais tourner S de 180° autour de bb', aa' sera encore parallèle à OX, le moment de BB′ restera le même tandis que celui de CC′ changera de signe et il n'y aura plus équilibre.

Il faut donc, pour l'équilibre astatique, que aa', bb', cc' soient nuls et, par suite, que les X_i, les Y_i, les Z_i soient séparément en équilibre astatique, et cette condition est suffisante; nous avons vu (n° 18) qu'elle se traduit, outre les équations (1), par les neuf équations

$$X_x = X_y = X_z = 0, \quad Y_x = Y_y = Y_z = 0, \quad Z_x = Z_y = Z_z = 0;$$

il y a douze équations pour l'équilibre astatique : il faut et il suffit que, dans une position donnée de S, tous les U_ν soient nuls.

50. *Plan central : réduction des* U_ν. — Lorsque la résultante de translation R des F_i est différente de zéro, on peut orienter les axes coordonnés et S de manière à annuler neuf des sommes U_ν par la considération du *plan central.* Supposons dorénavant les axes rectangulaires et envisageons les composantes φ_i des F_i suivant une direction définie par les cosinus directeurs α, β, γ : je dis que, si l'on fait varier la direction α, β, γ, le centre C des forces parallèles φ_i restera sur un plan ayant une position déter-

minée dans S. On a, pour la résultante des φ_i,

$$(2) \qquad \rho = \alpha X + \beta Y + \gamma Z,$$

et pour les coordonnées de son point d'application C,

$$(3) \qquad \begin{cases} \rho x_1 = \alpha X_x + \beta Y_x + \gamma Z_x, \\ \rho y_1 = \alpha X_y + \beta Y_y + \gamma Z_y, \\ \rho z_1 = \alpha X_z + \beta Y_z + \gamma Z_z. \end{cases}$$

Si nous éliminons $\alpha, \beta, \gamma, \rho$ entre les équations (2) et (3), nous aurons l'équation du lieu du point C : elle est évidemment du premier degré et représente un plan qu'on a appelé plan central. Comme d'ailleurs le centre des forces parallèles φ_i a toujours la même position dans S, quelle que soit l'orientation du solide, il en sera de même pour le plan central.

Cela posé, et S étant dans une position quelconque, prenons pour origine des coordonnées le centre des forces parallèles φ_i dont la direction est celle de R et pour axe OZ une parallèle à cette même direction : nous pouvons orienter S de manière que le plan central entraîné avec le solide soit perpendiculaire sur OZ et confondu avec OXY; les équations (3) devront nous donner $z_1 = 0$ pour toutes les valeurs de α, β, γ et $x_1 = y_1 = 0$ pour $\alpha = \beta = 0$; il faut pour cela que Z_x, Z_y, X_z, Y_z, Z_z soient nuls aussi bien que X et Y. Enfin, en partant de l'orientation particulière que nous leur avons supposée, faisons tourner les axes coordonnés et S autour de OZ, les premiers d'un angle θ, le solide d'un angle $\theta - \omega$: les composantes de F_i suivant les nouveaux axes OX', OY' seront

$$X'_i = X_i \cos\theta + Y_i \sin\theta, \quad Y'_i = -X_i \sin\theta + Y_i \cos\theta,$$

et les coordonnées de M_i par rapport aux mêmes axes deviendront

$$x'_i = x_i \cos\omega + y_i \sin\omega, \quad y'_i = -x_i \sin\theta + y_i \cos\theta.$$

Nous pouvons former $\Sigma X'_i y'_i$ et $\Sigma Y'_i x'_i$ ou $X'_{y'}$ et $Y'_{x'}$, et nous trouverons

$$X'_{y'} + Y'_{x'} = (Y_y - X_x)\sin(\theta+\omega) + (X_y + Y_x)\cos(\theta+\omega),$$
$$X'_{y'} - Y'_{x'} = (X_x + Y_y)\sin(\theta-\omega) + (X_y - Y_x)\cos(\theta-\omega).$$

On peut toujours déterminer θ et ω de manière à annuler les seconds membres et, par suite, $X'_{y'}$ et $Y'_{x'}$: alors, parmi les douze éléments U_ν, trois seulement, Z, X_x, Y_y sont différents de zéro. Nous dirons que S est dans la *position réduite :* celles de ses droites qui coïncident avec les axes coordonnés seront les *axes centraux,* les sections faites par les plans des yx et des zx sont les *sections centrales.*

51. *Théorème de Minding.* — Lorsque la résultante de translation R est différente de zéro, S ne peut être en équilibre, mais il y a une infinité de manières de l'orienter de telle sorte que les F_i aient une résultante. Supposons que S soit d'abord dans la position réduite et faisons-le tourner de manière que les axes centraux Ox, Oy, Oz fassent avec leurs directions primitives OXYZ des angles dont les cosinus soient a, a', a'' pour Ox, b, b', b'' pour Oy, c, c', c'' pour Oz ; mais rapportons toujours tout aux axes centraux. Dans la position réduite, trois des quantités U_ν étaient différentes de zéro, $Z = R$, X_x et Y_y, dont je désigne les valeurs par λR et μR. On trouve facilement que, après le déplacement attribué à S, on a

$$X = cR, \quad Y = c'R, \quad Z = c''R,$$
$$L = Z_y - Y_z = b''\mu R, \quad M = -a''\lambda R, \quad N = (a'\lambda - b\mu)R.$$

La condition $LX + MY + NZ = 0$ pour que les F_i admettent une résultante donne, en divisant par R^2,

$$(4) \qquad cb''\mu - c'a''\lambda = c''(b\mu - a'\lambda),$$

ou, en invoquant des relations connues entre les neuf cosinus,

$$(5) \qquad a'\mu = b\lambda.$$

Puisque, aux six relations générales qui lient les neuf cosinus, nous n'avons à ajouter qu'une relation particulière, il y a une double infinité de positions de S pour lesquelles les F_i ont une résultante. Les droites d'action HH′ de ces résultantes dépendent de deux paramètres arbitraires et l'on ne doit pas croire, *a priori*, que leurs traces sur les plans des sections centrales forment un lieu déterminé : c'est pourtant ce qui a lieu et qui rend plus remarquable le théorème que nous allons établir. En prenant les deux premières équations du groupe (1), n° 45, nous aurons, comme équations de HH′,

$$b''\mu - c''y + c'z = 0, \quad a''\lambda - c''x + cz = 0.$$

La trace de cette droite sur le plan Oyz a pour coordonnées

$$(6) \qquad x = 0, \quad y = \frac{cb''\mu - c'a''\lambda}{cc''}, \quad z = -\frac{a''\lambda}{c}.$$

Si l'on tient compte de l'équation (4), on a

$$y = \frac{b\mu - a'\lambda}{c};$$

mais si, dans cette expression, on remplace tour à tour λ et μ par leur valeur tirée de la relation (5), on en tire

$$by = \frac{b^2 - a'^2}{c}\mu, \quad a'y = \frac{b^2 - a'^2}{c}\lambda, \quad \frac{y^2}{\lambda^2 - \mu^2} = \frac{a'^2 - b^2}{c^2},$$

et, en combinant avec la valeur (6) de z, on a

$$\frac{z^2}{\lambda^2} + \frac{y^2}{\lambda^2 - \mu^2} = \frac{a''^2 + a'^2 - b^2}{c^2} = 1:$$

donc les droites HH′ coupent le plan Oyz aux divers points de la conique représentée par l'équation précédente ; on trouve de même que le lieu de leurs traces sur Oxz est la conique

$$\frac{z^2}{\mu^2} + \frac{x^2}{\mu^2 - \lambda^2} = 1,$$

tandis que la trace sur Oxy peut être en un point quelconque de ce plan. En résumé, on a le théorème de Minding :

On peut donner à S une infinité d'orientations telles que les F_i aient une résultante ; ces diverses résultantes rencontrent les plans des sections centrales l'un suivant une ellipse, l'autre suivant une hyperbole, les foyers de l'une étant les sommets de l'autre ; enfin par chaque point de l'une des coniques passent une infinité de résultantes qui rencontrent l'autre conique et forment, comme on le sait, les génératrices d'un cône droit.

52. Quand la résultante de translation des F_i est nulle, il n'y a plus de plan central ; mais on peut encore orienter S et les axes coordonnés de manière à annuler neuf des sommes U_ν. D'abord X, Y, Z sont toujours nulles ; d'autre part, en un point quelconque O de S, que je prends provisoirement comme origine, j'applique une force P analogue aux F_i et je considère le système formé de P et des composantes des F_i suivant la direction de P ; soit O′ le centre de ces forces parallèles ; on peut choisir la direction de P de manière que OO′ lui soit parallèle. Les équa-

tions (3), n° 50, montrent qu'il suffit pour cela de satisfaire à deux équations de la forme

$$\frac{\alpha X_x + \beta Y_x + \gamma Z_x}{\alpha} = \frac{\alpha X_y + \beta Y_y + \gamma Z_y}{\beta} = \frac{\alpha X_z + \beta Y_z + \gamma Z_z}{\gamma};$$

or, si l'on cherche à déterminer la valeur commune de ces fractions, on voit qu'elle dépend d'une équation du troisième degré : donc le problème est toujours possible.

Cela posé, si aux forces F_i nous adjoignons P, nous avons un système dont la résultante de translation n'est plus nulle, mais égale à P : en rapportant S aux axes centraux correspondants, $O'x$, $O'y$, $O'z$, les sommes de la forme X_y, X_z, Y_x, Y_z, Z_x, Z_y, Z_z sont nulles; mais tous les termes qui y figurent proviennent exclusivement des F_i, sauf $OO' \times P$ qui entre dans Z_z; les six premières sommes peuvent être regardées comme se rapportant aux F_i et, dans la position réduite que nous avons déterminée, les U_v sont nuls à l'exception de X_x, Y_y, Z_z. Les moments des couples L, M, N sont aussi nuls, et S est en équilibre : on aura trois autres positions d'équilibre en le faisant tourner de 180° autour de $O'x$, de $O'y$ ou de $O'z$; mais on démontre qu'il n'y en a pas d'autre si X_x, Y_y, Z_z ont des valeurs différentes.

Équilibre d'un seul solide.

53. *Conditions d'équilibre d'une barre pesante et homogène dont les extrémités reposent sur deux plans inclinés parfaitement polis qui font avec l'horizon des angles* α, β.

Je dis que l'intersection des plans donnés doit être horizontale, et la barre dans un plan perpendiculaire à cette intersection. La barre n'étant sollicitée que par son poids P et par les réactions normales N, N' des deux plans, ces trois forces doivent être dans un même plan V : ce plan est vertical, puisqu'il contient P; contenant des normales à chacun des plans donnés, il est normal à leur intersection, qui est par suite horizontale; enfin, la barre ayant ses extrémités dans ce plan, y est tout entière. Soient donc (*fig.* 3)

Fig. 3.

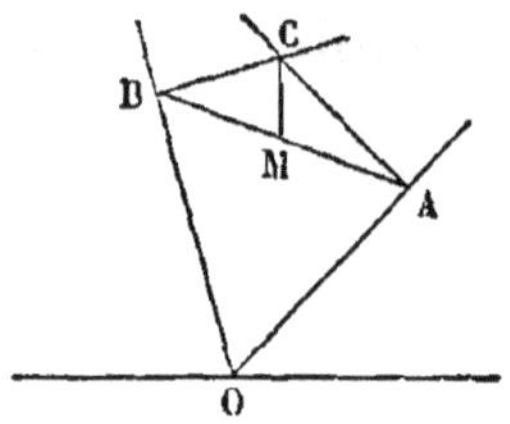

OA, OB les droites suivant lesquelles le plan V coupe les deux plans donnés, AB la barre, x son angle avec l'horizon; les réactions normales N, N' s'exercent suivant AC, BC, et leur point de concours doit être sur la verticale du milieu de AB. On a

$$\frac{\mathrm{CM}}{\mathrm{AM}} = \frac{\sin \mathrm{CAM}}{\sin \mathrm{ACM}}, \quad \frac{\mathrm{CM}}{\mathrm{BM}} = \frac{\sin \mathrm{CBM}}{\sin \mathrm{BCM}}.$$

Mais

$$\mathrm{AM} = \mathrm{BM}, \quad \mathrm{ACM} = \alpha, \quad \mathrm{CAM} = \frac{\pi}{2} - \alpha - x,$$

$$\mathrm{MCB} = \beta, \quad \mathrm{CBM} = \frac{\pi}{2} - \beta + x;$$

donc

$$\frac{\cos(\alpha + x)}{\sin \alpha} = \frac{\cos(\beta - x)}{\sin \beta},$$

d'où

$$\operatorname{tang} x = \frac{1}{2}(\cot \alpha - \cot \beta).$$

On calculera les pressions N, N' dont la résultante est

égale et opposée à P :

$$\frac{N}{\sin BCM} = \frac{N'}{\sin ACM} = \frac{P}{\sin ACB},$$

$$N = \frac{P \sin \beta}{\sin(\alpha + \beta)}, \quad N' = \frac{P \sin \alpha}{\sin(\alpha + \beta)}.$$

On aurait pu aussi égaler à zéro la somme des projections des forces N, N', P sur une horizontale et une verticale et celle de leurs moments par rapport à un point de la barre; j'emploie cette méthode dans l'exercice suivant.

54. *Une barre pesante et homogène* AB *est articulée en* A *à une charnière qui lui permet de se mouvoir dans un plan vertical; à l'autre extrémité* B *agit une force* Q *faisant avec la direction* AB *un angle donné* α; *quel doit être le rapport entre* Q *et le poids* P *pour que la barre soit en équilibre et fasse avec l'horizon l'angle* θ? *Pression sur la charnière.*

Soient X, Y les composantes horizontale et verticale de l'action exercée par la charnière, $2a$ la longueur de la barre. Projetons sur une horizontale et sur une verticale les forces qui sollicitent AB :

$$X + Q \cos(\theta + \alpha) = 0, \quad Y - P + Q \sin(\theta + \alpha) = 0.$$

Égalons à zéro les sommes des moments par rapport au point A :

$$2aQ \sin \alpha - aP \cos \theta = 0.$$

Des trois équations obtenues résulte la solution du problème et la discussion en est fort simple.

55. *Condition d'équilibre d'une planche elliptique homogène maintenue dans un plan vertical et reposant sur deux chevilles* G, H *situées à la même hauteur.*

Il y a avantage à exprimer que les trois forces qui sollicitent le solide sont concourantes; les réactions des appuis s'exercent suivant les normales en G et H à l'ellipse, le poids est vertical et agit au centre. Il faut donc que la droite qui va du centre au point de concours des normales en G, H soit perpendiculaire à GH. Prenons pour axes coordonnés les axes de l'ellipse, de longueurs $2a$ et $2b$, et soient x_1, y_1, x_2, y_2 les coordonnées de G et H. Les normales en ces points ont pour équations

$$a^2xy_1 - b^2yx_1 - (a^2 - b^2)x_1y_1 = 0,$$
$$a^2xy_2 - b^2yx_2 - (a^2 - b^2)x_2y_2 = 0.$$

Formons une combinaison ne renfermant plus de termes constants, nous aurons l'équation de la droite qui va du centre au point de concours des normales :

$$a^2x(x_1 - x_2)y_1y_2 - b^2y(y_1 - y_2)x_1x_2 = 0.$$

La condition pour qu'elle soit perpendiculaire à GH est

$$(x_1 - x_2)(y_1 - y_2)(a^2y_1y_2 + b^2x_1x_2) = 0.$$

Il peut y avoir trois sortes de positions d'équilibre; si l'on fait $x_1 - x_2 = 0$, le petit axe est parallèle à GH; ce sera le grand axe si $y_1 - y_2 = 0$; enfin, en annulant le troisième facteur, on a

$$\frac{y_1}{x_1}\frac{y_2}{x_2} = -\frac{b^2}{a^2};$$

c'est dire que G et H sont aux extrémités de deux diamètres conjugués. La possibilité de chacune de ces solutions dépend de la longueur $2e$ de GH : la première exige $e < b$, la deuxième $e < a$; pour la troisième, il faut que $2e$ soit compris entre $a\sqrt{2}$ et $b\sqrt{2}$, distances minimum et maximum des extrémités de deux diamètres conjugués. Il peut y avoir quatre positions d'équilibre distinctes.

56. *Déterminer quatre forces* P, Q, R, S *agissant à chacun des sommets d'un tétraèdre perpendiculairement à la face opposée de façon qu'elles se fassent équilibre.*

Soient a, b, c, d les aires des faces du tétraèdre ABCD; chacune est égale à la somme des projections des autres sur elle-même :

$$(1)\quad \left\{\begin{array}{l} a - b\cos \mathrm{CD} - c\cos \mathrm{DB} - d\cos \mathrm{BC} = 0, \\ b - c\cos \mathrm{DA} - d\cos \mathrm{AC} - a\cos \mathrm{CD} = 0, \\ c - d\cos \mathrm{AB} - a\cos \mathrm{BD} - b\cos \mathrm{DA} = 0, \\ d - a\cos \mathrm{BC} - b\cos \mathrm{CA} - c\cos \mathrm{AB} = 0. \end{array}\right.$$

Projetons les forces P, Q, R, S sur chacune d'elles successivement, et observons que l'angle de deux d'entre elles est supplémentaire du dièdre formé par les plans auxquels elles sont perpendiculaires; nous aurons quatre équations ne différant des précédentes que par le changement de a en P, b en Q, ...; on en conclut

$$\frac{P}{a} = \frac{Q}{b} = \frac{R}{c} = \frac{S}{d}.$$

Chaque force doit être proportionnelle à l'aire de la face à laquelle elle est normale.

Pour que l'équilibre soit assuré, il faut encore prouver que la somme des moments des forces par rapport à trois droites formant trièdre est nulle. Considérons l'une des arêtes du trièdre A, AB par exemple. Les moments de P et de Q sont nuls; soit $R = \lambda c$: pour évaluer son moment par rapport à AB, j'abaisse CH perpendiculaire sur le plan ABD, et dans ce plan HI perpendiculaire à AB; le moment de R est $\lambda c \times \mathrm{HI}$; mais, V étant le volume du tétraèdre, $c = \frac{3\mathrm{V}}{\mathrm{CH}}$; le moment devient $\frac{3\mathrm{V}\lambda}{\mathrm{CH}}\mathrm{HI} = 3\mathrm{V}\lambda \cot \mathrm{AB}$. On verra que le moment de S est le même en valeur absolue, mais de signe contraire. La somme des moments des forces par rapport à AB, AC, AD sera également nulle.

Remarques. — Puisque quatre forces dirigées suivant les hauteurs d'un tétraèdre peuvent se faire équilibre, ces hauteurs sont sur un hyperboloïde.

Le déterminant des équations (1) égalé à zéro donne la relation qui lie les six dièdres d'un tétraèdre.

Équilibre de plusieurs corps.

57. *Une enveloppe sphérique homogène, de centre* C *et de poids* P, *est placée sur un plan incliné qu'elle touche en* A, *et renferme à son intérieur un petit corps* M *de poids* Q, *qui est attiré vers un point* O *du plan incliné avec une intensité proportionnelle à la distance; position d'équilibre du système.*

Je dis d'abord que C et M sont dans le plan vertical qui contient la ligne de plus grande pente du point O; car supposons M lié invariablement à la surface sphérique : l'équilibre ne sera pas troublé. Or le système sera en équilibre sous l'action de trois forces, l'attraction de O qui s'exerce suivant OM, la résultante verticale de P et de Q, enfin la réaction normale du plan en A : ces trois forces sont donc dans un plan qui est vertical et contient la droite OM ainsi que la normale AC au plan donné; OA est donc une ligne de plus grande pente de ce dernier plan.

Soient maintenant $OA = x$, $ACM = \theta$, N la réaction du point M sur la sphère; les coordonnées du point M par rapport à OA et à une perpendiculaire en O sont

$$x - R\sin\theta \quad \text{et} \quad R(1-\cos\theta);$$

les composantes de l'attraction de O sont de la forme $-\lambda(x - R\sin\theta)$, $-\lambda R(1-\cos\theta)$; on a pour l'équilibre de M, en désignant par α l'angle du plan donné avec l'horizon,

$$-\lambda(x - R\sin\theta) + Q\sin\alpha + N\sin\theta = 0,$$
$$-\lambda R(1 - \cos\theta) - Q\cos\alpha + N\cos\theta = 0.$$

La sphère est sollicitée par trois forces, N, P et la réaction en A, qui se coupent en C; projetons sur OA :

$$P\sin\alpha - N\sin\theta = 0.$$

Éliminons N entre cette équation et chacune des deux premières :

$$(P + Q)\sin\alpha - \lambda(x - R\sin\theta) = 0,$$
$$P\sin\alpha\cos\theta + Q\sin\theta\cos\alpha - \lambda R(1 - \cos\theta)\sin\theta = 0.$$

La première relation donne x quand on connaît θ, et cet angle est déterminé par la dernière; prenant pour inconnue $\tan\frac{1}{2}\theta = u$, elle devient

$$P\sin\alpha\, u^4 + 2(2\lambda R + Q\cos\alpha)u^3 + 2Q\cos\alpha\, u - P\sin\alpha = 0.$$

Cette équation et sa transformée en $-u$ ont chacune une variation; il y a précisément une racine positive et une négative, et la substitution de 1 et de -1 montre que la première racine est entre zéro et 1, la seconde entre -1 et $-\infty$; il y a deux positions d'équilibre : pour l'une θ est $< 90°$, pour l'autre, il est entre 180 et 270 degrés. Si P est beaucoup plus grand que Q, u se rapproche de 1 et de -1, θ de 90 ou de 270 degrés.

58. *Une tige* AB, *de poids* P, *est mobile autour de son extrémité* A, *et soutenue à l'autre par un fil de masse négligeable et de longueur* l; *ce fil passe sur deux très petites poulies* C *et* D, *la première située verticalement au-dessus du point* A, *et se termine en* H *où il soutient l'extrémité d'une chaîne pesante, de longueur* λ, *parfai-*

tement flexible, et dont l'autre extrémité est attachée en un point fixe E *sur la verticale de la poulie* D. *On donne la distance* AG $= h$ *du point* A *au centre de gravité de la barre* AB, *le poids* q *de l'unité de longueur de la chaîne* EH, *et l'on demande la position d'équilibre du système.* (Agrégation, 1871.)

Soit I l'extrémité inférieure de la chaîne; la longueur HI que le fil doit supporter s'obtient en évaluant de deux manières la longueur DI :

$$\mathrm{DI} = \mathrm{DH} + \mathrm{HI} = \mathrm{DE} + \lambda - \mathrm{HI}, \quad \mathrm{HI} = \frac{1}{2}(\mathrm{DE} + \lambda - \mathrm{DH}),$$

et la tension du fil sera $\mathrm{T} = \frac{1}{2}q(\mathrm{DE} + \lambda - \mathrm{DH})$. Le fil devant tenir la barre AB en équilibre, le moment de sa tension par rapport à A est égal au moment du poids de AB;

$$\mathrm{T} \times \mathrm{AC} \sin \mathrm{ACB} = \mathrm{P}h \sin \mathrm{CAB}.$$

Mais, dans le triangle ABC,

$$\frac{\sin \mathrm{CAB}}{\sin \mathrm{ACB}} = \frac{\mathrm{CB}}{\mathrm{AB}}; \quad \text{donc} \quad \mathrm{T} = \frac{\mathrm{P}h\,\mathrm{CB}}{\mathrm{AB} \times \mathrm{AC}}.$$

D'ailleurs $\mathrm{BC} = l - \mathrm{DC} - \mathrm{DH}$; donc on a, en reprenant la première valeur de T,

$$\frac{1}{2}q(\mathrm{DE} + \lambda - \mathrm{DH}) = \frac{\mathrm{P}h}{\mathrm{AB}.\mathrm{AC}}(l - \mathrm{DC} - \mathrm{DH}),$$

d'où

$$\mathrm{DH} = \frac{2\mathrm{P}h(l - \mathrm{CD}) - q\,\mathrm{AB}.\mathrm{AC}(\mathrm{DE} + \lambda)}{2\mathrm{P}h - q\,\mathrm{AB}.\mathrm{AC}}.$$

La valeur de DH donnera la forme du système. Pour que le problème soit possible, il faut que DH soit positif et inférieur à $\mathrm{DE} + \lambda$, et aussi à $l - \mathrm{CD} - (\mathrm{AC} - \mathrm{AB})$, en prenant pour cette parenthèse sa valeur absolue. Un cas remarquable est celui où l'on a

$$2Ph = q\,AB.AC, \quad l - CD = DE + \lambda;$$

DH est de la forme $\frac{0}{0}$, c'est-à-dire que le système sera en équilibre pour toutes les inclinaisons de la droite AB. On trouve là le principe d'un système de ponts-levis, dits *à contre-poids variable,* dû au général Poncelet.

59. *Trois sphères égales, de poids* P, *de rayon* a, *sont attachées à un point fixe* O *par des fils de longueur* $l - a$; *sur ces trois sphères, on en pose une autre de poids* Q *et de rayon* b; *déterminer les conditions d'équilibre du système en supposant les centres des trois premières sphères dans un plan horizontal.*

Soient A, A′, A″ les centres des sphères de rayon a, B le centre de la quatrième; il peut arriver que les sphères A, A′, A″ se touchent, et que chacune soit en équilibre sous l'action de son poids, du fil qui la soutient, de la pression N exercée par les deux sphères de même espèce et la pression N_1 de la sphère B; ou bien les sphères A, A′, A″ ne se touchent pas et les forces N n'existent plus.

Soient, dans le premier cas, α et β les angles de OA et de BA avec la verticale; les points A, A′, A″ forment un triangle équilatéral dont le rayon est $\frac{2a}{\sqrt{3}}$; on a

$$\sin\alpha = \frac{2a}{l\sqrt{3}}, \quad \sin\beta = \frac{2a}{(a+b)\sqrt{3}}.$$

Les pressions exercées par A′ et A″ sur A se composent en une force $N\sqrt{3}$, horizontale, passant au centre A et située dans le plan AOB; pour l'équilibre de A, il faut que la somme des forces qui le sollicitent, estimées suivant une perpendiculaire à OA dans le plan AOB, soit nulle :

$$P \sin\alpha - N_1 \sin(\beta - \alpha) - N\sqrt{3}\cos\alpha = 0.$$

La condition d'équilibre de B s'obtient en projetant les forces qui le sollicitent sur une verticale : $Q - 3N_1 \cos\beta = 0$. Substituons N_1 dans la relation précédente :

$$P \sin\alpha - \frac{Q}{3}\frac{\sin(\beta - \alpha)}{\cos\beta} - N\sqrt{3}\cos\alpha = 0.$$

Pour que l'équilibre soit possible dans les conditions supposées, il faut que N soit positif, ce qui donne

$$3P \sin\alpha\cos\beta - Q(\sin\beta\cos\alpha - \cos\beta\sin\alpha) > 0,$$

$$(3P + Q)\frac{2a}{l\sqrt{3}}\sqrt{1 - \frac{4a^2}{3(a+b)^2}} > Q\frac{2a}{(a+b)\sqrt{3}}\sqrt{1 - \frac{4a^2}{3l^2}},$$

ou

$$(1) \quad \left\{ \begin{array}{l} [l^2 - (a+b)^2]Q^2 - 2[3(a+b)^2 - 4a^2]PQ \\ \quad - 3[3(a+b)^2 - 4a^2]P^2 < 0. \end{array} \right.$$

$a + b$ doit être $< l$ pour que α soit $< \beta$, mais il doit être $> \frac{2a}{\sqrt{3}}$; sinon la sphère B passerait entre les sphères A, A′, A″, et ne pourrait être soutenue. La seule condition pour que l'inégalité (1) soit satisfaite est que Q soit inférieur à la valeur positive qui annule le premier membre.

Nous avons, bien entendu, supposé les trois fils rectilignes, sans tenir compte des difficultés qu'entraînerait le fait de leur rencontre avec la sphère B.

Supposons que les sphères A ne se touchent pas, et soit $2x$ la distance de leurs surfaces, en sorte que les côtés du triangle AA′A″ soient $2(a+x)$; les formules trouvées pour le premier cas se modifient d'une façon très simple;

on trouvera

$$\sin\alpha = \frac{2(a+x)}{l\sqrt{3}}, \qquad \sin\beta = \frac{2(a+x)}{(a+b)\sqrt{3}},$$

$$P\sin\alpha - \frac{Q}{3}\frac{\sin(\beta-\alpha)}{\cos\beta} = 0, \qquad N = 0, \qquad N_1 = \frac{Q}{3\cos\beta},$$

$$(3P+Q)\frac{2(a+x)}{l\sqrt{3}}\sqrt{1-\frac{4(a+x)^2}{3(a+b)^2}}$$

$$= Q\frac{2(a+x)}{(a+b)\sqrt{3}}\sqrt{1-\frac{4(a+x)^2}{3l^2}}.$$

On en tire

$$(a+x)^2 = \frac{3}{4}(a+b)^2 - \frac{l^2-(a+b)^2}{4}\,\frac{Q^2}{3P^2+2PQ}.$$

On reconnaît que, P étant constant, $a+x$ diminue quand Q augmente; pour $Q=0$, on a

$$a+x = \frac{\sqrt{3}}{2}(a+b), \qquad \text{d'où} \qquad \beta = \frac{\pi}{2};$$

B est dans le plan AA′A″, Q pourra augmenter jusqu'à ce qu'on trouve $x=0$, et alors il a précisément la plus grande valeur qui satisfait à l'inégalité (1); quand Q est inférieur à cette limite, il y a deux figures d'équilibre; au delà, il n'y en a plus.

60. *Un segment de paraboloïde de révolution dont l'axe est vertical et le sommet O en bas repose sur deux plans également inclinés, qui le tiennent en équilibre; si on le suppose partagé en deux moitiés par le plan vertical qui contient l'intersection des deux plans fixes, quelle hauteur maximum peut-on donner au segment sans que les deux parties se séparent?* (WALTON).

Soient A le point où l'axe du paraboloïde coupe, à angle droit, la base du segment; $OA = h$; C, C′ les points de contact avec les deux plans; i l'inclinaison de chacun de ces plans : je prends OA pour axe des z, le plan de séparation des demi-segments pour plan des yz, et une perpendiculaire en O pour axe des x. Le centre de gravité du volume OAC est situé dans le plan ZOX, et l'on obtient son abscisse en décomposant le volume en tranches parallèles à ZOY; on trouve aisément

$$x_1 = \frac{2}{\pi h^2 p}\int_0^{\sqrt{2ph}} \frac{4}{3}\sqrt{2ph - x^2}\left(h - \frac{x^2}{2p}\right) x\,dx = \frac{16}{15\pi}\sqrt{2ph}.$$

Les coordonnées du point de contact C sont p tang i, zéro, $\frac{1}{2}p$ tang$^2 i$; la réaction normale du plan rencontre la verticale du centre de gravité en un point H dont le z est

$$z' = \frac{1}{2}p \operatorname{tang}^2 i - (x_1 - p \operatorname{tang} i)\cot i$$

$$= \frac{1}{2}p(2 + \operatorname{tang}^2 i) - \frac{16}{15\pi}\sqrt{2ph}\cot i.$$

Les deux segments exercent l'un contre l'autre une pression qui est nécessairement horizontale, et dont le point d'application est entre O et A; la pression exercée sur l'un des solides doit faire équilibre à son poids et à la réaction du plan sur lequel il s'appuie; ces deux dernières forces ont une résultante qui passe en H, et qui, pour une valeur convenable de la réaction du plan, est horizontale; mais, pour qu'elle puisse détruire l'action du second solide, il faut que z' soit > 0 :

$$\sqrt{\frac{2h}{p}} < \frac{15\pi}{32}(2 \operatorname{tang} i + \operatorname{tang}^3 i).$$

On a ainsi la hauteur maximum compatible avec l'équilibre : on aurait la hauteur minimum en exprimant que z' est $< h$.

61. *Déterminer la forme d'équilibre d'un polygone plan* ABCDEF *dont chaque côté est sollicité par une force qui lui est perpendiculaire, appliquée en son milieu et proportionnelle à sa longueur.*

Cette question, résolue par Fuss (*Mémoires de l'Académie de Saint-Pétersbourg*, 1817), peut être traitée simplement en partant de ce théorème que, si trois forces se font équilibre, elles sont concourantes et dans le même plan. Le côté AB est en équilibre sous l'action de la force λAB qui lui est normale, et des deux réactions R, R' exercées par les côtés voisins AF, BC; ces deux forces doivent concourir en un point I sur la perpendiculaire au milieu M de AB; AIB est isoscèle, et $R = R' = \frac{\lambda . AB}{2 \sin IBA}$. Or élevons en B une perpendiculaire à IB qui rencontre IM en O; on voit que $R = \lambda BO$, $BO = \frac{R}{\lambda}$. Pour une raison analogue, la perpendiculaire au milieu de BC coupe BO en O', tel que $\lambda BO' = R$; donc $BO = BO'$, et les droites menées par les sommets perpendiculairement aux réactions mutuelles des côtés qui y aboutissent concourent en un point O équidistant des sommets. Le polygone ABCD... est inscrit dans un cercle, et les réactions des côtés les uns sur les autres sont égales et tangentes au cercle.

Imaginons un vase dont les faces latérales soient des rectangles articulés suivant leurs droites d'intersection supposées verticales, et dont le fond soit formé d'une membrane extensible; si l'on verse un liquide dans le vase, chaque face latérale éprouvera une pression normale proportionnelle à son aire, et la section droite sera un polygone inscriptible dans un cercle.

62. *On donne dans un plan vertical un assemblage* ABCDE *formé de quatre barres égales, pesantes et homo-*

gènes, articulées entre elles en BCD; *les extrémités* A *et* E *sont attachées par des charnières à deux points fixes d'une horizontale; on demande la forme d'équilibre.* (Couplet, *Des charpentes.*)

Comme le poids P de chaque barre peut être remplacé par deux poids $\frac{1}{2}$ P appliqués à ses extrémités, le polygone ABCDE est dans les mêmes conditions que si des forces verticales P étaient appliquées à ses sommets mobiles et je puis suivre la méthode de Varignon pour l'équilibre du polygone funiculaire : je mène par un point O (*fig.* 4)

Fig. 4.

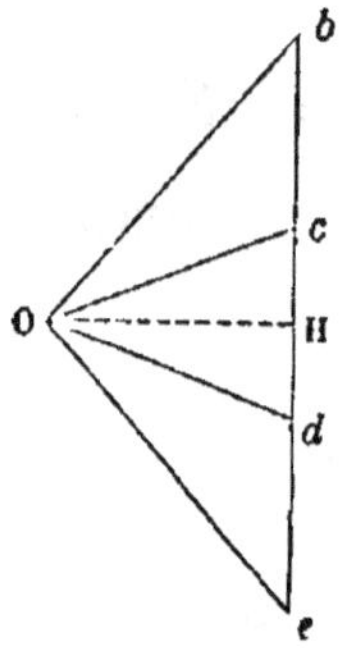

une droite O*b* parallèle au côté AB du comble et proportionnelle à la pression qui s'exerce sur chaque section droite de cette barre; puis, par le point *b*, une verticale *bc* proportionnelle à P : O*c* représentera en grandeur et en direction la pression du côté BC; de même, si $cd = de = \text{P}$, O*d*, O*e* seront parallèles à CD et DE. Cela posé, je dis que O*c* et O*d* font des angles égaux avec l'horizontale OH; car, si l'on avait $c\text{OH} > \text{HO}d$, on aurait aussi $b\text{OH} > \text{HO}e$; la projection de ABC sur une verticale serait plus grande que celle de CDE, et A et B ne seraient pas sur une même horizontale.

Alors $b\text{H} = 3c\text{H}$; si donc α et β sont les angles de AB et de BC avec l'horizon, on aura

$$\tang \alpha = 3 \tang \beta.$$

Il suffit d'écrire que AE est égale à la projection du polygone sur l'horizon pour avoir une seconde équation entre α et β

$$l = p(\cos \alpha + \cos \beta).$$

Posons $\tang \beta = x$, et éliminons α :

$$\frac{1}{\sqrt{1+9x^2}} + \frac{1}{\sqrt{1+x^2}} = \frac{l}{p}.$$

Quand x croît de zéro à ∞, le premier membre décroît de 2 à zéro; il y a donc une et une seule solution quand l'écart AE est moindre que deux fois la longueur d'une barre.

63. *Position d'équilibre de deux poids égaux assujettis à rester sur une parabole dont l'axe est vertical, et se repoussant avec une intensité inversement proportionnelle à leur distance.*

Soient A, B les deux points, x, y, x', y' leurs coordonnées, $x^2 = 2py$ l'équation de la parabole. En écrivant pour les deux points la condition $X\,dx + Y\,dy = 0$, on trouve deux équations de la forme

$$\mu^2 \frac{p(x-x') + x(y-y')}{(x-x')^2 + (y-y')^2} - gx = 0,$$

$$\mu^2 \frac{p(x-x') + x'(y-y')}{(x-x')^2 + (y-y')^2} + gx' = 0.$$

Remplaçons y et y' par $\frac{x^2}{2p}$, $\frac{x'^2}{2p}$, et débarrassons les fractions du facteur $x - x'$ qui ne peut être nul; il vient

$$(1)\qquad \begin{cases} 2p\mu^2 \dfrac{2p^2 + x(x+x')}{(x-x')[4p^2 + (x+x')^2]} - gx = 0, \\ 2p\mu^2 \dfrac{2p^2 + x'(x+x')}{(x-x')[4p^2 + (x+x')^2]} + gx' = 0, \end{cases}$$

Retranchons la première de la seconde, et simplifions encore la fraction : il vient

$$(2)\qquad \frac{2p\mu^2(x+x')}{4p^2 + (x+x')^2} - g(x+x') = 0.$$

On a d'abord la solution $x' = -x$, et, en substituant dans l'une des équations (1), on trouve

$$x = -x' = \mu\sqrt{\frac{p}{2g}}.$$

Pour obtenir une autre solution, on divise l'équation (2) par $x + x'$, et l'on en tire

$$x + x' = \pm\sqrt{\frac{2p\mu^2 - 4p^2g}{g}};$$

cela posé, ajoutons les équations (1) après avoir multiplié la première par x', la seconde par x; on en déduit

$$xx' = -2p^2;$$

on connaît la somme et le produit de x et de x'. Cette seconde solution est réelle toutes les fois que $\mu^2 - 2gp > 0$.

Équilibre en tenant compte du frottement.

64. *Une tige pesante* OA, *parfaitement mobile autour de l'extrémité* O, *s'appuie en* A *contre un plan vertical dépoli; déterminer la position de la barre quand elle est sur le point de glisser.*

Soient a la longueur de OA, θ son angle avec la perpendiculaire OP abaissée sur le plan fixe, ψ l'angle du plan

AOP avec l'horizon, N la pression normale, fN la force de frottement dirigée suivant la tangente en A au cercle que A peut décrire sur le plan fixe. Prenons pour axe des z la verticale de O, pour axes des x OP, pour axe des y une perpendiculaire aux deux premières; les coordonnées de A sont $a\cos\theta$, $a\sin\theta\cos\psi$, $a\sin\theta\sin\psi$; les composantes de la force de frottement $X = 0$, $Y = -fN\sin\psi$, $Z = fN\cos\psi$. Nous n'avons qu'à égaler à zéro la somme des moments par rapport à OZ :

$$-afN\sin\psi\cos\theta + aN\sin\theta\cos\psi = 0, \quad \operatorname{tang}\psi = \frac{1}{f}\operatorname{tang}\theta;$$

il y a toujours une solution indépendante de la longueur de la barre.

65. *Une tige homogène* AB *peut tourner dans un plan vertical autour de son milieu* C, *et porte à une de ses extrémités* B *un poids* Q; *une autre tige* OE, *mobile autour d'une de ses extrémités* O, *appuie sur l'extrémité* A *de la première tige; le point* O *est situé verticalement au-dessus de* C *à une distance*

$$CO = CA = a;$$

déterminer la position du système quand le point A *est près de glisser sur* OE, *en remontant vers* O *ou dans le sens opposé.*

Le poids P de OE peut être considéré comme appliqué en son centre de gravité à une distance h de O. Soient α l'angle $COE = CAO$, f le coefficient de frottement quand le point A sera près de glisser vers E, la barre AB éprouvera en A une action N normale à OE, faisant avec AB l'angle $\frac{\pi}{2} - \alpha$, et une action fN faisant l'angle α en dessus; prenons par rapport à C, les moments des forces qui sollicitent AB :

$$Q\sin 2\alpha - N\cos\alpha + fN\sin\alpha = 0.$$

Prenons par rapport à O les moments des forces qui agissent sur OE :

$$2Na\cos\alpha - Ph\sin\alpha = 0.$$

Éliminant N :

$$\sin\alpha[4aQ\cos^2\alpha - Ph(\cos\alpha - f\sin\alpha)] = 0.$$

On a la solution évidente $\alpha = 0$ et une autre qui dépend d'une équation du quatrième degré. Quand le glissement doit se faire vers AO, on change f en $-f$.

66. *Une tige pesante et homogène* AB *s'appuie par son extrémité* A *sur une horizontale* XX' *et touche en un point variable* M *une courbe située dans le plan vertical qui contient l'horizontale donnée; les coefficients de frottement sur cette droite et sur la courbe sont égaux. Déterminer la courbe de manière que, dans toutes ses positions,* AB *soit sur le point de glisser.*

Prenons pour origine un point O de l'horizontale XX', que nous choisirons plus tard, et désignons par $2a$ la longueur de AB, par P son poids, α son inclinaison sur OX, N et N' les réactions normales en A et M, φ l'angle de frottement. Projetons les forces sur une horizontale, une verticale, et prenons les moments par rapport à A :

$$fN = N'(\sin\alpha - f\cos\alpha), \quad P = N + N'(\cos\alpha + f\sin\alpha),$$

$$aP\cos\alpha = \frac{N'y}{\sin\alpha},$$

y étant l'ordonnée de M. On tire de ces équations

$$N' = \frac{P\sin\varphi\cos\varphi}{\sin\alpha}, \quad N = \frac{P\cos\varphi\sin(\alpha - \varphi)}{\sin\alpha},$$

$$y = \frac{2a}{\sin 2\varphi}\sin^2\alpha\cos\alpha.$$

Cette dernière équation détermine la courbe cherchée;

mais, pour la construire, il est commode d'exprimer x et y en fonction de α, et de faire varier ce paramètre au lieu de l'éliminer. En posant $2a = n \sin 2\varphi$, on trouve

$$y = n \sin^2\alpha \cos\alpha, \quad dy = n(3\cos^2\alpha - 1)\sin\alpha\, d\alpha,$$
$$dx = dy \cot\alpha = n(3\cos^2\alpha - 1)\cos\alpha\, d\alpha, \quad x = (2 - \sin^2\alpha)n \sin\alpha,$$

x s'annulant avec α. La courbe est symétrique par rapport aux deux axes, parce que, si l'on change α en $-\alpha$, y ne change pas, et x se change en $-x$; si l'on remplace α par $\pi - \alpha$, c'est x qui ne change pas. Il suffit donc de faire varier α de zéro à $\frac{\pi}{2}$; quand α varie de zéro à $\alpha_1 = \text{arc}\cos\frac{1}{\sqrt{3}}$, x et y augmentent tous deux en partant de zéro, pour atteindre, le premier la valeur $\frac{4}{3}n\sqrt{\frac{2}{3}}$, l'autre $\frac{2}{3}n\sqrt{\frac{1}{3}}$. En ce point, il y a rebroussement, et quand α varie depuis la valeur α_1 ($54^\circ 44'$) jusqu'à 90 degrés, x et y diminuent, le premier jusqu'à n, le second jusqu'à zéro.

Les équations d'équilibre ont été écrites en supposant α compris entre zéro et 90° : la partie correspondante de la courbe répond seule à la question, et encore α doit-il surpasser φ et α_1 pour que N soit positive et que AB repose réellement sur la courbe.

Quand φ varie, on obtient des courbes homothétiques : l'équation de l'une d'elles serait, en coordonnées polaires,

$$r^4 - (36\cos^2\theta - 27\cos^4\theta - 8)n^2 r^2 + 16 n^4 \sin^2\theta = 0.$$

67. *Quels doivent être les coefficients de frottement du fer sur le fer et sur le sol pour que quatre boulets sphériques égaux, disposés en pile triangulaire, soient sur le point de glisser?*

Soient P le poids commun des quatre sphères, O le centre d'une des trois sphères inférieures, O' celui de la sphère supérieure; la droite OO' fait avec l'horizon un angle α dont le cosinus est $\frac{1}{\sqrt{3}}$; soient encore N et T les composantes, normale et tangentielle, de la réaction que le sol exerce sur la sphère O; N', T' les composantes de la réaction exercée par la sphère O', ZO' la verticale du point O'. Par raison de symétrie, c'est dans le plan OO'Z que tendent à se déplacer les points de contact de la sphère O avec le sol et avec O'; c'est donc dans ce plan qu'agiront les forces T, T', toutes deux étant évidemment dirigées du côté de O'Z. Les forces qui sollicitent la sphère O étant contenues dans le plan OO'Z, trois équations sont nécessaires et suffisantes pour qu'elles se fassent équilibre :

$$T + T' \sin\alpha = N' \cos\alpha, \quad N = P + N' \sin\alpha + T' \cos\alpha, \quad T = T'.$$

Pour que O' soit en équilibre, il suffit d'exprimer que la somme des projections verticales des forces qui agissent sur cette sphère est nulle, les autres conditions étant d'elles-mêmes satisfaites :

$$3N' \sin\alpha + 3T' \cos\alpha - P = 0.$$

Des équations précédentes on tire

$$N = \frac{4}{3}P, \quad N' = \frac{1}{3}P, \quad T = T' = \frac{1}{3}\frac{P\cos\alpha}{1+\sin\alpha} = \frac{\sqrt{3}-\sqrt{2}}{3}P.$$

Pour que T et T' puissent prendre ces valeurs, il faut que le coefficient de frottement du fer sur le fer ou du fer sur le sol soient au moins égaux à $\frac{T'}{N'}$ et à $\frac{T}{N}$, c'est-à-dire à $\sqrt{3}-\sqrt{2}$ et à $\frac{\sqrt{3}-\sqrt{2}}{4}$. On a négligé la résistance au roulement.

68. *Formule de M. Kurtis.* — Pour qu'un solide soit en équilibre sous l'action d'une force donnée et de deux réactions de grandeur inconnue, il faut et il suffit que les trois forces soient dans un même plan et concourantes, les

grandeurs des réactions pouvant toujours être prises de telle sorte que leur résultante soit égale et opposée à la force connue. Soient A le point de concours des trois forces, B, C les points où sont appliquées les réactions, D le point où la ligne d'action de la force donnée va rencontrer BC; M. Kurtis a signalé, dans le *Cambridge Messenger of Mathematics,* une relation qui suffit souvent pour trouver la position d'équilibre du solide. On a

$$\frac{\mathrm{BD}\sin \mathrm{B}}{\sin \mathrm{BAD}} = \frac{\mathrm{CD}\sin \mathrm{C}}{\sin \mathrm{CAD}};$$

si l'on remplace $\sin B$ et $\sin C$ par $\sin(\mathrm{ADB} + \mathrm{BAD})$ et par $\sin(\mathrm{ADB} - \mathrm{DAC})$, on déduit de là

$$(1) \qquad \cot \mathrm{ADB} = \frac{\mathrm{DC}\cot \mathrm{CAD} - \mathrm{DB}\cot \mathrm{BAD}}{\mathrm{BC}}.$$

Si l'on remplace au contraire $\sin \mathrm{BAD}$ et $\sin \mathrm{CAD}$ par $\sin(\mathrm{B} + \mathrm{ADB})$ et par $\sin(\mathrm{ADB} - \mathrm{C})$, on trouve

$$\cot \mathrm{ADB} = \frac{\mathrm{DB}\cot \mathrm{C} - \mathrm{CD}\cot \mathrm{B}}{\mathrm{BC}}.$$

Je citerai seulement l'application de la formule (1) au calcul de l'angle α que doit faire avec l'horizon, sur le point de glisser, une échelle BC appuyée en B contre un mur vertical et reposant, en C, sur un sol horizontal; les angles de frottement sont φ et φ', et l'on suppose l'échelle perpendiculaire à la trace horizontale du mur sur lequel elle s'appuie. Le point D doit coïncider avec le centre de gravité de l'échelle, et l'équation (1) devient

$$\operatorname{tang} \alpha = \frac{\mathrm{DC}\cot \varphi' - \mathrm{DB}\operatorname{tang} \varphi}{\mathrm{BC}}.$$

EXERCICES.

1. Position d'équilibre d'une barre pesante et homogène s'appuyant, d'un bout, sur la surface interne d'un hémisphère fixe, de l'autre contre un plan vertical. Si α, θ sont les inclinaisons de la barre et du rayon allant au point d'appui,

$$\tang\theta = 2\tang\alpha, \quad 2a\cos\alpha = d + R\cos\theta.$$

2. Une planche très mince, homogène, rectangulaire, peut tourner autour d'un de ses côtés AB qui fait l'angle α avec la verticale : calculer la force Q qui doit agir normalement sur la planche à la distance l de AB pour que son plan fasse l'angle β avec le plan vertical mené par AB.

$$lQ = aP\sin\alpha\sin\beta, \quad \text{P poids de la planche, } 2a \text{ sa largeur.}$$

3. Composer les forces représentées par les côtés d'un polygone fermé.

Elles forment un couple dont la projection sur un plan quelconque est égale au double de l'aire de la projection du polygone sur ce plan.

4. Montrer que quatre forces qui se font équilibre sont dirigées suivant quatre génératrices d'une surface du second ordre; réciproquement, suivant quatre génératrices d'un même système d'un hyperboloïde ou d'un paraboloïde, on peut faire agir quatre forces qui se feront équilibre.

Voir une Note de M. Darboux au *Cours* de Despeyrous.

5. Condition pour que trois forces P, Q, R agissant suivant des arêtes d'un parallélépipède non situées deux à deux dans le même plan aient une résultante : ligne d'action de cette résultante. (Gilbert.)

Je représente les arêtes considérées par les équations

$$(\mathrm{P}) \begin{cases} y = -b, \\ z = c; \end{cases} \qquad (\mathrm{Q}) \begin{cases} z = -c, \\ x = a; \end{cases} \qquad (\mathrm{R}) \begin{cases} x = -a, \\ y = b; \end{cases}$$

s'il existe une résultante appliquée en (x, y, z), on aura

$$\mathrm{R}y - \mathrm{Q}z = b\mathrm{R} + c\mathrm{Q}, \quad \mathrm{P}z - \mathrm{R}x = c\mathrm{P} + a\mathrm{R}, \quad \mathrm{Q}x - \mathrm{P}y = a\mathrm{Q} + b\mathrm{P}$$

équations compatibles si

$$bcP + caQ + abR = 0.$$

6. Une barre pesante et homogène, de longueur $2a$, est supportée par une cheville horizontale C tandis qu'une de ses extrémités s'appuie contre un mur vertical : calculer l'inclinaison α de la barre quand elle est en équilibre, ainsi que les réactions N, N' du mur et de C.

c étant la distance de C au mur, on trouve

$$\cos^3\alpha = \frac{c}{a}, \quad N = P\tang\alpha, \quad N' = \frac{P}{\cos\alpha}.$$

7. En divers points d'un solide qui ne peut que tourner autour d'un axe fixe OZ, sont appliquées des forces de grandeur et de direction invariables : montrer qu'il y a deux positions d'équilibre (Caen, 1879).

Soient x, y, z les coordonnées initiales du point auquel est appliquée la force X, Y, Z, φ l'angle dont le solide a tourné à partir de sa première position : l'équation d'équilibre peut s'écrire

$$\cos\varphi\,\Sigma(xY - yX) - \sin\varphi\,\Sigma(xX + yY) = 0;$$

on reconnaît les deux positions d'équilibre, et on voit tout de suite que l'une est stable, l'autre instable.

8. Position d'équilibre de deux sphères pesantes, respectivement tangentes à deux plans inclinés et tangentes l'une à l'autre. (Walton.)

Les centres O, O' sont dans un plan vertical perpendiculaire à l'intersection des deux plans : on égale à zéro la somme des projections des forces qui sollicitent chaque sphère sur la ligne de pente du plan qui la supporte : θ étant l'angle de OO' avec l'horizon,

$$\tang\theta = \frac{P'\cot\alpha - P\cot\alpha'}{P + P'}.$$

9. Une tige homogène de longueur $2a$, de poids P, s'appuie contre la surface interne et sur le bord d'un cylindre creux qui repose sur un plan horizontal : quel est le poids minimum M du cylindre qui permette l'équilibre du système?

On trouve

$$2R < a, \quad \text{et} \quad M = P\left(\sqrt[3]{\frac{2a^2}{R^2}} - 1\right).$$

10. Une sphère, posée sur un plan horizontal, est attachée par un fil à un point O de ce plan; en O s'articule une tige pesante qui appuie sur la sphère en un point situé dans le plan vertical qui passe par le centre et par le point O : calculer la tension T du fil.

On connaît les distances a, c du point O au centre de gravité de la barre et au centre de la sphère; P étant le poids de la barre,

$$T = \frac{2aP - R(c^2 - 2R^2)}{c^3\sqrt{c^2 - R^2}}.$$

11. Une tige horizontale BCD porte un poids P à son extrémité D et s'articule à l'autre extrémité en un point B d'une verticale OZ : la tige est soutenue en C par une barre oblique AC, dont l'extrémité A est fixée en un point de OZ : déterminer les réactions mutuelles des diverses barres en négligeant les poids de ces barres elles-mêmes.

Il suffit d'écrire les équations d'équilibre de BD et de AC.

12. Une tige pesante et homogène AB s'appuie en A sur une horizontale dépolie OX et en B sur une courbe parfaitement polie située dans le plan vertical qui passe par OX : déterminer la courbe de manière que AB, dans toutes les positions qu'elle peut prendre, soit sur le point de glisser.

a étant la longueur de la droite, φ l'angle de frottement, la droite doit s'appuyer sur la partie concave de l'ellipse

$$4y^2 + (x - y\cot\varphi)^2 = 4a^2;$$

l'arc utile de cette courbe est situé au-dessus de OX et limité au point où la tangente fait avec OX l'angle $\pi - \varphi$.

13. Une barre homogène de longueur a, de poids P, s'appuie par une de ses extrémités A contre un mur vertical dépoli; l'autre extrémité B est reliée, à l'aide d'un fil de longueur l, à un point fixe O situé verticalement au-dessus du point A : calculer l'angle θ que fait AB avec la verticale quand elle est sur le point de glisser.

L'angle ω du fil OB avec la verticale est donné par l'équation

$$(4a^2 - 4l^2 - f^2l^2)\tan^2\omega \pm 2fl^2\tan\omega + 4a^2 - l^2 = 0;$$

on prend le signe + ou le signe − selon que A est sur le point de glisser en remontant ou en descendant; on a ensuite

$$l\sin\omega = a\sin\theta.$$

14. Une barre pesante et homogène AB, de longueur $2a$, est placée horizontalement à l'intérieur d'une sphère dépolie : chercher le minimum h de différence de niveau qui doit exister entre le centre de la sphère et la barre pour que celle-ci ne glisse pas.

AB tend à glisser en restant horizontale et les forces de frottement sont tangentes aux circonférences que décriraient ses extrémités : si on projette sur une horizontale perpendiculaire à AB les forces qui agissent sur cette barre, on trouve

$$h = \frac{R^2 - a^2}{\sqrt{R^2 - a^2 + R^2 f^2}}.$$

15. Un chariot supporté par quatre roues égales est placé sur un plan incliné P; les essieux sont horizontaux et le centre de gravité est au centre du rectangle qui a pour côtés les deux essieux : calculer l'angle i que P doit faire avec l'horizon pour que le chariot soit près de glisser, les deux roues de devant étant enrayées. (P. JULLIEN.)

$2a$ étant la distance des essieux, R rayon des roues,

$$\text{tang}\, i = \frac{af}{2a - rf}.$$

16. Un solide étant sollicité par plusieurs forces de grandeurs et de directions constantes, montrer qu'il suffit, en général, d'adjoindre trois forces de même nature pour établir l'équilibre astatique. Quand le solide se réduit à une figure plane et que les forces sont dans le plan de la figure, il suffit d'une force pour assurer l'équilibre astatique.

17. Montrer qu'un solide est en équilibre quand chaque élément $d\sigma$ de sa surface est pressé normalement par une force $\lambda\, d\sigma$.

Les composantes des pressions suivant trois axes rectangulaires se font équilibre deux à deux. M. Bertrand a conclu de ce théorème que l'équilibre a encore lieu si la pression normale est

$$\lambda \left(\frac{1}{R_1} + \frac{1}{R_2}\right) d\sigma.$$

ÉQUILIBRE D'UN FIL FLEXIBLE.

69. Considérons un fil parfaitement flexible et inextensible; chaque élément ds est sollicité par une force extérieure $F\,ds$ dont les composantes, suivant trois axes rectangulaires, sont $X\,ds$, $Y\,ds$, $Z\,ds$; T désignant la tension en un point du fil, on a les équations d'équilibre

$$(1)\quad d.T\frac{dx}{ds}+X\,ds=0,\quad d.T\frac{dy}{ds}+Y\,ds=0,\quad d.T\frac{dz}{ds}+Z\,ds=0.$$

On pourrait en déduire y, z, T en fonction de x, ce qui déterminerait les conditions de l'équilibre.

Si l'on ajoute les équations (1) après les avoir multipliées respectivement par $\frac{dx}{ds}$, $\frac{dy}{ds}$, $\frac{dz}{ds}$ ou par $d\frac{dx}{ds}$, ..., ou enfin par $dy\,d^2z-dz\,d^2y$, ..., on arrive à trois relations, qu'on peut aussi obtenir en projetant les forces qui sollicitent l'élément ds sur la tangente, la normale, la binormale :

1° $-dT=X\,dx+Y\,dy+Z\,dz$; le second membre représente la composante tangentielle de $F\,ds$; quand il est intégrable, on peut calculer T en fonction d'une constante et des coordonnées d'un point quelconque du fil.

2° ρ étant le rayon de courbure, $\frac{T\,ds}{\rho}$ est égal à la composante normale de la force qui sollicite l'élément ds; cette relation peut servir à trouver le rayon de courbure de la courbe funiculaire.

3° La résultante de $X\,ds$, $Y\,ds$, $Z\,ds$ est dans le plan osculateur à la courbe.

70. *Forme d'équilibre d'un fil flexible, homogène, non pesant, dont les extrémités sont fixées, et dont chaque élément ds est repoussé d'une droite fixe* AB *par une force perpendiculaire à cette droite et proportionnelle à la distance de ds à* AB. *L'hélice peut satisfaire aux conditions de la courbe funiculaire. Cas où les extrémités du fil sont dans un plan qui contient* AB. *Cas où elles sont en* A, B, *et où la longueur du fil surpasse peu la distance* AB. (La partie principale de ce problème a été proposée pour l'agrégation en 1842.)

Prenons un système d'axes rectangulaires dont A soit l'origine, AB étant l'axe des x; les équations d'équilibre ont la forme

$$(\mathrm{I})\quad d.\mathrm{T}\frac{dx}{ds}=0,\quad d.\mathrm{T}\frac{dy}{ds}+\omega^2 y\,ds=0,\quad d.\mathrm{T}\frac{dz}{ds}+\omega^2 z\,ds=0.$$

La première donne $\mathrm{T}\dfrac{dx}{ds}=\mathrm{C}$. Il est aisé de reconnaître que le système est satisfait si le fil a la forme d'une hélice tracée sur un cylindre dont l'axe est AB et le rayon R. Soit α l'angle des tangentes avec AB; on aurait

$$\frac{dx}{ds}=\cos\alpha,\quad \frac{dy}{ds}=-\frac{z\sin\alpha}{\mathrm{R}},\quad \frac{dz}{ds}=\frac{y\sin\alpha}{\mathrm{R}}.$$

Substituons dans les équations (I), on aura

$$\mathrm{T}=\frac{\mathrm{C}}{\cos\alpha},\quad -\mathrm{C}\frac{y\sin^2\alpha}{\mathrm{R}^2\cos\alpha}+\omega^2 y=0,\quad -\mathrm{C}\frac{z\sin^2\alpha}{\mathrm{R}^2\cos\alpha}+\omega^2 z=0.$$

Ce système est vérifié en faisant $\mathrm{C}=\dfrac{\mathrm{R}^2\omega^2\cos\alpha}{\sin^2\alpha}$, ce qui donne la tension en chaque point de l'hélice.

Revenons au cas général : T est essentiellement positive, sauf en quelques points où elle peut s'annuler ; si donc C était nul, dx le serait aussi et le fil serait dans un plan perpendiculaire sur AB. Je laisse ce cas de côté et, en choisissant convenablement le sens où x croît, je puis écrire

$$T\frac{dx}{ds} = \frac{1}{2}c^2\omega^2.$$

On a

$$dT = -\omega^2(y\,dy + z\,dz),$$

et si l'on pose

$$y = r\cos\theta, \quad z = r\sin\theta,$$

on en tire

$$T = \frac{1}{2}\omega^2(a^2 - r^2).$$

Ajoutons enfin la deuxième équation (I) multipliée par $-z$ et la troisième par y : il vient

$$y\,d.T\frac{dz}{ds} - z\,d.T\frac{dy}{ds} = 0, \quad T\left(y\frac{dz}{ds} - z\frac{dy}{ds}\right) = Tr^2\frac{d\theta}{ds} = \frac{1}{2}b^3\omega^2.$$

L'élimination de T donne les équations de la courbe funiculaire :

$$c^2\frac{ds}{dx} = a^2 - r^2, \quad b^3\,dx = r^2c^2\,d\theta.$$

On voit que x et θ vont sans cesse en croissant d'un bout à l'autre du fil. Si les deux extrémités sont dans un plan passant par AB, θ sera constant ou croîtra de $2n\pi$. Plaçons-nous dans le premier cas, seul admissible si un bout du fil est au point A, ce qui exige $b = 0$; le fil est dans un plan passant par la droite AB ; en le prenant pour plan des xy, nous ferons $r = y$, et nous aurons

$$\text{(II)} \qquad c^2\frac{ds}{dx} = a^2 - y^2, \quad dx = \pm\frac{c^2\,dy}{\sqrt{(a^2 - y^2)^2 - c^4}}.$$

Si la seconde extrémité du fil est sur AB, il y a un point

où $\frac{dx}{ds} = 1$. Dans ce cas, $a^2 > c^2$; y va d'abord en croissant de o à $\sqrt{a^2 - c^2}$; le radical est alors > 0, puis il change de signe; y décroît jusqu'à $-\sqrt{a^2 - c^2}$, et croît ensuite, etc. On peut mettre dx sous une forme plus simple, en posant

$$y = \sqrt{a^2 - c^2}\sin\varphi, \quad dx = \frac{c^2 d\varphi}{\sqrt{a^2 + c^2}\sqrt{1 - \frac{a^2 - c^2}{a^2 + c^2}\sin^2\varphi}}.$$

L'expression de ds se forme à l'aide de (II)

$$ds = dx\,\frac{a^2 - y^2}{c^2} = \left(\frac{a^2 + c^2 - y^2}{c^2} - 1\right)dx$$

$$= d\varphi\sqrt{a^2 + c^2}\sqrt{1 - \frac{a^2 - c^2}{a^2 + c^2}\sin^2\varphi} - dx.$$

On a ainsi des intégrales elliptiques de première et de deuxième espèce. Comme, au point B, $y = 0$, φ doit varier de o à $n\pi$, et la courbe présente n branches égales, tour à tour au-dessus et au-dessous de AB. En général n peut être choisi à volonté. Pour déterminer a et c, on exprime que, pour $\varphi = n\pi$, $s = 2l$ et $x = 2h$, ce qui donne aisément

$$h = \frac{nc^2}{\sqrt{a^2 + c^2}}\int_0^{\frac{\pi}{2}} \frac{d\varphi}{\sqrt{1 - \frac{a^2 - c^2}{a^2 + c^2}\sin^2\varphi}},$$

$$l + h = n\sqrt{a^2 + c^2}\int_0^{\frac{\pi}{2}} d\varphi\sqrt{1 - \frac{a^2 - c^2}{a^2 + c^2}\sin^2\varphi};$$

mais ce sont deux équations transcendantes. La courbe est

quarrable. Soit $n = 1$:

$$A = \int_0^\pi y \frac{dx}{d\varphi} d\varphi = c^2 \int_0^\pi \frac{\sqrt{a^2 - c^2}\sin\varphi\, d\varphi}{\sqrt{2c^2 + (a^2 - c^2)\cos^2\varphi}}$$

$$= c^2\, \mathrm{L}\, \frac{a^2 + \sqrt{a^4 - c^4}}{c^2}.$$

L'aire engendrée pour la révolution autour de AB est aussi quarrable.

Pour le cas où l surpasse peu h, je pose $a^2 - c^2 = \varepsilon^2$, et j'ai

$$dx = \frac{\pm c^2\, dy}{\sqrt{(\varepsilon^2 - y^2)(2c^2 + \varepsilon^2 - y^2)}};$$

on remplace $2c^2 + \varepsilon^2 - y^2$ par $2c^2$, et il vient

$$dx = \frac{\pm c\, dy}{\sqrt{2}\sqrt{\varepsilon^2 - y^2}}, \qquad y = \varepsilon \sin \frac{x\sqrt{2}}{c},$$

$$ds = dx \sqrt{1 + \frac{2\varepsilon^2}{c^4}\cos^2 \frac{x\sqrt{2}}{c}} = dx\left(1 + \frac{\varepsilon^2}{c^2}\cos^2\frac{x\sqrt{2}}{c} + \dots\right).$$

Les conditions données par le point B sont

$$\frac{2h\sqrt{2}}{c} = n\pi, \quad 2l = h\left(2 + \frac{\varepsilon^2}{c^2}\right).$$

On en déduit les constantes c et ε, et l'équation de la courbe devient

$$y = \frac{4}{n\pi}\sqrt{h(l - h)} \sin \frac{n\pi x}{2h}.$$

C'est une sinusoïde. La tension est

$$T = \frac{1}{2} c^2 \omega^2 \frac{ds}{dx} = \frac{4h^2}{n^2\pi^2}\left(1 + 4\frac{l - h}{h}\cos^2\frac{n\pi x}{2h}\right).$$

71. *Remarques sur l'équilibre d'un fil pesant. Applications.*

La courbe dessinée par un fil en équilibre sous la seule action de la pesanteur est toujours dans un plan vertical; en désignant par T et p la tension et le poids spécifique en un point quelconque, où la tangente fait l'angle α avec l'horizon, on déduit des théorèmes généraux

$$T\cos\alpha = C, \quad \frac{T}{\rho} = p\cos\alpha,$$

d'où

$$C = p\rho\cos^2\alpha.$$

Cette dernière relation montre comment doit varier la densité aux divers points du fil pour qu'il dessine une courbe donnée, par exemple un cercle, une cycloïde, une parabole, une hyperbole équilatère, les points les plus bas de ces courbes étant des sommets : la valeur de ρ est, avec ces diverses courbes, de la forme

$$1^\circ\ a, \qquad 2^\circ\ 4a\cos\alpha, \qquad 3^\circ\ \frac{a}{\cos^3\alpha}, \qquad 4^\circ\ a(\cos 2\alpha)^{-\frac{3}{2}};$$

on aura, pour la densité,

$$p = \frac{C}{a\cos^2\alpha}, \quad p = \frac{C}{4a\cos^3\alpha}, \quad p = \frac{C}{a}\cos\alpha, \quad p = \frac{C}{a}\frac{(\cos 2\alpha)^{\frac{3}{2}}}{\cos^2\alpha}.$$

Inversement, on peut déterminer la courbe quand on donne la loi de la densité; supposons cette densité constante et $\frac{C}{p} = a$: on aura

$$a = \rho\cos^2\alpha = \frac{ds}{dx}\cos^2\alpha = \frac{\cos^2\alpha\, dy}{\sin\alpha\, dx};$$

on en conclut, en choisissant des axes convenables,

$$(1) \qquad y = \frac{a}{\cos\alpha}, \quad s = a\tan g\alpha, \quad T = \frac{Cy}{a} = py.$$

La première de ces relations caractérise la chaînette et

conduit aisément à son équation bien connue. Je vais indiquer deux applications simples de cette équation et des résultats précédents.

1° *Un fil homogène* ABB′A′, *de longueur* $2l$, *est posé sur des chevilles* B, B′, *situées sur une horizontale à la distance* $2m$ *l'une de l'autre; les portions* BA, B′A′ *pendent librement et sont de même longueur : déterminer la longueur* $2s$ *de l'arc de chaînette* BB′. (*Annales de Gergonne,* XIX.)

L'équation de la chaînette à laquelle appartient l'arc BB′ peut s'écrire

$$y = \frac{a}{2}\left(e^{\frac{x}{a}} + e^{-\frac{x}{a}}\right) \tag{2}$$

les abscisses des points B, B′ étant égales à $\pm m$; en écrivant que la tension en B est égale au poids de la portion AB du fil, on a

$$p y_B = p(l - s), \quad \frac{a}{2}\left(e^{\frac{m}{a}} + e^{-\frac{m}{a}}\right) = l - \frac{a}{2}\left(e^{\frac{m}{a}} - e^{-\frac{m}{a}}\right),$$

d'où

$$ae^{\frac{m}{a}} - l = 0;$$

cette équation fait connaître le paramètre de la chaînette et par suite la longueur s : son premier membre, infini pour $a = 0$ et pour $a = \infty$, atteint sa valeur minimum $me - l$ pour $a = m$. L'équation a deux racines et il y a deux figures d'équilibre si $l > me$: il n'y en a plus si $l < me$. La question s'applique évidemment à une pièce d'étoffe qui serait portée sur deux tringles horizontales parallèles.

2° *Les extrémités d'un fil pesant et homogène sont fixées en deux points* H, H′ *d'une horizontale; une petite masse, de même poids que le fil, est attachée en son milieu* M. *Quel doit être le rapport de la distance* $HH' = 2h$

à la longueur $2l$ du fil pour que les deux parties qui se réunissent en M *y soient orthogonales?* (Caen, 1886.)

Pour l'équilibre du point M, il faut que les tensions des deux brins MH, MH′ en ce point aient leurs projections horizontales égales; or la mesure de chacune de ces projections est de la forme pa, a étant le paramètre de la chaînette décrite par le fil correspondant. Les arcs MH, MH′ appartiennent donc à des chaînettes égales, et ces arcs sont symétriques l'un de l'autre. En M, la composante verticale de la tension du fil MH est égale à pl, en H à $2pl$; les composantes horizontales étant les mêmes, le fil fait en H avec l'horizon un angle dont la tangente est 2. Si l'arc MH satisfait à une équation de la forme (2), x_1 étant l'abscisse de M, on aura

$$\frac{1}{2}\left(e^{\frac{x_1}{a}} - e^{-\frac{x_1}{a}}\right) = 1, \quad \frac{1}{2}\left(e^{\frac{x_1+h}{a}} - e^{-\frac{x_1+h}{a}}\right) = 2,$$

d'où

$$\frac{x_1}{a} = \mathrm{L}(1+\sqrt{2}), \quad \frac{x_1+h}{a} = \mathrm{L}(2+\sqrt{5}), \quad \frac{h}{a} = \mathrm{L}\frac{2+\sqrt{5}}{1+\sqrt{2}};$$

mais, si l'on appelle s l'arc de chaînette compris entre le sommet de cette courbe et le point M, la seconde des équations (1) donne

$$s = a, \quad s + l = 2a, \quad l = a;$$

on a donc pour le rapport cherché

$$\frac{h}{l} = \mathrm{L}\frac{2+\sqrt{5}}{1+\sqrt{2}} = 0,562\ldots.$$

72. *Un fil flexible et inextensible, pesant, est fixé à ses extrémités; outre son poids, chaque élément supporte une charge proportionnelle à sa projection horizontale: déterminer la loi suivant laquelle varie l'épaisseur du fil lorsque la tension en chaque point est proportionnelle à*

l'épaisseur; forme de la chaîne, sa longueur, son poids. Application numérique pour mettre en évidence la nature des constantes : le câble est en fer, dont le poids spécifique est 7,7; les deux points d'appui sont à 100 mètres l'un de l'autre sur une horizontale, la flèche de l'arc est de 10 mètres, le poids supporté par la chaîne est 300 kilogrammes par mètre de projection, enfin la tension doit être de 11 kilogrammes par millimètre carré de section.

Les équations du problème sont de la forme suivante :

$$d.\mathrm{T}\frac{dx}{ds} = 0, \quad d.\mathrm{T}\frac{dy}{ds} - p\,ds - q\,dx = 0,$$

p étant le poids d'une longueur égale à l'unité avec l'épaisseur correspondant à l'élément ds, q la charge additionnelle pour une longueur dont la projection est l'unité. On doit avoir $\mathrm{T} = ap$. En appelant c la valeur de p au point le plus bas, les équations précédentes donnent

$$p\frac{dx}{ds} = c, \quad ac\,d\frac{dy}{dx} - c\frac{ds^2}{dx} - q\,dx = 0$$

ou

$$\frac{ac\,d\dfrac{dy}{dx}}{q + c + c\dfrac{dy^2}{dx^2}} = dx.$$

Intégrant, en prenant pour axes la tangente et la normale au point le plus bas,

$$(1) \qquad \left\{ \begin{aligned} \frac{dy}{dx} &= \sqrt{\frac{q+c}{c}}\,\mathrm{tang}\left(\frac{x}{a}\sqrt{\frac{q+c}{c}}\right), \\ y &= -a\,\mathrm{L}\cos\frac{x}{a}\sqrt{\frac{q+c}{c}}. \end{aligned} \right.$$

Il n'y a qu'une branche utile, symétrique par rapport à OY; pour $x = 0$, y est nul; elle croît jusqu'à l'infini pour

$x = \frac{\pi}{2} a\sqrt{\frac{c}{q+c}}$; au delà y est d'abord imaginaire. Pour rectifier la courbe, on a

$$ds = dx\sqrt{1 + \frac{q+c}{c}\,\text{tang}^2 \frac{x}{a}\sqrt{\frac{q+c}{c}}}.$$

Je pose $\frac{q+c}{c} = n^2$, $\text{tang}\,\frac{nx}{a} = \frac{z^2-1}{2nz}$;

$$dx = \frac{2a(z^2+1)\,dz}{(z^2-1)^2 + 4n^2z^2},$$

$$ds = \frac{a(1+z^2)^2\,dz}{z[(1-z^2)^2+4n^2z^2]} = a\frac{dz}{z} - 4a\frac{(n^2-1)z\,dz}{(z^2+2n^2-1)^2-4n^2(n^2-1)}.$$

Pour $x = 0$, on a

$$z = 1,$$

d'où la valeur compliquée de s

$$s = a\,\text{L}\,z + \frac{\sqrt{n^2-1}}{2n}\,a\,\text{L}\,\frac{\left(z^2+2n^2+2n\sqrt{n^2-1}\right)\left(1+2n^2-2n\sqrt{n^2-1}\right)}{\left(z^2+2n^2-2n\sqrt{n^2-1}\right)\left(1+2n^2+2n\sqrt{n^2-1}\right)}.$$

Le poids a une expression plus simple, car il est égal à

$$\int_0^x p\frac{ds}{dx}\,dx = c\int_0^x dx\left[1 + \frac{q+c}{c}\,\text{tang}^2\frac{x}{a}\sqrt{\frac{q+c}{c}}\right]$$

$$= a\sqrt{c(q+c)}\,\text{tang}\,\frac{x}{a}\sqrt{\frac{q+c}{c}} - qx.$$

Dans l'application numérique, considérons une portion du câble de 1 millimètre carré de section; le poids de l'unité de longueur serait le poids de 1 centimètre cube de fer, $0^{\text{kg}},0077$; la tension étant de 11 kilogrammes, a est égal à $\frac{11}{0,0077} = \frac{10000}{7}$ mètres. L'équation (I) doit être vérifiée pour $x = 50^{\text{m}}$, $y = 10^{\text{m}}$; c va être déterminé par l'équation

$$\text{L}\cos\frac{350}{10000}\sqrt{\frac{300+c}{c}} = -0,007.$$

Pour résoudre rigoureusement cette équation, il faudrait

passer au logarithme décimal, chercher l'arc correspondant en fonction du rayon, et en déduire c; mais, comme l'arc est petit, en le désignant par u, on peut prendre $\mathrm{L}\cos u = -\frac{1}{2}u^2$, ce qui nous donne

$$\frac{1}{2}\left(\frac{35}{1000}\right)^2\left(1+\frac{300}{c}\right) = 0{,}007, \quad 7\left(1+\frac{300}{c}\right) = 80, \quad c = 28^{\text{kg}},7.$$

Un mètre de câble ayant l'épaisseur de la chaîne au point le plus bas pèserait $28^{\text{kg}},7$; il occuperait un volume

$$\frac{28{,}7}{7{,}7} = 3^{\text{lit}},7;$$

la section est donc 37 centimètres carrés.

On peut achever les calculs approchés sans recourir aux logarithmes. Calculons d'abord

$$\begin{aligned}
&\sqrt{\frac{q+c}{c}}\operatorname{tang}\frac{50}{a}\sqrt{\frac{q+c}{c}} \\
&\quad = \frac{q+c}{c}\,\frac{50}{a}\left[1+\frac{1}{3}\left(\frac{50}{a}\right)^2\frac{q+c}{c}+\ldots\right] \\
&\quad = \frac{80}{7}\times\frac{35}{1000}\left(1+\frac{0{,}014}{3}\right) = 0{,}402.
\end{aligned}$$

Au point le plus haut, $\frac{ds}{dx}$ est égal à $\sqrt{1+(0{,}402)^2} = 1{,}078$; la section de la chaîne sera de 40 centimètres carrés. Le poids de la chaîne sera

$$\begin{aligned}
&2a\sqrt{c(q+c)}\operatorname{tang}\frac{50}{a}\sqrt{\frac{q+c}{c}} - 100q \\
&\quad = \frac{20000}{7}\times 28{,}7\times 0{,}402 - 30000 = 2964^{\text{kg}}.
\end{aligned}$$

Dans aucun cas, $\frac{x}{a}\sqrt{\frac{q+c}{c}}$ ne saurait atteindre $\frac{\pi}{2}$; il faut toujours avoir

$$x < \frac{\pi}{2}a\sqrt{\frac{c}{q+c}} < \frac{\pi}{2}a \quad \text{ou} \quad x < 2240^{\text{m}}.$$

73. *Forme d'équilibre d'un fil homogène et pesant, posé sur la surface d'un cône droit dont l'axe est vertical et le sommet en bas.* (VIEILLE.)

En supposant le cône parfaitement poli, sa surface exerce sur chaque élément du fil qui la touche une réaction normale dont les composantes sont

$$-N\frac{x\,ds}{V},\quad -N\frac{y\,ds}{V},\quad N\frac{z\tan^2\alpha\,ds}{V},\quad V=\sqrt{x^2+y^2+z^2\tan^4\alpha};$$

α est le demi-angle au sommet du cône. On a les équations d'équilibre

$$d.T\frac{dx}{ds}=\frac{N}{V}x\,ds,$$

$$d.T\frac{dy}{ds}=\frac{N}{V}y\,ds,$$

$$d.T\frac{dz}{ds}=p\,ds-\frac{N}{V}z\tan^2\alpha\,ds.$$

On en déduit

$$dT=p\,dz,\quad T=p(z-a).$$

Multiplions la première par $-y$, la seconde par x, ajoutons et posons $x=r\cos\theta$, $y=r\sin\theta$: nous aurons, en tenant compte de la valeur de T,

$$d.T\left(x\frac{dy}{ds}-y\frac{dx}{ds}\right)=0,\quad (z-a)r^2\frac{d\theta}{ds}=c^2.$$

La Géométrie donne

$$z=r\cot\alpha,\quad ds^2=r^2\,d\theta^2+\frac{1}{\sin^2\alpha}dr^2;$$

donc

$$(1)\qquad \sin\alpha\,d\theta=\frac{\pm c^2\,dr}{r\sqrt{r^2(r\cot\alpha-a)^2-c^4}}.$$

Cette équation n'est pas généralement intégrable; mais elle indique suffisamment la forme de la courbe qu'elle représente. Pour que T soit positif, il faut que z soit $> a$, ou $r > a \tan\alpha$; or, la quantité soumise au radical (I), négative pour $r = a \tan\alpha$, s'annule en changeant de signe pour une valeur r_1 supérieure à $a \tan\alpha$ et r doit être $\geqq r_1$. Si r commence par croître, il augmentera indéfiniment; sinon, il décroîtra jusqu'à r_1 pour croître jusqu'à l'infini. La courbe, tangente au cercle de rayon r_1, a, de chaque côté du point de contact, des branches infinies. Je dis que ces branches ont des asymptotes passant par le centre; car, en supposant $\theta = 0$ pour $r = r_1$, quand r devient infini, θ devient égal à

$$\theta_1 = \frac{c^2}{\sin\alpha} \int_{r_1}^{\infty} \frac{dr}{r\sqrt{r^2(r\cot\alpha - a)^2 - c^4}};$$

le dénominateur étant de l'ordre de r^3, θ_1 est fini. Quant à la distance du pôle à l'asymptote, c'est la limite de $r^2 \frac{d\theta}{dr}$ pour r infini, c'est-à-dire

$$\lim \frac{c^2 r \sin\alpha}{\sqrt{r^2(r\cot\alpha - a)^2 - c^4}} = 0.$$

On peut intégrer (I) quand $a = 0$; le minimum de r est $r_1 = c\sqrt{\tan\alpha}$; si pour cette valeur θ est nul, on aura

$$\theta \sin\alpha = \frac{1}{2} \arc\cos \frac{c^2 \tan\alpha}{r^2}, \quad r^2 = \frac{c^2 \tan\alpha}{\cos 2(\theta \sin\alpha)}.$$

Il est aisé d'en conclure que le fil suit la transformée d'une hyperbole équilatère dont le demi-axe est $\frac{c}{\sqrt{\sin\alpha \cos\alpha}}$, et dont le plan serait enroulé sur le cône, le centre de l'hyperbole étant au sommet du cône. Pour réaliser ce cas, supposons que les extrémités du fil soient attachées à des hauteurs égales, en des points pour lesquels $r = r'$, $\theta = \pm\theta'$; et soit $2l$ la longueur; on doit avoir

$$r'^2 = \frac{c^2 \tan\alpha}{\cos 2(\theta' \sin\alpha)}, \quad l = \frac{\cos\alpha}{\sin^2\alpha} \int_{c\sqrt{\tan\alpha}}^{r'} \frac{r^2\, dr}{\sqrt{r^4 \cot^2\alpha - c^4}};$$

la première détermine c^2 et la seconde l à l'aide d'une intégrale elliptique.

On peut encore intégrer (I) quand le polynôme sous le radical admet un facteur double; alors

$$4c^2 = a^2 \operatorname{tang}\alpha, \quad r_1 = \frac{1+\sqrt{2}}{2} a \operatorname{tang}\alpha$$

et

$$\cos\alpha\, d\theta = \frac{a^2 \operatorname{tang}\alpha\, dr}{r(2r - a\operatorname{tang}\alpha)\sqrt{(2r - a\operatorname{tang}\alpha)^2 - 2a^2\operatorname{tang}^2\alpha}}$$

$$= \left(\frac{2a}{2r - a\operatorname{tang}\alpha} - \frac{a}{r}\right)\frac{dr}{\sqrt{(2r - a\operatorname{tang}\alpha)^2 - 2a^2\operatorname{tang}^2\alpha}},$$

d'où

$$\theta\cos\alpha = \frac{1}{\sqrt{2}} \operatorname{arc\,cos} \frac{a\sqrt{2}}{2r\cot\alpha - a} - \operatorname{arc\,cos} \frac{2r + a\operatorname{tang}\alpha}{2r\sqrt{2}};$$

quand r va de r_1 à ∞, θ croît de $\frac{\pi}{4}\left(\sqrt{2} - 1\right)\operatorname{séc}\alpha$.

Pour déterminer la pression exercée en chaque point sur le cône, ajoutons les équations d'équilibre multipliées respectivement par $x, y, -z\operatorname{tang}^2\alpha$:

$$\text{(II)}\quad x\,d.\mathrm{T}\frac{dx}{ds} + y\,d.\mathrm{T}\frac{dy}{ds} - z\operatorname{tang}^2\alpha\, d.\mathrm{T}\frac{dz}{ds} = \mathrm{NV}\,ds - pz\operatorname{tang}^2\alpha\, ds.$$

Or l'équation du cône donne

$$x\frac{dx}{ds} + y\frac{dy}{ds} - z\operatorname{tang}^2\alpha\frac{dz}{ds} = 0,$$

d'où

$$x\,d\frac{dx}{ds} + y\,d\frac{dy}{ds} - z\operatorname{tang}^2\alpha\, d\frac{dz}{ds}$$

$$= -\frac{1}{ds}(dx^2 + dy^2 - dz^2\operatorname{tang}^2\alpha) = \left(\frac{1}{\cos^2\alpha}\frac{dz^2}{ds^2} - 1\right)ds.$$

Tenant compte de ces relations, on tire de (II)

$$\begin{aligned} NV &= pz\tang^2\alpha - \left(1 - \frac{1}{\cos^2\alpha}\frac{dz^2}{ds^2}\right)T \\ &= pz\tang^2\alpha - p(z-a)\frac{r^2\sin^2\alpha\, d\theta^2}{dr^2 + r^2\sin^2\alpha\, d\theta^2}. \end{aligned}$$

Remplaçons $d\theta$ par sa valeur générale en fonction de dr, z par $r\cot\alpha$, et V par $\frac{r}{\cos\alpha}$: nous trouvons

$$N = p\sin\alpha\,\frac{r^3(r - a\tang\alpha) - c^4}{r^3(r - a\tang\alpha)}.$$

Pour r infini, $N = p\sin\alpha$; pour savoir s'il est positif tout le long du fil, on cherche le signe du numérateur pour $r = r_1$; mais $r_1(r_1 - a\tang\alpha)$ est égal à $c^2\tang\alpha$; le signe cherché est donc celui de $r_1^2\tang\alpha - c^2$. Pour que N puisse devenir négative, il faut et il suffit qu'en substituant $c\sqrt{\tang\alpha}$ dans le premier membre de l'équation du second degré qui définit r_1, on ait un résultat positif, ou

$$c(\cot\alpha - \tang\alpha) - a\sqrt{\tang\alpha} > 0.$$

Dans ce cas, une partie du fil tend à se séparer de la surface conique.

74. *Forme d'équilibre d'un fil dont chaque élément est soumis à une pression normale proportionnelle à sa distance à une droite donnée, en deux points de laquelle sont fixées les extrémités du fil. Ce serait la forme qu'affecterait la section droite d'une surface cylindrique, flexible, dont les bords seraient maintenus par deux tringles horizontales parallèles et dans laquelle on aurait versé un liquide pesant.* (H. Resal.)

Traitons rapidement ce problème pour donner un exemple de discussion de courbe définie seulement par des relations entre les coordonnées et un paramètre variable. Je prends pour axe des x l'horizontale sur laquelle sont les extrémités du fil, l'axe des y étant dirigé vers le haut, et j'appelle α l'angle de la tangente avec l'axe des x. Le fil étant soumis à des forces normales, la tension est constante; nous avons, en projetant sur la normale les forces qui sollicitent l'élément ds et observant que la courbe est évidemment plane,

$$(1) \qquad T\frac{ds}{\rho} = T\,d\alpha = -py\,ds.$$

Multiplions par $\sin\alpha$, posons $T = a^2 p$ et appelons β la valeur de α pour $y = 0$:

$$(2) \quad a^2 \sin\alpha\,d\alpha = -y\sin\alpha\,ds = -y\,dy, \quad y = -a\sqrt{2(\cos\alpha - \cos\beta)},$$

d'où

$$dy = \frac{a\sin\alpha\,d\alpha}{\sqrt{2(\cos\alpha-\cos\beta)}}, \quad dx = \cot\alpha\,dy = \frac{a\cos\alpha\,d\alpha}{\sqrt{2(\cos\alpha-\cos\beta)}},$$

$$ds = \frac{a\,d\alpha}{\sqrt{2(\cos\alpha-\cos\beta)}}.$$

On ne pourrait avoir x qu'à l'aide d'intégrales elliptiques; mais on voit que, α croissant de zéro à β, y va constamment en augmentant : il en est de même de x si $\beta < \frac{\pi}{2}$. Si $\beta > \frac{\pi}{2}$, x augmente d'abord pour diminuer ensuite; le vase se rétrécit au sommet. J'appelle $2c$ la distance des extrémités du fil, $2a$ sa longueur, et j'ai entre β et a les équations

$$l = \int_0^\beta \frac{a\,d\alpha}{\sqrt{2(\cos\alpha-\cos\beta)}}, \quad c = \int_0^\beta \frac{a\cos\alpha\,d\alpha}{\sqrt{2(\cos\alpha-\cos\beta)}}.$$

Posons, pour transformer ces intégrales,

$$\cos\alpha = 1 - 2\sin^2\frac{\alpha}{2}, \quad \cos\beta = 1 - 2\sin^2\frac{\beta}{2}, \quad \sin\frac{\alpha}{2} = \sin\frac{\beta}{2}\sin\varphi,$$

d'où

$$l = a\int_0^{\frac{\pi}{2}} \frac{d\varphi}{\sqrt{1 - \sin^2\frac{\beta}{2}\sin^2\varphi}},$$

$$c = 2a\int_0^{\frac{\pi}{2}} d\varphi\sqrt{1 - \sin^2\frac{\beta}{2}\sin^2\varphi} - a\int_0^{\frac{\pi}{2}} \frac{d\varphi}{\sqrt{1 - \sin^2\frac{\beta}{2}\sin^2\varphi}}.$$

$\frac{l+c}{l}$ ne contient que l'inconnue $\sin\frac{1}{2}\beta$, et on la calcule par approximation à l'aide de Tables des fonctions elliptiques complètes. Si l'on se donne β, on en déduira le rapport $\frac{l+c}{l}$; soit $\beta = \frac{\pi}{2}$, on a

$$\int_0^{\frac{\pi}{2}} \frac{d\varphi}{\sqrt{1 - \frac{1}{2}\sin^2\varphi}} = 1,854,$$

$$\int_0^{\frac{\pi}{2}} d\varphi\sqrt{1 - \frac{1}{2}\sin^2\varphi} = 1,351, \qquad \frac{l+c}{l} = 1,46.$$

On voit que, dans les conditions du problème, le minimum de c est zéro; β est alors environ 130 degrés. Si β est plus grand, quand α va de $\frac{\pi}{2}$ à β, x devient négatif, et le fil présente un point double au-dessous de l'axe des x; si même on supposait $\beta = \pi$, la courbe s'étendrait à l'infini et serait asymptote à l'axe des x. Pour obtenir toute la courbe définie par l'équation (2), il faudrait faire revenir α de β à zéro; mais, en changeant le signe du radical, on a une branche symétrique de la partie utile par rapport au point qui est sur l'axe des x; puis α va de zéro à $-\beta$, y redevient nul, et la courbe forme une suite illimitée de branches superposables. Enfin remarquons que nous n'avons pas toutes les courbes contenues dans l'équation (1), car on eût pu disposer des constantes d'intégration de manière que la courbe ne coupe pas OX.

75. *Un fil élastique, homogène à l'état naturel et pesant, est placé sur une cycloïde dont l'axe est vertical, et la convexité tournée vers le haut; une extrémité est attachée au sommet, et l'autre, qui est libre, atteint le point le plus bas; quelle est la longueur naturelle du fil, et la loi suivant laquelle varie la tension?*

Prenons pour axes la tangente et la normale intérieure au sommet; la cycloïde est représentée par les équations

$$x = a(u + \sin u), \quad y = a(1 - \cos u);$$

la longueur d'un élément est $ds = 2a\cos\frac{1}{2}u\,du$, et son poids de la forme

$$2ap\cos\frac{1}{2}u\,du : \left(1 + \frac{T}{Q}\right);$$

Q est la tension qui doublerait la longueur naturelle de l'élément. Projetons les forces qui le sollicitent sur la tangente, inclinée à l'horizon de $\frac{u}{2}$:

$$dT + \frac{Q}{Q+T}ap\sin u\,du = 0.$$

Puisque $T = 0$ pour $u = \pi$, on a l'intégrale

$$(Q+T)^2 = 2ap\,Q(1+\cos u) + Q^2,$$

qui donne la loi de la tension; quant au poids du fil, c'est

$$P = \int_0^\pi \frac{2apQ}{Q+T}\cos\frac{1}{2}u\,du$$

$$= \int_0^\pi \frac{2apQ\cos\frac{1}{2}u\,du}{\sqrt{Q^2 + 4apQ\cos^2\frac{1}{2}u}} = 2\sqrt{apQ}\arcsin\sqrt{\frac{4ap}{4ap+Q}}.$$

On en déduit la longueur naturelle en divisant par p.

EXERCICES.

1. En deux points A, B donnés sur une horizontale et dont la distance est $2m$, sont fixées les extrémités d'un fil homogène pesant : quelle doit être la longueur $2l$ du fil pour que la tension en A et en B soit égale au poids du fil? Quel est alors l'angle α des tangentes extrêmes avec l'horizon?

$$l = \frac{2m}{\sqrt{3}\,L\,3} = 1{,}0515\,m, \quad \alpha = \frac{\pi}{6}.$$

2. Déterminer la longueur $2l$ considérée ci-dessus de manière a rendre minimum la tension en A et B quand on donne la densité du fil.

$$l = \frac{a}{2}\left(e^{\frac{m}{a}} - e^{-\frac{m}{a}}\right),$$

a étant donné par l'équation

$$\frac{m+a}{m-a} = e^{\frac{2m}{a}};$$

on a sensiblement $a = 0{,}4168\,m$, $l = 1{,}258\,m$. (P. Jullien.)

3. Une extrémité d'un fil pesant, homogène, de longueur l, est fixée en un point O ; l'autre extrémité est soutenue par un anneau A, de poids négligeable, enfilé sur une tringle horizontale dépolie OX. Déterminer la plus petite valeur de OA pour laquelle l'anneau ne glissera pas.

C'est $l \operatorname{tang}\varphi \, L \cot \frac{1}{2}\varphi$, φ étant l'angle de frottement.

4. Un fil, dont chaque élément M est repoussé par un point O avec une force proportionnelle à sa masse et à la distance OM, décrit une circonférence qui passe en O : comment varie la densité du fil? — En raison inverse de $\overline{OM}^4$.

5. Étant donnés trois axes rectangulaires dont l'un, OZ, est vertical, trouver la figure d'équilibre d'un fil dont une extrémité est à l'origine et dont chaque élément ds a un poids égal à $p\,dx$ et est sollicité par une force $\lambda^2 x\,dx$ parallèle à OX, p et λ^2 désignant des constantes. (A. Fuhrmann.)

$$T\frac{dy}{ds} = C, \quad a\lambda^2 y = C\,L\frac{a+x}{a-x}, \quad \lambda^2 z = \frac{pa'}{a}\,L\frac{a+x}{a-x} + p\,L(a^2 - x^2).$$

6. La figure d'équilibre d'un fil pesant est telle que sa tension en chaque point est inversement proportionnelle à sa courbure : déterminer cette figure et la loi de la densité en supposant que les extrémités du fil soient fixées en deux points donnés d'une horizontale et que son poids soit double de la tension au point le plus bas. (Caen, 1879.)

$2a$ étant la distance des extrémités, P le poids total, on trouve

$$z = -\frac{4a}{\pi} \mathrm{L} \cos\frac{\pi x}{4a}, \quad p = \frac{\pi \mathrm{P}}{4a \cos\frac{\pi x}{4a}}, \quad l = \frac{4a}{\pi} \mathrm{L}(1+\sqrt{2});$$

la tension est aussi proportionnelle à p : chaînette d'égale résistance.

7. Équilibre d'un fil homogène dont chaque élément ds est attiré vers un point O par une force proportionnelle à ds et 1° au carré, 2° au cube de sa distance au centre attractif.

La courbe est plane : on déduit des équations générales, en prenant des coordonnées polaires avec O pour pôle,

$$\mathrm{T} r^2 \frac{d\theta}{ds} = c,$$

et

$$1^\circ \quad \mathrm{T} = a - \frac{\lambda^2}{r}, \qquad 2^\circ \quad \mathrm{T} = a - \frac{\lambda^3}{2r^2}.$$

8. Un élément quelconque MM′ d'un fil non pesant est soumis à une force F, normale au plan qui passe par un point donné O et par la direction de MM′, et égale à $\frac{\lambda^2 \mathrm{MM'} \sin \mathrm{OMM'}}{\overline{\mathrm{OM}}^2}$: déterminer la ligne U dessinée par le fil quand il est en équilibre (la loi de F est celle de l'action d'un aimant sur un courant). (G. Darboux.)

En prenant O pour origine, $\mathrm{OM} = r$, on a (I)

$$d.\mathrm{T}\frac{dx}{ds} = \frac{z\,dy - y\,dz}{r^3},$$

$$d.\mathrm{T}\frac{dy}{ds} = \frac{x\,dz - z\,dx}{r^3},$$

$$d.\mathrm{T}\frac{dz}{ds} = \frac{y\,dx - x\,dy}{r^3}.$$

T est constante, U est une ligne géodésique du cône C ayant O pour sommet et U pour directrice. On déduit des deux dernières équations (1)

$$\mathrm{T}\, d\,\frac{y\,dz - z\,dy}{ds} = \frac{(y^2 + z^2)\,dx - x(y\,dy + z\,dz)}{r^3} = \frac{r\,dx - x\,dr}{r^2},$$

$$\mathrm{T}\,\frac{y\,dz - z\,dy}{ds} = \frac{x}{r} - a;$$

de même,

$$\mathrm{T}\,\frac{z\,dx - x\,dz}{ds} = \frac{y}{r} - b\ldots,$$

d'où

$$ax + by + cz = r.$$

S est un cône de révolution, U la transformée d'une ligne droite.

ATTRACTION DES SYSTÈMES.

Calcul direct de l'attraction.

Pour calculer l'attraction d'une masse quelconque sur un point A, on n'a qu'à décomposer la masse attirante en éléments et à chercher la résultante de leurs actions par les règles de composition des forces concourantes. Soient x, y, z les coordonnées rectangulaires de A; x_1, y_1, z_1 celles d'un élément attractif dm à la distance u de A; $f(u)\,dm$ la grandeur de son attraction; on a, pour les projections de la force qui sollicite A,

$$X = \sum \frac{x_1 - x}{u} f(u)\,dm, \quad Y = \sum \frac{y_1 - y}{u} f(u)\,dm, \quad Z = \ldots.$$

Lorsque le corps attirant a des dimensions finies, on le traite dans le calcul comme une masse continue et on remplace les Σ par des intégrales étendues à tout le volume attirant.

Je rappelle un résultat très facile à établir, mais utile dans beaucoup de problèmes : quand l'attraction varie en raison directe de la distance, deux corps quelconques agissent l'un sur l'autre exactement comme si leurs masses étaient concentrées en leurs centres de gravité respectifs.

76. *Attraction d'une couche sphérique homogène sur un point matériel.*

Newton a démontré que, lorsque l'attraction est inversement proportionnelle au carré de la distance, une couche de densité constante, comprise entre deux sphères concentriques, est sans action sur un point intérieur, et attire un point extérieur A comme si sa masse était concentrée en son centre O. M. Thomson a donné de cette seconde propriété une démonstration très simple.

Par raison de symétrie, l'attraction doit être dirigée suivant AO (*fig.* 5), et, si nous partageons la couche en élé-

Fig. 5.

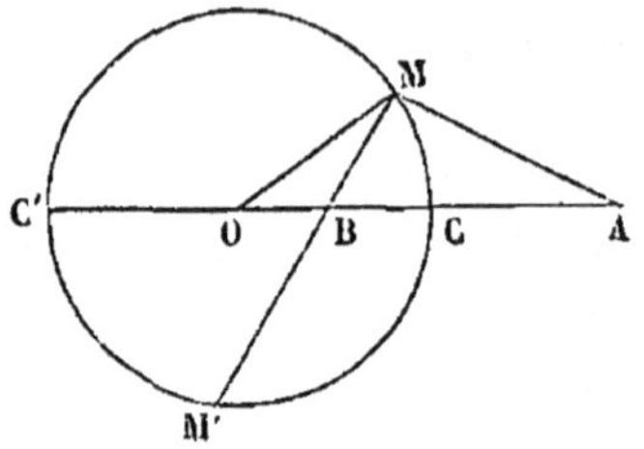

ments tels que dm, au point M, l'attraction sera de la forme

$$A = \int\int \frac{\mu\, dm}{\overline{AM}^2} \cos MAO.$$

Pour former nos éléments d'une façon avantageuse, considérons le point B, conjugué de OA, tel que $OA \times OB = R^2$, et imaginons des cônes infiniment étroits dont le sommet est en B; l'un d'eux, dirigé suivant BM, intercepte, dans une sphère de rayon 1, la surface $d\omega$ et par suite, dans une sphère ayant aussi pour centre B, mais pour rayon BM, l'aire $\overline{BM}^2 d\omega$; mais cette sphère coupe la sphère donnée sous l'angle BMO, et, comme elle est orthogonale au cône considéré, celui-ci intercepte dans la sphère donnée un élément $\overline{BM}^2 d\omega \operatorname{séc} BMO$. Si donc ε est la densité de la couche, il vient

$$A = \int\int \mu\varepsilon\, d\omega\, \overline{BM}^2 \operatorname{séc} BMO \frac{\cos MAO}{\overline{AM}^2};$$

mais MOB, MOA sont semblables comme ayant l'angle O

commun compris entre côtés proportionnels; il en résulte

$$\text{angle BMO} = \text{MAO}, \quad \frac{\text{BM}}{\text{AM}} = \frac{\text{OM}}{\text{OA}},$$

$$\text{A} = \int\int \mu\varepsilon \frac{\overline{\text{OM}}^2}{\overline{\text{OA}}^2} d\omega = \frac{4\pi \text{R}^2 \varepsilon\mu}{\overline{\text{OA}}^2} = \frac{m\mu}{\overline{\text{OA}}^2}.$$

La réciproque de la première proposition s'établit aisément; parmi les lois d'attraction qui ne dépendent que de la distance, la loi de la nature est la seule pour laquelle une couche sphérique homogène *quelconque* est sans action sur un point intérieur B. La distance des points de la couche au point B varie entre BC et BC'. Soit donc $f(u)\,dm$ l'attraction d'une masse dm à la distance u; on peut, dit M. Bertrand, choisir les dimensions BC, BC' de telle manière que le produit $u^2 f(u)$ varie dans le même sens que u, ou en sens contraire, pour les valeurs de u comprises entre BC et BC'; admettons que les variations soient de même sens, et considérons simultanément l'action de M et celle de l'élément correspondant M' qui agit en sens opposé; d'après la valeur trouvée pour la masse de l'élément M, la composante de son attraction suivant BC est

$$\frac{\varepsilon \overline{\text{BM}}^2 d\omega}{\cos \text{BMO}} f(\text{BM}) \cos \text{MBC};$$

celle de l'élément M' découpé par la seconde nappe du cône $d\omega$ donne

$$\frac{\varepsilon \overline{\text{BM}'}^2 d\omega}{\cos \text{BM}'\text{O}} f(\text{BM}') \cos \text{M}'\text{BC} = -\frac{\varepsilon \overline{\text{BM}'}^2 d\omega}{\cos \text{BMO}} f(\text{BM}') \cos \text{MBC};$$

mais BM', faisant avec BC un angle obtus, est $>$ BM, et, d'après l'hypothèse que nous avons dû faire,

$$\overline{\text{BM}'}^2 f(\text{BM}') > \overline{\text{BM}}^2 f(\text{BM});$$

l'action dirigée vers BC′ l'emporte sur celle qui est dirigée vers BC, et, comme il en est de même pour tous les couples d'éléments dans lesquels se décompose la couche, le point B se trouverait attiré vers le centre. Il faut donc, pour qu'il n'y ait pas d'action,

$$u^2 f(u) = c, \qquad f(u) = \frac{c}{u^2}.$$

Pour l'action sur un point extérieur, la réciproque n'est pas exacte.

77. *Attraction d'une plaque elliptique homogène sur un point* M *situé dans son plan, en supposant l'attraction de chaque élément égale au quotient de sa masse par sa distance au point* M. (Caen, 1887.)

Le calcul rappellera le calcul bien connu de l'attraction d'un ellipsoïde, car, dans le plan, la loi actuelle d'attraction est celle qui donne les résultats les plus semblables à ceux de la loi de Newton dans l'espace.

Soient x, y les coordonnées de M : celles d'un point pris sur l'ellipse E qui limite notre surface attirante peuvent se mettre sous la forme $x + u\cos\theta$, $y + u\sin\theta$ et l'on a

$$\left(\frac{\cos^2\theta}{a^2} + \frac{\sin^2\theta}{b^2}\right)u^2 + 2\left(\frac{x\cos\theta}{a^2} + \frac{y\sin\theta}{b^2}\right)u + \frac{x^2}{a^2} + \frac{y^2}{b^2} - 1 = 0.$$

Lorsque M est intérieur à E, l'équation admet une racine positive u' et une négative $-u''$ et l'on a, pour les composantes de l'attraction,

$$X = \int_0^{\pi}(u' - u'')\cos\theta\, d\theta = -2\int_0^{\pi} \frac{\dfrac{x\cos\theta}{a^2} + \dfrac{y\sin\theta}{b^2}}{\dfrac{\cos^2\theta}{a^2} + \dfrac{\sin^2\theta}{b^2}}\cos\theta\, d\theta$$

d'où

$$X = -\frac{2\pi b x}{a+b}, \qquad Y = -\frac{2\pi a y}{a+b}.$$

Lorsque M est extérieur à E, imaginons une ellipse E′, d'axes $2a'$ et $2b'$, passant par M et homofocale à E : les composantes de son attraction sur un point M′ ayant pour coordonnées $\frac{ax}{a'}$, $\frac{by}{b'}$ sont

$$X' = -\frac{2\pi b'}{a'+b'}\frac{ax}{a'}, \qquad Y' = -\frac{2\pi a'}{a'+b'}\frac{by}{b'};$$

mais le théorème qui correspond, dans le plan, à celui d'Ivory nous donne

$$X = \frac{b}{b'}X' = -\frac{2\pi abx}{a'(a'+b')}, \qquad Y = -\frac{2\pi aby}{b'(a'+b')},$$

et le calcul de a' et de b' est bien connu.

78. *Une droite rigide a ses extrémités* A, B *engagées dans des colliers fixes qui les empêchent de se déplacer; un point* C *attire chacune des parties de la droite suivant la loi newtonienne; déterminer le point où la barre tend à se rompre.* (Université de Cambridge; 1854).

Soient H un point choisi arbitrairement sur AB, $CO = c$ la perpendiculaire de C sur AB; a, $-b$, h, x les abscisses de A, B, H et d'un point quelconque de la barre, l'origine étant en O; P, Q les composantes normales des réactions qui s'exercent en A et B. La somme des moments de P, Q et des attractions par rapport au point H est nulle; mais, si l'on considère seulement les forces qui agissent sur la partie HA, ce sont elles qui tendent à rompre la droite en H, et cela avec une énergie proportionnelle à la somme de leurs moments. Cette somme est évidemment de la forme

$$S = \mu\int_h^a \frac{c(x-h)\,dx}{(c^2+x^2)^{\frac{3}{2}}} - P(a-h)$$

$$= \frac{\mu}{c}\left(\sqrt{c^2+h^2} - \frac{c^2+ah}{\sqrt{a^2+c^2}}\right) - P(a-h).$$

Si l'on suppose que H coïncide avec B ou si l'on fait $h=-b$, S doit être nulle, parce qu'elle comprendra les moments de toutes les forces qui agissent sur AB :

$$\frac{\mu}{c}\left(\sqrt{b^2+c^2}-\frac{c^2-ab}{\sqrt{a^2+c^2}}\right)-\mathrm{P}(a+b)=0.$$

Tirons P, et nous aurons pour la valeur générale de S

$$\mathrm{S}=\frac{\mu}{c}\left[\sqrt{c^2+h^2}-\frac{c^2+ah}{\sqrt{a^2+c^2}}-\frac{a-h}{a+b}\left(\sqrt{b^2+c^2}-\frac{c^2-ab}{\sqrt{a^2+c^2}}\right)\right].$$

Il faut avoir la valeur de h qui rend $-\mathrm{S}$ maximum; on égale à zéro $\frac{d\mathrm{S}}{dh}$ et l'on trouve, en réduisant,

$$\frac{h}{\sqrt{c^2+h^2}}=\frac{\sqrt{a^2+c^2}-\sqrt{b^2+c^2}}{a+b}=\frac{\mathrm{CA}-\mathrm{CB}}{\mathrm{AB}},$$

$$h=c\,\frac{\mathrm{CA}-\mathrm{CB}}{\sqrt{\overline{\mathrm{AB}}^2-(\mathrm{CA}-\mathrm{CB})^2}}=\frac{c\sin\frac{1}{2}(\mathrm{B}-\mathrm{A})}{\sqrt{\sin\mathrm{A}\sin\mathrm{B}}}.$$

Soient D et G les pieds de la bissectrice et de la médiane issues du sommet C dans le triangle ABC : le segment OH, égal à h, est moyen proportionnel entre OD et OG, puisque l'on a

$$\mathrm{OG}=c\,\frac{\sin(\mathrm{B}-\mathrm{A})}{2\sin\mathrm{A}\sin\mathrm{B}},\quad \mathrm{OD}=c\,\mathrm{tang}\,\tfrac{1}{2}(\mathrm{B}-\mathrm{A}).$$

79. *Attraction d'un ellipsoïde homogène sur un point intérieur, l'attraction étant inversement proportionnelle à la quatrième puissance de la distance.*

Soient x, y, z les coordonnées du point attiré A, et

$$\frac{x_1^2}{a^2}+\frac{y_1^2}{b^2}+\frac{z_1^2}{c^2}=1$$

l'équation de l'ellipsoïde. Posons

$$x_1=x+u\cos\theta,\quad y_1=y+u\sin\theta\cos\psi,\quad z=z_1+u\sin\theta\sin\psi;$$

on peut écrire, pour les points à la surface de l'ellipsoïde,

$$
(1) \quad \left\{ \begin{aligned} & \left(\frac{x^2}{a^2} + \frac{y^2}{b^2} + \frac{z^2}{c^2} - 1\right) \frac{1}{u^2} \\ & \quad + 2\left(\frac{x\cos\theta}{a^2} + \frac{y\sin\theta\cos\psi}{b^2} + \frac{z\sin\theta\sin\psi}{c^2}\right)\frac{1}{u} + \ldots = 0. \end{aligned} \right.
$$

La composante de l'attraction suivant OX est

$$
X = \mu \int_0^{2\pi} d\psi \int_0^{\frac{\pi}{2}} d\theta \int \frac{du}{u^2} \sin\theta\cos\theta;
$$

θ ne variant que de zéro à $\frac{\pi}{2}$, on doit, pour chaque valeur de θ et de ψ, faire varier u depuis zéro jusqu'à la racine positive u' de l'équation (1), et retrancher du résultat celui qu'on obtient en faisant varier u de zéro à la racine u'' prise positivement. Pour éviter l'infini qui répondrait à $u = 0$, on intégrera depuis une valeur très petite ε jusqu'à u' ou jusqu'à $-u''$; on isole ainsi une sphère, évidemment sans action, ayant A pour centre et ε pour rayon, et cette sphère peut être tout entière dans l'ellipsoïde quand A est intérieur; l'intégrale relative à u sera

$$
-\frac{1}{u'} + \frac{1}{\varepsilon} - \left(\frac{1}{u''} + \frac{1}{\varepsilon}\right) = -\frac{1}{u'} - \frac{1}{u''};
$$

on a la somme des racines de l'équation (1) changées de signe et, en substituant, il vient

$$
\begin{aligned} & \left(\frac{x^2}{a^2} + \frac{y^2}{b^2} + \frac{z^2}{c^2} - 1\right) X \\ & \quad = 2\mu \int\int \left(\frac{x\cos\theta}{a^2} + \frac{y\sin\theta\cos\psi}{b^2} + \cdots\right) \sin\theta\cos\theta \, d\theta \, d\psi, \end{aligned}
$$

$$
X = \frac{4}{3}\,\frac{\pi\mu x}{a^2} : \left(\frac{x^2}{a^2} + \frac{y^2}{b^2} + \frac{z^2}{c^2} - 1\right).
$$

Y et Z s'obtiennent par analogie. C'est Lejeune-Dirichlet qui a remarqué la possibilité d'exprimer en quantités finies l'attraction d'un ellipsoïde sur un point intérieur quand l'attraction est réciproque à une puissance $2m$ de la distance, m étant un entier > 1. L'attraction sur un point de la surface est infinie, et, pour un point extérieur, on la déduit du point intérieur à l'aide du théorème d'Ivory généralisé par Poisson.

Introduction du potentiel.

80. On sait que les trois composantes de l'attraction exercée sur un point sont les dérivées d'une même intégrale, qu'on appelle *fonction potentielle*, tant du moins que le point ne fait pas partie de la masse attirante. Soient $F(u)$ une fonction dont la dérivée changée de signe, $f(u)$, exprime la loi d'attraction, et $U = \Sigma F(u)\,dm$; on a

$$X = \frac{\partial U}{\partial x}, \qquad Y = \frac{\partial U}{\partial y}, \qquad Z = \frac{\partial U}{\partial z}.$$

Si, par le point attiré, on mène un arc infiniment petit ds, dont les projections soient dx, dy, dz, la composante de l'attraction suivant la direction ds sera

$$\frac{\partial U}{\partial x}\frac{dx}{ds} + \frac{\partial U}{\partial y}\frac{dy}{ds} + \frac{\partial U}{\partial z}\frac{dz}{ds} = \frac{dU}{ds};$$

le dernier quotient n'est pas une dérivée partielle, mais le rapport à ds de la différentielle de U répondant à ce déplacement du point x, y, z.

Les surfaces sur lesquelles U est constant sont dites *surfaces de niveau;* l'attraction en un quelconque de leurs points leur est normale.

81. *Calculer l'action d'un anneau sur un autre situé dans le plan et à l'intérieur du premier et passant par son centre; l'attraction est en raison inverse du cube de la distance.* (Walton).

Soient O et A les deux centres, R et a les rayons, ε, ε' les densités, M un élément de l'anneau attiré, θ l'angle

MOA, en sorte que la masse de M soit $2a\varepsilon' d\theta$; je pose

$$OM = 2a\cos\theta = r,$$

et je cherche la fonction potentielle de l'anneau attirant par rapport à l'élément M; ici $F(u) = \frac{\mu}{2u^2}$ et l'on a

$$U = \mu a R\varepsilon\varepsilon' d\theta \int_0^{2\pi} \frac{d\varphi}{R^2 + r^2 - 2Rr\cos\varphi} = \frac{2\pi\mu a R\varepsilon\varepsilon' d\theta}{R^2 - r^2}.$$

L'attraction est dirigée suivant OM, et sa valeur $\frac{dU}{dr}$ se calcule sans difficulté. Ajoutant toutes ces attractions multipliées respectivement par $\cos\theta$, on a pour leur résultante, dirigée suivant OA,

$$F = 16\pi\mu R a^2 \varepsilon\varepsilon' \int_0^{\frac{\pi}{2}} \frac{\cos^2\theta\, d\theta}{(R^2 - 4a^2\cos^2\theta)^2}$$

$$= 16\pi\mu R a^2 \varepsilon\varepsilon' \int_0^{\frac{\pi}{2}} \frac{d\theta}{\cos^2\theta(R^2 - 4a^2 + R^2\operatorname{tang}^2\theta)^2}.$$

Si l'on pose

$$R\operatorname{tang}\theta = \sqrt{R^2 - 4a^2}\operatorname{tang}\omega,$$

on trouve

$$F = \frac{16\pi\mu a^2\varepsilon\varepsilon'}{(R^2 - 4a^2)^{\frac{3}{2}}} \int_0^{\frac{\pi}{2}} \cos^2\omega\, d\omega = \frac{4\pi^2\mu a^2\varepsilon\varepsilon'}{(R^2 - 4a^2)^{\frac{3}{2}}}.$$

82. *Un point est en équilibre au centre d'un octaèdre régulier dont les six sommets, de masses égales, l'attirent proportionnellement à la puissance n de la distance; déterminer les valeurs de n pour lesquelles l'équilibre est stable.* (Paris, 1864.)

J'écarte légèrement le point A de sa position d'équilibre, et je cherche si la force à laquelle il est soumis tend à le rapprocher du centre O. Soient x, y, z les coordonnées très petites du point A, a la distance de l'origine à un des sommets; $F(u)$ est $-\frac{\mu}{n+1}u^{n+1}$, et, si l'on pose $n+1=2p$, $x^2+y^2+z^2=r^2$, on aura

$$-\frac{2p}{\mu}U=(a^2-2ax+r^2)^p+(a^2+2ax+r^2)^p$$
$$+(a^2-2ay+r^2)^p+\ldots+(a^2+2az+r^2)^p.$$

On développe chacun des termes par la formule du binôme, la symétrie permettant d'abréger les calculs, et l'on trouve, en rapprochant les termes du même ordre de grandeur,

$$U=-\mu a^{2p}\left[\frac{3}{p}+(2p+1)\frac{r^2}{a^2}+\frac{1}{2}(p-1)(4p-5)\frac{r^4}{a^4}\right.$$
$$\left.+\frac{4(p-1)(p-2)(p-3)}{6}\frac{x^4+y^4+z^4}{a^4}+\ldots\right].$$

Les composantes de la force qui sollicite A se trouvent par une simple dérivation; on a, par exemple,

$$X=\frac{\partial U}{\partial x}=-2\mu x a^{2p-2}\left[2p+1+(p-1)(4p-5)\frac{r^2}{a^2}\right.$$
$$\left.+\frac{4(p-1)(p-2)(p-3)}{3}\frac{x^2}{a^2}+\ldots\right].$$

Si $2p+1>0$ ou $n>-2$, X est de signe contraire à x, de même Y à y, Z à z, et le mobile est ramené vers l'origine; si $n<-2$, le mobile est tiré dans le sens opposé à l'origine, et l'équilibre est instable; pour $2p=-1$, $n=-2$, ou la loi newtonienne, le premier terme disparaît, et il faut avoir recours aux suivants :

$$X=7\mu x a^{-5}(5x^2-3r^2)=7\mu x a^{-5}(2x^2-3y^2-3z^2),$$

cette expression pouvant être positive; le point s'éloigne de plus en plus dans certains cas, équilibre instable.

83. *Propriétés fondamentales du potentiel.*

Quand l'attraction s'exerce suivant la loi de Newton, la fonction U devient le potentiel proprement dit V : si nous faisons égale à l'unité l'attraction de l'unité de masse sur le point considéré M à la distance 1, nous aurons

$$V = \iiint \frac{dm}{u}.$$

Le développement de la belle théorie du potentiel nous entraînerait trop loin et je ne m'arrêterai qu'aux deux propriétés fondamentales. La première consiste en ce que les composantes de l'attraction sont toujours égales à $\frac{\partial V}{\partial x}$, $\frac{\partial V}{\partial y}$, $\frac{\partial V}{\partial z}$. Cette proposition s'établit sans difficulté quand le point attiré M est extérieur à la masse attirante S : elle s'établit encore aisément quand M est intérieur à S, pourvu que cette masse soit homogène : il suffit de décomposer S en deux parties dont l'une est sphérique et contient M à son intérieur; le potentiel d'une sphère pour un point intérieur s'exprime algébriquement :

$$V = 2\pi\varepsilon\left(R^2 - \frac{1}{3}r^2\right),$$

et l'on n'a plus à différentier une intégrale dont quelques éléments peuvent devenir infinis. Pour le cas où ε est variable, M. Jordan a donné une démonstration extrêmement simple (*Cours d'Analyse*, II).

Décomposons S en deux parties dont l'une S_1 renferme M; soit S_2 la partie restante; soient V_1, V_2 les potentiels de S_1 et S_2, X_1, X_2 les composantes de leurs attractions suivant OX. On a

$$X = X_1 + X_2, \quad \frac{\partial V}{\partial x} = \frac{\partial V_1}{\partial x} + \frac{\partial V_2}{\partial x};$$

X_2 et $\frac{\partial V_2}{\partial x}$ sont égales, puisque M est extérieur à S_2. Je dis qu'on peut prendre S_1 assez petit pour que X_1 et $\frac{\partial V_1}{\partial x}$ soient aussi petits que l'on voudra, ce qui démontrera la proposition. Prenons des coordonnées polaires u, θ, ψ dont M soit le pôle et décomposons S_1 en volumes infiniment petits dont la masse dm est égale à $\varepsilon u^2 \sin\theta \, d\theta \, d\psi \, du$; soient α, β, γ les cosinus directeurs de la droite allant de M à l'un de ces éléments : on a

$$(1) \qquad X_1 = \int_0^\pi \int_0^{2\pi} \int_0^r \alpha\varepsilon \sin\theta \, d\theta \, d\psi \, du;$$

le rayon r mené de M dans la direction α, β, γ jusqu'à la surface qui limite S_1 a un maximum ρ; si dans la valeur de X_1 on remplace α par 1, ε par son maximum ζ, on trouve, pour limite supérieure de X_1, $4\pi\zeta\rho$, qu'on peut rendre aussi petit qu'on voudra en réduisant suffisamment les dimensions de S_1. Remarquons que $4\pi\zeta\rho$ est une limite supérieure de la somme arithmétique des attractions exercées par tous les éléments de S_1.

Menons maintenant dans S_1 une droite MM′ égale à h et parallèle à OX et soient V'_1 le potentiel de S_1 par rapport à M′, u, u' les distances d'un élément dm à M et à M′ : on a

$$\frac{\partial V_1}{\partial x} = \lim \frac{V'_1 - V_1}{h} = \lim \frac{1}{h} \Sigma \left(\frac{1}{u'} - \frac{1}{u}\right) dm = \lim \Sigma \frac{u - u'}{huu'} dm;$$

mais on a en valeur absolue

$$u - u' < h, \quad \frac{1}{uu'} < \frac{1}{2}\left(\frac{1}{u^2} + \frac{1}{u'^2}\right),$$

donc

$$\frac{\partial V_1}{\partial x} < \frac{1}{2} \Sigma \frac{dm}{u^2} + \frac{1}{2} \Sigma \frac{dm}{u'^2}$$

et chacune de ces sommes est aussi petite que l'on veut d'après la remarque qui termine l'alinéa précédent.

En second lieu, le paramètre différentiel du second ordre

$$\Delta_2 V = \frac{\partial^2 V}{\partial x^2} + \frac{\partial^2 V}{\partial y^2} + \frac{\partial^2 V}{\partial z^2}$$

est égal à zéro quand M est extérieur à S (Laplace), à $-4\pi\varepsilon_0$ quand M est en un point de S où la densité est ε_0 (Poisson). On démontre bien facilement le théorème de Laplace et, quand S est homogène, celui de Poisson; je vais déduire celui-ci de la première propriété de V en supposant que la densité ε au point x_1, y_1, z_1 de S varie avec x_1, y_1, z_1, mais que $\frac{\partial \varepsilon}{\partial x_1}$, $\frac{\partial \varepsilon}{\partial y_1}$, $\frac{\partial \varepsilon}{\partial z_1}$ restent finies et déterminées. On a, en tenant compte des valeurs de X, Y, Z,

$$(2) \qquad \Delta_2 V = \frac{\partial X}{\partial x} + \frac{\partial Y}{\partial y} + \frac{\partial Z}{\partial z}.$$

Je puis exprimer X à l'aide d'une intégrale de la forme (1), Y et Z par des intégrales analogues, en prenant pour la limite r le rayon vecteur mené de M dans la direction α, β, γ jusqu'à la surface T qui limite S. Ces intégrales, ne contenant pas d'éléments infinis, peuvent être différentiées par rapport à x, y, z : les limites de θ et de ψ étant fixes, on traitera ces quantités, ainsi que α, β, γ, comme des constantes dans la différentiation. Mais r et ε sont fonctions de x, y, z; en effet, on a pour la loi de la densité dans S

$$(3) \qquad \varepsilon = F(x_1, y_1, z_1) = F(x + \alpha u, y + \beta u, z + \gamma u),$$

et, pour l'équation de T,

$$(4) \qquad \varphi(x_1, y_1, z_1) = \varphi(x + \alpha r, y + \beta r, z + \gamma r) = 0.$$

L'équation (2) nous donne

$$(5) \quad \Delta_2 V = \int\!\!\int \sin\theta \, d\theta \, d\psi \left(\alpha \frac{\partial}{\partial x} \int_0^r \varepsilon \, du + \beta \frac{\partial}{\partial y} \int_0^r \varepsilon \, du + \ldots \right).$$

Soient ε_0 la densité au point M, ε_1 la densité à l'extrémité du rayon vecteur r mené dans la direction α, β, γ : on a

$$\frac{\partial}{\partial x}\int_0^r \varepsilon\, du = \varepsilon_1 \frac{\partial r}{\partial x} + \int_0^r \frac{\partial \varepsilon}{\partial x}\, du, \quad \ldots$$

Le coefficient de $\sin\theta\, d\theta\, d\psi$ dans (5) est donc égal à

$$K = \varepsilon_1\left(\alpha\frac{\partial r}{\partial x} + \beta\frac{\partial r}{\partial y} + \gamma\frac{\partial r}{\partial z}\right) + \int_0^r \left(\alpha\frac{\partial \varepsilon}{\partial x} + \beta\frac{\partial \varepsilon}{\partial y} + \gamma\frac{\partial \varepsilon}{\partial z}\right) du.$$

Mais, r étant une fonction de x, y, z définie par l'équation (4), on a

$$\frac{\partial r}{\partial x} = -\frac{\varphi'_{x_1}}{\Sigma\alpha\varphi'_{x_1}}, \quad \frac{\partial r}{\partial y} = -\frac{\varphi'_{y_1}}{\Sigma\alpha\varphi'_{x_1}}, \quad \frac{\partial r}{\partial z} = -\frac{\varphi'_{z_1}}{\Sigma\alpha\varphi'_{x_1}}$$

et le coefficient de ε_1 dans K est égal à -1; on tire aussi de (3)

$$\frac{\partial \varepsilon}{\partial u} = \alpha F'_{x_1} + \beta F'_{y_1} + \gamma F'_{z_1} = \alpha\frac{\partial \varepsilon}{\partial x} + \beta\frac{\partial \varepsilon}{\partial y} + \gamma\frac{\partial \varepsilon}{\partial z};$$

on aura donc

$$K = -\varepsilon_1 + \int_0^r \frac{\partial \varepsilon}{\partial u}\, du = -\varepsilon_1 + \varepsilon_1 - \varepsilon_0 = -\varepsilon_0,$$

$$\Delta_2 V = -\varepsilon_0 \int_0^{\pi}\int_0^{2\pi} \sin\theta\, d\theta\, d\psi = -4\pi\varepsilon_0.$$

84. *Théorème de Lejeune-Dirichlet.*

Quand la masse attirante S est finie, V et ses dérivées du premier ordre sont finis et continus; il est facile de voir que si la distance r du point M à l'origine devient infinie, V est infiniment petit de l'ordre de $\frac{1}{r}$, $\frac{\partial V}{\partial x}$, $\frac{\partial V}{\partial y}$, $\frac{\partial V}{\partial z}$ de l'ordre de $\frac{1}{r^2}$. Dirichlet a montré que si une fonction V′ de x, y, z satisfait à ces conditions et, en outre, aux équations de Laplace et de Poisson, elle coïncide avec V. Posons

$V' - V = W$ et considérons l'intégrale

$$P = \int\int\int W\left(\frac{\partial^2 W}{\partial x^2} + \frac{\partial^2 W}{\partial y^2} + \frac{\partial^2 W}{\partial z^2}\right) dx\, dy\, dz$$

étendue à tout l'espace intérieur à une sphère Ω décrite de l'origine comme centre avec un très grand rayon r; tous ses éléments sont nuls, car W est fini et $\Delta_2 W$, différence de $\Delta_2 V'$ et de $\Delta_2 V$, qui sont partout égaux, s'annule constamment. Mais, en intégrant une fois par parties, on a

$$\int\int\int W \frac{\partial^2 W}{\partial x^2} dx\, dy\, dz = \int\int \left(W \frac{\partial W}{\partial x}\right)_0^1 dy\, dz - \int\int\int \left(\frac{\partial W}{\partial x}\right)^2 dx\, dy\, dz,$$

le coefficient de $dy\, dz$ étant la différence des valeurs que prend $W \frac{\partial W}{\partial x}$ aux deux points de rencontre de la sphère Ω avec la parallèle à OX le long de laquelle on a intégré; est de la forme $\frac{\lambda}{r^3}$, λ ayant une valeur finie, et si λ_1 est une moyenne entre les valeurs de λ, on aura

$$\int\int \left(W \frac{\partial W}{\partial x}\right)_0^1 dy\, dz = \frac{\lambda_1}{r^3} \int\int dy\, dz = \frac{\pi \lambda_1}{r}.$$

P étant nul, on peut conclure des résultats précédents et de ceux qui se rapporteraient aux deux autres parties de P qu'on a l'identité

$$\int\int\int \left[\left(\frac{\partial W}{\partial x}\right)^2 + \left(\frac{\partial W}{\partial y}\right)^2 + \left(\frac{\partial W}{\partial z}\right)^2\right] dx\, dy\, dz = \pi \frac{\lambda_1 + \mu_1 + \nu_1}{r}.$$

En faisant grandir r au delà de toute limite, on voit que le second membre est tout au plus égal à une quantité qui tend vers zéro; il doit donc être rigoureusement nul aussi bien que le premier et cela exige qu'on ait, pour tous les points de l'espace,

$$\frac{\partial W}{\partial x} = \frac{\partial W}{\partial y} = \frac{\partial W}{\partial z} = 0, \quad \frac{\partial V}{\partial x} = \frac{\partial V'}{\partial x}, \quad \frac{\partial V}{\partial y} = \frac{\partial V'}{\partial y}, \quad \frac{\partial V}{\partial z} = \frac{\partial V'}{\partial z};$$

V et V' ne peuvent différer que par une constante, et, comme ils s'annulent tous deux à l'infini, cette constante est nulle.

85. *Composer les attractions exercées, suivant la loi de Newton, par les divers points d'un anneau* A *sur un très petit anneau* B; *les deux anneaux sont homogènes, leurs centres coïncident et leurs plans font entre eux un angle* α.

Il est facile de voir, par des raisons de symétrie, que les forces appliquées aux divers points du petit anneau se réduisent à un couple dont l'axe L est dirigé suivant l'intersection des deux plans. Prenons pour axe des x la partie de cette droite qui est dirigée vers le nœud ascendant, l'axe des y étant dans le plan du grand anneau. Soient x, y, z les coordonnées d'un élément dm de B, r et R les rayons de B et de A, ε la densité de A : le potentiel de A par rapport à dm est

$$\begin{aligned} V &= \int_0^{2\pi} \frac{\mu\, dm\, R\, \varepsilon\, d\varphi}{\sqrt{R^2 - 2R(x\cos\varphi + y\sin\varphi) + r^2}} \\ &= 2\pi\varepsilon\mu\, dm\left(1 + \frac{x^2 + y^2 - 2z^2}{4R^2} + \ldots\right); \end{aligned}$$

on en déduit, en ne prenant que la partie principale de chaque élément,

$$X = \frac{\pi\mu\varepsilon\, dm}{R^2} x, \quad Y = \frac{\pi\mu\varepsilon\, dm}{R^2} y, \quad Z = -\frac{2\pi\mu\varepsilon\, dm}{R^2} z,$$

$$\begin{aligned} L = \Sigma(yZ - zY) &= -3\frac{\pi^2 \mu\varepsilon\varepsilon' r^3 \sin\alpha\cos\alpha}{R^2} \\ &= -\frac{3}{4}\mu M m \frac{r^2}{R^3}\sin\alpha\cos\alpha. \end{aligned}$$

Le plan de B tend à se rapprocher de celui de A.

86. *Un ellipsoïde donné* E *renferme une certaine quantité de matière douée d'un pouvoir attractif suivant la loi de Newton : chercher suivant quelle loi doit varier la densité de la masse attirante pour que toutes les surfaces de niveau correspondant à son attraction soient des ellipsoïdes homofocaux à* E. *Cette loi une fois déterminée, calculer la grandeur de l'attraction en un point quelconque.* (Agrégation, 1883).

Il suffira de connaître la valeur de $\Delta_2 V$ pour en déduire celle de la densité en un point quelconque. Soient $2a$, $2b$, $2c$ les axes de E : par tout point de l'espace, on peut mener trois surfaces homofocales à E, définies par les équations

$$(1) \qquad \frac{x^2}{a^2-\lambda}+\frac{y^2}{b^2-\lambda}+\frac{z^2}{c^2-\lambda}=1,$$

$$(2) \qquad \begin{cases} \dfrac{x^2}{a^2-\mu}+\dfrac{y^2}{b^2-\mu}-\dfrac{z^2}{\mu-c^2}=1, \\ \dfrac{x^2}{a^2-\nu}-\dfrac{y^2}{\nu-b^2}-\dfrac{z^2}{\nu-c^2}=1, \end{cases}$$

où nous supposons $\lambda < c^2 < \mu < b^2 < \nu < a^2$; λ, μ, ν forment un système de coordonnées elliptiques. Si l'un quelconque des ellipsoïdes (1), déterminé par la valeur de λ, est une surface de niveau sur laquelle le potentiel a une grandeur constante, V ne dépend que de λ et l'on a

$$\frac{\partial V}{\partial x}=\frac{dV}{d\lambda}\frac{\partial \lambda}{\partial x}, \quad \frac{\partial^2 V}{\partial x^2}=\frac{d^2 V}{d\lambda^2}\left(\frac{\partial \lambda}{\partial x}\right)^2+\frac{dV}{d\lambda}\frac{\partial^2 \lambda}{\partial x^2}, \quad \dots$$

De la seconde équation et des deux équations analogues on conclut, en employant les notations bien connues de Lamé,

$$\Delta_2 V=\frac{d^2 V}{d\lambda^2}\Delta_1^2 \lambda+\frac{dV}{d\lambda}\Delta_2 \lambda.$$

Posons, pour abréger,

$$\frac{x^2}{(a^2-\lambda)^2}+\frac{y^2}{(b^2-\lambda)^2}+\frac{z^2}{(c^2-\lambda)^2}=\frac{1}{P^2}, \quad \frac{x^2}{(a^2-\lambda)^3}+\dots=\frac{1}{Q^2};$$

nous aurons, en différentiant deux fois l'équation (1),

$$\frac{2x}{a^2-\lambda}+\frac{1}{P^2}\frac{\partial\lambda}{\partial x}=0,$$

$$\frac{2}{a^2-\lambda}+\frac{4x}{(a^2-\lambda)^2}\frac{\partial\lambda}{\partial x}+\frac{1}{P^2}\frac{\partial^2\lambda}{\partial x^2}+\frac{2}{Q^2}\left(\frac{\partial\lambda}{\partial x}\right)^2=0;$$

de ces équations et de celles que fournit la différentiation par rapport à y et à z on tire

$$\Delta_1^2\lambda=4P^2,\qquad \Delta_2\lambda=-2P^2\left(\frac{1}{a^2-\lambda}+\frac{1}{b^2-\lambda}+\frac{1}{c^2-\lambda}\right).$$

On a donc

$$(3)\quad \Delta_2 V=4P^2\left[\frac{d^2V}{d\lambda^2}-\frac{1}{2}\left(\frac{1}{a^2-\lambda}+\frac{1}{b^2-\lambda}+\frac{1}{c^2-\lambda}\right)\frac{dV}{d\lambda}\right].$$

La quantité entre crochets est une fonction de λ, que je représenterai par $-\pi F(\lambda)$; le théorème de Poisson donne alors, pour la densité en un point quelconque,

$$\varepsilon=P^2F(\lambda).$$

Si l'on divise la région intérieure à E en couches infiniment minces par une série d'ellipsoïdes homofocaux, la densité en un point quelconque M d'une couche est égale au produit d'un paramètre $F(\lambda)$, arbitrairement choisi pour chaque couche, par P^2, c'est-à-dire par le carré de la distance de l'origine au plan tangent en M à l'un des ellipsoïdes E′ qui limitent la couche. L'épaisseur $d\alpha$ de la couche en ce point est $-\frac{d\lambda}{\Delta_1\lambda}$ ou $-\frac{d\lambda}{2P}$; donc la densité aux diverses régions d'une couche varie en raison inverse du carré de son épaisseur. La masse de la couche est égale à celle qui serait comprise entre E′ et un ellipsoïde homothétique, le rapport de similitude étant $1-\frac{d\lambda}{2\lambda}$ et la densité ayant partout la valeur $\lambda F(\lambda)$; cette masse est donc

$$-2\pi\sqrt{(a^2-\lambda)(b^2-\lambda)(c^2-\lambda)}\,F(\lambda)\,d\lambda.$$

Si l'on intègre cette expression en faisant varier λ depuis c^2 jusqu'à zéro, on doit obtenir toute la masse attirante, ce qui restreint l'indétermination de F.

Il convient d'exprimer P^2 en fonction de λ, μ, ν : un calcul suffisamment connu donne

$$\frac{1}{P^2} = \frac{4}{\Delta_1^2 \lambda} = \frac{x^2}{(a^2-\lambda)^2} + \ldots = \frac{(\mu-\lambda)(\nu-\lambda)}{(a^2-\lambda)(b^2-\lambda)(c^2-\lambda)}.$$

La loi de la densité aux différents points de la masse attirante comporte une grande indétermination, puisqu'on peut choisir $F(\lambda)$ d'une manière presque complètement arbitraire ; mais, une fois le choix fait, l'attraction est bien déterminée. Nous avons posé, à la suite de l'équation (3),

$$\frac{d^2 V}{d\lambda^2} - \frac{1}{2}\left(\frac{1}{a^2-\lambda} + \frac{1}{b^2-\lambda} + \frac{1}{c^2-\lambda}\right)\frac{dV}{d\lambda} = -\pi F(\lambda);$$

c'est une équation linéaire du premier ordre en $\frac{dV}{d\lambda}$, dont la valeur prend la forme

$$\frac{dV}{d\lambda} = \frac{1}{\sqrt{(a^2-\lambda)(b^2-\lambda)(c^2-\lambda)}}\left[A + \pi\int_\lambda^{c^2} F(\lambda)\,d\lambda\sqrt{(a^2-\lambda)(b^2-\lambda)(c^2-\lambda)}\right]$$

L'attraction en un point quelconque est dirigée suivant la normale à l'ellipsoïde homofocal à E qui passe en ce point et si, à un déplacement $d\alpha$ sur cette normale correspond une variation dV, la grandeur de l'attraction sera (n° 80)

$$\begin{aligned} R &= \frac{dV}{d\alpha} = \frac{dV}{d\lambda}\frac{d\lambda}{d\alpha} = -2P\frac{dV}{d\lambda} \\ &= -\frac{2}{\sqrt{(\mu-\lambda)(\nu-\lambda)}}\left[A + \pi\int_\lambda^{c^2} F(\lambda)\,d\lambda\sqrt{(a^2-\lambda)(b^2-\lambda)(c^2-\lambda)}\right]. \end{aligned}$$

Au centre, λ est égal à c^2 et R nul à cause de la symétrie; la constante A doit être nulle et l'on a

$$R = -\frac{2\pi}{\sqrt{(\mu-\lambda)(\nu-\lambda)}}\int_\lambda^{c^2} F(\lambda)\,d\lambda\sqrt{(a^2-\lambda)(b^2-\lambda)(c^2-\lambda)}.$$

L'attraction est toujours dirigée vers l'intérieur des ellipsoïdes; pour un point intérieur à E, elle ne dépend pas de la masse comprise entre E et l'ellipsoïde homofocal qui passe au point considéré; donc cette masse est sans action sur un point placé dans son intérieur; enfin, dans la région extérieure à E, R varie en raison inverse de $\sqrt{(\mu-\lambda)(\nu-\lambda)}$.

EXERCICES.

1. Montrer qu'un segment de droite homogène AB, doué d'un pouvoir attractif suivant la loi de Newton, attire un point M comme le ferait un arc de cercle décrit, dans le plan MAB, tangentiellement à AB, avec M pour centre et limité aux droites MA et MB; la densité de l'arc est la même que celle de la droite.

2. Déterminer la position d'équilibre d'un point attiré suivant la loi de Newton par tous les éléments du périmètre d'un triangle supposé homogène. C'est le centre du cercle inscrit.

3. Déterminer la forme d'un solide homogène S, de masse et de densité données, pour que l'attraction qu'il exerce suivant la loi de Newton sur un point O soit maximum; comparer cette attraction à celle d'une sphère, de masse et de densité égales, sur un point de sa surface.

OX étant la direction de l'attraction totale, la composante suivant OX de l'action exercée par une masse dm placée en un point quelconque de la surface de S doit être la même; l'équation de cette surface $r^2 = a^2\cos\theta$: l'attraction de S est à celle de la sphèr $::3:\sqrt[3]{25}$.

4. Attraction newtonienne exercée sur le pôle par l'aire comprise entre le cercle $r = a\sin\alpha$ et la lemniscate $r^2 = 2a^2\cos 2\theta$

Elle est de la forme $\mu\left(\mathrm{L}\cot\frac{1}{2}\alpha - \cos\alpha\right)$.

5. Un hémisphère homogène est doué d'un pouvoir attractif suivant la loi de Newton : déterminer le point où les attractions se font équilibre. (P. JULLIEN.) Sur l'axe de figure; sa distance x au centre est la plus petite racine de l'équation

$$12x^4 - 8R^3x + 3R^4 = 0.$$

6. Attraction exercée suivant la loi de Newton par une masse homogène comprise entre deux sphères dont l'une est intérieure à l'autre. (Paris, 1886.)

Ses composantes s'obtiennent en faisant la différence des composantes, bien connues, de l'attraction des deux sphères; la forme du résultat varie suivant la région où se trouve le point attiré.

7. Déterminer le potentiel d'une masse qui s'étend indéfiniment et dont la densité est e^{-r} à la distance r de l'origine.

Masse totale 8π. Équation de Poisson :

$$\frac{d^2V}{dr^2} + \frac{2}{r}\frac{dV}{dr} = -4\pi e^{-r},$$

$$V = 4\pi\frac{r+2}{r}(1 - e^{-r}).$$

8. Soit V le potentiel d'un système de points A, B, C, ... ayant des masses a, b, c, ... par rapport à un point M; si l'on transforme la figure par rayons vecteurs réciproques, O étant le pôle, et si l'on imagine en A', B', C', ... des masses égales à $\frac{OA}{OM'}a$, $\frac{OB}{OM'}b$, ..., leur potentiel par rapport à M' est égal à V. Appliquer cette proposition à la transformation d'une couche sphérique homogène. (*Voir* BERTRAND, *Calcul intégral*, t. II, p. 448.)

CINEMATIQUE.

MOUVEMENT D'UN POINT MATÉRIEL.

Vitesse et accélération.

87. Nous allons rappeler quelques résultats relatifs à la vitesse et à l'accélération. Un mouvement qui n'est pas défini par des formules analytiques connues peut être utilement représenté au moyen d'une courbe : prenons des abscisses $x = at$, des ordonnées $y = cs$, s étant le chemin parcouru au temps t, a la longueur qui représente l'unité de temps, c le rapport par lequel sont multipliés les espaces : on a la courbe représentative des espaces ; la vitesse est égale à $\frac{a}{c}\frac{dy}{dx}$; l'accélération tangentielle

$$\frac{d^2 s}{dt^2} = \frac{a^2}{c}\frac{d^2 y}{dx^2};$$

or $\frac{d^2 y}{dx^2}$ est l'inverse du paramètre p de la parabole osculatrice à la courbe figurative et dont l'axe est parallèle à OY. Dans l'appareil du général Morin pour étudier la chute des corps, la courbe est elle-même une parabole, $a = R\omega$, $c = 1$, et l'accélération est $\frac{R^2\omega^2}{p}$.

L'accélération totale γ est égale au carré de la vitesse divisé par la demi-corde qu'elle-même intercepte dans le cercle osculateur de la trajectoire.

On sait qu'elle est dirigée dans le plan osculateur et que

sa projection sur la normale principale est $\frac{v^2}{\rho}$; soit i l'angle de γ avec la normale : on a

$$\frac{v^2}{\rho} = \gamma \cos i, \quad \gamma = \frac{v^2}{\rho \cos i}. \qquad \text{C. Q. F. D.}$$

Considérons la parabole décrite par un projectile dont la vitesse horizontale est a; la vitesse à un moment quelconque est $\frac{a}{\cos i}$, puisque son angle avec l'horizontale est égal à celui de la normale et de l'accélération, toujours verticale : la corde interceptée dans le cercle osculateur en un point quelconque par la direction de la pesanteur, c'est-à-dire par le diamètre correspondant, est donc $\frac{2a^2}{g\cos^2 i}$. Au sommet où $i = 0$, cette corde est égale à $2p$; donc, en un point quelconque M, elle est égale à $\frac{2p}{\cos^2 i}$ ou à quatre fois la distance de M au foyer. La projection du rayon de courbure en un point d'une parabole sur le diamètre correspondant est égale au double de la distance focale. (MACLAURIN).

Dans le mouvement d'un point libre, la force motrice et l'accélération dépendent si simplement l'une de l'autre que la plupart des questions se rattachent aussi bien à la Dynamique qu'à la Cinématique. Je traiterai ici les problèmes où l'on étudie un mouvement connu *a priori*, et je renverrai à la Dynamique la recherche du mouvement produit par une force donnée, ou, ce qui est la même chose, correspondant à une accélération connue. Rappelons les formules qui donnent les composantes de la vitesse et de l'accélération en coordonnées polaires.

Soient, dans le plan, r le rayon vecteur, θ son angle avec l'axe polaire; les projections de la vitesse sur le rayon vecteur et sur une perpendiculaire sont $\frac{dr}{dt}$ et $r\frac{d\theta}{dt}$; on les appelle *vitesses de glissement* et de *circulation* : leur résultante est la vitesse. Les projections de l'accélération totale sont, sur le rayon vecteur,

$$\gamma_r = \frac{d^2 r}{dt^2} - r\left(\frac{d\theta}{dt}\right)^2,$$

sur la perpendiculaire,

$$\gamma_n = \frac{1}{r}\frac{d}{dt}\left(r^2\frac{d\theta}{dt}\right).$$

Dans l'espace, appelons r le rayon vecteur, θ son angle avec une droite fixe OZ, ψ l'angle du plan méridien mené par OZ et le point avec un plan méridien fixe, et projetons : 1° sur le rayon vecteur ; 2° sur la normale extérieure au cône droit d'angle θ ; 3° sur la perpendiculaire élevée au plan méridien du côté où ψ augmente ; nous aurons, pour les projections de la vitesse,

$$v_r = \frac{dr}{dt}, \quad v_n = r\frac{d\theta}{dt}, \quad v_m = r\sin\theta\,\frac{d\psi}{dt};$$

pour les projections de l'accélération,

$$\gamma_r = \frac{d^2 r}{dt^2} - r\frac{d\theta^2}{dt^2} - r\sin^2\theta\,\frac{d\psi^2}{dt^2},$$

$$\gamma_n = \frac{1}{r}\frac{d}{dt}\left(r^2\frac{d\theta}{dt}\right) - r\sin\theta\cos\theta\,\frac{d\psi^2}{dt^2},$$

$$\gamma_m = \frac{1}{r\sin\theta}\frac{d}{dt}\left(r^2\sin^2\theta\,\frac{d\psi}{dt}\right).$$

Ces projections ont pour résultante soit la vitesse, soit l'accélération.

82. *Étant donnés (fig. 7) deux axes rectangulaires, un point* M *situé d'abord sur l'axe des x se meut de telle sorte que son ordonnée et l'angle de son rayon vecteur*

avec OX *croissent proportionnellement au temps, et que le mobile vienne sur* OY *à la distance a de l'origine; trouver la trajectoire, la vitesse en chaque point, l'accélération et le rayon de courbure.*

L'équation de la trajectoire en coordonnées polaires

Fig. 6.

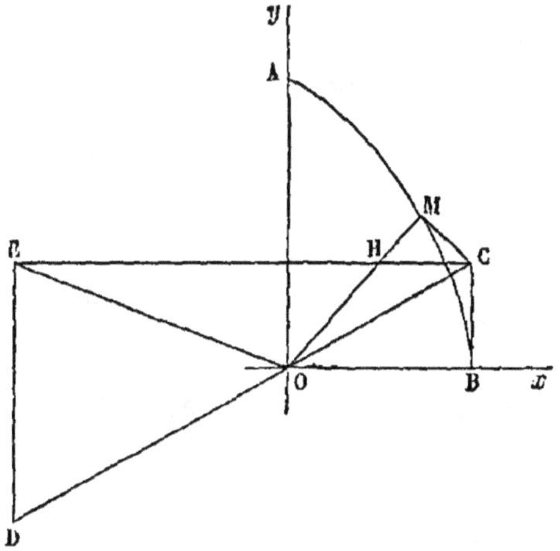

s'obtient immédiatement; l'angle décrit par le rayon vecteur étant $\frac{\pi}{2}$ quand l'ordonnée est a, on a

$$\frac{y}{\theta} = \frac{2a}{\pi}, \quad \text{d'où} \quad r = \frac{2a\theta}{\pi \sin\theta}.$$

C'est la quadratrice de Dinostrate : le rayon vecteur est d'abord $\frac{2a}{\pi}$, et il croît jusqu'à devenir infini pour $\theta = \pi$; il y a une asymptote ($y = 2a$), puis une branche allant de cette asymptote à l'asymptote $y = 4a$, et ainsi de suite.

Soit ω la vitesse angulaire du rayon vecteur : la projection de la vitesse de M sur une perpendiculaire à ce rayon est ωOM; sa projection sur OY est

$$\frac{dy}{dt} = \frac{2a}{\pi}\frac{d\theta}{dt} = \omega \text{OB}.$$

On n'a pas ainsi deux composantes de la vitesse; mais si, en M, on mène une perpendiculaire sur OM égale à ωOM, une parallèle à OY égale à ωOB, et si, aux extrémités de ces droites, on leur élève des perpendiculaires, celles-ci se coupent en un point V tel que MV $= v$; la figure ainsi formée a ses lignes perpendiculaires et proportionnelles à celles du quadrilatère birectangle OMCB; il en résulte que la vitesse en M est égale à ωOC, et perpendiculaire à OC; sa direction est celle de la tangente à la quadratrice.

L'accélération est parallèle à l'axe des x; or $x = \frac{2a}{\pi}\theta \cot\theta$: donc

$$\gamma = \frac{d^2x}{dt^2} = \frac{4a}{\pi}\frac{\omega^2}{\sin^2\theta}(\theta\cot\theta - 1) = -\frac{2\omega^2}{\sin^2\theta}\left(\frac{2a}{\pi} - x\right).$$

Menons CH parallèle à OX : l'angle MCH est le complément de θ et l'on a

$$\text{MC} = \frac{1}{\sin\theta}\left(\frac{2a}{\pi} - x\right), \quad \text{HC} = \frac{1}{\sin^2\theta}\left(\frac{2a}{\pi} - x\right),$$
$$\gamma = -2\omega^2\,\text{HC}.$$

On a une représentation géométrique de l'accélération, et l'on en peut déduire le rayon de courbure de la quadratrice. La corde interceptée par la direction de l'accélération dans le cercle de courbure est, comme on l'a dit (87),

$$\frac{2v^2}{\gamma} = \frac{\overline{\text{OC}}^2}{\text{HC}} = \text{CE},$$

en faisant l'angle COE égal à CHO; d'ailleurs CO est parallèle à la normale en M; donc la perpendiculaire DE sur EC coupera CO en un point D tel, que CD sera égale au diamètre du cercle osculateur en M. En B, la valeur de γ est $\frac{4a\omega^2}{3\pi}$, et l'on trouve $\rho = \frac{3}{2}$OB.

La quadratrice n'est pas rectifiable, mais l'aire AOB peut se calculer au moyen d'intégrations par parties :

$$A = \frac{2a^2}{\pi^2}\int_0^{\frac{\pi}{2}} \frac{\theta^2}{\sin^2\theta}\,d\theta = \frac{2a^2}{\pi}\,\mathrm{L}\,2.$$

89. *Un point parcourt avec une vitesse constante v une lemniscate de Bernoulli; trouver son accélération et les composantes de cette accélération suivant les rayons vecteurs issus des deux foyers : centre de courbure de la trajectoire.*

Étant donnés (*fig.* 7) deux foyers F, F_1 dont la distance est $2a$, la lemniscate est le lieu des points M tels que

Fig. 7.

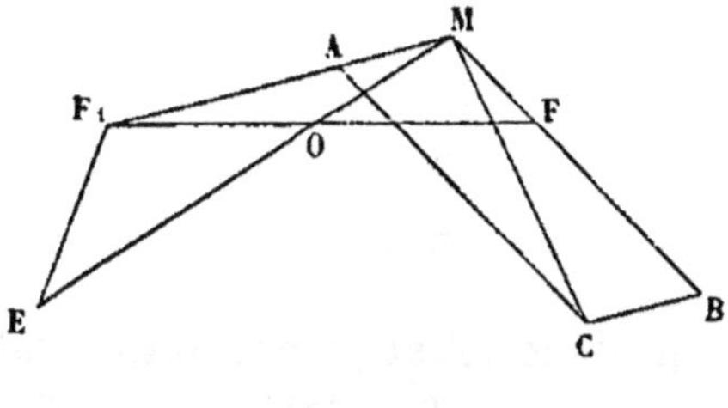

$MF.MF_1 = a^2$. Prenons pour axe des x et des y FF_1 et la perpendiculaire en son milieu O; l'équation de la courbe sera

$$(1)\qquad (x^2+y^2)^2 + 2a^2(y^2-x^2) = 0.$$

Je désignerai par des lettres accentuées les dérivées par rapport au temps. Comme on a $x'^2 + y'^2 = v^2$, il vient

$$x'x'' + y'y'' = 0, \quad \frac{x''}{y'} = -\frac{y''}{x'} = \frac{yx''-xy''}{yy'+xx'}.$$

On est conduit à calculer $xx'+yy'$ et $yx'-xy'$: si l'on

différentie l'équation (1), on en conclut

$$(2)\quad \left\{\begin{aligned} &\frac{x'}{y(x^2+y^2+a^2)} = \frac{y'}{x(a^2-x^2-y^2)} = \frac{\sqrt{x'^2+y'^2}}{\pm a^2\sqrt{x^2+y^2}} \\ &\qquad = \frac{xx'+yy'}{2a^2xy} = \frac{yx'-xy'}{\frac{1}{2}(x^2+y^2)^2}. \end{aligned}\right.$$

Je suppose le sens du mouvement tel que le radical doive être précédé du signe $+$, et je tire de ces formules

$$yx'-xy' = \frac{v}{2a^2}(x^2+y^2)^{\frac{3}{2}},$$

$$yx''-xy'' = \frac{3}{2}\frac{v}{a^2}(xx'+yy')\sqrt{x^2+y^2}.$$

Les premières équations en x'', y'' donnent alors

$$x'' = \frac{3}{2}\frac{vy'}{a^2}\sqrt{x^2+y^2},\quad y'' = -\frac{3}{2}\frac{vx'}{a^2}\sqrt{x^2+y^2}.$$

On en conclut

$$\gamma = \frac{3}{2}\frac{v^2}{a^2}\sqrt{x^2+y^2}.$$

Mais, si l'on remplace x' et y' par leurs valeurs tirées des équations (2), et si l'on fait $\mathrm{MF} = r$, $\mathrm{MF}_1 = r_1$, on a

$$x^2+y^2+a^2 = \frac{1}{2}(r^2+r_1^2),\quad 4ax = r_1^2-r^2,\quad rr_1 = a^2,$$

$$x'' = \frac{3}{2}\frac{v^2x}{a^4}(a^2-x^2-y^2) = \frac{3}{4}\frac{v^2}{a^4}[4a^2x-2(x^2+y^2+a^2)x]$$

$$= \frac{3}{4}v^2\left(\frac{a-x}{r^2}-\frac{a+x}{r_1^2}\right),$$

$$y'' = -\frac{3}{4}\frac{v^2}{a^4}y(2x^2+2y^2+2a^2) = -\frac{3}{4}v^2\left(\frac{y}{r^2}+\frac{y}{r_1^2}\right).$$

L'accélération totale peut se décomposer en deux autres $\frac{3}{4}\frac{v^2}{r}$, $\frac{3}{4}\frac{v^2}{r_1}$, suivant MF et MF_1 ; faisons un parallélogramme sur MA = MF et MB = MF_1; la diagonale MC est dirigée suivant la normale, puisque l'accélération est centripète. On a vu $\gamma = \frac{3}{2}\frac{v^2}{a^2}\mathrm{OM}$; le rayon de courbure est donc

$$\frac{v^2}{\gamma} = \frac{2}{3}\frac{a^2}{\mathrm{OM}} = \frac{2}{3}\mathrm{OE},$$

en supposant l'angle $\mathrm{EF_1O} = \mathrm{O_1MF}$.

90. *Quand un mobile se meut dans un plan et que son accélération totale est constamment dirigée vers le centre de courbure de la développée de la trajectoire, l'aire comprise entre un rayon de courbure fixe, un rayon variable et l'arc de la développée correspondant croît proportionnellement au temps.* (NICOLAÏDÈS).

Soient ds l'arc infiniment petit parcouru par le mobile à partir d'une position M, ρ le rayon de courbure correspondant; la différentielle de l'aire considérée est $\frac{1}{2}\rho\,ds$, et il s'agit de prouver qu'elle est égale à dt multiplié par une constante. Supposons $\frac{dv}{dt}$ positif; il faut que le centre de courbure de la développée soit, par rapport à la normale en M, du même côté que ds; l'arc infiniment petit de la développée est égal à $-d\rho$; son angle de contingence, égal à celui de la courbe, est $\frac{ds}{\rho}$; son rayon de courbure est $\rho_1 = -\frac{\rho\,d\rho}{ds}$. Soient γ_t et γ_c l'accélération tangentielle et l'accélération centripète : on aura

$$(1)\qquad \frac{\gamma_t}{\gamma_c} = \frac{\rho_1}{\rho},\quad \frac{\rho\,dv}{v^2\,dt} = -\frac{d\rho}{ds},$$

d'où

$$\frac{d\rho}{\rho} + \frac{dv}{v} = 0,\quad v\rho = \rho\frac{ds}{dt} = c,\quad \rho\,ds = c\,dt.$$

Si $\frac{dv}{dt} < 0$, c'est dans le premier membre de la seconde formule (1) qu'on a le signe —; mais la suite est identique.

91. *Étudier le mouvement d'un point qui décrit une hélice sur un cylindre vertical dont la base est une ellipse horizontale : le point se déplace de telle sorte que sa projection horizontale ait une vitesse aréolaire constante autour du centre de la base.*

Prenons pour axes des x et des y les axes de l'ellipse, pour axe des z l'axe du cylindre; on peut représenter l'x et l'y du mobile par

$$x = a\cos\varphi, \quad y = b\sin\varphi;$$

l'aire élémentaire décrite par la projection du rayon vecteur, $\frac{1}{2}(x\,dy - y\,dx)$, ou $\frac{1}{2}ab\,d\varphi$, étant proportionnelle à dt, on doit avoir $\varphi = \omega t$, ω étant constant. Alors

$$\frac{dx}{dt} = -a\omega\sin\varphi = -\frac{a}{b}\omega y, \quad \frac{dy}{dt} = b\omega\cos\varphi = \frac{b}{a}\omega x.$$

Soient M la position du mobile, m sa projection sur le plan xy, p la distance du centre de l'ellipse à la tangente en m; la projection horizontale de la vitesse est

$$\sqrt{\left(\frac{dx}{dt}\right)^2 + \left(\frac{dy}{dt}\right)^2} = ab\omega\sqrt{\frac{x^2}{a^4} + \frac{y^2}{b^4}} = \frac{ab\omega}{p}.$$

Comme la trajectoire doit couper les génératrices sous un angle constant i, on a

$$\frac{dz}{dt} = \cot i\,\frac{ab\omega}{p} \quad \text{et} \quad v = \frac{ab\omega}{p\sin i}.$$

z ne peut s'exprimer en fonction du temps qu'à l'aide d'une intégrale elliptique, ce qui était évident *a priori*.

Les projections de l'accélération sur les axes sont

$$\frac{d^2x}{dt^2} = -\omega^2 x, \quad \frac{d^2y}{dt^2} = -\omega^2 y, \quad \frac{d^2z}{dt^2} = \frac{p\omega^2(a^2 - b^2)xy}{a^2b^2}\cot i;$$

l'accélération rencontre l'axe du cylindre, et sa projection horizontale est proportionnelle à la distance du mobile à l'axe. Soient α, β, i les angles de la tangente avec les axes, λ, μ, ν ceux de la normale principale; on a

$$\frac{d^2x}{dt^2} = \frac{dv}{dt}\cos\alpha + \frac{v^2}{\rho}\cos\lambda, \quad \frac{d^2y}{dt^2} = \frac{dv}{dt}\cos\beta + \frac{v^2}{\rho}\cos\mu, \ldots.$$

Or

$$\cos\alpha = -\frac{py\sin i}{b^2}, \quad \cos\beta = \frac{px\sin i}{a^2}, \quad \frac{dv}{dt} = \frac{p\omega^2(a^2 - b^2)xy}{a^2b^2\sin i}.$$

On peut tirer des équations précédentes

$$\frac{\cos\lambda}{\rho} = \frac{1}{v^2}\left(\frac{d^2x}{dt^2} - \frac{dv}{dt}\cos\alpha\right) = -\frac{p^4x\sin^2 i}{a^4b^2},$$

$$\frac{\cos\mu}{\rho} = -\frac{p^4y\sin^2 i}{a^2b^4}, \quad \frac{\cos\nu}{\rho} = 0,$$

d'où

$$\rho = \frac{a^2b^2}{p^3\sin^2 i}, \quad \cos\lambda = -\frac{px}{a^2}, \quad \cos\mu = -\frac{py}{b^2}, \quad \cos\nu = 0.$$

En supposant $i = \frac{\pi}{2}$, la trajectoire devient l'ellipse de base, dont on trouve ainsi le rayon de courbure; il a avec le rayon de courbure de l'hélice une relation analogue à celle qui lie le rayon d'un cercle au rayon de courbure d'une hélice qui se projette suivant ce cercle. La normale principale de l'hélice elliptique est parallèle à la normale correspondante de l'ellipse de base.

92. *Démontrer qu'on peut régler la loi du mouvement d'un point sur une hyperbole de manière que l'accéléra-*

tion totale soit la résultante de deux accélérations dirigées suivant les rayons vecteurs et inversement proportionnelles aux carrés de ces rayons; étudier le mouvement.

Soit l'hyperbole donnée

$$(1) \qquad \frac{x^2}{a^2} - \frac{y^2}{b^2} = 1;$$

en différentiant par rapport au temps, on a deux relations entre les composantes de la vitesse et de l'accélération suivant les axes :

$$(2) \qquad \frac{xx'}{a^2} - \frac{yy'}{b^2} = 0, \quad \frac{x'^2}{a^2} - \frac{y'^2}{b^2} + \frac{xx''}{a^2} - \frac{yy''}{b^2} = 0.$$

Supposons que le mobile soit sur la branche de droite, et nommons e l'excentricité de l'hyperbole, r, r_1 les rayons vecteurs; on a

$$r = ex - a, \quad r_1 = ex + a;$$

on doit avoir aussi, par hypothèse,

$$(3) \qquad \begin{cases} x'' = -\mu \dfrac{x - ae}{(ex-a)^3} - \mu \dfrac{x + ae}{(ex+a)^3}, \\[2ex] y'' = -\mu \dfrac{y}{(ex-a)^3} - \mu \dfrac{y}{(ex+a)^3}. \end{cases}$$

Il faut que ces équations soient compatibles avec l'équation (1) et avec ses conséquences (2); or, si, dans la seconde équation (2), on remplace y et y' par leurs valeurs déduites de (1), puis x'' et y'' par leurs valeurs (3), on trouve

$$\frac{x'^2}{a^2} - \frac{x^2 x'^2}{a^2(x^2 - a^2)} - \frac{\mu x}{a^2}\left[\frac{x - ae}{(ex-a)^3} + \frac{x + ae}{(ex+a)^3}\right] + \mu\left(\frac{x^2}{a^2} - 1\right)\left[\frac{1}{(ex-a)^3} + \frac{1}{(ex)+a_2}\right] = 0$$

ou

$$(4)\qquad x'^2 = \frac{\mu(x^2-a^2)}{a}\left[\frac{1}{(ex-a)^2} - \frac{1}{(ex+a)^2}\right].$$

Cette équation doit être compatible avec la première du groupe (3) : on s'en assure en la différentiant par rapport au temps, et divisant ensuite les deux membres par $2x'$: on retombe sur l'expression (3) de x''.

La loi des positions du mobile sur la courbe sera donnée par l'équation (4),

$$x'^2 = \frac{4e\mu x(x^2-a^2)}{(e^2x^2-a^2)^2}.$$

On en conclut

$$y'^2 = \frac{4e\mu(e^2-1)x^3}{(e^2x^2-a^2)^2}.$$

Au sommet, la vitesse est $2\sqrt{\frac{e\mu}{a(e^2-1)}}$, en sorte qu'un point animé de cette vitesse initiale et soumis à des forces produisant l'accélération donnée décrira l'hyperbole. La valeur de t s'obtient à l'aide d'une quadrature

$$t = \frac{1}{2\sqrt{e\mu}}\int_a^x \frac{(e^2x^2-a^2)dx}{\sqrt{x(x^2-a^2)}}.$$

Intégrant $\frac{x^2 dx}{\sqrt{x(x^2-a^2)}}$ par parties et réduisant, on trouve

$$t = \frac{e}{3}\sqrt{\frac{e}{\mu}}\sqrt{x(x^2-a^2)} + a^2\frac{e^2-3}{6\sqrt{e\mu}}\int_a^x \frac{dx}{\sqrt{x(x^2-a^2)}}.$$

On a une intégrale elliptique de première espèce, mais elle disparaît pour $e=\sqrt{3}$; alors

$$x(x^2-a^2) = \mu t^2\sqrt{3}.$$

93. *Étudier le mouvement d'un point qui décrit avec une vitesse constante une loxodrome, c'est-à-dire une courbe tracée sur une sphère et coupant tous les méridiens sous un angle constant* λ.

Cherchons l'équation de la trajectoire en coordonnées polaires. Soient a le rayon de la sphère, M, M' deux points infiniment voisins sur la loxodrome, P le point de rencontre du parallèle de M avec le méridien de M'; MPM' peut être assimilé à un triangle rectiligne rectangle; or $M'P = a\,d\theta$, $MP = a\sin\theta\,d\psi$, $MM' = ds$, angle $MM'P = \lambda$; on a donc

$$\operatorname{tang}\lambda = \frac{MP}{M'P} = \frac{\sin\theta\,d\psi}{d\theta}, \quad \frac{d\theta}{\sin\theta} = \cot\lambda\,d\psi.$$

Intégrant et désignant par α la valeur de θ pour $\psi = 0$, on a pour la loxodrome

$$\operatorname{tang}\frac{1}{2}\theta = \operatorname{tang}\frac{1}{2}\alpha e^{\psi\cot\lambda}.$$

La courbe forme sur la sphère une infinité de spires qui s'approchent indéfiniment du pôle A et du point diamétralement opposé. On a, dans le triangle rectangle MM'P, $ds\cos\lambda = a\,d\theta$; il en résulte que la courbe est rectifiable, et sa longueur d'un point asymptote à l'autre est finie et égale à $\frac{\pi a}{\cos\lambda}$.

Les composantes de la vitesse sont

$$\frac{d\theta}{dt} = \frac{v\cos\lambda}{a}, \quad \sin\theta\frac{d\psi}{dt} = \frac{v\sin\lambda}{a}.$$

Si l'on se reporte aux valeurs des composantes de l'accélération rappelées au commencement de ce Chapitre, on trouve qu'elles sont ici

$$\gamma_r = -\frac{v^2}{a}, \quad \gamma_n = -\frac{v^2}{a}\cot\theta\sin^2\lambda, \quad \gamma_m = \frac{v^2}{a}\cot\theta\sin\lambda\cos\lambda.$$

Par le pôle A menons un arc de grand cercle perpendiculaire sur l'arc de méridien AM jusqu'à sa rencontre, en un point B, avec l'arc de grand cercle qui est normal à la loxodrome en M, et soit φ l'angle des deux rayons OM, OB. Dans le triangle rectangle MAB, on a

$$\text{AMB} = \frac{\pi}{2} - \lambda, \quad \text{MA} = \theta, \quad \cot\theta \sin\lambda = \cot\varphi;$$

donc

$$\gamma_n = -\frac{v^2}{a}\cot\varphi \sin\lambda, \quad \gamma_m = \frac{v^2}{a}\cot\varphi\cos\lambda, \quad \gamma = \frac{v^2}{a\sin\varphi}.$$

Comme l'accélération est exclusivement centripète, le rayon de courbure ρ de la trajectoire est égal à $a\sin\varphi$ ou à la perpendiculaire MC abaissée du point M sur le rayon OB : mais le rayon de courbure doit être contenu dans le plan OMB normal à la loxodrome et, d'après le théorème de Meusnier, faire avec MO un angle dont le cosinus est $\frac{\rho}{a} = \sin\varphi$; il est donc précisément dirigé suivant MC, et le point C, que nous savons déterminer, est le centre de courbure de la loxodrome.

Accélération centrale.

94. Il arrive souvent que le mouvement d'un point M jouit d'une propriété remarquable : l'accélération totale est constamment dirigée vers un point fixe O. Je dis que, dans ce cas, la trajectoire est nécessairement comprise dans un plan passant par le point O et que l'aire décrite par le rayon vecteur OM croît proportionnellement au temps. Cet important théorème se démontre bien aisément par le calcul, mais on peut aussi l'établir d'une manière nette à l'aide de considérations géométriques.

Je dis d'abord que la trajectoire est située dans un plan qui passe en O. En effet, le plan osculateur en chacun de ses points, contenant l'accélération correspondant à ce point, passe au centre O qui est ainsi un point commun à tous les plans osculateurs. Mais le point commun au plan osculateur en M à une courbe à double courbure et aux deux plans osculateurs infiniment voisins a pour limite le point M : il en résulterait que tous les points de la trajectoire considérée seraient confondus avec le point O. Il n'en peut être autrement que si la trajectoire est située dans un plan qui passe par le point O et avec lequel se confondent tous les plans osculateurs.

J'ajoute que la vitesse aréolaire autour du point O est constante. On sait que cette vitesse a pour mesure, quand le mobile est en M, le produit de sa vitesse v par la moitié de la distance p du centre O à la tangente à la trajectoire en M. Supposons que cette tangente coupe la tangente au point infiniment voisin M′ en un point C et soient CA, CB les droites qui représentent les vitesses en M et M′ : la direction de AB a pour limite la direction de l'accélération

Fig. 8.

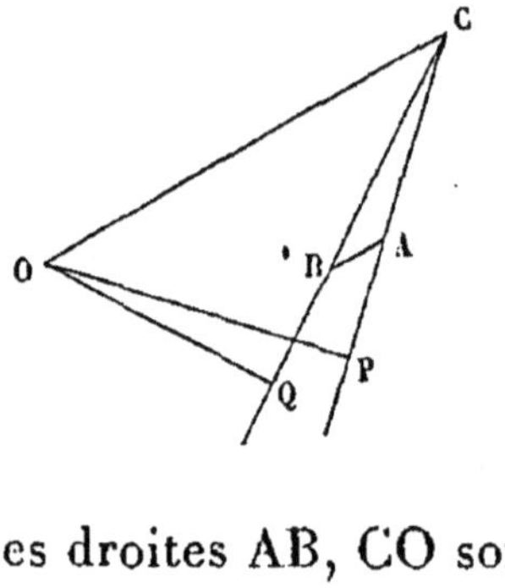

totale ou de MO; les droites AB, CO sont infiniment près d'être parallèles et les angles OCB, CBA d'être égaux.

Menons OP, OQ perpendiculaires sur les tangentes en M et M′ : les points O, C, P, Q sont sur un cercle; les angles POQ et ACB, OPQ et OCB sont égaux et le dernier diffère infiniment peu de CBA. Les triangles OPQ, CAB sont semblables parce que le rapport des angles homologues diffère infiniment peu de l'unité : on a donc, sans erreur à la limite,

$$(1) \qquad \frac{OP}{CB} = \frac{OQ}{CA}, \quad OP.CA = OQ.CB;$$

la vitesse aréolaire ne change pas d'un point à l'autre de la trajectoire.

La réciproque s'établit sans peine, l'égalité (1) entraînant la similitude des triangles OPQ, CAB et le parallélisme des droites OC, AB.

Soient C ou $\pm c^2$ le double de la vitesse aréolaire, μ l'angle de la vitesse v avec le rayon vecteur r; il suffit ici de rappeler les formules suivantes, que l'on retrouverait bien vite :

$$C = r^2 \frac{d\theta}{dt} = x\frac{dy}{dt} - y\frac{dx}{dt} = pv = rv \sin\mu,$$

$$v^2 = C^2\left[\left(\frac{d\frac{1}{r}}{d\theta}\right)^2 + \frac{1}{r^2}\right].$$

L'accélération se réduit à γ_r, mais nous la compterons positivement de M vers O : si l'on transforme l'expression de $-\gamma_r$ (n° 87) en prenant θ pour variable indépendante et si, ensuite, on se reporte à la valeur précédente de v^2, on a la double valeur de γ

$$\gamma = \frac{C^2}{r^2}\left(\frac{d^2\frac{1}{r}}{d\theta^2} + \frac{1}{r}\right) = -\frac{d\frac{1}{2}v^2}{dr}.$$

En supposant $\gamma > 0$, la courbe est concave vers le point O, l'accélération centripète égale à $\gamma \sin\mu$, et l'on a

$$\gamma = \frac{v^2}{\rho \sin\mu} = \frac{C^2}{p^2 \rho \sin\mu} = \frac{C^2}{r^2 \rho \sin^3\mu}.$$

La dernière égalité conduit immédiatement à l'expression de ρ en coordonnées polaires; mais la première va nous fournir une formule souvent utile : on a

$$\gamma = -\frac{d\frac{1}{2}v^2}{dr} = -\frac{v\,dv}{dr}, \quad \sin\mu = \frac{p}{r},$$

donc

$$\frac{1}{\rho} = \frac{\gamma \sin\mu}{v^2} = -\frac{p\,dv}{vr\,dr},$$

mais, pv étant égal à C, on en déduit

$$\frac{dv}{v} = -\frac{dp}{p}, \quad \frac{1}{\rho} = \frac{dp}{r\,dr}.$$

Si la courbe tourne sa convexité vers le pôle, on a

$$\frac{1}{\rho} = -\frac{dp}{r\,dr}.$$

95. *Un mobile parcourt une ellipse de manière que l'aire décrite par le rayon vecteur issu d'un point o croisse proportionnellement au temps : exprimer l'accélération du mobile.*

Considérons le cercle dont la projection est l'ellipse donnée; o est la projection d'un point O du cercle, la position m du mobile est la projection d'un point M du cercle. Soient M' le second point de rencontre du cercle avec OM, DD' le diamètre parallèle à OM, $\frac{1}{2}C^2$ l'aire décrite par OM dans l'unité de temps, Γ l'accélération de M; on trouve, a et b étant les demi-axes de l'ellipse,

$$\Gamma = \frac{C^4}{r^2\rho\sin^3\mu} = \frac{8C^4a^3}{a\,\overline{OM}^2\,\overline{MM'}^3} = \frac{C^4}{8a^4}\,\frac{\overline{DD'}^6}{\overline{OM}^2\,\overline{MM'}^3}.$$

Soient i l'angle de MM' avec sa projection mm', dd' la projection de DD', $\frac{1}{2}c^2$ la vitesse aréolaire de m; on a

$$\gamma = \Gamma\cos i, \quad \frac{dd'}{DD'} = \frac{om}{OM} = \frac{mm'}{MM'} = \cos i, \quad \frac{C^2}{c^2} = \frac{a}{b}$$

d'où

$$\gamma = \frac{c^4}{8a^2b^2} \frac{\overline{dd'}^6}{\overline{om}^2\,\overline{mm'}^3}.$$

Cette expression, donnée par M. Withworth (*Cambridge and Dublin Messenger*, 1871), se simplifie dans des cas particuliers. Prenons o au centre : $dd' = mm' = 2om$,

$$\gamma = \frac{c^4}{a^2b^2}\,om.$$

Prenons o au foyer et soit θ l'angle de mm' avec l'axe focal : on a

$$mm' = \frac{2b^2}{a(1 - e^2\cos^2\theta)}, \quad \overline{dd'}^2 = \frac{4b^2}{1 - e^2\cos^2\theta}, \quad \gamma = \frac{c^4 a}{b^2}\frac{1}{\overline{om}^2}.$$

Enfin, quand o est sur l'ellipse,

$$\gamma = \frac{c^4}{8a^2b^2}\frac{\overline{dd'}^6}{\overline{om}^5}.$$

96. *Un point décrit la podaire, lieu des projections du centre d'une ellipse sur ses tangentes, de manière que la vitesse aréolaire par rapport au centre soit constante : exprimer pour chaque position du mobile la vitesse et l'accélération en fonction du rayon vecteur : rayon de courbure de la podaire.*

En prenant pour axe le grand axe de l'ellipse, l'équation de la podaire sera

$$r^2 = a^2\cos^2\theta + b^2\sin^2\theta.$$

L'expression du carré de la vitesse dans le cas où l'accélération est centrale donne

$$v^2 = c^4\frac{a^4\cos^2\theta + b^4\sin^2\theta}{(a^2\cos^2\theta + b^2\sin^2\theta)^3};$$

en ajoutant au numérateur $a^2b^2\sin^2\theta + a^2b^2\cos^2\theta - a^2b^2$, il vient

$$v^2 = c^4\frac{(a^2+b^2)(a^2\cos^2\theta+b^2\sin^2\theta)-a^2b^2}{(a^2\cos^2\theta+b^2\sin^2\theta)^3} = c^4\left(\frac{a^2+b^2}{r^4}-\frac{a^2b^2}{r^6}\right).$$

La formule qui donne le plus vite l'accélération est

$$\gamma = -\frac{d\frac{1}{2}v^2}{dr} = c^4\left(2\frac{a^2+b^2}{r^5}-3\frac{a^2b^2}{r^7}\right).$$

Il est évident que, θ croissant de zéro à $\frac{\pi}{2}$,

$$r^2 = a^2-(a^2-b^2)\sin^2\theta$$

décroît de a^2 à b^2, pour croître ensuite; donc γ varie de $(2a^2-b^2)\frac{c^4}{a^5}$ à $(2b^2-a^2)\frac{c^4}{b^5}$; elle est d'abord positive, et la courbe concave vers le pôle; mais, si $a^2>2b^2$, γ devient négative et la courbe tourne sa convexité vers le pôle : il y a une inflexion, et la podaire a une partie rentrante. Pour calculer le rayon de courbure, nous prendrons

$$\sin\mu = \frac{1}{v}r\frac{d\theta}{dt} = \frac{c^2}{vr}, \quad \rho = \frac{v^2}{\gamma\sin\mu} = \frac{[(a^2+b^2)r^2-a^2b^2]^{\frac{3}{2}}}{r[2(a^2+b^2)r^2-3a^2b^2]}.$$

97. *Un point se meut de manière que sa vitesse soit proportionnelle à la puissance $n-1$ du rayon vecteur et que la vitesse aréolaire de ce rayon soit constante : déterminer la trajectoire et l'accélération.*

On a, par hypothèse,

$$v = \lambda r^{n-1}, \quad r^2\,d\theta = c^2\,dt;$$

l'accélération est

$$\gamma = -\frac{1}{2}\frac{d.v^2}{dr} = -(n-1)\lambda^2 r^{2n-3}.$$

L'équation différentielle de la trajectoire se déduit de la

double expression de v^2

$$v^2 = c^4\left(\frac{1}{r^4}\frac{dr^2}{d\theta^2} + \frac{1}{r^2}\right) = \lambda^2 r^{2n-2};$$

$$d\theta = \frac{c^2\,dr}{r\sqrt{\lambda^2 r^{2n} - c^4}}, \quad n\,d\theta = -\frac{1}{\sqrt{\lambda^2 - \frac{c^4}{r^{2n}}}}\,d\frac{c^2}{r^n}.$$

Intégrant,

$$n(\theta - \alpha) = \operatorname{arc\,cos}\frac{c^2}{\lambda r^n}, \quad r^n = \frac{c^2}{\lambda\cos n(\theta - \alpha)}.$$

Ces courbes dérivent de la droite par une transformation spéciale due à M. Roberts : deux d'entre elles se coupent sous le même angle que les droites correspondantes. Si l'on suppose $n = 2, \frac{1}{2}, -\frac{1}{2}, -1$, on a une hyperbole équilatère, une parabole, une cardioïde, un cercle passant au pôle; l'accélération est proportionnelle respectivement aux puissances $1, -2, -4, -5$ du rayon vecteur. Pour $n = \frac{3}{2}$, γ est constant, et la trajectoire est une courbe du sixième ordre, avec trois asymptotes se coupant au pôle sous des angles de 120°.

Le cas de $n = 0$, la vitesse étant réciproque à r, donne une intégrale différente; on a

$$d\theta = \frac{c^2\,dr}{r\sqrt{\lambda^2 - c^4}}, \quad r = r_0 e^{\theta\frac{c^2}{\sqrt{\lambda^2 - c^4}}}.$$

La trajectoire est une spirale logarithmique, et l'accélération réciproque au cube de la distance au pôle.

La position du mobile sur sa trajectoire est donnée dans tous les cas par la formule

$$dt = \frac{r^2\,d\theta}{c^2} = \frac{r\,dr}{\sqrt{\lambda^2 r^{2n} - c^4}};$$

mais l'intégration ne peut s'effectuer que si n est égal à 2 divisé par un nombre entier.

Accélérations des divers ordres.

98. Si par un point fixe on mène des droites égales et parallèles à l'accélération d'un mobile aux époques t et $t + \Delta t$, OA et OA', l'accélération du second ordre ou suraccélération est représentée en grandeur par la limite de $\frac{AA'}{\Delta t}$, et en direction par la direction limite de AA'. On passe de la même manière aux accélérations des ordres suivants. Il est aisé de démontrer que la projection de l'accélération d'un ordre quelconque sur un axe ou sur un plan est égale à l'accélération de même ordre dans le mouvement de la projection du mobile; d'autre part, il est visible que les accélérations successives dans un mouvement rectiligne sont égales aux dérivées successives de l'espace par rapport au temps. Si donc on rapporte un mobile à trois axes coordonnés, l'accélération du $n^{\text{ième}}$ ordre a pour composantes

$$\frac{d^{n+1}x}{dt^{n+1}}, \quad \frac{d^{n+1}y}{dt^{n+1}}, \quad \frac{d^{n+1}z}{dt^{n-1}}.$$

On en conclut par exemple que, dans le mouvement elliptique représenté par les équations

$$x = a \cos \omega t, \quad y = b \sin \omega t,$$

l'accélération d'ordre $2\mu - 1$, en un point M de l'ellipse, est dirigée suivant le rayon vecteur OM et égale à $\pm \omega^{2\mu}$OM : l'accélération d'ordre 2μ, parallèle au demi-diamètre OM', conjugué de OM, est égale à $\pm\, \omega^{2\mu+1}$OM'.

Soit à calculer les projections de l'accélération d'ordre μ, γ_μ, sur la tangente à la trajectoire, sur sa normale principale et sur l'axe du plan osculateur ou binormale (DE

SAINT-VENANT). On y arrive à l'aide des formules de M. Serret; mais nous allons employer une méthode géométrique dont le point de départ peut servir à résoudre d'autres questions sur les lignes à double courbure.

Menons en un point O d'une courbe la tangente OT, la normale principale ON et la binormale OB : prenons un arc infiniment petit $OM = ds$ dans le sens de OT, et supposons que M soit par rapport au plan osculateur en O du côté opposé à OB.

Considérons la tangente, la normale principale et la binormale en M, et cherchons, à moins d'infiniment petits du second ordre, les cosinus des angles que ces droites font avec OT, ON, OB; pour cela je leur mène en O les parallèles OT', ON', OB'; si l'on prend $OB = OB'$, BB' sera dirigée dans le sens de la normale principale. En négligeant les infiniment petits du second ordre, on peut regarder OT' comme situé dans le plan TON, et il est facile de déduire de la figure le tableau des neuf cosinus :

	OT.	ON.	OB.
OT',	1,	$\frac{ds}{\rho}$,	0,
ON',	$-\frac{ds}{\rho}$,	1,	$-\frac{ds}{r}$,
OB',	0,	$\frac{ds}{r}$,	1;

ρ désigne le rayon de courbure, r le rayon de torsion.

Considérons à l'époque t l'accélération d'ordre μ, γ_μ, et ses projections sur la tangente, la normale et la binormale que nous désignerons par $\gamma_{\mu,t}$, $\gamma_{\mu,n}$, $\gamma_{\mu,b}$; à l'époque $t+dt$, cette tangente et ces normales ont changé de direction, comme l'indique le tableau, et les projections de l'accélération sur ces nouvelles droites sont $\gamma_{\mu,t} + d\gamma_{\mu,t}, \ldots$; on en conclut les projections de cette accélération sur les premiers axes, et, en divisant par dt les accroissements subis par ces projections dans le temps dt, on trouve

$$\gamma_{\mu+1,t} = \frac{d\gamma_{\mu,t}}{dt} - \frac{1}{\rho}\frac{ds}{dt}\gamma_{\mu,n},$$

$$\gamma_{\mu+1,n} = \frac{1}{\rho}\frac{ds}{dt}\gamma_{\mu,t} + \frac{d\gamma_{\mu,n}}{dt} + \frac{1}{r}\frac{ds}{dt}\gamma_{\mu,b},$$

$$\gamma_{\mu+1,b} = -\frac{1}{r}\frac{ds}{dt}\gamma_{\mu,n} + \frac{d\gamma_{\mu,b}}{dt}.$$

On a pour l'accélération ordinaire

$$\gamma_{1,t} = \frac{dv}{dt}, \quad \gamma_{1,n} = \frac{v^2}{\rho}, \quad \gamma_{1,b} = 0;$$

on en déduira successivement, à l'aide des formules précédentes, les composantes de γ_2, γ_3, ...; seulement, quand on aura à différentier par rapport au temps une fonction de ρ et de r, il conviendra de prendre la dérivée par rapport à s, qui sera un élément géométrique, et de la multiplier par $\frac{ds}{dt}$ ou v. Les composantes de γ_μ seront exprimées en fonction de v, $\frac{dv}{dt}$, ..., $\frac{d^\mu v}{dt^\mu}$; ρ, $\frac{d\rho}{ds}$, ..., $\frac{d^{\mu-1}\rho}{ds^{\mu-1}}$; r, $\frac{dr}{ds}$, ..., $\frac{d^{\mu-2}r}{ds^{\mu-2}}$: on trouve d'abord

$$\gamma_{2,t} = \frac{d^2v}{dt^2} - \frac{1}{\rho^2}v^3,$$

$$\gamma_{2,n} = \frac{3}{\rho}v\frac{dv}{dt} - \frac{v^3}{\rho^2}\frac{d\rho}{ds},$$

$$\gamma_{2,b} = -\frac{1}{r\rho}v^3,$$

$$\gamma_{3,t} = \frac{d^3v}{dt_3} - 6\frac{v^2}{\rho^2}\frac{dv}{dt} + 3\frac{v^4}{\rho_3}\frac{d\rho}{ds}, \quad \ldots.$$

La valeur de $\gamma_{2,n}$ peut être transformée et donner lieu à quelques remarques. L'enveloppe des plans normaux à la trajectoire est une développable appelée *surface polaire*, dont les génératrices sont les axes des cercles osculateurs à la trajectoire. Considérons le plan P osculateur en O et le centre de courbure C; le centre de courbure au point M infiniment voisin de O se projette en C′ sur P; CC′ est un élément de ligne de courbure de la surface polaire, sa longueur est $d\rho$; l'angle des deux plans tangents en C et C′ est égal à l'angle de contingence de OM, soit $\frac{ds}{\rho}$; donc $\frac{\rho\, d\rho}{ds}$ est le rayon de courbure minimum R de la surface polaire en C, et l'on peut écrire

$$(1) \qquad \gamma_{2,n} = 3\frac{v}{\rho}\frac{dv}{dt} - R\frac{v^3}{\rho^3};$$

dans le cas d'une trajectoire plane, R est le rayon de courbure de la développée.

Dans le mouvement elliptique que nous avons considéré, l'accélération du second ordre est tout entière tangentielle; $\gamma_{2,n}$ est nul, et l'équation précédente donne le rayon de courbure de la développée

$$(2) \qquad R = 3\rho\frac{dv}{dt} : \frac{v^2}{\rho} = 3\rho \operatorname{tang} \alpha,$$

α étant l'angle du rayon vecteur de l'ellipse avec la normale, puisque $\frac{dv}{dt}$ et $\frac{v^2}{\rho}$ sont les composantes de l'accélération γ_1. Aux sommets, $R = 0$.

99. *Soient c, c′ les cordes interceptées par l'accélération du premier ordre dans le cercle osculateur et dans la parabole osculatrice à la trajectoire, supposée plane : la composante normale de γ_2 a pour valeur*

$$\gamma_{2,n} = \frac{6v^3}{\rho\sqrt{cc'}}. \qquad \text{(Resal, } \textit{Cinématique.})$$

Soient (*fig.* 9) OT, ON la tangente et la normale à la trajectoire, OFG un arc de la parabole osculatrice dont OA est un diamètre, OG la droite suivant laquelle est dirigée l'accélération γ, α l'angle AON, φ l'angle GON, GP paral-

Fig. 9.

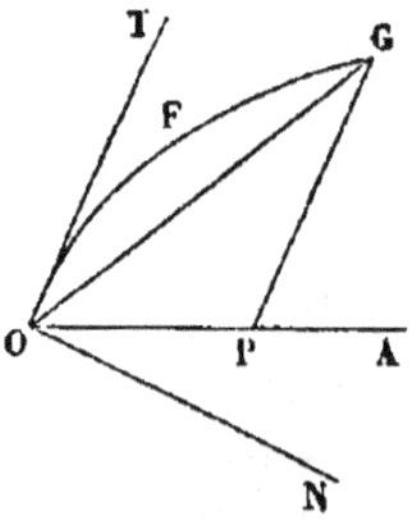

lèle à OT. Puisque l'accélération fait l'angle φ avec la normale, on a

$$\frac{dv}{dt} = \frac{v^2}{\rho}\operatorname{tang}\varphi,$$

d'où (1), n° 98,

$$\gamma_{2,n} = \frac{v^3}{\rho^2}\left(3\operatorname{tang}\varphi - \frac{R}{\rho}\right).$$

La relation (2) donnée dans le même numéro pour l'ellipse s'applique à la parabole, l'angle α conservant sa signification ; il en résulte

$$\gamma_{2,n} = 3\frac{v^3}{\rho^2}(\operatorname{tang}\varphi - \operatorname{tang}\alpha) = \frac{3v^3}{\rho^2}\,\frac{\sin(\varphi-\alpha)}{\cos\varphi\cos\alpha}.$$

Le triangle GOP donne

$$\frac{OP}{\cos\varphi} = \frac{GP}{\sin(\varphi-\alpha)} = \frac{c'}{\cos\alpha}, \quad \frac{\overline{GP}^2}{\sin^2(\varphi-\alpha)} = \frac{OP.c'}{\cos\varphi\cos\alpha}.$$

Or $\frac{\overline{GP}^2}{2OP} = p' = \frac{p}{\cos^2\alpha} = \rho\cos\alpha$, p' et p désignant le paramètre relatif au diamètre OA et le paramètre principal de la parabole. On a donc

$$\frac{2\rho\cos\alpha}{\sin^2(\varphi-\alpha)}=\frac{c'}{\cos\varphi\cos\alpha},\quad \frac{\sin(\varphi-\alpha)}{\cos\varphi\cos\alpha}=\sqrt{\frac{2\rho}{c'\cos\varphi}},$$

$$\gamma_{2,n}=\frac{3v^3}{\rho^2}\sqrt{\frac{2\rho}{c'\cos\varphi}}=\frac{6v^3}{\rho}\,\frac{1}{\sqrt{2c'\rho\cos\varphi}}=\frac{6v^3}{\rho\sqrt{cc'}}.$$

Composition des vitesses.

100. On se rend compte du mouvement d'un point M en observant, à différentes époques, sa position par rapport à un système de points de repère S supposé fixe; mais, si le système S se déplace lui-même, le mouvement de M qu'on a observé n'est plus qu'un mouvement relatif. Connaissant ce mouvement relatif et le mouvement d'entraînement ou la loi des positions successives de S par rapport à un système fixe S_1, on peut en déduire le mouvement absolu de S : c'est le problème de la *composition des mouvements.*

On établit aisément un théorème d'une extrême importance : la vitesse absolue est à chaque instant la résultante ou la somme géométrique de la vitesse relative et de la vitesse d'entraînement, c'est-à-dire de la vitesse d'un point lié invariablement à S, mais coïncidant avec le point M à l'instant considéré. Et l'on sait comment se généralise le théorème quand il y a plus de deux mouvements à composer.

Si l'on connaît le mouvement de M dans S_1 et le mouvement de S par rapport au même système de comparaison, il est aisé d'obtenir le mouvement apparent de M par rapport à S : il suffit, en conservant à chaque instant les positions de S et de M par rapport à S_1, d'attribuer à ce dernier système un mouvement tel que S soit réduit au repos absolu; le mouvement résultant pour M est le mouvement cherché. La vitesse relative est la résultante de la vitesse absolue et de la vitesse d'entraînement, prise en signe contraire.

Je vais donner quelques applications de ces théorèmes sur la vitesse et de la méthode de Roberval, qui s'y rattache intimement.

101. *Étant donné un courant animé d'une vitesse a dans le sens de* OX, *un nageur, qui se meut dans le courant avec une vitesse relative égale à b, part d'un point* P *pour traverser le courant. On demande :*

1° *Quelle doit être la direction de sa vitesse relative par rapport au courant pour que sa trajectoire absolue soit la droite* PO.

Fig. 10.

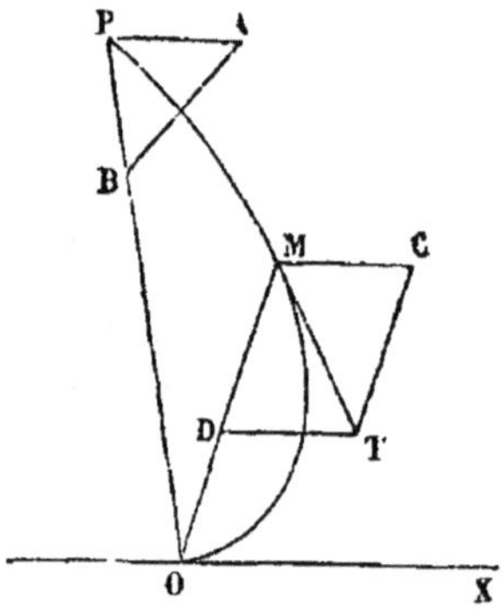

2° *Quelle sera sa trajectoire absolue si sa vitesse relative est constamment dirigée vers le point* O, *c'est-à-dire s'il essaye toujours de nager vers ce point.*

Pour résoudre la première question, menons PA égale et parallèle à la vitesse d'entraînement a; la résultante de cette vitesse et de la vitesse relative doit être dirigée suivant PO; il s'agit donc de construire un triangle, connaissant le côté PA, l'angle APO et la longueur b du côté opposé. Du point A comme centre avec b pour rayon, on décrit un arc de cercle qui coupe PO en un point B, et AB est la direction demandée, celle dans laquelle le nageur doit tendre à s'avancer. Il peut y avoir deux solutions : la discussion revient à celle d'un cas bien connu de la résolution des triangles.

Pour résoudre la seconde question, prenons comme axes coordonnés OX et une perpendiculaire menée par le point O, et soit M une des positions du mobile. La vitesse absolue MT étant la résultante de MC égale à a, parallèle à OX, et de MD égale à b et dirigée suivant MO, on a pour ses projections sur les axes

$$(1) \qquad \frac{dx}{dt} = a - \frac{bx}{\sqrt{x^2+y^2}}, \quad \frac{dy}{dt} = -\frac{by}{\sqrt{x^2+y^2}}.$$

L'élimination de dt donne l'équation de la trajectoire

$$\frac{dx}{dy} = -\frac{a}{b}\frac{\sqrt{x^2+y^2}}{y} + \frac{x}{y}.$$

Si nous posons $x = zy$ et $a = mb$, il viendra

$$y\frac{dz}{dy} = -m\sqrt{1+z^2}, \quad \frac{dz}{\sqrt{1+z^2}} = -m\frac{dy}{y};$$

intégrant, et désignant par c une constante,

$$(2) \qquad \left(\frac{c}{y}\right)^m = z + \sqrt{1+z^2} = \frac{x+\sqrt{x^2+y^2}}{y};$$

en prenant les inverses, on a

$$\left(\frac{y}{c}\right)^m = \frac{\sqrt{x^2+y^2}-x}{y},$$

d'où

$$(3) \qquad \begin{cases} x = \dfrac{y}{2}\left[\left(\dfrac{c}{y}\right)^m - \left(\dfrac{y}{c}\right)^m\right], \\ \sqrt{x^2+y^2} = \dfrac{y}{2}\left[\left(\dfrac{c}{y}\right)^m + \left(\dfrac{y}{c}\right)^m\right]. \end{cases}$$

La première équation définit la trajectoire; c se détermine en exprimant que l'équation (2) est satisfaite par les coordonnées du point de départ P. La trajectoire ne passe à l'origine et le nageur n'atteint ce but que si m est < 1 ou $a < b$: la tangente à l'origine est la droite OX. Quand $a > b$, l'ordonnée y du mobile tend vers zéro et x vers l'infini; enfin, pour $a = b$, la trajectoire est une parabole dont l'axe est OX, mais le mobile n'atteint cette droite qu'au bout d'un temps infini.

La loi du mouvement est donnée par les secondes équations (1) et (3) :

$$dt = -\frac{dy}{b}\frac{\sqrt{x^2+y^2}}{y} = -\frac{dy}{2b}\left[\left(\frac{c}{y}\right)^m + \left(\frac{y}{c}\right)^m\right],$$

et l'intégration s'effectue sans difficulté.

102. *Un observateur, parcourant un cercle avec une vitesse constante v, reçoit de la lumière qui arrive d'une étoile très éloignée dans une direction fixe et avec une vitesse* V : *déterminer, pour une position quelconque* M *de l'observateur, la direction apparente des rayons lumineux en négligeant les termes de l'ordre de ε^2, ε étant le rapport de v à* V.

Soient O le centre du cercle, SO la direction suivant laquelle arrive la lumière, OA la projection de OS sur le plan P du cercle, SOA $= \lambda$, MOA $= \theta$; par le point M, menons des axes de direction fixe, MX parallèle à OA, MY perpendiculaire à MX et située dans le plan P, MZ perpendiculaire à ce plan. La vitesse relative de la lumière, égale à la différence géométrique entre sa vitesse absolue et la vitesse de l'observateur, a pour composantes

$$-V\cos\lambda + V\varepsilon\sin\theta, \quad -V\varepsilon\cos\theta, \quad -V\sin\lambda;$$

ses cosinus directeurs sont donnés par les équations

$$\frac{\alpha}{\cos\lambda - \varepsilon\sin\theta} = \frac{\beta}{\varepsilon\cos\theta} = \frac{\gamma}{\sin\lambda} = \frac{\pm 1}{\sqrt{1 - 2\varepsilon\sin\theta\cos\lambda + \varepsilon^2}}.$$

En prenant le signe + et négligeant les termes en ε^2, nous remplacerons la dernière fraction par $1 + \varepsilon \sin\theta \cos\lambda$ et nous aurons

$$\alpha = \cos\lambda - \varepsilon \sin\theta \sin^2\lambda, \quad \beta = \varepsilon \cos\theta, \quad \gamma = \sin\lambda + \varepsilon \sin\theta \sin\lambda \cos\lambda.$$

Sur une sphère décrite du point M comme centre avec l'unité pour rayon, la position apparente de l'étoile, indiquée par la direction de sa vitesse relative, parcourt une ellipse dont le centre est sur OS : un des axes, parallèle au plan P, est égal à 2ε, l'autre à $2\varepsilon \sin\lambda$. C'est le phénomène de l'aberration de la lumière.

103. *Déterminer la tangente à la strophoïde par la méthode de Roberval.*

Étant donnés un point O, une droite AB et une droite OA perpendiculaire sur AB, si l'on joint le point O à un point variable C de AB et si l'on prolonge la sécante OC

Fig. 11.

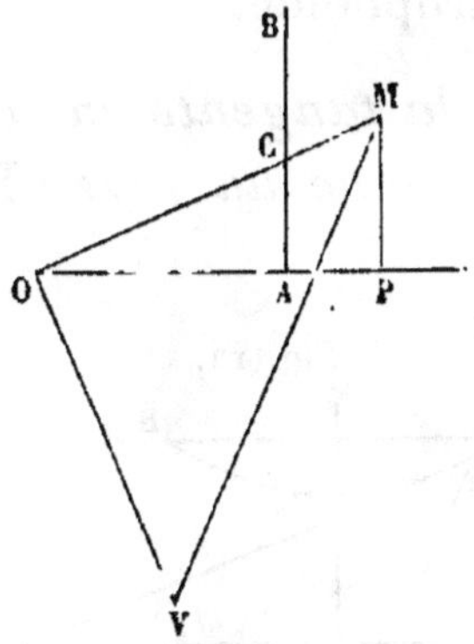

d'une longueur CM = CA, le lieu du point M est une strophoïde.

Le mouvement de C peut être obtenu en supposant qu'il glisse sur la droite OM pendant que celle-ci tourne autour de O avec une vitesse angulaire ω; la vitesse d'entraînement est ωOC perpendiculaire à OC; la vitesse relative parallèle à OC est $\frac{d.\text{OC}}{dt}$; la vitesse résultante est $\frac{d.\text{AC}}{dt}$, dirigée suivant AB; mais le triangle formé par ces trois vitesses est semblable à OAC comme ayant les mêmes angles. Avec une unité de temps convenable, on aurait

$$\omega.\text{OC} = \text{OA}, \quad \frac{d.\text{OC}}{dt} = \text{AC}, \quad \frac{d.\text{AC}}{dt} = \text{OC}.$$

Regardons aussi le mouvement de M comme résultant d'une vitesse de glissement et d'une vitesse d'entraînement; celle-ci est ω.OM, ou, avec notre unité de temps et par suite d'une proportion évidente, OP; la vitesse de glissement est

$$\frac{d.\text{OM}}{dt} = \frac{d.\text{OC}}{dt} + \frac{d.\text{AC}}{dt} = \text{AC} + \text{OC} = \text{OM};$$

si donc on mène la droite OV égale à OP et perpendiculaire sur OM, le segment de droite VM représentera la vitesse du point M et sa direction sera précisément celle de la tangente à la strophoïde.

104. *Déterminer la tangente en un point* M *d'une hyperbole dont on donne un foyer* F *et la directrice correspondante* PQ.

Fig. 12.

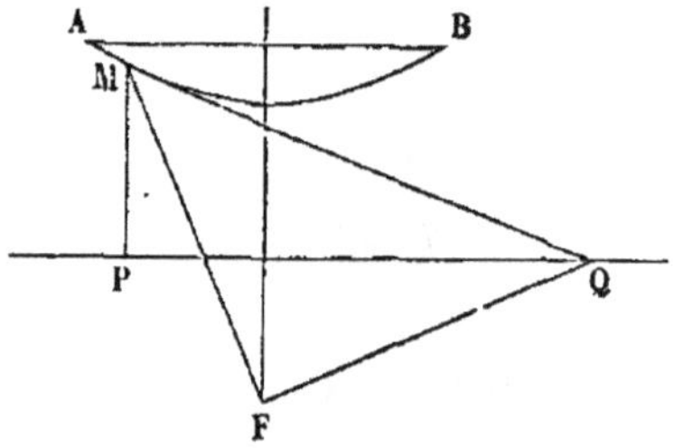

Joignons MF et abaissons MP perpendiculaire sur la directrice.

Quand le point M se meut sur l'hyperbole, les projections v' et v'' de sa vitesse sur FM et sur PM sont respectivement égales à $\frac{d.\mathrm{FM}}{dt}$ et à $\frac{d.\mathrm{PM}}{dt}$; mais on a

$$\mathrm{MF} = e\,\mathrm{MP}, \quad \frac{1}{\mathrm{MF}}\frac{d.\mathrm{MF}}{dt} = \frac{1}{\mathrm{MP}}\frac{d.\mathrm{MP}}{dt};$$

on peut choisir l'unité de temps de manière que $\frac{d.\mathrm{MF}}{dt}$ soit égal à MF; v' sera représenté par MF et, d'après ce qui précède, v'' le sera par MP. Si donc on élève au point F une perpendiculaire sur MF et au point P une perpendiculaire sur MP, ces droites se rencontreront en un point Q tel que le segment rectiligne MQ représentera la vitesse du point M; sa direction sera celle de la tangente à l'hyperbole et l'on aura

$$\frac{\cos \mathrm{QMF}}{\cos \mathrm{QMP}} = \frac{\mathrm{MF}}{\mathrm{MP}} = e.$$

Imaginons une lentille plan convexe engendrée par la rotation du segment hyperbolique AMB autour de son axe et dont l'indice de réfraction soit égal à e : si des rayons lumineux parallèles à l'axe tombent sur la face plane, ils pénétreront sans être déviés, mais celui qui se présentera pour sortir en M, par exemple, sous un angle d'incidence égal à $90° - \mathrm{QMP}$, sera réfracté à la sortie; le sinus de l'angle de réfraction sera égal à $e \cos \mathrm{QMP}$ ou à $\cos \mathrm{QMF}$; le rayon réfracté suivra la direction MF et tous les rayons reçus par la lentille iront rigoureusement converger au foyer F.

105. *Méthode de M. Mannheim pour déterminer le point de contact de certaines droites mobiles avec leur enveloppe; centre de courbure d'une épicycloïde allongée ou raccourcie.*

Considérons une droite qui tourne autour du pôle O dans un plan, et qui fasse avec l'axe fixe un angle θ. Soient sur cette droite trois points M, M′, M″ décrivant des courbes C, C′, C″; la perpendiculaire menée au point O sur OM est rencontrée en N, N′, N″ par les normales à C, C′, C″ aux points M, M′, M″. On a, d'après une formule de Géométrie,

$$\mathrm{ON} = \frac{d.\mathrm{OM}}{d\theta}, \quad \mathrm{ON}' = \frac{d.\mathrm{OM}'}{d\theta}, \quad \mathrm{ON}'' = \frac{d.\mathrm{OM}''}{d\theta};$$

d'où

$$\frac{\mathrm{NN}'}{d.\mathrm{MM}'} = \frac{\mathrm{N}'\mathrm{N}''}{d.\mathrm{M}'\mathrm{M}''}.$$

Supposons les courbes C, C′, C″ telles que MM′ et M′M″ aient un rapport constant λ; il en sera de même de leurs différentielles, et par suite de NN′ et N′N″; si donc on savait mener les normales en M, M′, M″, et qu'on voulût trouver le point O autour duquel tourne la droite MM′M″, ou auquel elle rencontre sa position infiniment voisine, quand elle ne tourne pas autour d'un point fixe, il n'y aurait qu'à chercher une perpendiculaire à MM′M″, telle que les segments déterminés sur cette droite par les normales connues soient dans un rapport donné λ.

Soit (*fig.* 13) un cercle de rayon $C_1A = R_1$, qui roule sur

Fig. 13.

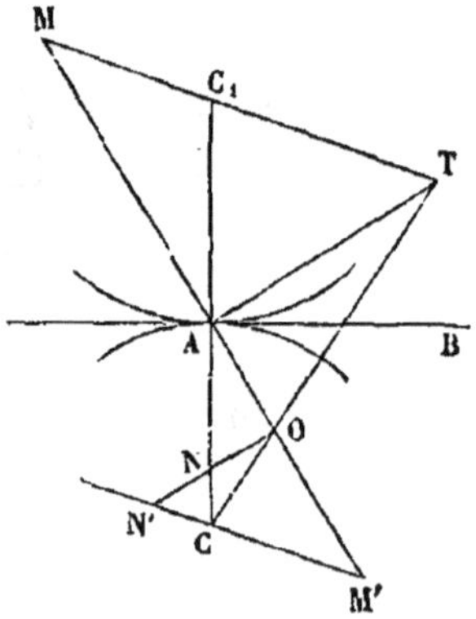

un cercle fixe dont le centre est C et le rayon R; un point M lié au cercle C_1 engendre une épicycloïde. Cherchons la tangente en M par la méthode de Roberval : le mouvement du cercle C_1 peut s'obtenir en supposant que son centre tourne autour de C avec une vitesse $\omega . CC_1$, tandis que le cercle tourne autour d'axes de direction fixe, menés par C_1 avec une vitesse angulaire $\omega \frac{CC_1}{R_1}$. La vitesse relative de M sera perpendiculaire à MC_1 et égale à $\omega \frac{CC_1}{AC_1} MC_1$; la vitesse d'entraînement est $\omega . CC_1$ perpendiculaire sur AC_1; le triangle formé par ces vitesses et leur résultante est semblable à MC_1A et les côtés homologues sont perpendiculaires; la droite MA est perpendiculaire sur la vitesse résultante; c'est donc la normale à l'épicycloïde.

La normale MA se meut dans des conditions où la méthode de M. Mannheim donne le point O où elle touche son enveloppe; en effet, menons CM′ parallèle à MC_1 jusqu'à la rencontre de MA. On a

$$\frac{AM}{AM'} = \frac{C_1M}{CM'} = \frac{R_1}{R};$$

donc CM′ est constant; le lieu de M′ est un cercle ayant son centre en C comme le lieu de A, et les segments MA, M′A déterminés sur la droite MM′ par l'épicycloïde elle-même et les deux cercles restent dans le rapport de R_1 à R. Les normales aux trois courbes sont ici MM′, AC, M′C; il s'agit de trouver un point O tel, qu'en y élevant une perpendiculaire sur MM′, on ait $ON : NN' :: R_1 : R$. Menons en A une perpendiculaire sur MM′, et supposons que les droites CO et MC_1 la rencontrent en des points T et T_1; les triangles semblables CNO, CAT, d'une part, CNN′, C_1AT_1, de l'autre, donnent

$$\frac{AT}{ON} = \frac{R}{CN}, \quad \frac{AT_1}{NN'} = \frac{R_1}{CN};$$

or

$$R \times ON = R_1 \times NN';$$

donc

$$AT = AT_1.$$

De là la construction de Savary : prolonger MC_1 jusqu'à ce qu'elle coupe en T la perpendiculaire sur AM en A; TC coupe la normale au centre de courbure. Si l'on prend AM pour axe des x, AT pour axe des y, on voit aisément que la différence entre les inverses des abscisses de C et C_1 est égale à la somme des inverses de AM et de AO; faisons donc $AM = n$, $MO = \rho$, $MAC_1 = \varphi$, on aura

$$\frac{1}{R} + \frac{1}{R_1} = \cos\varphi\left(\frac{1}{n} + \frac{1}{\rho - n}\right).$$

EXERCICES.

1. Les projections d'un point sur trois axes rectangulaires sont animées de mouvements uniformément variés : déterminer la trajectoire du mobile dans l'espace et la condition pour que son mouvement soit uniformément varié.

La trajectoire, généralement parabolique, est rectiligne dans le dernier cas.

2. Un point M se mouvant dans un plan, soient r le rayon vecteur issu d'un point O, p la distance du pôle à la tangente MT à la trajectoire, ρ le rayon de courbure en M, u le produit pv : montrer que, si l'on décompose l'accélération totale en deux autres, l'une γ' dirigée suivant MO, l'autre γ'' suivant MT, on a

$$\gamma' = \frac{u^2 r}{p^3 \rho}, \quad \gamma'' = \frac{u\,du}{p^2\,ds}.$$

Écrivant que les projections de γ' et de γ'' sur la tangente et sur la normale ont pour sommes $\frac{dv}{dt}$ et $\frac{v^2}{\rho}$, on en conclut d'abord

$$\gamma' = \frac{v^2}{\rho \sin\mu}, \quad \gamma'' = \frac{dv}{dt} + \frac{v^2}{\rho}\cot\mu;$$

dans γ'', on remplacera ρ par $\frac{r\,dr}{dp}$ et l'on achèvera facilement.

3. Étant donné un point A qui parcourt une droite OX avec une vitesse constante c, un mobile M se meut dans un plan passant par OX de manière que la droite MA conserve une longueur constante a et que la vitesse soit toujours dirigée suivant cette droite : déterminer la trajectoire du mobile, sa vitesse, son accélération, le rayon de courbure de la trajectoire.

La trajectoire est une tractrice définie par l'équation

$$dx = \frac{dy}{y}\sqrt{a^2-y^2}; \quad v = \frac{c}{a}\sqrt{a^2-y^2}, \quad \gamma = \frac{c^2 y}{a^2}, \quad \rho = \frac{a}{y}\sqrt{a^2-y^2};$$

la développée de la tractrice est une chaînette.

4. Problème analogue au précédent, si ce n'est qu'on suppose la vitesse du point M égale à une constante $\frac{c}{m}$ tandis que la distance MA est variable.

La trajectoire de M est ici la *courbe du chien* : si $m \gtrless 1$,

$$x = \frac{y^{m+1}}{2(m+1)h^m} - \frac{h^m}{2(m-1)y^{m-1}}, \quad \rho = \frac{y}{m\sin^2\alpha},$$

α étant l'angle de la vitesse de M avec OX.

5. Un point décrit une hyperbole suivant une loi telle que l'accélération passe toujours par l'un des foyers : déterminer la grandeur de l'accélération, la position du mobile à un instant quelconque, le lieu des extrémités des droites issues de l'origine et représentant la vitesse à chaque instant.

$\frac{1}{2}$ C vitesse aréolaire; a, b demi-axes, ε excentricité : en posant

$$x = \frac{a}{2}(e^u + e^{-u}), \quad y = \frac{b}{2}(e^u - e^{-u}), \quad \frac{x^2}{a^2} - \frac{y^2}{b^2} = 1,$$

on a

$$\gamma = \frac{aC^2}{b^2 r^2}, \quad \frac{\varepsilon}{2}(e^u - e^{-u}) + u = \frac{Ct}{ab};$$

enfin le lieu demandé (courbe hodographe) est un cercle.

6. Un point décrit une cardioïde $r = a(1+\cos\theta)$ de manière que θ soit proportionnel au temps : vitesse et accélération du mobile; tangente à la cardioïde, rayon de courbure.

Le rayon de courbure, égal à $\frac{4}{3}a\cos\frac{1}{2}\theta$, fait l'angle $\frac{1}{2}\theta$ avec le rayon vecteur.

7. Un point M parcourt un cercle d'un mouvement uniforme dans le même temps que le cercle tournant avec une vitesse constante autour d'un de ses diamètres fait lui-même un tour; vitesse et accélération du mobile; tangente à la trajectoire, rayon de courbure.

La trajectoire est la *courbe de Viviani* : on calcule les trois composantes de γ, et si l'on retranche $\frac{dv^2}{dt^2}$ de γ^2 on arrivera à la valeur $a^2 \frac{(1+\sin^2\theta)^3}{5+3\sin^2\theta}$ pour ρ^2.

8. Un point M se meut sur une circonférence avec une vitesse constante c : déterminer la loi suivant laquelle il faut faire tourner le plan du cercle autour d'un de ses diamètres pour que la vitesse absolue de M soit toujours égale à $2c$; loi du mouvement absolu. (Caen, 1884.)

La trajectoire est une loxodrome (*voir* n° 93).

9. Sur une courbe plane A, qui tourne autour d'un point fixe O, se meut un point M de telle sorte que la tangente à A au point où se trouve le mobile reste parallèle à une droite OX : montrer que la vitesse absolue de M est égale à la vitesse relative, par rapport à A, de la projection de O sur les normales à A aux points où passe M. (GILBERT.)

On a des deux côtés, ρ étant le rayon de courbure de A en M,

$$v^2 = \omega^2\left[\overline{OM}^2 + \rho^2 - 2\rho\cos(MO, \rho)\right].$$

10. Mouvement apparent d'un point qui parcourt uniformément une droite AB pour un observateur qui tourne uniformément autour d'une droite perpendiculaire sur AB; discussion.

11. Étant donnés trois axes rectangulaires OX, OY, OZ, un point M se meut sur le cercle $x=0$, $y^2+z^2=c^2$, tandis qu'un observateur A, qui regarde constamment l'origine, parcourt d'un mouvement uniforme le cercle $z=0$, $x^2+y^2=a^2$: pour cet observateur, le point M se trouve toujours dans un plan P dont la trace OH sur le plan des xy fait avec OA un angle constant λ et dont l'angle avec OXY a une valeur constante α. Déterminer le mouvement absolu et le mouvement apparent de M : vitesse, accélération. (Rennes, 1885.)

Soient $HOY = 90° - \lambda - \omega t$, $MOY = \theta$, $MOH = \varphi$: le triangle sphérique MYH donne

$$\operatorname{tang}\theta = \cos(\lambda + \omega t) \operatorname{tang}\alpha, \quad \operatorname{tang}\varphi = \frac{\operatorname{tang}\alpha}{\sin(\lambda + \omega t)}.$$

On cherche les composantes de v et de γ suivant la tangente et la normale aux cercles décrits par M.

12. Appliquer la méthode de Roberval à la tangente à la spirale d'Archimède, à la cissoïde, à la cycloïde, à la lemniscate.

13. Un point qui se meut suivant une chaînette passe au sommet de cette courbe avec une vitesse égale au paramètre a de la chaînette et le rapport de son accélération centripète à l'accélération tangentielle est constamment égal au rapport de a au double de l'arc parcouru à partir du sommet. Déterminer la valeur de cet arc et l'accélération du mobile en fonction du temps. (Caen, 1888.)

$$\frac{v^2}{\rho} = \frac{a}{2s}\,\frac{v\,dv}{ds}, \quad \frac{dv}{v} = \frac{2s\,ds}{a\rho} = \frac{2s\,ds}{a^2+s^2}, \quad v = \frac{a^2+s^2}{a},$$

$$s = a \operatorname{tang} t, \quad \gamma = \frac{a}{\cos^3 t}.$$

14. Un point M parcourt une hélice d'un mouvement uniforme; on propose : 1° de montrer que les plans normaux à la trajectoire aux points où elle rencontre un plan donné P passent par un même point p de ce plan; 2° de trouver le lieu de la projection m de M sur une section droite du cylindre qui contient l'hélice, les projetantes étant parallèles à l'une des tangentes à l'hélice; 3° de trouver le lieu de l'extrémité c du segment mc qui représente l'accélération totale du point m. (Paris, 1881.)

Le point p est sur une droite située dans le plan P et rencontrant orthogonalement l'axe de l'hélice; le lieu de m est une cycloïde, celui de c une cycloïde raccourcie.

MOUVEMENT D'UN SOLIDE INVARIABLE.

Mouvement d'une figure plane dans un plan.

106. Le mouvement d'une figure plane dans un plan fixe peut, à chaque instant, être regardé comme une rotation autour d'un centre instantané I, si l'on ne considère que la vitesse des différents points de la figure : la vitesse du point I est nulle, celle d'un point quelconque M étant perpendiculaire et proportionnelle à la droite IM. Le mouvement fini de la figure peut s'obtenir en la liant à une courbe S_1, lieu de ses points qui doivent être successivement centres instantanés, et faisant rouler S_1 sur la courbe S, lieu des centres instantanés dans le plan fixe. Les points où une ligne L touche son enveloppe sont aux pieds des normales abaissées du centre instantané sur la ligne mobile.

Le centre de courbure de la roulette décrite par un point de la figure mobile s'obtient par la construction de Savary (105), sauf à remplacer la roulante S_1 et la base S par leurs cercles osculateurs de rayon R_1 et R. Le centre de courbure de l'enveloppe d'une ligne L entraînée dans le mouvement s'obtient en appliquant la même construction au centre du cercle osculateur à L au point où elle touche son enveloppe. Soient n la longueur d'une normale menée du centre instantané I à un point M de L, φ l'angle de cette droite avec la normale commune à S et S_1 en I, ρ_1 le rayon de courbure de L en M, ρ celui de l'enveloppe de L; on a, en supposant ρ compté de M vers I, ρ_1 en sens contraire, R et R_1 opposés,

$$(1)\qquad \left(\frac{1}{n+\rho_1}+\frac{1}{\rho-n}\right)\cos\varphi=\frac{1}{R}+\frac{1}{R_1}.$$

Quand l'une des lignes change de sens, on change son signe, mais la construction de Savary s'applique toujours.

La base et la roulante n'interviennent dans l'équation (1) que par la somme de leurs courbures; si donc, dans une position donnée de la figure mobile, on fait varier R et R_1, pourvu qu'on ne change ni la somme de leurs inverses, ni leur direction commune, ni la position du point I, on trouvera toujours la même courbure pour la trajectoire d'un point de la figure ou pour l'enveloppe d'une ligne entraînée avec elle. En particulier, remplaçons R par l'infini et R_1 par une valeur a définie par la condition

$$(2)\qquad \frac{1}{a}=\frac{1}{R}+\frac{1}{R_1};$$

on pourra regarder, à l'instant considéré, la figure mobile comme entraînée par un cercle de rayon a qui roulerait sur une droite; le centre I' de ce cercle est appelé *centre instantané du second ordre; a* est le *rayon de roulement.* Pour déterminer graphiquement le point I', joignons (*fig.* 14) un point quelconque T aux points I, C, C_1;

Fig. 14.

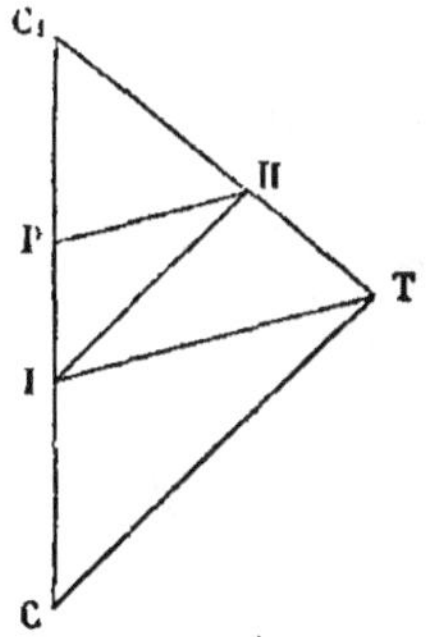

menons IH parallèle à CT jusqu'à sa rencontre avec TC_1; enfin, tirons HP parallèle à TI. Je dis que le point P n'est autre que le point I′ : d'abord, il est sur la normale commune aux deux courbes roulantes : puis les rapports $\frac{CC_1}{CI}$, $\frac{IC_1}{IP}$, égaux à $\frac{TC_1}{TH}$, sont égaux entre eux et l'on conclut de cette égalité

$$\frac{1}{IP} = \frac{CC_1}{IC.IC_1} = \frac{R+R_1}{RR_1} = \frac{1}{R} + \frac{1}{R_1} = \frac{1}{a}.$$

Une fois le point I′ connu, la construction de Savary, adaptée à l'hypothèse où le centre de courbure C de la base est à l'infini, détermine le centre de courbure du lieu décrit par un point M de la figure mobile; mais on peut lui faire subir une généralisation dont nous tirerons parti. Le cercle U, décrit sur II′ comme diamètre, coupe IM en I et en un point P tel que $IP = a\cos\varphi$. D'autre part, si l'on fait $\rho_1 = 0$ dans l'équation (1) et si l'on a égard à l'équation (2), il vient

$$(3) \qquad \frac{1}{n} + \frac{1}{\rho - n} = \frac{1}{a\cos\varphi} = \frac{1}{IP}.$$

Cela posé, menons (*fig.* 14 *bis*) une droite IT, de lon-

Fig. 14 *bis*.

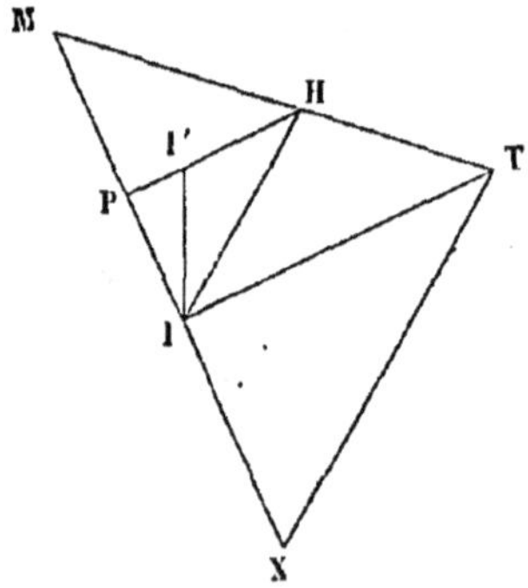

gueur arbitraire, normale à IM, et soit H le point de rencontre de la droite MI avec la perpendiculaire abaissée du point I′ sur MI : la parallèle à IH menée par le point T rencontrera MI au centre de courbure cherché X. En effet, la *fig.* 14 *bis,* analogue à la *fig.* 14, donne

$$\frac{1}{\text{IP}} = \frac{1}{\text{IM}} + \frac{1}{\text{IX}} = \frac{1}{n} + \frac{1}{\text{IX}},$$

et il suffit de comparer cette égalité à l'équation (3) pour voir que IX est égal à $\rho - n$, MX à ρ.

L'équation (3) donne aussi

$$(4) \qquad \rho = \frac{n^2}{n - a\cos\varphi} = \frac{\overline{\text{MI}}^2}{\text{MP}};$$

ρ est une troisième proportionnelle à MP et à MI ; il devient infini lorsque n est égal à $a\cos\varphi$, ou que le point M est sur le cercle U : dans cette position, M est généralement un point d'inflexion sur la ligne qu'il décrit et c'est ce qui a fait donner au cercle U le nom de *cercle des inflexions*. Quand le point M est extérieur ou intérieur à ce cercle, n est $\gtrless a\cos\varphi$, $\rho \gtrless 0$; la trajectoire du point tourne sa concavité ou sa convexité vers le point I.

L'enveloppe d'une droite quelconque entraînée avec la figure mobile a son centre de courbure sur la circonférence U′, symétrique de U par rapport au centre instantané I : cela résulte de ce qu'en faisant ρ_1 infini dans l'équation (1) on en tire

$$\rho = n + a\cos\varphi.$$

Si la droite considérée touche son enveloppe en un point de U′, le rayon de courbure de l'enveloppe est nul en ce point qui, en général, est un point de rebroussement : la circonférence U′ prend le nom de *circonférence des rebroussements*.

Dans le mouvement d'une figure plane, on ne connaît pas toujours la base et la roulante, ni surtout leur courbure : si l'on veut trouver la courbure des lignes décrites par les points de la figure mobile, on est conduit à chercher la position des points I, I′ à l'aide des données : ce qui précède permet souvent de l'obtenir. Il est généralement facile de trouver le point I; quand on le connaît, on peut essayer de déterminer le cercle U : on sait, par exemple, qu'il passe par tout point dont la trajectoire a une courbure nulle, que son symétrique U′ passe par tout point de l'enveloppe d'une droite où la courbure est infinie. Si l'on connaît le centre de courbure X de la trajectoire d'un point M, il suffit (4) de construire une troisième proportionnelle MP à MX et à MI pour avoir un point P du cercle U ou de faire, en sens inverse, la construction de la *fig.* 14 *bis* pour avoir une droite PH qui passe par le point I′. Il suffit de connaître les centres de courbure des trajectoires de deux points pour déterminer les centres I et I′.

107. Théorème de Bobillier. — *Quand un triangle de forme invariable* ABC (*fig.* 15) *se meut de manière*

Fig. 15.

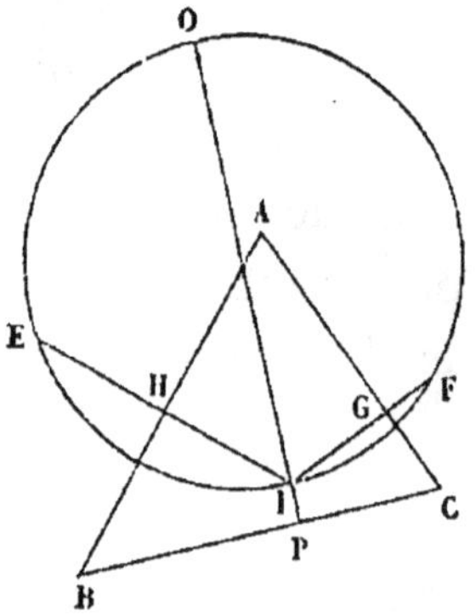

que deux de ses côtés AB, AC *restent tangents à deux cercles, l'enveloppe du troisième côté est aussi un cercle.*

Soient E, F les centres des deux cercles donnés, H, G les points de contact avec AB, AC; les côtés AB, AC du triangle touchant leurs enveloppes aux points H et G, les normales EH, FG à ces enveloppées vont se rencontrer au centre instantané I. L'angle EIF est constant, $\pi - A$, en sorte que le lieu S de I dans le plan est un segment capable de $\pi - A$ décrit sur EF. Traçons tout le cercle dont il fait partie, abaissons la perpendiculaire IP sur BC : ce sera une normale à l'enveloppe de BC, et elle rencontre le cercle EIF en un point O; mais l'arc EO est constant, comme mesurant deux fois l'angle EIO égal à B. Toutes les normales à l'enveloppe cherchée passent en un même point O; cette enveloppe est un cercle dont O est le centre.

Le cercle S, passant par les points E, F, O, n'est autre que le cercle des rebroussements. Pour trouver la roulante S_1 qui doit rouler sur cette base, menons par E et F des parallèles à AB et à AC : elles forment avec ABC une figure invariable et se coupent au point I' de S qui est diamétralement opposé à I, puisqu'elles sont perpendiculaires sur EI et sur FI; le centre instantané I est à une distance constante du point I' lié invariablement au triangle donné; S_1 est donc un cercle dont le rayon est double de celui de S et qui roule sur S en l'englobant. Un point quelconque de la figure mobile, A par exemple, décrit une conchoïde du cercle S, le rayon I'A passant, comme on sait, par un point fixe sur la circonférence S.

108. *On donne* (*fig.* 16) *un point* O *et une droite*

Fig. 16.

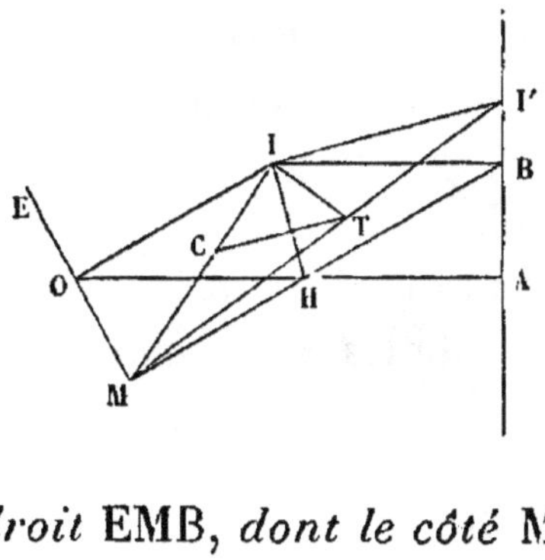

AB; *un angle droit* EMB, *dont le côté* MB *est égal à la*

distance OA *de* O *à* AB, *se meut de manière que le point* B *reste sur la droite* AB *et que le côté* ME *passe toujours en* O : *lieu du sommet* M, *sa normale, son rayon de courbure : déterminer les courbes qu'il faut faire rouler l'une sur l'autre pour produire le mouvement.*

Les triangles OAB, OMB sont égaux; OM = AB, et, si l'on prolonge OM jusqu'à ce qu'il coupe AB en K, OKB sera isoscèle, OK = BK; donc MK = AK, et le lieu de M est une strophoïde.

Le point B se déplaçant sur AB, le centre instantané I est sur BI perpendiculaire à AB; quant au point O considéré comme faisant partie du côté ME, sa trajectoire sera tangente à OM, et il suffira de mener OI perpendiculaire à OM pour achever de déterminer le centre I.

Les triangles OMH, HAB sont égaux; donc OH = HB, et OHBI est un losange. Puisque OI = IB, le lieu S de I dans le plan est une parabole ayant O pour foyer, AB pour directrice. La même égalité prouve que, par rapport à la figure mobile, le lieu S_1 de I est une parabole dont le foyer est B, la directrice ME. Ce sont ces deux courbes égales qu'il faut faire rouler l'une sur l'autre pour produire le mouvement : la tangente commune en I est la diagonale IH du losange. Comme on n'a pas immédiatement les centres de courbure des paraboles, nous chercherons le cercle des inflexions pour arriver à la courbure de la strophoïde.

Le cercle des inflexions a pour diamètre une perpendiculaire à IH, et il passe au point B qui décrit une droite : il est aisé d'en conclure que son diamètre est II', le centre instantané du second ordre étant le point I' situé sur AB. Puisque les deux paraboles S, S_1 sont égales, et qu'on a

$$\frac{1}{R} + \frac{1}{R_1} = \frac{2}{R} = \frac{1}{II'};$$

le rayon de courbure de la parabole qui a O pour foyer, AB pour directrice, est égal à 2 II'.

La normale à la strophoïde en M est MI; le centre de courbure s'obtient à l'aide du rayon de roulement II' par la construction de Savary : on joint I'M qui rencontre en T la perpendiculaire élevée en I sur IM; puis l'on mène par T une parallèle à II' qui coupe MI au centre de courbure C.

On sait que le milieu du côté MB décrit une cissoïde : ce qui précède permet d'en trouver le centre de courbure.

109. *Étant donnés (fig. 17) deux cercles égaux qui se coupent à angle droit, une droite* AB *égale à la distance des centres* O, O' *se déplace de manière que ses extrémités glissent sur les deux cercles : lieu du milieu* M *de* AB; *centre instantané : rayon de courbure; rapport des vitesses angulaires de* OA *et de* OB.

Fig. 17.

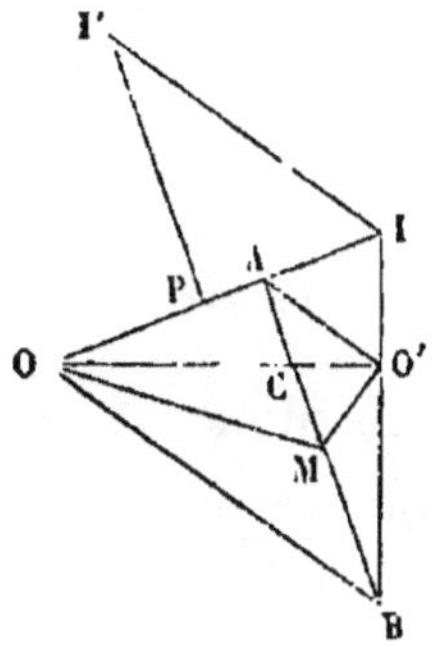

Soit a le rayon des deux cercles : $OO' = AB = a\sqrt{2}$. Les triangles OAB, OO'B sont égaux, comme ayant leurs trois côtés égaux chacun à chacun; donc OAO'B est un trapèze isoscèle. OM étant une médiane du triangle OAB, nous avons

$$2\overline{OM}^2 = \overline{OA}^2 + \overline{OB}^2 - 2\overline{AM}^2 = \overline{OB}^2.$$

On démontrerait de même que $2\overline{O'M}^2 = \overline{O'A}^2$; donc

$$2OM.O'M = OB.O'A.$$

Le trapèze OAO′B étant inscriptible, on a (théorème de Ptolémée)

$$OB.O'A = OO'.AB - OA.O'B = 2a^2 - a^2;$$

donc enfin

$$OM.O'M = \frac{a^2}{2} = \frac{1}{4}\overline{OO'}^2.$$

Le lieu de M est une lemniscate de Bernoulli, dont O, O′ sont les foyers.

OA, O′B sont respectivement normales aux lieux de A et de B; leur point de concours I est le centre instantané. Il est évident que AI = O′I; donc

$$OI - O'I = a, \quad BI - AI = a.$$

Le lieu du point I dans le plan est une hyperbole ayant O, O′ pour foyers; le lieu par rapport à AB est une hyperbole égale, ayant A, B pour foyers, et, comme la distance focale est égale à la différence des rayons vecteurs multipliée par $\sqrt{2}$, ces hyperboles sont équilatères.

Pour trouver le rayon de courbure de la lemniscate en M, nous nous servirons du cercle des inflexions; soit P le point où il coupe IA : le point A décrit un cercle dont le centre est sur le prolongement de IA et le rayon $\frac{n^2}{a\cos\varphi - n}$ (106); le point P se trouve entre A et O, et l'on a

$$AO = \frac{\overline{IA}^2}{AP}, \quad AP = \frac{\overline{IA}^2}{AO}.$$

On détermine P comme troisième proportionnelle; et puisque le diamètre du cercle des inflexions est sur la normale à l'hyperbole, bissectrice extérieure de l'angle OIO′, il suffit d'élever PI′ perpendiculaire à AP jusqu'à la rencontre de cette normale pour avoir le rayon de roulement II′; la construction de Savary, modifiée pour le mouvement cycloïdal, donne le centre de courbure de la lemniscate en M.

Supposons que la droite OA tourne avec une vitesse donnée ω autour du point O : O′B tournera en sens contraire autour du point O′ et, quand OA aura tourné de 180° à partir de la direction OO′, O′B aura également fait un demi-tour : si l'on a égard aux résultats précédents et à une formule connue de la théorie des bielles, on aura pour la vitesse angulaire de O′B dans une position quelconque

$$\omega' = -\omega\frac{OC}{O'C} = -\omega\frac{OB}{O'A} = -\omega\frac{O'A.OB}{\overline{O'A}^2} = -\frac{\omega}{3-2\sqrt{2}\cos AOO'}.$$

110. *Deux cercles* C, C′, *de rayons* R, R′, *tournent dans un même plan avec des vitesses* ω, ω' *autour de leur centre commun* O; *un cercle* S, *de centre* A, *engrène intérieurement avec* C, *extérieurement avec* C′: *déterminer la vitesse angulaire* α *de la droite* OA, *la vitesse* β *avec laquelle tourne la figure* S *et son centre instantané de rotation* I. (Paris, 1884.)

Les points des cercles C et S qui sont en contact à un instant donné ont la même vitesse absolue; la vitesse du point qui appartient au cercle S résulte des rotations α, β et l'on a

$$R\omega = \frac{R+R'}{2}\alpha + \frac{R-R'}{2}\beta;$$

égalant de même les vitesses des points par lesquels les

cercles C' et S se touchent, on a

$$R'\omega' = \frac{R+R'}{2}\alpha - \frac{R-R'}{2}\beta;$$

$$\alpha = \frac{R\omega + R'\omega'}{R+R'}, \quad \beta = \frac{R\omega - R'\omega'}{R-R'}.$$

Enfin le point I est un point de la droite AO tel que sa vitesse absolue soit nulle :

$$\frac{R+R'}{2}\alpha - AI\beta = 0, \quad AI = \frac{(R-R')(R\omega + R'\omega')}{R\omega - R'\omega'}.$$

111. *Des roulettes.* Quand une courbe S_1 roule sans glisser sur une *base* fixe S, S_1 est dite la *roulante;* le lieu engendré par un point M lié invariablement à S_1 s'appelle *roulette.* Le centre instantané est au point de contact I de S et de S_1, IM est normale à la roulette, et le centre de courbure s'obtient par la construction de Savary. Pour trouver l'équation de la roulette, désignons par s et s_1 les arcs égaux, compris sur S et S_1 entre deux points A et A_1 qui ont coïncidé à un moment donné et le point de contact actuel I : la valeur de s détermine les coordonnées x_1, y_1 du point I par rapport à des axes fixes et l'angle α de la tangente à S avec l'axe des x; pour la même valeur de s_1, on connaît la longueur IM et l'angle β qu'elle fait avec la tangente à S_1 en I; les coordonnées de M sont

$$(1) \qquad x = x_1 + \text{IM}\cos(\alpha+\beta), \quad y = y_1 + \text{IM}\sin(\alpha+\beta).$$

Il n'y aura qu'à éliminer s et s_1 qui sont égaux, ou plus généralement les paramètres qui fixent la position de I sur S et S_1. L'enveloppe d'une ligne entraînée par S_1 se trouverait de même, sauf à remplacer IM par la normale IP à l'enveloppée.

Quand la base est une droite, on peut, sans rectifier la roulante, trouver l'équation différentielle de la roulette.

Prenons la droite S pour axe des x ; l'angle β est MIX : la nature de la roulante donne une relation entre cet angle et $IM = r$: $F(r, \beta) = 0$; d'ailleurs l'y de M est $r \sin \beta$, et l'angle de la tangente à la roulette avec OX est $\varphi = \beta - \frac{\pi}{2}$. On a trois équations qui, par l'élimination de r et β, donnent une relation différentielle entre y et φ. Pour l'enveloppe d'une ligne entraînée, la modification est la même que dans le cas général.

112. *Une cardioïde représentée en coordonnées polaires par $r = a(1 - \cos\theta)$, roule extérieurement sur une cycloïde dont le cercle générateur a pour rayon a, de manière que les points de rebroussement des deux courbes se correspondent ; roulette décrite par le pôle de la cardioïde, enveloppe de son axe.*

Soient (*fig.* 18) M le pôle de la cardioïde, MX_1 son

Fig. 18.

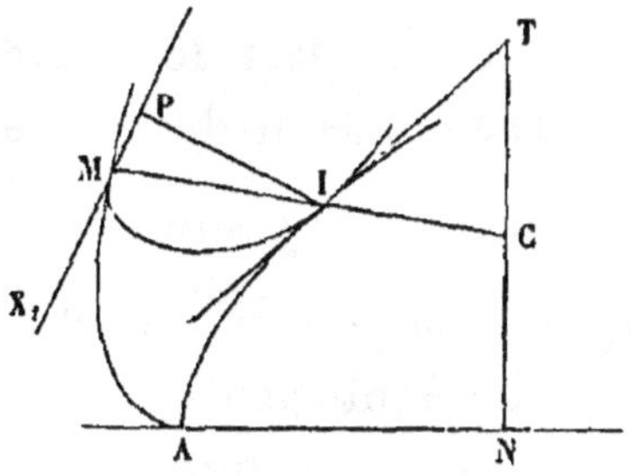

axe; θ est l'angle IMX_1. On trouve que l'arc MI ou s_1 est égal à $4a\left(1 - \cos\frac{1}{2}\theta\right)$, et que l'angle β de IM avec la tangente IT est $\pi - \frac{\theta}{2}$. Soient maintenant C le centre du cercle générateur de la cycloïde correspondant au point I et $ICN = u$; on a

$$AI = s = 4a\left(1 - \cos\frac{1}{2}u\right).$$

Comme $s = s_1$, on a $u = \theta$. On sait enfin que l'angle α de IT avec AN est $\frac{\pi}{2} - \frac{u}{2}$. Comme $\text{CIT} = \text{CTI} = \frac{u}{2}$, les points M, I, C sont en ligne droite. Les équations (1) deviennent

$$x = a(u - \sin u) + a(1 - \cos u) \cos\left(\frac{3\pi}{2} - u\right)$$
$$= a(u - 2 \sin u + \sin u \cos u),$$
$$y = a(1 - \cos u) + a(1 - \cos u) \sin\left(\frac{3\pi}{2} - u\right) = a(1 - \cos u)^2.$$

L'élimination de u donnerait un résultat compliqué, et il est plus simple de garder les deux équations et de faire varier u. On a

$$dx = -2a(1 - \cos u) \cos u \, du, \quad dy = 2a(1 - \cos u) \sin u \, du,$$
$$\frac{dy}{dx} = -\operatorname{tang} u.$$

Quand u varie de zéro à $\frac{\pi}{2}$, x décroît de zéro à $a\left(\frac{\pi}{2} - 2\right)$, y croît de zéro à a; la courbe part de A tangentiellement à AN et s'éloigne vers la gauche au-dessus de AN; u allant de $\frac{\pi}{2}$ à π, x croîtra jusqu'à πa, y jusqu'à $4a$; le reste de la courbe est symétrique de la première partie.

Si la cardioïde avait roulé intérieurement sur la cycloïde, le lieu du point M aurait été la droite AN.

Pour trouver l'enveloppe de l'axe de la cardioïde, abaissons IP perpendiculaire à cet axe; on aura

$$\text{IP} = a(1 - \cos\theta) \sin\theta = a(1 - \cos u) \sin u, \quad \text{PIT} = \frac{3}{2}(\pi - u).$$

Les coordonnées du point P seront

$$x = a[u - \sin u + (1 - \cos u) \sin u \cos 2u],$$
$$y = a(1 - \cos u)(1 - \sin u \sin 2u).$$

Cherchons comment x et y varient quand on fait croître u à partir de zéro; on a

$$dx = a \sin u \sin 2u (4 \cos u - 3)\, du,$$
$$dy = a \sin u \cos 2u (4 \cos u - 3)\, du;$$

x et y partent de zéro et commencent par croître jusqu'à ce que $\cos u = \frac{3}{4}$; on a un point de rebroussement: x et y diminuent ensuite, le premier jusqu'à $u = \frac{\pi}{2}$, le second jusqu'à $u = \frac{\pi}{4}$, puis ils croissent, sauf y quand u varie de $\frac{3\pi}{4}$ à π: pour $u = \pi$, la courbe présente un nouveau rebroussement qui coïncide avec le sommet de la cycloïde.

113. *L'enveloppe d'une droite* L, *entraînée par un cercle* C_1 *qui roule sans glisser sur un cercle fixe* C, *est une développante d'épicycloïde.*

Soient I le point de contact de C et de C_1, O_1A_1 le rayon de C_1 qui est parallèle à L, IP une perpendiculaire sur O_1A_1, A le point de la circonférence C qui a coïncidé avec A_1; on sait que P décrit une épicycloïde; car il se trouve sur le cercle ayant IO_1 pour diamètre, et l'arc IP est égal à AI, parce qu'il mesure le double de l'angle inscrit IO_1A_1, tandis que IA_1 mesure le même angle, mais dans un cercle de rayon double; donc arc $IP = IA_1 = IA$, et le point P appartient à un cercle de rayon $\frac{1}{2} R_1$ roulant sur C. La développée du lieu de P est une épicycloïde intérieure au cercle C; or l'enveloppe de O_1A_1 et celle de L ont les mêmes normales: elles ont donc la même développée.

114. *Une ellipse roule sans glisser sur une droite fixe: lieu décrit par un foyer, courbure de ce lieu, enveloppe d'une directrice.*

Je prends (*fig.* 19) pour axe des x la droite fixe et pour origine le point O qui coïncide à un instant avec le sommet A le plus voisin du foyer F que l'on considère. Soient $2a$, $2b$ les axes, e l'excentricité : le centre instantané est au point de contact I de l'ellipse avec OX et la tangente au lieu de F, perpendiculaire à IF, fait avec OX l'angle α égal à FIN; on a une relation entre y et α, en écrivant que

Fig. 19.

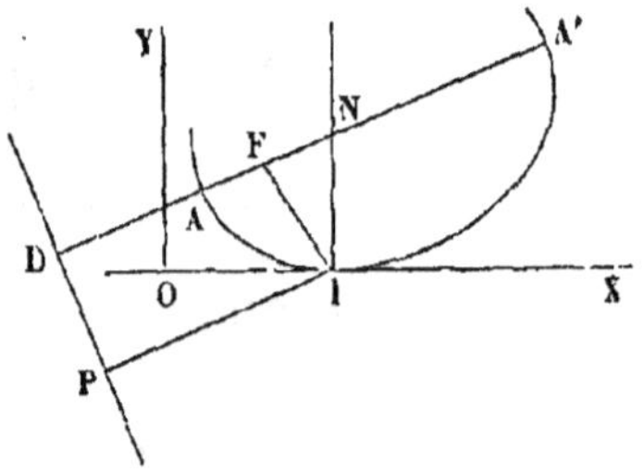

le produit des distances des deux foyers à OX est b^2:

$$y(2a\cos\alpha - y) = b^2.$$

Puisque $\cos\alpha = \frac{dx}{ds}$, c'est une équation différentielle de la courbe; mais il vaut mieux tirer de cette équation la valeur de y

$$(1)\qquad \left\{ \begin{aligned} y &= a\cos\alpha \pm \sqrt{a^2\cos^2\alpha - b^2}, \\ dy &= -a\sin\alpha\, d\alpha\left(1 \pm \frac{a\cos\alpha}{\sqrt{a^2\cos^2\alpha - b^2}}\right). \end{aligned} \right.$$

α est d'abord nul quand le sommet A est sur OX, puis il augmente jusqu'à la valeur $\alpha_1 = \text{arc}\cos\frac{b}{a}$, qu'il ne peut dépasser; il diminue ensuite jusqu'à zéro et $-\alpha_1$, pour revenir à α_1, et ainsi de suite. Quand α croît de zéro à α_1, il faut prendre dans les équations (1) le radical avec le signe $-$; $d\alpha$ est > 0, et, comme la dernière parenthèse a le signe du radical, $dy > 0$, y croît de $a(1-e)$ à b : c'est le moment où le sommet du petit axe est sur OX, et la roulette présente une inflexion. L'angle α revenant de α_1 à zéro, il faut prendre le radical avec le signe $+$, et, comme $d\alpha < 0$, dy reste > 0; y croît de b à $a(1+e)$; la moitié de l'ellipse a alors roulé sur OX, et le reste du lieu est symétrique de la première partie par rapport à l'ordonnée qui la termine.

La valeur de x peut s'obtenir sous forme d'intégrale elliptique

$$dx = dy \cot\alpha = -\cos\alpha\, d\alpha\left(a \pm \frac{a^2\cos\alpha}{\sqrt{a^2\cos^2\alpha - b}}\right);$$

x va toujours en croissant. L'arc ds est intégrable :

$$(2) \qquad ds = \frac{dy}{\sin\alpha} = -a\, d\alpha \mp \frac{a^2\cos\alpha\, d\alpha}{\sqrt{a^2\cos^2\alpha - b^2}}.$$

Il faut faire attention au signe du radical; ainsi l'arc compris entre le point le plus bas et le point d'inflexion est

$$S_1 = \int_0^{\alpha_1}\left(-a + \frac{a^2\cos\alpha}{\sqrt{a^2\cos^2\alpha - b^2}}\right)d\alpha = \left(\frac{\pi}{2} - \alpha_1\right)a;$$

du point d'inflexion jusqu'au point le plus haut, l'arc est

$$S_2 = \int_{\alpha_1}^{0}\left(-a - \frac{a^2\cos\alpha}{\sqrt{a^2\cos^2\alpha - b^2}}\right)d\alpha = \left(\frac{\pi}{2} + \alpha_1\right)a;$$

donc $S_1 + S_2 = \pi a$: c'est la demi-circonférence de la podaire du foyer par rapport à l'ellipse.

L'équation (2) donne une propriété remarquable de la courbe : si l'on y remplace le radical par sa valeur (1)

$$y - a\cos\alpha,$$

et si l'on nomme ρ le rayon de courbure de la roulette, il vient, en supposant α décroissant,

$$\rho = -\frac{ds}{d\alpha} = a + \frac{a^2 \cos\alpha}{y - a\cos\alpha} = \frac{ay}{y - a\cos\alpha}; \quad \frac{1}{\mathrm{FI}} + \frac{1}{\rho} = \frac{1}{a}.$$

Si donc on fait tourner la roulette autour de OX, elle engendre une surface de révolution dont les rayons de courbure principaux sont ρ et FI; la somme des courbures principales de cette surface est constante. (Delaunay.)

L'enveloppe de la directrice est le lieu du pied P de la perpendiculaire abaissée du centre instantané sur cette droite. L'angle INA de la normale à l'ellipse avec l'axe focal est le supplément de l'angle α que la tangente à l'enveloppe fait avec OX. Si l'on désigne par ξ la distance du point I au petit axe de l'ellipse et si l'on suppose l'arc AI moindre que le quart de la conique, on a

$$\operatorname{tang} \mathrm{INA} = -\operatorname{tang}\alpha = \frac{a\sqrt{a^2 - \xi^2}}{b\xi},$$

$$\mathrm{IP} = \frac{a}{e} - \xi = \frac{a}{e} + \frac{a^2\cos\alpha}{\sqrt{a^2\cos^2\alpha + b^2\sin^2\alpha}}.$$

Mais, l'angle de IP avec OY étant α, l'ordonnée du point P est égale à IP $\cos\alpha$ et l'on a, pour l'équation différentielle de l'enveloppe,

$$y = \frac{a\cos\alpha}{e} + \frac{a^2\cos^2\alpha}{\sqrt{a^2\cos^2\alpha + b^2\sin^2\alpha}}.$$

Pour avoir la variation de y, je différentie :

$$(4) \qquad dy = -a\sin\alpha\, d\alpha \left[\frac{1}{e} + \frac{(2b^2 + a^2e^2\cos^2\alpha)a\cos\alpha}{(a^2\cos^2\alpha + b^2\sin^2\alpha)^{\frac{3}{2}}}\right].$$

Comme l'angle analogue à IND est d'abord égal à zéro, α commence par avoir la valeur π pour décroître constamment jusqu'à zéro quand le sommet A' est venu sur OX.

Pour savoir le signe de dy, cherchons si la quantité entre crochets (4), $f(\alpha)$, peut s'annuler; on aurait, en réduisant,

$$a^4e^4\cos^4\alpha + a^2e^2b^2\cos^2\alpha - b^4 = 0.$$

On n'en tire pour $\cos^2\alpha$ qu'une valeur positive

$$\cos^2\alpha = \frac{b^2(\sqrt{5}-1)}{2a^2e^4} = \frac{(1-e^2)(\sqrt{5}-1)}{2e^2};$$

si cette quantité est < 1, ou si l'on a

$$(1-e^2)(\sqrt{5}-1) < 2e^2, \quad e^2 > \frac{\sqrt{5}-1}{\sqrt{5}+1} > \left(\frac{\sqrt{5}-1}{2}\right)^2,$$

$f(\alpha)$ s'annule pour une valeur α_0 de α, et il faut évidemment prendre $\cos\alpha_0 < 0$. Comme $f(\alpha)$ est > 0 quand $\alpha < \frac{\pi}{2}$, il sera < 0 pour $\alpha > \alpha_0$; or $-\sin\alpha\, d\alpha$ est toujours positif; donc, lorsque α varie de π à α_0, y diminue d'abord, tandis que x croît, puisque $dx = \cot\alpha\, dy$; quand α passe par α_0 pour devenir moindre, dx et dy changent de signe; il y a rebroussement, puis x décroît, tandis que y augmente. La courbe, d'abord au-dessous de OX, le coupe pour $\alpha = \frac{\pi}{2}$, puis passe au-dessus, et l'ordonnée devient $a + \frac{a}{e}$ pour $\alpha = 0$, puis vient une branche symétrique de la précédente, et ainsi de suite.

Au contraire, si $e < \frac{\sqrt{5}-1}{2}$, $\frac{dy}{d\alpha}$ ne change pas de signe; y croît sans interruption de $a - \frac{a}{e}$ à $a + \frac{a}{e}$; x décroît d'abord pour croître quand $\alpha < \frac{\pi}{2}$ et l'arc d'enveloppe qui correspond à la moitié de l'ellipse est convexe. Sa longueur a la valeur très simple $\frac{\pi a}{e}$; dans le cas où il y a un rebroussement, il faut ajouter à cette quantité le double de l'arc S_1 compris entre l'origine de l'arc et le point de rebroussement; on trouve d'ailleurs

$$S_1 = \frac{a(1-e^2)\sin\alpha_0}{\sqrt{1-e^2\sin^2\alpha_0}} - a\,\frac{2\pi - \alpha_0 - \arcsin(e\sin\alpha_0)}{e}.$$

Si l'on remplace l'ellipse par une parabole, on obtient le lieu de F en remarquant que le pied de l'ordonnée est sur la tangente au sommet. Projetant cette ordonnée sur l'axe de la parabole avec lequel elle fait l'angle α, on a

$$\frac{p}{2} = y\cos\alpha,$$

équation d'une chaînette dont le sommet est à la distance $\frac{p}{2}$ au-dessus de OX. D'ailleurs, dans le cas de la parabole, les points F et P sont symétriques par rapport à OX; l'enveloppe de la directrice est donc une chaînette.

115. Théorèmes de Steiner. — *Considérons une courbe convexe et fermée* S, *un point* M *de son plan, la roulette* R *engendrée par* M *quand* S *roule sur une droite fixe, la roulette* R_1 *engendrée quand* S *roule sur une courbe égale et symétrique, enfin la podaire* P *de* M *par rapport à* S : 1° *un arc de* R *est égal à l'arc correspondant de* P; 2° *l'aire de* R, *limitée par la base et les normales extrêmes, est double de l'aire de* P *et moitié de l'aire de* R_1.

1° Soient (*fig.* 20) IA, I'A' deux tangentes successives de S, ε l'angle de contingence, AA' l'arc de podaire; on a $AMA' = \varepsilon$, et, comme M, A, A', I sont sensiblement sur un cercle dont AI est le diamètre, arc $AA' = \varepsilon MI$; mais que la courbe roule sur AI considéré comme fixe, M décrit un arc de cercle MM' égal à $MI' \times MI'M' = \varepsilon MI = AA'$; donc, etc.

2° L'aire comprise entre l'arc MM′ de R, les normales aux extrémités et la droite fixe, est sensiblement

$$MII'M' = MII' + \frac{1}{2}\varepsilon\overline{MI}^2;$$

donc

$$\text{surf.}R = \text{surf.}S + \frac{1}{2}\Sigma\varepsilon\overline{MI}^2,$$

la somme s'étendant à tous les angles de contingence de S. Mais

$$\text{surf.}P = \Sigma MAA' = \frac{1}{2}\Sigma\varepsilon\overline{MA}^2;$$

cette aire peut aussi s'évaluer comme la somme d'éléments dont l'un se compose du secteur MII′ et du triangle

Fig. 20.

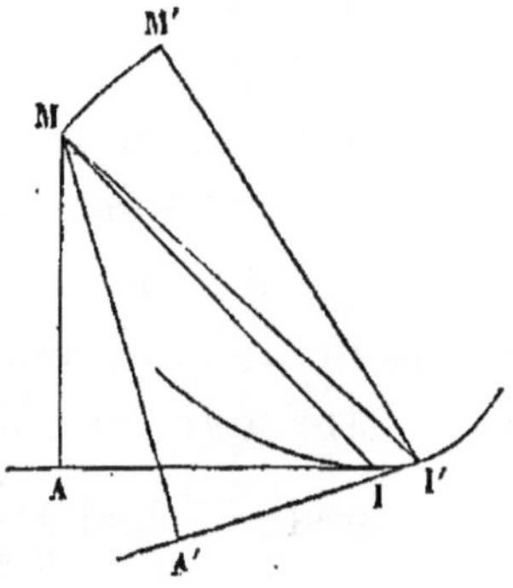

IAA′; on prend ainsi l'aire de la courbe et celle qui est entre la courbe et la podaire; donc

$$\text{surf.}P = \Sigma MII' + \Sigma\frac{1}{2}\overline{IA}^2\varepsilon;$$

ajoutons à l'expression précédente, on a

$$2\,\text{surf.}P = \Sigma MII' + \frac{1}{2}\Sigma\varepsilon\left(\overline{MA}^2 + \overline{AI}^2\right) = \text{surf.}R.$$

Si l'on fait rouler S sur une courbe symétrique fixe,

quand le point de contact se déplace de I en I', S tourne de 2ε; l'arc décrit par M est $MM'' = 2\,MM'$, et la surface $MM''II'$ est $MII' + \varepsilon\overline{MI}^2$. Pour avoir l'aire intérieure à R_1, il faut ajouter à la somme de ces éléments l'aire de la base; donc

$$\text{surf.}\,R_1 = 2\,\text{surf.}\,S + \Sigma\varepsilon\overline{MI}^2 = 2\,\text{surf.}\,R.$$

Cette élégante démonstration est développée dans le *Cours de Calcul intégral* de M. Bertrand.

116. *Étant données la base et la roulette, trouver la roulante qui a engendré cette roulette; exemples.*

Par chaque point I de la base, on peut mener une normale IN à la roulette, et l'on a une relation entre la longueur r de IN et son angle μ avec la tangente à la base: nous regarderons le point M comme décrivant la roulette et nous le prendrons pour pôle dans le plan de la roulante: cette courbe étant tangente à la base en I, la relation entre r et μ donne pour chaque valeur du rayon vecteur son angle avec la tangente à la courbe cherchée; c'est une équation différentielle de la roulante.

1° La base et la roulette sont deux droites faisant entre elles l'angle α; μ est constant, égal à $\frac{\pi}{2} - \alpha$. La roulante coupe tous ses rayons vecteurs sous un angle constant: c'est une spirale logarithmique.

2° La roulette est une parabole dont l'axe est la base; la sous-normale de la parabole étant constante, $r\cos\mu = p$, les normales de la roulante sont à une distance constante du pôle; cette courbe est une développante de cercle.

3° La base est un cercle de rayon a et la roulette une droite qui touche le cercle en un point A: on trouve sans peine

$$r = a(1 - \sin\mu) = a - \frac{ar\,d\theta}{\sqrt{dr^2 + r^2\,d\theta^2}}, \quad d\theta = \frac{(a-r)dr}{r\sqrt{2ar - r^2}}.$$

Sans intégrer cette équation, on peut voir la forme de la courbe qu'elle représente : r ne peut varier qu'entre zéro et $2a$; si on le fait décroître à partir de $2a$, θ croît d'abord jusqu'à ce que r atteigne la valeur a et le rayon vecteur correspondant est tangent à la courbe; r continuant à décroître, θ diminue jusqu'à $-\infty$; le pôle est un point asymptotique. Mais on reconnaît que la portion de roulette qu'il peut décrire s'étend seulement jusqu'à la distance a de chaque côté du point A.

Accélérations dans le mouvement épicycloïdal.

117. Quand une figure se meut dans un plan, les accélérations des divers ordres de ses points sont soumises à quelques lois qu'on peut trouver à l'aide d'un changement de coordonnées. Soient x_1, y_1 les coordonnées absolues d'un point M de la figure, x, y les coordonnées relatives à deux axes rectangulaires faisant partie de la figure mobile, p, q les coordonnées absolues de l'origine mobile; on a

$$x_1 = x\cos\varphi - y\sin\varphi + p, \quad y_1 = x_1\sin\varphi + y_1\cos\varphi + q,$$

ou, en posant $\cos\varphi = a$, $\sin\varphi = b$,

$$x_1 = ax - by + p, \quad y_1 = bx + ay + q.$$

Pour avoir les composantes de la vitesse ou des accélérations successives, on différentie par rapport au temps :

$$x_1^{(n)} = xa^{(n)} - yb^{(n)} + p^{(n)}, \quad y_1^{(n)} = xb^{(n)} + ya^{(n)} + q^{(n)}.$$

Il y a un point A dont les coordonnées relatives sont α_n et β_n pour lequel ces deux composantes sont nulles; on le nomme *centre des accélérations du* $(n-1)^{ième}$ *ordre*. Faisons

$$x - \alpha_n = r_n\cos\theta_n, \quad a^{(n)} = \omega_n\cos\lambda_n,$$
$$y - \beta_n = r_n\sin\theta_n, \quad b^{(n)} = \omega_n\sin\lambda_n:$$

les composantes de l'accélération d'ordre $n-1$ prennent la forme

$$x_1^{(n)} = \omega_n r_n \cos(\theta_n + \lambda_n), \quad y_1^{(n)} = \omega_n r_n \sin(\theta_n + \lambda_n).$$

L'accélération d'un point quelconque M est proportionnelle à sa distance au centre A des accélérations du même ordre; de plus, AM faisant avec OX_1 l'angle $\theta_n + \varphi$ fait avec l'accélération d'ordre $n-1$ un angle constant et égal à $\lambda_n - \varphi$, quel que soit le point M.

Soient donc A et B les centres des accélérations d'ordre $n-1$ et $p-1$ par exemple, la vitesse comptant comme accélération d'ordre zéro dont le centre est le centre instantané de rotation. Les points pour lesquels γ_{n-1} et γ_{p-1} ont un rapport donné sont sur un cercle conjugué à A et B, car leurs distances à ces centres ont un rapport constant. Les points où les deux accélérations font un angle donné ε sont sur deux segments capables des angles $\varepsilon \pm \lambda_n \pm \lambda_p$ décrits sur AB comme corde.

Considérons les expressions

$$A_{n,p} = x_1^{(n)} x_1^{(p)} + y_1^{(n)} y_1^{(p)} = \gamma_{n-1}\gamma_{p-1}\cos(\gamma_{n-1}, \gamma_{p-1}),$$
$$B_{n,p} = y_1^{(n)} y_1^{(p)} - x_1^{(n)} y_1^{(p)} = \gamma_{n-1}\gamma_{p-1}\sin(\gamma_{n-1}, \gamma_{p-1}).$$

M. Jordan remarque que ces binômes sont les premiers membres de l'équation d'un cercle passant par les centres de γ_{n-1} et de γ_{p-1}. On en conclut, outre les propositions précédentes, que le cercle est le lieu des points où $A_{n,p}$, $B_{n,p}$, $\frac{A_{n',p'}}{A_{n,p}}$, ... ont une valeur donnée. Cherchons encore le lieu des points M pour lesquels la projection de γ_{n-1} sur la direction de γ_{p-1} ou sur une direction perpendiculaire ait une valeur λ :

$$\gamma_{n-1}\cos(\gamma_{n-1}, \gamma_{p-1}) = \frac{A_{n,p}}{\gamma_{p-1}} = \lambda, \quad \text{ou} \quad \frac{B_{n,p}}{\gamma_{p-1}} = \lambda.$$

Il existe un rapport constant entre la puissance du point M par rapport à un cercle qui passe au centre A de l'ordre $p-1$ et la longueur MA. Soit B le second point où MA rencontre le cercle considéré : la puissance par rapport au cercle est $MA \times MB$; il faut donc que MB soit constant; le lieu de M est une conchoïde du cercle AB, dont le point double est A. Tel est le lieu des points dont l'accélération tangentielle ou centripète a une valeur constante.

Il convient d'étudier directement l'accélération du premier ordre : prenons pour axes des x et des y la tangente IT et la normale IN communes, à l'instant t, à la base et à la roulante qui correspondent au mouvement de la figure plane. Le point M, de coordonnées x, y, est animé, à l'instant t, d'une vitesse dont les composantes sont

$$v_x = -\omega y, \quad v_y = \omega x.$$

Cherchons les composantes de sa vitesse à l'époque $t + \Delta t$ en négligeant les infiniment petits du second ordre : la figure tourne avec une vitesse $\omega + \Delta\omega$ autour d'un point K situé sur IT à une distance $\Delta\sigma$ du point I; les coordonnées du point M étant devenues $x - \omega y\,\Delta t$, $y + \omega x\,\Delta t$, sa vitesse a pour composantes

$$v'_x = -(\omega + \Delta\omega)(y + \omega x\,\Delta t), \quad v'_y = (\omega + \Delta\omega)(x - \omega y\,\Delta t - \Delta\sigma).$$

Il vient alors, pour les composantes de l'accélération,

$$\gamma_x = \lim \frac{v'_x - v_x}{\Delta t} = -\omega^2 x - y\frac{d\omega}{dt}, \quad \gamma_y = -\omega^2 y + x\frac{d\omega}{dt} - \omega\frac{d\sigma}{dt}.$$

L'angle dont la figure a tourné pendant le temps dt est égal à la somme des angles de contingence des arcs IK, IK_1 : si l'on compte les rotations positives de IT vers IN, on aura

$$\omega\,dt = -\left(\frac{d\sigma}{R} + \frac{d\sigma}{R_1}\right) = -\frac{d\sigma}{a}, \quad \frac{d\sigma}{dt} = -\omega a:$$

remplaçant $\frac{d\sigma}{dt}$ par $-\omega a$, $\frac{d\omega}{dt}$ par ω', on a pour les expressions définitives de γ_x et de γ_y

$$(1) \qquad \gamma_x = -\omega^2 x - \omega' y, \quad \gamma_y = -\omega^2 y + \omega' x + \omega^2 a.$$

Ces formules montrent que l'accélération du point M est la résultante de trois autres : ω^2IM dirigée suivant MI, ω'IM perpendiculaire sur MI, $\omega^2 a$ parallèle à IN ; cette décomposition permet de trouver immédiatement l'accélération tangentielle et l'accélération centripète ; si r et θ sont les coordonnées polaires du point M, on a

$$(2) \qquad \gamma_t = \omega' r + \omega^2 a \cos\theta. \quad \gamma_c = \omega^2 r - \omega^2 a \sin\theta.$$

Le centre des accélérations A est sur la circonférence des inflexions ; l'angle AIT est égal à $90^\circ + \varphi$, l'angle φ ayant pour tangente $\frac{\omega'}{\omega^2}$. L'accélération totale, égale à $\mathrm{AM}\sqrt{\omega^4 + \omega'^2}$, fait l'angle φ avec la direction MA.

118. *Une figure plane* F *se meut sur un plan fixe* P *de telle sorte que le centre des accélérations occupe une position fixe* A *et que le centre instantané de rotation reste à une distance constante du point* A : *déterminer et étudier le mouvement de* F. (Paris, 1884.)

Le lieu S du centre instantané I dans le plan est un cercle ayant A pour centre ; à un instant quelconque, la droite IA est normale à S et l'angle φ, dont la tangente est en général $\frac{\omega'}{\omega^2}$, est nul ; donc ω' est nul et la vitesse de rotation ω constante ; A coïncide avec le centre instantané du second ordre et IA est égal à a. Reste à trouver la ligne S_1 qui, en roulant sur S et entraînant F, détermine le mouvement de la figure : son rayon de courbure R_1 en I se déduit de l'équation

$$(3) \qquad \frac{1}{R} + \frac{1}{R_1} = \frac{1}{a}.$$

R est, en valeur absolue, égal à a; mais l'équation (3) a été établie en supposant IC_1 ou R_1 dirigé dans le sens de II', IC ou R dirigé en sens contraire; or, dans la figure actuelle, R coïncide avec II'; il faut donc le remplacer par $-a$ dans l'équation (3) et celle-ci donne alors $R_1 = \frac{a}{2}$. La roulante S_1 est donc un cercle de rayon $\frac{a}{2}$ qui roule à l'intérieur d'un cercle de rayon double et le mouvement de la figure qu'elle entraîne est bien connu.

Les équations (1) et (2), n° **117**, où l'on suppose $\omega' = 0$, font connaître l'accélération d'un point quelconque M, toujours dirigée suivant MA. Les points dont l'accélération centripète a, pour un instant donné, une valeur $m\omega^2$ sont sur le limaçon $r = a \sin\theta + m$; le lieu des points dont l'accélération tangentielle prend une valeur $p\omega^2$ est, par exception, une droite définie par l'équation $\cos\theta = \frac{p}{a}$.

Mouvement d'un solide autour d'un point fixe.

119. Quand un solide S pivote autour d'un point fixe O, la vitesse de l'un quelconque de ses points M est la même à chaque instant que si le solide tournait avec une certaine vitesse ω autour d'un axe instantané OI. Soient x, y, z les coordonnées de M par rapport à trois axes rectangulaires OX, OY, OZ liés invariablement à S; p, q, r les composantes de ω suivant les directions qu'ont les axes OX, OY, OZ à l'instant t : la vitesse du point M a pour composantes

$$(1) \qquad V_x = qz - ry, \qquad V_y = rx - pz, \qquad V_z = py - qx.$$

Soient encore a, b, c; a', b', c'; a'', b'', c'' les cosinus directeurs de OX, OY, OZ par rapport à des axes fixes OX_1, OY_1, OZ_1 disposés comme les axes mobiles :

on a

$$p = a'' \frac{da'}{dt} + b'' \frac{db'}{dt} + c'' \frac{dc'}{dt} = -a' \frac{da''}{dt} - b' \frac{db''}{dt} - c' \frac{dc''}{dt};$$

une permutation tournante donnerait q, r et l'on aurait trois équations propres à déterminer les dérivées des neuf cosinus en fonction de p, q, r; M. Darboux obtient plus vite leurs valeurs en égalant à zéro les projections sur OX, OY, OZ de la vitesse d'un point P pris sur l'un des axes fixes à la distance 1 de l'origine; cette vitesse est la résultante de la vitesse relative à OXYZ et de la vitesse d'entraînement dont les équations (1) font connaître les projections; si P est sur OX_1, ses coordonnées relatives sont a, a', a'' et l'on a, pour calculer leurs dérivées,

$$\frac{da}{dt} + qa'' - ra' = \frac{da'}{dt} + ra - pa'' = \frac{da''}{dt} + pa' - qa = 0.$$

120. On peut donner à S son mouvement véritable en le supposant lié à un cône C qui roule sur un cône fixe C_1 : sur la génératrice commune à l'instant t et sur celles qui doivent venir en coïncidence au temps $t + dt$, prenons des longueurs égales OI, OI', OI'_1 et soient $d\sigma$ la longueur des arcs II', II'_1; R, R_1 les rayons de courbure principaux finis pour les deux cônes au point I; je suppose ces rayons dirigés en sens contraires. Dans le temps dt, S tourne d'un angle égal à la somme des angles de contingence de C et de C_1, d'où une relation importante :

$$\omega\, dt = \frac{d\sigma}{R} + \frac{d\sigma}{R_1}.$$

Soient OP, OP_1 les axes des cônes droits osculateurs à C et à C_1 le long de OI : on peut obtenir le mouvement élémentaire de S en le faisant tourner avec une vitesse α autour de OP tandis que OP tourne lui-même avec une vitesse α_1 autour de OP_1 : ω est la résultante de α et de α_1

et l'on a

$$\frac{\alpha}{\sin P_1OI} = \frac{\alpha_1}{\sin POI} = \frac{\omega}{\sin POP_1}.$$

Dans son mouvement diurne, la Terre tourne autour de son axe de figure OP tandis que cette droite tourne autour de l'axe de l'écliptique OP_1 ; l'axe de rotation OI se déplace donc dans la Terre et fait avec l'axe de figure un angle déterminé par les formules précédentes : en prenant l'année tropique pour unité de temps, on a

$$\alpha = 1\,296\,000 \times 366{,}24, \qquad \alpha_1 = -50'',2, \qquad P_1OI = 23^\circ 27',$$

$$\sin POI = -\frac{50{,}2 \sin 23^\circ 27'}{1\,296\,000 \times 366{,}24};$$

le cône décrit par l'axe OI est extrêmement aigu et découpe à la surface du globe un cercle de $0^m,27$ de rayon.

121. *Épicycloïde sphérique engendrée par un point* M *situé sur la circonférence d'un petit cercle* C *de rayon sphérique* a *qui roule dans un cercle* C_1 *de rayon* $2a$.

La circonférence C passe toujours par l'un des pôles O du cercle C_1; soient A le point de C_1 avec lequel M a coïncidé à un certain instant, I le point de contact de C et de C_1 au temps t, S le centre du cercle C à la même époque, u, u' les angles MSI, AOI : les arcs AI, MI sont égaux et l'on a

$$u \sin a = u' \sin 2a, \qquad u' = \frac{u}{2\cos a}.$$

Menons les arcs de grands cercles $OM = \theta$, $IM = n$ et soient P, Q les milieux de ces arcs, ψ l'angle MOA. Le triangle rectangle OSP donne

$$(1) \qquad \sin OP = \sin OS \sin OSP, \qquad \sin \tfrac{1}{2}\theta = \sin a \cos \tfrac{1}{2} u;$$

$$(2) \qquad \cos OS = \cot S \cot O, \qquad \cos a = \operatorname{tang} \tfrac{1}{2} u \cot\left(\frac{u}{2\cos a} - \psi\right).$$

L'élimination de u donnerait l'équation de l'épicycloïde,

mais on n'a pas besoin de l'effectuer pour voir la forme du lieu. Faisons croître u de o à π : les équations (1) et (2) montrent que θ décroît de $2a$ jusqu'à zéro, tandis que ψ varie de o à $\pi \frac{1-\cos a}{2\cos a}$; j'ajoute qu'il croît constamment : on déduit en effet de l'équation (2)

$$\frac{d\psi}{du} = \frac{\sin^2 a \sin^2 \frac{u}{2}}{2\cos a\left(1 - \sin^2 a \cos^2 \frac{u}{2}\right)}.$$

L'épicycloïde part du point A tangentiellement à AO et se dirige vers le point O où sa normale fait avec OA l'angle $\frac{\pi}{2\cos a}$; puis on a une partie symétrique par rapport à cette normale. Il y a évidemment deux points d'inflexion sphérique; pour les trouver, prenons la formule de Savary pour les figures sphériques :

$$(3) \qquad [\cot n + \cot(\rho - n)]\cos\varphi = \cot R + \cot R_1;$$

dans le cas de l'épicycloïde qui nous occupe, on fera $R = a$, $R_1 = -2a$, et le second membre de l'équation (3) se réduit à $\frac{1}{\sin 2a}$; aux points d'inflexion, le rayon sphérique ρ est égal à $\frac{\pi}{2}$ et l'équation (3) devient

$$\frac{\cos\varphi}{\sin n \cos n} = \frac{1}{\sin 2a};$$

mais le triangle rectangle SQI montre que $\cos\varphi$ ou $\cos \mathrm{SIQ}$ est égal à $\tang\frac{n}{2}\cot a$; on doit donc avoir

$$\frac{\cot a}{2\cos^2\frac{n}{2}\cos n} = \frac{1}{\sin 2a}, \qquad 2\cos^4\frac{n}{2} - \cos^2\frac{n}{2} - \cos^2 a = 0$$

et l'on a, pour $\cos\frac{n}{2}$, une seule valeur admissible, à laquelle correspondent deux points symétriques de l'épicycloïde.

122. *Des accélérations.* — Soient OI, OI′ les axes représentatifs de la rotation d'un solide S aux époques t et $t+\Delta t$; II′ est la vitesse angulaire acquise pendant le temps Δt, et la limite vers laquelle tend un segment dirigé suivant II′ et égal à $\frac{\text{II}'}{\Delta t}$ représente l'accélération angulaire γ_ω du solide. Il n'y a qu'une différence infiniment petite du second ordre entre les angles que OI′ fait avec les axes mobiles dans la position qu'ils occupent à l'époque t et à l'époque $t+dt$; on en conclut immédiatement que les projections de γ_ω sur OX, OY, OZ sont égales à $\frac{dp}{dt}, \frac{dq}{dt}, \frac{dr}{dt}$.

L'accélération γ d'un point quelconque M du solide est donnée par le théorème de Rivals : elle est la résultante de deux autres : l'une est représentée par la vitesse que donnerait au point M une rotation dont l'axe serait une droite OA égale à l'accélération angulaire; l'autre, dirigée suivant la perpendiculaire MP abaissée sur l'axe instantané OI, est égale à ω^2MP. Cette dernière pouvant être remplacée par la somme géométrique de deux autres, ω^2MO, suivant MO, et ω^2OP dans la direction de OP, on trouve, pour la projection de γ sur OX,

$$\gamma_x = z\frac{dq}{dt} - y\frac{dr}{dt} - \omega^2 x + p(px+qy+rz);$$

γ_y et γ_z s'en déduisent par simple permutation.

Mouvement le plus général d'un solide.

123. Le mouvement élémentaire le plus général d'un solide S peut être regardé comme résultant d'une rotation ω autour d'un axe OI passant par un point O, choisi arbitrairement dans S, et d'une translation dont la vitesse V_0 est celle du point O : V_0 varie avec le point O ; ω est toujours le même. Soient p, q, r les composantes de ω suivant trois axes OX, OY, OZ liés à S ; u, v, w les projections de V_0 sur les mêmes axes ; u', v', w' les projections de l'accélération du point O : on a, pour les composantes de la vitesse et de l'accélération d'un point M (x, y, z),

$$V_x = u + qz - ry, \quad V_y = v + rx - pz, \quad V_z = w + py - qx,$$

$$\gamma_x = u' + z\frac{dq}{dt} - y\frac{dr}{dt} - \omega^2 x + p(px + qy + rz), \qquad \gamma_y = \ldots.$$

On peut reconnaître qu'il existe une infinité de points M dont la vitesse est parallèle à ω ; il suffit qu'on ait

$$\frac{u + qz - ry}{p} = \frac{v + rx - pz}{q} = \frac{w + py - qx}{r};$$

ces points sont situés sur une droite CC' appelée *axe central de Mozzi* ou *axe de rotation et de glissement*, dont les équations peuvent se mettre sous la forme

$$\frac{1}{p}\left(x - \frac{qw - rv}{\omega^2}\right) = \frac{1}{q}\left(y - \frac{ru - pw}{\omega^2}\right) = \frac{1}{r}\left(z - \frac{pv - qu}{\omega^2}\right).$$

Le mouvement élémentaire de S est un mouvement hélicoïdal autour de l'axe central ; la vitesse de glissement suivant cet axe est $pu + qv + rw$ ou $V_0 \cos(V_0, \omega)$.

124. *Formules simplifiées ; applications.* — Choisissons les axes mobiles de telle sorte qu'à l'instant t OZ coïncide avec l'axe central : p, q, u, v sont nuls et l'on a

$$(1) \qquad V_x = -\omega y, \qquad V_y = \omega x, \qquad V_z = w,$$

formules qui mettent en évidence le mouvement hélicoïdal. Si les vitesses des deux points M, M' sont égales, elles seront également inclinées sur l'axe central et M, M' équidistants de cette droite ; si les vitesses de M, M' sont parallèles, elles seront égales, et la droite MM' sera parallèle à l'axe central.

Après avoir choisi l'axe des z, particularisons la position de l'axe des x en supposant qu'il coïncide, à l'instant t, avec la perpendiculaire commune aux axes centraux de l'époque t et de l'époque $t+dt$: u' et $\frac{dp}{dt}$ s'annuleront aussi et, si nous désignons $\frac{dq}{dt}$, $\frac{dr}{dt}$ par q', ω', nous aurons

$$(2)\quad \gamma_x = q'z - \omega' y - \omega^2 x, \quad \gamma_y = v' + \omega' x - \omega^2 y, \quad \gamma_z = w' - q'x.$$

Les équations (1) et (2) s'appliquent au cas où il y a un point fixe en y supposant w, v' et w' nuls. Elles font alors connaître immédiatement le lieu des points dont l'accélération est perpendiculaire ou parallèle à l'axe instantané (Paris, 1880, 1884) ; le premier lieu est le plan des yz, le second une droite en chaque point de laquelle γ_x et γ_y s'annulent.

Revenons au cas d'un solide entièrement libre : les équations (2) montrent que, si q' est différent de zéro, il existe un point dont l'accélération est nulle ; les points dont l'accélération a une grandeur donnée sont situés sur un ellipsoïde qui dégénère en un cylindre droit quand q' est nul ; ceux dont l'accélération a une direction donnée sont situés sur une droite.

Pour les points dont l'accélération tangentielle est nulle, γ étant perpendiculaire à V, on a

$$\omega\omega'(x^2 + y^2) - \omega q' yz + (\omega v' - w q')x + w w' = 0;$$

le lieu est un hyperboloïde qui coupe le plan des xz suivant deux parallèles à OZ ; selon qu'elles sont réelles ou imaginaires, l'hyperboloïde est à une ou à deux nappes ; le plan des xy est un plan cyclique.

Enfin le lieu des points dont l'accélération totale est

parallèle à la vitesse est la courbe commune aux deux surfaces

$$\omega^2(x^2+y^2) - q'xz - v'y = 0,$$
$$\omega q'x^2 + (w\omega' - \omega w')x - w\omega^2 y + wv' = 0;$$

ces deux quadriques ont une génératrice commune

$$x = 0, \qquad \omega^2 y - v' = 0;$$

le reste de leur intersection est une cubique gauche qui, seule, appartient au lieu cherché.

125. *Un cercle* S *roule avec une vitesse constante sur une droite fixe* OX *tandis que son plan tourne avec une vitesse également constante autour de* OX : *trouver le lieu des axes centraux dans l'espace et relativement au cercle mobile.* (Caen, 1887.)

Soit I le point où S touche OX à un instant donné : le mouvement élémentaire du cercle résulte de deux rotations, l'une α autour d'une droite IA normale au plan du cercle, l'autre β autour de IX ; leur résultante est une rotation $\sqrt{\alpha^2+\beta^2}$ sans glissement ; l'axe IC de cette rotation n'est autre que l'axe de Mozzi ; il fait un angle constant avec OX et le plan CIX est perpendiculaire à celui du cercle ; il en résulte que le lieu de CI par rapport au cercle est un hyperboloïde dont S est le cercle de gorge ; d'autre part, la droite IC, qui fait avec OX un angle constant, prend dans l'espace un mouvement hélicoïdal bien déterminé et décrit une surface de vis à filet triangulaire sur laquelle roule l'hyperboloïde.

126. *Des rotations conjuguées.* — Les équations (1) du n° 124 conduisent à une série de propriétés du mouvement hélicoïdal : je me borne à montrer directement comment on peut remplacer ce mouvement par deux rotations dont l'une a pour axe une droite choisie à volonté D. Je dis d'abord que les plans normaux aux trajectoires de tous les points de D passent par une même droite D'. L'axe des z étant toujours l'axe de Mozzi, dirigeons l'axe des x suivant la perpendiculaire commune $OA = a$ à l'axe central et à D : si cette droite fait l'angle θ avec OZ, les coordonnées d'un de ses points seront a, $\rho \sin\theta$, $\rho\cos\theta$; le plan normal à sa trajectoire a pour équation

$$-\omega\rho\sin\theta(X-a)+\omega a(Y-\rho\sin\theta)+w(Z-\rho\cos\theta)=0\,;$$

quel que soit θ, il contient la droite D'

$$(1)\qquad \omega X\sin\theta + w\cos\theta = 0, \qquad a\omega Y + wZ = 0;$$

cette droite est, comme D, perpendiculaire sur OX et, si l'on désigne par a' l'abscisse du point où elle rencontre OX, par θ' son angle avec OZ, on déduit des équations (1)

$$\frac{w}{\omega} = -a\,\mathrm{tang}\,\theta' = -a'\,\mathrm{tang}\,\theta.$$

Dans le mouvement du solide, D tourne autour de D' avec une vitesse α' dont la valeur $\dfrac{\sqrt{w^2+a^2\omega^2}}{a-a'}$ est déterminée par la vitesse que doit prendre le point A. A son tour, le mouvement de D' est une rotation α autour de D et les deux rotations simultanées α, α' imprimeront au solide son véritable mouvement élémentaire.

Les droites D, D' sont dites conjuguées ; la propriété qui nous a servi à trouver la droite D' permet, dans tous les cas, de déduire ses équations de celles de D. Si D est perpendiculaire à l'axe central, D' est rejetée à l'infini ; si D est normale à la trajectoire de l'un de ses points, elle se confond avec D', mais α et α' deviennent infinies.

(*Les Exercices sur le mouvement d'un solide invariable sont donnés à la fin du Volume.*)

DYNAMIQUE.

MOUVEMENT D'UN POINT LIBRE.

Mouvement rectiligne.

127. Considérons un point matériel M, de masse m, soumis à l'action d'une force F de direction constante, et tout d'abord immobile ou animé d'une vitesse parallèle à la direction de F : il se mouvra sur une droite fixe OX et sa position, à un instant quelconque t, sera définie par sa distance s à une origine O; soit v la vitesse au même instant. D'une manière générale, F sera égale à une fonction de t, s et v, toutes ces quantités pouvant être positives ou négatives. On a toujours

$$v = \frac{ds}{dt}, \quad F = m\frac{dv}{dt} = m\frac{d^2 s}{dt^2} = \frac{d\,\frac{1}{2}mv^2}{ds};$$

si donc on donne l'expression de F, la recherche du mouvement qu'elle fera prendre à M reviendra à l'intégration d'une équation différentielle du second ordre; les deux constantes d'intégration seront déterminées si l'on donne les valeurs de s et de v correspondant à une certaine valeur de t, et elles le seront toujours sans ambiguïté, car un problème de Dynamique bien défini ne saurait admettre plus d'une solution.

Comme nous n'avons en définitive qu'une inconnue à déterminer, le problème du mouvement rectiligne présente une simplicité particulière : il faut toutefois remarquer qu'il exigera souvent une discussion d'une nature spéciale, parce que l'équation différentielle dont on part ou les intégrales qu'on en déduit peuvent ne convenir que si le mobile est sur une certaine région de la droite OX ou si la vitesse a un certain sens; ces distinctions, inutiles dans le cas bien connu d'une attraction proportionnelle à la distance, s'imposeront dans les problèmes suivants.

128. *Mouvement d'un point* M *tiré du repos par une attraction émanant d'un centre fixe* O *et inversement proportionnelle au cube de la distance* (Paris, 1860).

Le mobile restera évidemment sur la droite menée par la position initiale A et par le point O que je prends pour origine : la force motrice peut être représentée par $-m\frac{\lambda^2}{s^3}$, et l'équation du mouvement se réduit à

$$(1) \qquad \frac{dv}{dt} = -\frac{\lambda^2}{s^3};$$

on reconnaît qu'elle est la même quel que soit le signe de s. Pour obtenir une première intégrale, je multiplie les deux membres par $2\,ds$ et, en supposant OA égal à a et dirigé dans le sens des s positifs, j'ai

$$2v\,dv = -\frac{2\lambda^2\,ds}{s^3}, \quad v^2 = \frac{\lambda^2}{s^2} - \frac{\lambda^2}{a^2},$$

d'où

$$(2) \qquad v = \frac{ds}{dt} = \pm\frac{\lambda}{as}\sqrt{a^2 - s^2},$$

$$(3) \qquad \frac{\lambda\,dt}{a} = \frac{\pm s\,ds}{\sqrt{a^2 - s^2}}.$$

La distance s, d'abord égale à a, doit commencer par

décroître : on prendra d'abord le signe — dans le second membre des équations (2) et (3), et l'on verra que s va décroître constamment jusqu'à zéro : pour cette première période du mouvement nous aurons, en intégrant (3) et nous rappelant que $s = a$ pour $t = 0$,

$$(4) \qquad \frac{\lambda t}{a} = \sqrt{a^2 - s^2}.$$

Cette intégrale convient jusqu'à l'époque $t = \frac{a^2}{\lambda}$ pour laquelle s s'annule : elle n'a été établie que pour cette période et sa forme même prouve qu'elle doit tomber en défaut, car elle astreindrait t à ne point surpasser $\frac{a^2}{\lambda}$, ce qui serait absurde. Reportons-nous aux équations (1) et (2) : nous voyons que pour $s = 0$ la vitesse et l'attraction sont infinies; les équations dont nous sommes partis deviennent discontinues et l'on ne peut plus compter sur les relations qu'on en a déduites; l'examen direct et rigoureux de la question ne permet pas non plus d'affirmer ce que doit devenir le mobile après s'être précipité avec une vitesse infinie sur un point qui exerce sur lui une attraction infinie. On peut du moins faire à cet égard une convention bien naturelle : si le mobile était obligé de rester sur une droite fixe OA, le centre d'attraction étant en dehors de cette droite à une distance extrêmement petite du point O, le mobile passerait en ce point avec une vitesse très grande, mais il le franchirait et, en vertu du théorème des forces vives, la vitesse serait la même pour deux valeurs de s égales et de signes contraires : le mouvement, avant et après le passage en O, serait symétrique.

Nous admettrons que les choses se passent de la même manière quand le centre d'attraction est sur la droite suivie par le mobile : les équations (2) et (3) sont toujours applicables; seulement, après le passage en O, v reste d'abord négatif et s le devient : il faut prendre les signes + dans les seconds membres de (2) et (3) et l'intégration de celle-ci donne

$$\frac{\lambda t}{a} = C - \sqrt{a^2 - s^2}.$$

On doit avoir $s = 0$ pour $t = \frac{a^2}{\lambda}$; la constante d'intégration C est donc égale à $2a$ et l'on a, pendant la seconde période du mouvement,

$$(5) \qquad \frac{\lambda t}{a} = 2a - \sqrt{a^2 - s^2};$$

s décroît depuis zéro jusqu'à la valeur $-a$ qu'il atteint pour $t = 2\frac{a^2}{\lambda}$. Alors commence une troisième période : le mobile va se rapprocher du point O et s croît à partir de $-a$; ds est positif, mais s est d'abord négatif et il faut le signe $-$ dans les seconds membres des équations (2) et (3). Intégrant la dernière en faisant varier s à partir de $-a$ et t de $2\frac{a^2}{\lambda}$, il vient

$$(6) \qquad \frac{\lambda t}{a} = 2a + \sqrt{a^2 - s^2}.$$

La troisième période finit quand s arrive à zéro pour $t = 3\frac{a^2}{\lambda}$: alors F, v sont infinies et l'on ne peut suivre le mobile plus longtemps sans une convention pareille à celle que nous avons faite lors du premier passage au point critique; on aura une quatrième période du mouvement pendant laquelle

$$\frac{\lambda t}{a} = 4a - \sqrt{a^2 - s^2};$$

pendant une cinquième période, M reviendra de A en O et l'on aura

$$\frac{\lambda t}{a} = 4a + \sqrt{a^2 - s^2},$$

et ainsi de suite.

Ainsi, quand on passe d'une période à la suivante, l'équation du mouvement se modifie; pour passer de la deuxième à la troisième, de la quatrième à la cinquième, il suffit de changer le signe de $\sqrt{a^2 - s^2}$; mais, pour passer de la première à la deuxième, de la troisième à la quatrième, il faut changer la constante d'intégration, ce qui indique une discontinuité dans la forme de l'intégrale, correspondant à une discontinuité dans l'équation du mouvement (1). On peut d'ailleurs, en suivant l'intégration de l'équation (3), voir par suite de quelle circonstance analytique la constante qui figure dans l'intégrale change quand on arrive à la seconde période et ne change pas quand on passe à la troisième. Désignons par ε un infiniment petit. Si l'on intègre l'équation (3) en faisant varier s depuis a jusqu'à une valeur comprise entre o et $-a$, on aura, sans erreur sensible,

$$\begin{aligned}\frac{\lambda t}{a} &= \int_a^{\varepsilon} - \frac{s\,ds}{\sqrt{a^2 - s^2}} + \int_{-\varepsilon}^{s} \frac{s\,ds}{\sqrt{a^2 - s^2}} \\ &= \sqrt{a^2 - \varepsilon^2} - \left(\sqrt{a^2 - s^2} - \sqrt{a^2 - \varepsilon^2}\right),\end{aligned}$$

ce qui revient à l'équation (5).

Intégrons maintenant en faisant varier s de a à $-a$ puis de $-a$ à une valeur inférieure à zéro : on pourra écrire

$$\begin{aligned}\frac{\lambda t}{a} &= \int_a^{\varepsilon} - \frac{s\,ds}{\sqrt{a^2 - s^2}} + \int_{-\varepsilon}^{-a+\varepsilon} \frac{s\,ds}{\sqrt{a^2 - s^2}} + \int_{-a+\varepsilon}^{s} - \frac{s\,ds}{\sqrt{a^2 - s^2}} \\ &= \sqrt{a^2 - \varepsilon^2} - \left(\sqrt{2a\varepsilon - \varepsilon^2} - \sqrt{a^2 - \varepsilon^2}\right) + \sqrt{a^2 - s^2} - \sqrt{2a\varepsilon - \varepsilon^2};\end{aligned}$$

cette relation revient à l'équation (6). Or on voit que le radical, $\sqrt{a^2 - s^2}$, qui change de signe d'une période à l'autre, est en valeur absolue égal à a quand le passage se fait pour $s = 0$, et à zéro quand on passe par $s = \pm a$; le terme qui se double quand on intègre est nul dans un cas, fini dans l'autre.

129. *Mouvement d'un point* M *soumis à l'action de deux centres fixes* O, A, *dont chacun l'attire suivant la loi de Newton; le point* M *est d'abord sur* OA *avec une vitesse dirigée suivant cette droite.*

Le mobile ne quittera pas la droite OA. Je prends le point O pour origine, et je suppose OA égal à a et dirigé du côté des s positifs; prenant la masse du point O pour unité, je désigne par μ la masse de A et par λ^2 l'attraction de deux masses égales à l'unité et dont la distance est 1. On obtiendra sans peine l'équation différentielle du mouvement, mais on reconnaîtra qu'elle change de forme suivant la région de la droite OA dans laquelle se trouve le mobile : quand il est entre A et O l'on a

$$(1)\qquad \frac{dv}{dt} = -\frac{\lambda^2}{s^2} + \frac{\mu\lambda^2}{(a-s)^2};$$

si au contraire s est négatif ou $> a$, nous aurons

$$(2)\qquad \frac{dv}{dt} = \pm\lambda^2\left[\frac{1}{s^2} + \frac{\mu}{(a-s)^2}\right].$$

Plaçons-nous dans le premier cas et désignons par s_0, v_0 les valeurs de s et v pour $t = 0$; nous aurons l'intégrale première

$$(3)\qquad v^2 = v_0^2 + 2\lambda^2\left(\frac{1}{s} - \frac{1}{s_0}\right) + 2\mu\lambda^2\left(\frac{1}{a-s} - \frac{1}{a-s_0}\right) = \varphi(s).$$

Une seconde intégration donnerait t sous forme d'une intégrale elliptique en s; mais l'équation (3) suffit pour décider de la question la plus intéressante dans la loi du mouvement, celle de savoir dans quel sens et jusqu'à quel point marchera le mobile. Il faut d'abord voir si $\varphi(s)$, positif et très grand quand s est voisin de o ou de a, peut devenir nul ou négatif pour une valeur intermédiaire de s : or, quand s varie de o à a, $\varphi(s)$ passe par une valeur minimum Q lorsque

$$\varphi'(s) = 2\lambda^2 \left[\frac{\mu}{(a-s)^2} - \frac{1}{s^2}\right]$$

s'annule; cela n'arrive que pour une valeur $s_1 = \dfrac{a}{1+\sqrt{\mu}}$ de s; au point C de la droite OA qui correspond à cette valeur de s les attractions de O et de A sont égales, et c'est une position d'équilibre, évidemment instable. On trouve alors

$$Q = \varphi(s_1) = v_0^2 - 2\lambda^2 \left[\frac{1}{s_0} + \frac{\mu}{a - s_0} - \frac{(1+\sqrt{\mu})^2}{a}\right].$$

Si $Q > 0$, l'expression (3) de v^2 ne peut s'annuler et le mobile marche toujours dans le même sens jusqu'à ce qu'il arrive, avec une vitesse infinie, en l'un des points O ou A ; on ne peut décider en toute rigueur de ce qu'il doit faire ensuite, mais il est naturel d'admettre qu'il sortira de la région OA, et alors son mouvement sera régi par l'une des équations (2).

Soit au contraire $Q < 0$: si, d'après les conditions initiales, le mobile n'a pas à passer par le point C pour arriver à celui des points O et A vers lequel il se dirige d'abord, il marchera toujours dans le même sens comme dans le cas précédent; mais si le mobile se dirige d'abord vers C, sa vitesse s'annulera bientôt, et il rebroussera chemin pour aller se précipiter vers l'un des points O ou A.

Dans le cas limite où Q est nul, la valeur correspondante de v_0^2, substituée dans l'équation (3), donne

$$v^2 = \frac{ds^2}{dt^2} = 2\lambda^2 (1+\sqrt{\mu})^2 \frac{(s_1 - s)^2}{as(a-s)},$$

$$\lambda(1+\sqrt{\mu})\, dt = \pm \frac{ds\sqrt{as(a-s)}}{(s_1 - s)\sqrt{2}};$$

l'intégration peut se faire au moyen des fonctions élémentaires; mais, sans l'effectuer, on voit que, si le mobile se dirige d'abord vers C, il ira jusqu'à ce point, pour ne l'atteindre qu'au bout d'un temps infini.

Le mouvement que je viens d'étudier serait celui d'un corps placé entre la Terre et la Lune, si ces deux astres étaient immobiles. Prenons pour unité la masse de la Terre que je considère comme une sphère de rayon R ayant son centre en O; on peut poser

$$a = 60\,\mathrm{R}, \quad \mu = \frac{1}{81},$$

d'où

$$\mathrm{OC} = 54\,\mathrm{R}.$$

L'attraction $\frac{\lambda^2}{\mathrm{R}^2}$ de la Terre sur un point de masse 1 situé à sa surface est $G = 9,82$ (un peu supérieure à la gravité à cause de l'effet de la force centrifuge), et λ^2 est égal à GR^2. Cherchons avec quelle vitesse un mobile devrait partir de la surface de la Lune pour arriver à la Terre : il faudrait que Q fût positif : or on a

$$s_0 = \left(60 - \frac{3}{11}\right)\mathrm{R} = \frac{657}{11}\,\mathrm{R}, \quad a - s_0 = \frac{3}{11}\,\mathrm{R}:$$

on devrait donc avoir

$$v_0^2 > 2\,\mathrm{GR}\left(\frac{11}{657} + \frac{11}{243} - \frac{100}{4860}\right),$$

ce qui donne $v_0 > 2276^{\mathrm{m}}$.

130. *Théorème sur le temps nécessaire à un mobile pour atteindre une position d'équilibre instable.*

Nous venons de voir un cas où les conditions initiales du mouvement sont telles qu'en vertu de l'équation des forces vives un mobile doive atteindre avec une vitesse nulle un point C où il serait en équilibre, nécessairement instable; nous avons trouvé qu'il n'arrivera qu'au bout d'un temps infini. Je vais montrer que ce fait est général, quand la force motrice F ne dépend que de la position du mobile sur la droite qu'il doit parcourir.

Prenons le point C pour origine des s : F peut, en général, se développer par la formule de Maclaurin suivant les puissances entières de s, et, comme elle s'annule avec s, C étant une position d'équilibre, on a

$$F = \frac{d \frac{1}{2} mv^2}{ds} = as + bs^2 + \ldots.$$

Multiplions par $2\,ds$ et intégrons :

$$mv^2 = \text{const.} + as^2 + \frac{2}{3} bs^3 + \ldots;$$

mais, par hypothèse, s_0 et v_0 sont tels que v doive s'annuler avec s; la constante d'intégration est nulle et l'on tire de l'équation précédente

$$v = \frac{ds}{dt} = -s\sqrt{A}, \qquad dt = -\frac{ds}{s\sqrt{A}},$$

A étant une fonction de s qui a une valeur finie pour $s = 0$; or on sait dans ce cas que $\int_0^{s_0} \frac{ds}{s\sqrt{A}}$ est infini : il faut un temps infini pour que s vienne à s'annuler.

La proposition serait en défaut si F ne pouvait plus se développer par la formule de Maclaurin, mais était infiniment petite d'ordre α, inférieur à l'unité, quand s est un infiniment petit du premier ordre : on trouverait pour t une valeur de la forme

$$t = \int s^{-\frac{1+\alpha}{2}} \frac{ds}{\sqrt{A}},$$

qui reste finie quand on intègre jusqu'à $s = 0$, $\frac{\alpha+1}{2}$ étant < 1.

131. *Mouvement vertical d'un point pesant, en admettant qu'il éprouve dans l'air une résistance proportionnelle au cube de la vitesse.*

Supposons que le corps monte : l'équation de son mouvement sera de la forme

$$\frac{dv}{dt} = -g - g\frac{v^3}{k^3}. \tag{1}$$

Séparons les variables et décomposons en fractions simples :

$$\frac{3g\,dt}{k} = -\frac{3k^2\,dv}{k^3+v^3} = -\frac{dv}{v+k} + \frac{(v-2k)\,dv}{v^2-vk+k^2},$$

$$(2)\quad \left\{ \begin{aligned} \frac{3gt}{k} &= \mathrm{L}\,\frac{(v_0+k)\sqrt{v^2-vk+k^2}}{(v+k)\sqrt{v_0^2-v_0k+k^2}} \\ &\quad + \sqrt{3}\,\mathrm{arc\,tang}\,\frac{k(v_0-v)\sqrt{3}}{2k^2-k(v+v_0)+2vv_0}. \end{aligned} \right.$$

Si dans (1) on remplace dt par $\frac{ds}{v}$, on en tire

$$\frac{3g\,ds}{k^2} = -\frac{3kv\,dv}{k^3+v^3} = \frac{dv}{v+k} - \frac{(v+k)\,dv}{v^2-vk+k^2};$$

d'où

$$(3)\quad \left\{ \begin{aligned} \frac{3gs}{k^2} &= \mathrm{L}\,\frac{(v+k)\sqrt{v_0^2-v_0k+k^2}}{(v_0+k)\sqrt{v^2-vk+k^2}} \\ &\quad + \sqrt{3}\,\mathrm{arc\,tang}\,\frac{k(v_0-v)\sqrt{3}}{2k^2-k(v+v_0)+2vv_0}. \end{aligned} \right.$$

On obtiendrait la relation qui lie s à t en éliminant v entre (2) et (3); l'élimination est difficile, mais si l'on donne à v une série de valeurs, on aura autant de systèmes qu'on voudra de valeurs simultanées de s et de t. En faisant $v = 0$, on trouve que le mobile s'arrête pour

$$t = \frac{k}{3g}\left(\mathrm{L}\,\frac{v_0+k}{\sqrt{v_0^2-v_0k+k^2}} + \sqrt{3}\,\mathrm{arc\,tang}\,\frac{v_0\sqrt{3}}{2k-v_0}\right),$$

après avoir parcouru le chemin

$$\frac{k^2}{3g}\left(\mathrm{L}\,\frac{\sqrt{v_0^2 - kv_0 + k^2}}{v_0 + k} + \sqrt{3}\,\mathrm{arc\,tang}\,\frac{v_0\sqrt{3}}{2k - v_0}\right).$$

Si l'on suppose que le mobile ait été en mouvement avant l'époque $t = 0$, on trouve que v a dû être infini pour une valeur négative, mais finie, de t,

$$\frac{k}{3g}\left(\mathrm{L}\,\frac{v_0 + k}{\sqrt{v_0^2 - v_0 k + k^2}} - \sqrt{3}\,\mathrm{arc\,tang}\,\frac{k\sqrt{3}}{2v_0 - k}\right),$$

l'arc tangente étant pris entre zéro et π.

Quand le mobile redescendra, après avoir atteint sa hauteur maximum, son mouvement sera encore régi par les équations (1), (2) et (3), contrairement à ce qui arrive dans le cas d'une résistance proportionnelle à v^2 : v devenant négatif, la force $-mg\frac{v^3}{k^3}$ est toujours dirigée en sens contraire de la vitesse ; on voit que v tend vers $-k$ pour t infini. Il est clair que si le mobile avait commencé par descendre, il aurait été naturel d'étudier son mouvement en comptant les s positifs suivant la verticale descendante.

On peut développer les valeurs (2) et (3) de t et de s suivant les puissances croissantes de $\frac{1}{k}$, mais on arrive plus vite au résultat en développant d'abord dt et ds :

$$dt = -\frac{k^3}{k^3 + v^3}\frac{dv}{g} = -\left(1 - \frac{v^3}{k^3} + \frac{v^6}{k_6} - \ldots\right)\frac{dv}{g}, \qquad ds = v\,dt.$$

L'intégration donne alors

$$t = \frac{v_0 - v}{g} - \frac{v_0^4 - v^4}{4k^3 g} + \ldots, \qquad s = \frac{v_0^2 - v^2}{2g} - \frac{v_0^5 - v^5}{5k^3 g} + \ldots.$$

132. *Un point matériel est attiré vers un centre fixe* O *avec une intensité fonction continue de la distance, et il se meut dans un milieu homogène dont la résistance est*

proportionnelle au carré de la vitesse; déterminer la loi d'attraction de manière que le mobile partant du repos arrive en O *dans un temps* T *indépendant de la distance initiale a.* (W. WALTON.)

Soient $f(s)$ la fonction cherchée de la distance s, kv^2 la résistance de l'air ; on a

$$(1) \quad \frac{d.v^2}{ds} = 2kv^2 - 2f(s), \quad v^2 = \frac{ds^2}{dt^2} = e^{2ks}\int_s^a 2e^{-2ks}f(s)ds.$$

Faisons

$$(2) \quad \int_0^s 2e^{-2ks}f(s)\,ds = u, \quad e^{-ks}\,ds = \varphi(u)\,du.$$

Soit α la valeur de u qui répond à $s = a$; on a

$$\int_s^a 2e^{-2ks}f(s)\,ds = \int_0^a - \int_0^s = \alpha - u.$$

Il suffit d'intégrer la valeur de dt tirée de (1) pour avoir

$$\mathrm{T} = \int_0^\alpha \frac{\varphi(u)\,du}{\sqrt{\alpha - u}};$$

changeons de variables en posant $u = \alpha z$, nous aurons

$$\mathrm{T} = \int_0^1 \frac{\sqrt{\alpha}\varphi(\alpha z)dz}{\sqrt{1-z}} = \int_0^1 \frac{\sqrt{\alpha z}\,\varphi(\alpha z)\,dz}{\sqrt{z - z^2}}.$$

Pour que T ne dépende pas de α, il faut que $\sqrt{\alpha z}\,\varphi(\alpha z)$ soit une constante; autrement elle serait croissante ou décroissante tant que la variable αz serait comprise entre zéro et une valeur finie h. Supposons la croissante et donnons à α deux valeurs α_1, α_2 inférieures à h, α_1 étant $< \alpha_2$: pour $\alpha = \alpha_1$, tous les éléments de l'intégrale sont moindres que les éléments correspondants pour $\alpha = \alpha_2$ et l'on aurait pour T deux valeurs inégales : il faut donc avoir, λ désignant une constante,

$$\sqrt{\alpha z}\,\varphi(\alpha z) = \lambda = \varphi(u)\sqrt{u}, \quad \varphi(u) = \frac{\lambda}{\sqrt{u}};$$

on a alors

$$\mathrm{T} = \int_0^1 \frac{\lambda\, dz}{\sqrt{z - z^2}} = \lambda\pi, \quad \lambda = \frac{\mathrm{T}}{\pi}, \quad \varphi(u) = \frac{\mathrm{T}}{\pi\sqrt{u}}.$$

Mais la seconde des équations (2) nous donne

$$e^{-ks}\, ds = \varphi(u)\, du = \frac{\mathrm{T}\, du}{\pi\sqrt{u}};$$

intégrant, en observant que u s'annule avec s, il vient

$$1 - e^{-ks} = \frac{2k\mathrm{T}}{\pi}\sqrt{u},$$

d'où

$$u = \frac{\pi^2}{4k^2\mathrm{T}^2}(1 - e^{-ks})^2, \quad \frac{du}{ds} = \frac{\pi^2}{2k\mathrm{T}^2}(e^{-ks} - e^{-2ks});$$

mais, par la définition même de u, $\frac{du}{ds}$ n'est autre que $2f(s)e^{-2ks}$: on a donc

$$f(s) = \frac{\pi^2}{4k\mathrm{T}^2}(e^{ks} - 1)$$

pour l'expression de l'attraction cherchée. Il est facile de rechercher directement le mouvement que cette attraction imprime à un point M, eu égard à la résistance du milieu : on vérifie que M arrive à l'origine après le temps T, et qu'il s'arrête, au temps 2T, pour une valeur de s telle qu'on ait

$$e^{-\lambda s} + e^{-\lambda a} = 2;$$

cette valeur est comprise entre o et $-a$: le mobile serait ensuite rappelé vers le point O, mais son mouvement ne serait plus tautochrone.

Lorsqu'on néglige la résistance de l'air en faisant $k = 0$, l'expression de $f(s)$ se réduit à $\frac{\pi^2 s}{4T^2}$, résultat important et connu. Quant à la forme de $\varphi(u)$, elle pourrait être donnée par la solution d'un problème plus général, que l'on doit à Abel.

133. *Problème d'Abel. Application.* — Il s'agit de déterminer une fonction $\varphi(u)$ telle qu'on ait, pour toute valeur de α comprise entre o et A,

$$\int_0^\alpha \frac{\varphi(u)\,du}{\sqrt{\alpha-u}} = F(\alpha),$$

F étant une fonction donnée. Pour plus de clarté dans ce qui suit, je remplace α par x, u par y dans l'équation précédente, puis je multiplie les deux membres par $\frac{dx}{\sqrt{c-x}}$, c étant un nombre compris entre o et A, et j'intègre depuis $x=0$ jusqu'à $x=c$: on doit avoir

$$\int_0^c dx \int_0^y \frac{\varphi(y)\,dy}{\sqrt{(c-x)(x-y)}} = \int_0^c \frac{F(x)\,dx}{\sqrt{c-x}}.$$

Le premier membre représente la masse d'une aire triangulaire située dans le plan des xy entre l'axe des x et les droites définies par les équations

$$y=x, \quad x=c,$$

en supposant la densité au point (x, y) égale à

$$\frac{\varphi(y)}{\sqrt{(c-x)(x-y)}}.$$

Mais on peut intégrer d'abord par rapport à x qui, pour une valeur donnée de y, varie depuis y jusqu'à c; on aura

$$\int_0^c \varphi(y)\,dy \int_y^c \frac{dx}{\sqrt{(c-x)(x-y)}} = \int_0^c \frac{F(x)\,dx}{\sqrt{c-x}}.$$

On trouve aisément que l'intégrale relative à x dans le premier membre est égale à π : le second membre est une fonction connue de c,

$$(1) \qquad \int_0^c \frac{F(x)\,dx}{\sqrt{c-x}} = \psi(c),$$

et l'on doit avoir

$$\int_0^c \varphi(y)\,dy = \frac{1}{\pi}\psi(c),$$

d'où, en différentiant par rapport à c,

$$\varphi(c) = \frac{1}{\pi}\psi'(c),$$

ce qui fait connaître la forme de la fonction cherchée. Si $F(x)$ se réduit à une constante H, $\psi(c)$ est égal à $2H\sqrt{c}$, et l'on retrouve un résultat obtenu précédemment.

La solution que nous venons d'obtenir pour le problème d'Abel permet de déterminer la loi de l'attraction que l'origine O doit exercer sur un point partant du repos pour l'amener en O au bout d'un temps T qui soit une fonction donnée, $\mathfrak{F}(V)$, de la vitesse V à l'arrivée, quelle que soit la distance initiale a, mais l'attraction étant supposée une fonction $f(s)$ de la distance, sans qu'il y ait résistance de milieu. La masse du mobile étant 1, l'on a

$$v^2 = \int_a^s -2f(s)\,dx = \int_0^a 2f(s)\,ds - \int_0^s 2f(s)\,ds,$$

$$V^2 = \int_0^a 2f(s)\,ds.$$

Si donc nous posons

$$(2) \qquad \int_0^s 2f(s)\,ds = u, \quad \int_0^a 2f(s)\,ds = \alpha, \quad \mathfrak{F}(\sqrt{\alpha}) = F(\alpha),$$

$$(3) \qquad ds = \varphi(u)\,du,$$

nous devons avoir

$$T = \int_0^\alpha \frac{\varphi(u)\,du}{\sqrt{\alpha - u}} = F(\alpha),$$

et nous savons qu'il faut prendre pour cela

$$(4) \qquad \varphi(u) = \frac{1}{\pi}\,\psi'(u)$$

la fonction ψ étant définie par l'équation (1). Cela posé, l'équation (3) donne

$$(5) \qquad s = \frac{1}{\pi}\,\psi(u),$$

car u et $\psi(u)$ s'annulent en même temps que s. La première des équations (2) donne aussi

$$(6) \qquad f(s) = \frac{1}{2}\,\frac{du}{ds};$$

si donc on peut résoudre l'équation (5) par rapport à u, on aura $\frac{du}{ds}$ en fonction de s et $f(s)$ sera connu; autrement, il faudrait éliminer u, $\frac{du}{ds}$ et φ entre les équations (3), (4), (5) et (6).

Soit par exemple $\mathcal{F}(V) = \lambda V^3$: on aura

$$\psi(u) = \int_0^u \lambda x^{\frac{3}{2}} \frac{dx}{\sqrt{u - x}} = \frac{3}{8}\,\pi\lambda u^2, \quad s = \frac{3}{8}\,\lambda u^2,$$

$$u = 2\sqrt{\frac{2s}{3\lambda}}, \quad f(s) = \frac{1}{\sqrt{6\lambda s}}, \quad V = \sqrt[4]{\frac{8a}{3\lambda}}.$$

Mouvement curviligne.

134. Quand un point M se meut librement sous l'action d'une force F, à laquelle on peut toujours réduire un système de forces agissant sur M, F est dirigée suivant l'accélération totale du mouvement et égale au produit de cette accélération par la masse m du mobile. A chaque décomposition de l'accélération correspond une décomposition semblable de la force, et l'on peut, de cette proposition, tirer les éléments suffisants pour déterminer le mouvement produit par une force donnée : les équations qui résolvent la question de la manière la plus générale sont dues à Maclaurin, et leur forme est bien connue :

$$(1) \qquad m\frac{d^2x}{dt^2} = X, \quad m\frac{d^2y}{dt^2} = Y, \quad m\frac{d^2z}{dt^2} = Z;$$

leurs intégrales renferment six arbitraires qu'on peut déterminer sans ambiguïté lorsqu'on connaît les valeurs initiales de x, y, z, $\frac{dx}{dt}$, $\frac{dy}{dt}$, $\frac{dz}{dt}$.

On peut déduire des équations (1), lorsque les axes sont rectangulaires, l'équation des forces vives

$$d\tfrac{1}{2}mv^2 = X\,dx + Y\,dy + Z\,dz,$$

mais cette équation ne peut donner une intégrale du problème, celle des forces vives, que si le second membre est une différentielle exacte.

Quand la force F rencontre constamment une droite fixe, on peut prendre cette droite pour axe des z, par exemple, et conclure des équations de Maclaurin que l'expression $x\frac{dy}{dt} - y\frac{dx}{dt}$ a une valeur constante; or cette expression représente le produit de 2 coséc YOX par la vitesse aréolaire, autour de l'origine, de la projection, faite parallèlement à OZ, du mobile sur le plan des xy : on obtient de la sorte une intégrale des aires, qui sera toujours utilement employée.

135. *Des forces analytiques : exemple.* — Il y a un cas remarquable dans lequel le mouvement d'un point peut se déterminer complètement au moyen de deux quadratures : c'est le cas où le mobile se meut dans un plan, celui

des xy, sous l'action d'une de ces forces que M. Lecornu a étudiées sous le nom de *forces analytiques* dans le *Journal de l'École Polytechnique* pour 1885. Pour définir une de ces forces, considérons une fonction uniforme $f(u)$ de la variable $u = x + y\sqrt{-1}$; on peut écrire

$$f(u) = P + Q\sqrt{-1},$$

P et Q étant des fonctions réelles de x et y caractérisées par les identités

$$\frac{\partial P}{\partial x} = \frac{\partial Q}{\partial y}, \quad \frac{\partial P}{\partial y} = -\frac{\partial Q}{\partial x};$$

cela posé, une force F, dont les composantes parallèles aux trois axes rectangulaires OX, OY, OZ sont P, Q, zéro, est une force analytique; le module et l'argument de $f(u)$ représentent l'intensité de F et son angle avec OX. Le mouvement qu'une masse m prend dans le plan des xy sous l'action de F est déterminé par les équations

$$m\frac{d^2x}{dt^2} = P, \quad m\frac{d^2y}{dt^2} = Q;$$

ajoutons, après avoir multiplié la seconde par $\sqrt{-1}$; il vient

$$m\frac{d^2u}{dt^2} = f(u).$$

On aura une intégrale première en multipliant les deux membres par $2\,du$ et intégrant :

$$(1) \qquad m\frac{du^2}{dt^2} = m\left(\frac{du}{dt}\right)_0^2 + 2\int_{u_0}^{u} f(u)\,du.$$

Cette équation fait connaître $\frac{du}{dt}$ et, par conséquent, $\frac{dx}{dt}$ et $\frac{dy}{dt}$, ou les deux composantes de la vitesse; on en tire ensuite pour dt une valeur de la forme $\varphi(u)\,du$, et une nouvelle intégration donne la relation finie entre u et t : on en déduira pour chaque instant la valeur de u dont la partie réelle est égale à x, la partie imaginaire à y : le problème est alors résolu.

Soit la fonction $\frac{3u^2}{8a} - u$: la force qui en dérive a pour composantes

$$X = 3\frac{x^2 - y^2}{8a} - x, \quad Y = \frac{3xy}{4a} - y, \quad Z = 0;$$

cherchons le mouvement qu'elle imprimera, dans le plan des xy, à un point de masse 1, en supposant qu'on ait, pour $t = 0$,

$$x = 3a, \quad y = \frac{dx}{dt} = 0, \quad \frac{dy}{dt} = \frac{3}{2}a,$$

ou

$$u = 3a, \quad \frac{du}{dt} = \frac{3}{2}a\sqrt{-1}.$$

L'équation (2) devient

$$\frac{du^2}{dt^2} = -\frac{9a^2}{4} + \int_{3a}^{u}\left(\frac{3u^2}{4a} - 2u\right)du = \frac{u^3}{4a} - u^2;$$

on en déduit

$$dt = \frac{du}{\sqrt{\frac{u^3}{4a} - u^2}} = \frac{u^{-\frac{3}{2}}du}{\sqrt{\frac{1}{4a} - \left(\frac{1}{\sqrt{u}}\right)^2}}, \quad \frac{1}{2}t + \alpha = \arccos 2\sqrt{\frac{a}{u}},$$

en posant

$$\alpha = \arccos\frac{2}{\sqrt{3}}; \quad \text{d'où} \quad \cos\alpha = \frac{2}{\sqrt{3}}, \quad \sin\alpha = \frac{\sqrt{-1}}{\sqrt{3}}.$$

Si l'on prend les cosinus des deux membres de l'équation intégrale, on aura

$$2\sqrt{\frac{a}{u}} = \cos\left(\frac{1}{2}t + \alpha\right) = \frac{1}{\sqrt{3}}\left(2\cos\frac{1}{2}t - \sqrt{-1}\sin\frac{1}{2}t\right),$$

$$u = \frac{24a}{3 + 5\cos t - 4\sqrt{-1}\sin t} = 24a\,\frac{3 + 5\cos t + 4\sqrt{-1}\sin t}{(5 + 3\cos t)^2}.$$

Cette équation se dédouble et donne

$$x = 24a\frac{3+5\cos t}{(5+3\cos t)^2}, \quad y = \frac{96a\sin t}{(5+3\cos t)^2}.$$

Si l'on prend des coordonnées polaires, on trouve

$$r = \frac{24a}{5+3\cos t}, \quad \operatorname{tang}\theta = \frac{4\sin t}{3+5\cos t}, \quad r = 3a\frac{5-3\cos\theta}{2};$$

la trajectoire est une conchoïde de cercle.

136. *Mouvement de deux points qui s'attirent proportionnellement à leur distance et à leurs masses, et dont l'un est libre, l'autre obligé de rester sur une droite fixe. Cas où la masse du point libre est triple de la masse du second, et où la droite fixe exerce un frottement, les vitesses initiales des deux points étant nulles.* (Paris, 1865.)

Prenons la droite fixe OA pour axe des x avec deux autres axes rectangulaires; soient μ la masse du point assujetti à rester sur OA, m celle du point libre, s l'abscisse du point μ, x, y, z les coordonnées de m, c^2 le coefficient d'attraction pour deux unités de masse à l'unité de distance. Les équations du mouvement s'écrivent immédiatement, en divisant par les masses,

$$(1) \quad \begin{cases} \dfrac{d^2s}{dt^2} = mc^2(x-s), & \dfrac{d^2x}{dt^2} = \mu c^2(s-x), \\ \dfrac{d^2y}{dt^2} = -\mu c^2 y, & \dfrac{d^2z}{dt^2} = -\mu c^2 z. \end{cases}$$

Les deux dernières sont des équations linéaires du second ordre à une seule inconnue et à coefficients constants; leurs intégrales ont une forme connue

$$y = A\cos ct\sqrt{\mu} + A'\sin ct\sqrt{\mu}, \quad z = B\cos ct\sqrt{\mu} + B'\sin ct\sqrt{\mu}.$$

On pourrait les écrire sous la forme équivalente

$$y = a\cos c\sqrt{\mu}(t-\alpha), \quad z = b\cos c\sqrt{\mu}(t-\beta).$$

Il en résulte que m se meut sur un cylindre elliptique dont l'axe est l'axe des x, la projection de son rayon vecteur sur le plan yz décrivant des aires proportionnelles au temps; la durée d'une révolution est $\frac{2\pi}{c\sqrt{\mu}}$.

Quant aux deux premières équations (1), je les remplace par les deux combinaisons suivantes :

$$\mu \frac{d^2 s}{dt^2} + m \frac{d^2 x}{dt^2} = 0, \quad \frac{d^2 x}{dt^2} - \frac{d^2 s}{dt^2} = -(m+\mu) c^2 (x-s).$$

Les intégrales ont encore une forme connue

$$\mu s + m x = G + G' t,$$

$$x - s = H \cos ct\sqrt{m+\mu} + H' \sin ct\sqrt{m+\mu}.$$

La première exprime que la projection du centre de gravité de μ et de m sur OX se meut uniformément; les valeurs de s et x prouvent que ces points oscillent de part et d'autre du centre de gravité dans un temps $\frac{2\pi}{c\sqrt{m+\mu}}$.

Dans le cas particulier proposé, je prends pour origine la position initiale O de μ, et pour plan des xy celui qui passe par la position initiale M de m; je fais $\mu = 1$, $m = 3$. Le point m ne sort pas du plan des xy. Quant à μ, il éprouve de la part de m une attraction dont la composante suivant OX est $3c^2(x-s)$, et la composante normale $3c^2 y$; celle-ci est détruite par la rigidité de OX, mais elle donne lieu à une force de frottement en sens contraire de la vitesse de μ et égale à la valeur absolue de $3c^2 f y$. Soient a et b les coordonnées initiales de m, supposées positives; les équations différentielles du mouvement seront d'abord

$$\frac{d^2 s}{dt^2} = 3c^2(x-s) - 3fc^2 y, \tag{2}$$

$$\frac{d^2 x}{dt^2} = -c^2(x-s), \tag{3}$$

$$\frac{d^2 y}{dt^2} = -c^2 y. \tag{4}$$

L'équation (4) admet pour intégrale

$$y = A\cos ct + B\sin ct;$$

mais comme, pour $t = 0$, on a $y = b$, $\frac{dy}{dt} = 0$, il vient

$$A = b, \quad B = 0 \quad \text{et} \quad y = b\cos ct.$$

Dans l'équation (2) je remplace y par cette valeur; puis, en l'ajoutant à l'équation (3) multipliée par 3 ou en la retranchant de la même équation, je forme les combinaisons suivantes :

$$\frac{d^2 s}{dt^2} + 3\frac{d^2 x}{dt^2} = -3bfc^2\cos ct,$$

$$\frac{d^2(x-s)}{dt^2} = -4c^2(x-s) + 3c^2 fb\cos ct.$$

Intégrons, en tenant compte de ce que, pour $t = 0$, on a $\frac{dx}{dt} = \frac{ds}{dt} = s = 0$, $x = a$:

$$s + 3x = 3bf\cos ct + 3(a - bf),$$

$$x - s = bf\cos ct + (a - bf)\cos 2ct,$$

d'où

$$s = \frac{3}{4}(a - bf)(1 - \cos 2ct),$$

$$x = \frac{3}{4}(a - bf) + bf\cos ct + \frac{1}{4}(a - bf)\cos 2ct.$$

Ainsi y diminue d'abord jusqu'à devenir nul pour $t = \frac{\pi}{2c}$, et, dans la même période, s augmente de zéro à $\frac{3}{2}(a - bf)$. Mais il faut porter notre attention sur l'équation (2), où entre la force de frottement; elle est écrite dans l'hypothèse où y et $\frac{ds}{dt}$ sont positifs. Quand l'une des deux quantités changera de signe, il faudra, dans cette équation, changer le signe de $3fc^2y$; il en résulterait de la difficulté pour suivre les points dans la suite des temps; ici les données sont tellement choisies que y et $\frac{ds}{dt}$ changent de signe en même temps, en sorte que l'équation (2) sert encore pour le retour de μ vers le point O; t croissant de $\frac{\pi}{2c}$ à $\frac{\pi}{c}$, s revient à zéro, y va de zéro à $-b$, et x arrive à la valeur finale $a - 2bf$; alors m et μ sont immobiles, et nous nous retrouvons dans les conditions initiales, sauf le changement de a en $a - 2bf$. L'équation de la trajectoire du point m s'obtient en éliminant t entre les valeurs de x et de y :

$$x = \frac{1}{2}(a - bf)\frac{y^2}{b^2} + fy + \frac{1}{2}(a - bf).$$

C'est une parabole dont l'axe est parallèle à l'axe des x, et le sommet a pour coordonnées

$$x' = \frac{a^2 - 2abf}{2(a - bf)}, \quad y' = -\frac{b^2 f}{a - bf};$$

le paramètre est $\frac{b^2}{a - bf}$.

Une condition indispensable pour que les choses se passent comme il vient d'être dit, c'est qu'au départ la composante suivant OX de l'attraction subie par le point μ soit plus grande que la composante normale multipliée par f; cela revient à dire que $a - bf$ soit > 0, sinon μ ne bougerait pas, et m se mouvrait sur la droite OM. Quand m sera arrivé à l'extrémité de l'arc que nous lui avons vu parcourir, si $a - 2bf - bf$ ou $a - 3bf$ est encore > 0, μ se remettra en marche pour une excursion d'amplitude $\frac{3}{2}(a - 3bf)$, et m parcourra un arc de parabole dont l'extrémité finale aura pour coordonnées $a - 4bf$ et b : μ fera i excursions, i étant le plus petit nombre pour lequel

$$a - (2i + 1)bf < 0;$$

ensuite μ sera immobile, et m oscillera en ligne droite de part et d'autre de O, sa distance r étant réglée par la formule

$$r = r_0 \cos ct.$$

On aura un problème facile en prenant notre cas particulier avec $f = 0$.

137. *Mouvement plan d'un point M de masse 1 attiré en raison directe de la distance par un centre d'action C qui parcourt un cercle avec une vitesse angulaire constante ω; cas où l'attraction est égale à la distance multipliée par ω^2, et où M est primitivement en repos au centre du cercle.*

On écrit de suite les équations du mouvement, où les lettres ont un sens bien clair,

$$\frac{d^2x}{dt^2} = \mu^2(\mathrm{R}\cos\omega t - x), \quad \frac{d^2y}{dt^2} = \mu^2(\mathrm{R}\sin\omega t - y).$$

Les intégrales donnent la position du mobile à chaque instant :

$$(1)\qquad \left\{\begin{aligned} x &= \frac{\mu^2\mathrm{R}}{\mu^2-\omega^2}\cos\omega t + \mathrm{A}\cos\mu t + \mathrm{B}\sin\mu t,\\ y &= \frac{\mu^2\mathrm{R}}{\mu^2-\omega^2}\sin\omega t + \mathrm{C}\cos\mu t + \mathrm{D}\sin\mu t.\end{aligned}\right.$$

On peut se faire une idée nette du mouvement de M en imaginant un point P dont les coordonnées seraient

$$x_1 = \frac{\mu^2\mathrm{R}}{\mu^2-\omega^2}\cos\omega t, \quad y_1 = \frac{\mu^2\mathrm{R}}{\mu^2-\omega^2}\sin\omega t;$$

ce point parcourt un cercle concentrique à l'origine et de rayon $\mathrm{R}' = \pm\frac{\mu^2\mathrm{R}}{\mu^2-\omega^2}$, avec une vitesse angulaire ω. Par rapport à des axes Pξ, Pη, les coordonnées de M sont

$$(2)\qquad \xi = x - x_1 = \mathrm{A}\cos\mu t + \mathrm{B}\sin\mu t, \quad \eta = \mathrm{C}\cos\mu t + \mathrm{D}\sin\mu t.$$

L'équation de la trajectoire relative est celle d'une ellipse,

$$(3)\qquad (\mathrm{A}\eta - \mathrm{C}\xi)^2 + (\mathrm{B}\eta - \mathrm{D}\xi)^2 = (\mathrm{AD} - \mathrm{BC})^2,$$

la vitesse aréolaire relative autour de P restant constante, tandis que l'ellipse a un mouvement de translation tel que son centre décrit uniformément un cercle de rayon R'. L'ellipse (3) devient un cercle si

$$AC + BD = 0, \quad A^2 + B^2 = C^2 + D^2, \quad \text{d'où} \quad \frac{A}{D} = -\frac{B}{C} = \pm 1.$$

Pour interpréter ces relations, je désigne par r la grandeur initiale de PM, par θ son angle avec OX, par w la vitesse relative initiale de M, par φ l'angle de cette vitesse avec OX; les équations (2) montrent que

$$A = r\cos\theta, \quad C = r\sin\theta, \quad B = \frac{w}{\mu}\cos\varphi, \quad D = \frac{w}{\mu}\sin\varphi;$$

donc

$$r\cos\theta = \pm\frac{w}{\mu}\sin\varphi, \quad r\sin\theta = \mp\frac{w}{\mu}\cos\varphi,$$

$$w = \mu r, \quad \varphi = \theta \pm \frac{\pi}{2};$$

la vitesse relative initiale est perpendiculaire à la droite P_0M_0 et égale à cette droite multipliée par μ. M se meut comme s'il était lié à un cercle de rayon $\frac{R'\omega}{\mu}$, roulant extérieurement ou intérieurement (selon le signe admis dans les dernières relations) sur un cercle de rayon $R'\left(1 \mp \frac{\omega}{\mu}\right)$. L'épicycloïde décrite par M sera allongée ou raccourcie selon que $r \gtrless \frac{R'\omega}{\mu}$. On ne pourra, toutefois, avoir le mouvement donné par le roulement d'un cercle dans un autre de rayon double; car il faudrait $\omega = \mu$, et, dans ce cas, les intégrales (1) ont une forme illusoire; c'est le cas particulier proposé. Pour l'étudier, j'écrirai les équations (1) sous la forme équivalente

$$x = \mu^2 R\frac{\cos\omega t - \cos\mu t}{\mu^2 - \omega^2} + A'\cos\mu t + B\sin\mu t,$$

$$y = \mu^2 R\frac{\sin\omega t - \sin\mu t}{\mu^2 - \omega^2} + C\cos\mu t + D'\sin\mu t.$$

Que μ tende vers ω, il est aisé de trouver la limite de ces expressions :

$$x = \frac{1}{2} R\omega t \sin\omega t + A' \cos\omega t + B \sin\omega t,$$

$$y = -\frac{1}{2} R\omega t \cos\omega t + C \cos\omega t + D' \sin\omega t.$$

Le mouvement est celui d'un point se déplaçant sur une ellipse analogue à l'ellipse (3), mais dont le centre décrit une spirale d'Archimède avec une vitesse angulaire constante ω. Si au début x, y et leurs dérivées sont nulles, on peut déterminer les constantes, et il vient

$$x = \frac{1}{2} R\omega t \sin\omega t, \quad y = -\frac{1}{2} R\omega t \cos\omega t + \frac{1}{2} R \sin\omega t.$$

Le point M peut être regardé comme oscillant sur une droite de longueur R, qui reste parallèle à l'axe des y, tandis que son milieu décrit une spirale d'Archimède dont l'équation serait $r = \frac{R}{2}\left(\theta + \frac{\pi}{2}\right)$. La courbe que décrit M présente à l'origine un rebroussement où la tangente est l'axe des x, puis le rayon vecteur grandit constamment; car son carré est

$$\frac{1}{4} R^2 (\omega^2 t^2 - 2\omega t \sin\omega t \cos\omega t + \sin^2\omega t),$$

dont la dérivée est $R^2 \omega^2 t \sin^2 \omega t$, toujours positive.

Le mobile s'éloigne indéfiniment du cercle R, bien que la force qui tend à l'en rapprocher devienne infinie : exemple frappant des conséquences invraisemblables que peut avoir une relation analytique entre les données d'un problème et des profondes altérations qu'elle peut apporter au mouvement tel qu'il se produit dans le cas général.

138. *Un corps pesant est soumis à l'action d'une force variable, mais toujours tangentielle : déterminer la loi*

de cette force de manière que la vitesse soit constante; trajectoire du mobile.

Ce problème serait applicable, dans une certaine mesure, à une fusée lancée dans l'air.

Prenons pour axes des x et des y l'horizontale et la verticale du point de départ, et désignons par α l'angle de la vitesse avec l'horizon, par a la grandeur constante de cette vitesse et par F la force inconnue. La trajectoire est contenue dans le plan vertical qui passe par la vitesse initiale. Projetons les forces qui sollicitent le mobile sur la tangente et la normale à sa trajectoire; on doit avoir

$$m\frac{dv}{dt} = \mathrm{F} - mg\sin\alpha = 0, \quad m\frac{a^2}{\rho} = mg\cos\alpha;$$

la première fait connaître F, et la seconde donne, φ étant la valeur initiale de α,

$$\frac{a^2}{g} = \rho\cos\alpha = -\frac{ds\cos\alpha}{d\alpha} = -\frac{dx}{d\alpha}, \quad x = \frac{a^2}{g}(\varphi - \alpha), \quad \alpha = \varphi - \frac{gx}{a^2};$$

ensuite

$$\frac{dy}{dx} = \operatorname{tang}\left(\varphi - \frac{gx}{a^2}\right), \quad y = \frac{a^2}{g}\mathrm{L}\frac{\cos\left(\varphi - \dfrac{gx}{a^2}\right)}{\cos\varphi}.$$

Le mobile s'élève d'abord, atteint une hauteur maximum $\frac{a^2}{g}\mathrm{L}\operatorname{séc}\varphi$ pour $x = \frac{a^2\varphi}{g}$, puis redescend indéfiniment et devient asymptote à la droite $x = \frac{a^2}{g}\left(\varphi + \frac{\pi}{2}\right)$; la courbe est symétrique par rapport à la verticale du sommet. La position du mobile à chaque instant se déduira de la relation

$$\frac{dx}{dt} = a\cos\alpha = a\cos\left(\varphi - \frac{gx}{a^2}\right), \quad t = \frac{a}{g}\mathrm{L}\frac{\operatorname{tang}\left(\dfrac{\pi}{4} - \dfrac{\varphi}{2} + \dfrac{gx}{2a^2}\right)}{\operatorname{tang}\left(\dfrac{\pi}{4} - \dfrac{\varphi}{2}\right)}.$$

La trajectoire, limitée par l'asymptote qu'on a trouvée,

ne saurait passer par un point dont l'abscisse surpasse $\frac{\pi a^2}{g}$; mais on peut faire en sorte qu'elle passe par un point quelconque dont l'abscisse est comprise entre zéro et cette limite, car son équation donne sans difficulté l'angle φ, quand on connaît x, y et a.

139. *Un point* M, *de masse* 1, *animé d'un mouvement initial connu, est attiré vers l'origine* O *d'axes coordonnés rectangulaires par une force* F *égale à* $\frac{\lambda}{\overline{OM}^3}$ *ou à* $\frac{\lambda}{r^3}$; *il est, en outre, sollicité par une force égale au double de la composante de* $\bar{F}$ *suivant* OZ, *mais dirigée en sens contraire. Chercher comment varie la fonction*

$$2p = x^2 + y^2 - z^2 \tag{1}$$

des coordonnées de M; *ramener la détermination du mouvement de* M *à l'intégration d'une équation du premier ordre; indiquer enfin les lois de ce mouvement en supposant que, pour* $t = 0$, *on ait* $x = a$, $y = 0$, $z = c$, *et que la vitesse* v_0 *égale à* $\frac{\sqrt{\lambda}}{r_0}$ *soit parallèle à* OY. (Rennes, 1884.)

Les équations du mouvement sont

$$\frac{d^2x}{dt^2} = -\frac{\lambda x}{r^4}, \quad \frac{d^2y}{dt^2} = -\frac{\lambda y}{r^4}, \quad \frac{d^2z}{dt^2} = \frac{\lambda z}{r^4}. \tag{2}$$

On ne peut déduire de ces équations l'intégrale des forces vives; mais, si on les ajoute après les avoir multipliées respectivement par $2\,dx$, $2\,dy$ et $-2\,dz$, on peut intégrer l'équation résultante, et il vient

$$\frac{dx^2}{dt^2} + \frac{dy^2}{dt^2} - \frac{dz^2}{dt^2} = \frac{\lambda}{r^2} + C. \tag{3}$$

Cela posé, en différentiant deux fois l'équation (1), on

trouve

$$\frac{d^2p}{dt^2} = x\frac{d^2x}{dt^2} + y\frac{d^2y}{dt^2} - z\frac{d^2z}{dt^2} + \frac{dx^2}{dt^2} + \frac{dy^2}{dt^2} - \frac{dz^2}{dt^2}.$$

En ayant égard aux équations (2) et (3), on voit que le second membre se réduit à la constante C, et l'on en conclut une relation de la forme

$$(4)\qquad 2p = x^2 + y^2 - z^2 = A + 2Bt + Ct^2.$$

D'autre part, on voit que la projection de M sur OXY a une vitesse aréolaire constante : substituant à x et y les coordonnées polaires u et ψ, on a

$$(5)\qquad u^2\frac{d\psi}{dt} = H.$$

Ayant égard à cette relation, un calcul bien connu donne les transformées des équations (3) et (4) :

$$\frac{du^2}{dt^2} + \frac{H^2}{u^2} - \frac{dz^2}{dt^2} = \frac{\lambda}{u^2+z^2} + C, \quad u^2 - z^2 = A + 2Bt + Ct^2.$$

L'élimination de z entre ces équations donne alors

$$(6)\qquad \frac{du^2}{dt^2} - \frac{\left(u\frac{du}{dt} - B - Ct\right)^2}{u^2 - A - 2Bt - Ct^2} = \frac{\lambda}{2u^2 - A - 2Bt - Ct^2} + C - \frac{H}{u^2};$$

si l'on pouvait intégrer cette équation, on connaîtrait u en fonction du temps; on en déduirait facilement z et ψ par une quadrature.

Dans le cas particulier proposé, l'équation (3) montre que C est nul; $\frac{dp}{dt}$ doit s'annuler pour $t = 0$, donc $B = 0$; on a enfin

$$A = a^2 - c^2, \quad H = av_0 = \frac{a\sqrt{\lambda}}{\sqrt{a^2+c^2}}.$$

L'équation (6) se simplifie beaucoup, et l'on trouve, en

définitive, les trois équations suivantes entre les coordonnées du mobile et le temps :

$$u^2 - z^2 = a^2 - c^2,$$

$$v_0\,dt = \frac{u\,du\sqrt{2u^2 - a^2 + c^2}}{\sqrt{(u^2 - a^2)(u^2 - a^2 + c^2)}},$$

$$d\psi = \frac{a\,du\sqrt{2u^2 - a^2 + c^2}}{u\sqrt{(u^2 - a^2)(u^2 - a^2 + c^2)}}.$$

La trajectoire est une courbe à branches infinies située sur un hyperboloïde de révolution : sa projection sur OXY a deux asymptotes. Mais, si l'on calcule le carré de la vitesse, $u'^2 + u^2\psi'^2 + z'^2$, on trouve que la vitesse est constante ; $\frac{d^2x}{dt^2}$, $\frac{d^2y}{dt^2}$, $\frac{d^2z}{dt^2}$ sont proportionnels aux cosinus directeurs de la normale principale à la trajectoire, et les équations (2) expriment que ces cosinus sont les mêmes que les cosinus directeurs de la normale à l'hyperboloïde ; la trajectoire est une ligne géodésique de cette surface. Si l'on avait $a = c$, la trajectoire serait une lignc géodésique d'un cône droit, c'est-à-dire la transtormée d'une ligne droite.

140. *Mouvement d'un point pesant sur un plan incline dépoli.*

Le poids de m se décompose à chaque instant en une force $mg \sin i$, dirigée suivant la ligne de plus grande pente, et une force normale au plan, qui donne lieu à une force de frottement $mfg \cos i$, dirigée en sens contraire de la vitesse du point. Ces forces ont des valeurs constantes, que je désigne par $m\gamma$ et $mn\gamma$; n est égal à $\frac{f}{\tang i}$; elle est donc $\gtrless 1$, selon que l'angle de frottement est supérieur ou inférieur à l'angle du plan avec l'horizon. Nous avons le cas particulier du mouvement d'un projectile dans un milieu résistant, où l'on supposerait la résistance constante.

Prenons pour axe des x l'horizontale du point de départ, pour axe des y la ligne de plus grande pente, en remontant; désignons par θ l'angle de la vitesse avec l'axe des y et par ω la valeur initiale de θ; la vitesse v a d'abord la valeur a. Projetons les forces qui sollicitent m sur la tangente et la normale, et divisons par m :

$$(1) \qquad \frac{dv}{dt} = -\gamma\cos\theta - n\gamma, \quad \frac{v^2}{\rho} = \gamma\sin\theta;$$

mais $\rho = \frac{ds}{d\theta} = \frac{v\,dt}{d\theta}$; donc

$$(2) \qquad dt = \frac{v\,d\theta}{\gamma\sin\theta}.$$

Remplaçons dt par sa valeur dans (1), nous en déduirons

$$(3) \qquad \frac{dv}{v} = -\cot\theta\,d\theta - \frac{n\,d\theta}{\sin\theta}, \quad v = a\frac{\sin\omega}{\sin\theta}\left(\frac{\operatorname{tang}\frac{1}{2}\omega}{\operatorname{tang}\frac{1}{2}\theta}\right)^n.$$

L'équation (2) montre que θ va sans cesse en augmentant, sans que v s'annule, jusqu'à $\theta = \pi$; l'équation (1) prouve que, si ω est $< \frac{\pi}{2}$, v diminue d'abord jusqu'à ce qu'on ait $\cos\theta = -n$. Nous trouvons tout de suite une division essentielle dans la discussion du problème, selon que n est $\gtrless 1$. Dans le premier cas, v ne cesse de diminuer, et l'équation (3) nous montre que, pour $\theta = \pi$, $v = 0$; le mobile s'arrête donc en un certain point et il y reste immobile, car l'hypothèse est précisément que le frottement est plus grand que la force accélératrice. Au contraire, pour $n < 1$, v passe par un minimum et augmente ensuite indéfiniment quand θ s'approche de π. D'ailleurs, la formule (2) nous donne la relation, entre θ et t,

$$dt = \frac{a\sin\omega\operatorname{tang}^n\frac{1}{2}\omega}{\gamma}\,\frac{d\theta}{\sin^2\theta\operatorname{tang}^n\frac{1}{2}\theta}.$$

Pour abréger l'écriture et avoir une intégrale plus simple,

je pose

$$\frac{a}{\gamma}\sin\omega \operatorname{tang}^n\frac{1}{2}\omega = 2c, \quad \operatorname{tang}\frac{1}{2}\theta = u,$$

et je désigne par ε la valeur $\operatorname{tang}\frac{1}{2}\omega$. Nous aurons

$$(4) \quad \begin{cases} dt = c\dfrac{1+u^2}{u^{n+2}}du, \\ t = \dfrac{c}{n+1}\left(\dfrac{1}{\varepsilon^{n+1}} - \dfrac{1}{u^{n+1}}\right) + \dfrac{c}{n-1}\left(\dfrac{1}{\varepsilon^{n-1}} - \dfrac{1}{u^{n-1}}\right). \end{cases}$$

Selon que n sera $\gtrless 1$, quand θ sera égal à π ou $u=\infty$, t prendra une valeur finie ou croîtra indéfiniment; le temps au bout duquel le mobile s'arrête, dans le premier cas, est

$$\frac{c}{n+1}\,\frac{1}{\varepsilon^{n+1}} + \frac{c}{n-1}\,\frac{1}{\varepsilon^{n-1}}.$$

Nous calculerons dx et dy par les relations

$$dx = v\,dt\sin\theta = \frac{a^2}{\gamma}\sin^2\omega\operatorname{tang}^{2n}\frac{1}{2}\omega\frac{d\theta}{\sin^2\theta\operatorname{tang}^{2n}\frac{1}{2}\theta} = 2\gamma c^2\frac{1+u^2}{u^{2n+2}}du,$$

$$dy = v\,dt\cos\theta = \gamma c^2\frac{1-u^4}{u^{2n+3}}du,$$

d'où

$$(5) \quad x = \frac{2\gamma c^2}{2n+1}\left(\frac{1}{\varepsilon^{2n+1}} - \frac{1}{u^{2n+1}}\right) + \frac{2\gamma c^2}{2n-1}\left(\frac{1}{\varepsilon^{2n-1}} - \frac{1}{u^{2n-1}}\right),$$

$$(6) \quad y = \frac{\gamma c^2}{2n+2}\left(\frac{1}{\varepsilon^{2n+2}} - \frac{1}{u^{2n+2}}\right) - \frac{\gamma c^2}{2n-2}\left(\frac{1}{\varepsilon^{2n-2}} - \frac{1}{u^{2n-2}}\right).$$

x gardera une valeur finie tant que n sera $> \frac{1}{2}$, y ne restera fini que si $n > 1$; donc, quand n est > 1, le mobile s'arrête en un point dont les coordonnées sont données par les formules (5) et (6), où l'on fait u infini; quand n est compris entre 1 et $\frac{1}{2}$, la trajectoire a une asymptote verticale à une distance donnée par l'équation (5); enfin, si

$n \leq \frac{1}{2}$, la trajectoire présente une branche parabolique. On peut supposer que la courbe définie par les équations (5) et (6) soit prolongée à gauche de OY : on trouve que, pour $u = 0$, x et y sont infinis, $\frac{y}{x}$ ayant une limite infinie; il y a donc toujours de ce côté une branche parabolique à axe vertical. Les résultats obtenus pour le cas où la résistance du milieu est kv^m sont notablement modifiés.

Dans le cas de $n = 1$, les équations (3), (4), (5), (6) deviennent

$$v = a\left(\frac{\sin\frac{1}{2}\omega}{\sin\frac{1}{2}\theta}\right)^2, \quad t = \frac{c}{2}\left(\frac{1}{\varepsilon^2} - \frac{1}{u^2}\right) + c\,\mathrm{L}\frac{u}{\varepsilon}, \quad c = \frac{a}{\gamma}\sin^2\frac{1}{2}\omega,$$

$$x = \frac{2\gamma c^2}{3}\left(\frac{1}{\varepsilon^3} - \frac{1}{u^3}\right) + 2\gamma c^2\left(\frac{1}{\varepsilon} - \frac{1}{u}\right), \quad y = \frac{\gamma c^2}{4}\left(\frac{1}{\varepsilon^4} - \frac{1}{u^4}\right) + \gamma c^2\,\mathrm{L}\frac{\varepsilon}{u}.$$

L'élimination de u entre x et y est irréalisable; mais on n'en voit pas moins clairement la forme de la trajectoire, branche hyperbolique à droite, branche parabolique à gauche. Pour $\theta = \pi$, la limite de v est $a\sin^2\frac{1}{2}\omega$.

141. *Mouvement d'un point matériel* M *attiré vers un centre fixe* O *par une force* $\frac{mr^3}{c^2}$, *r étant la distance* OM, *c une constante; la distance initiale est a, la vitesse initiale* $\frac{a^2}{c}$ *fait l'angle aigu* α *avec la droite* MO; *enfin le centre* O *est entouré d'un milieu non homogène exerçant une résistance mesurée par* $\frac{3m\cos\alpha}{r}v^2$.

Soit μ l'angle de la tangente avec le rayon vecteur; on aura

$$\tang\mu = \frac{r\,d\theta}{dr}, \quad ds = \frac{dr}{\cos\mu}, \quad \rho = \frac{ds}{d\theta + d\mu} = \frac{dr}{\sin\mu\frac{dr}{r} + \cos\mu\,d\mu}.$$

Projetons les forces sur la tangente et la normale à la trajectoire, qui est évidemment plane, et divisons par m,

$$(1)\quad \frac{dv}{dt} = \frac{d\frac{1}{2}v^2}{ds} = -\frac{r^3}{c^2}\cos\mu - \frac{3v^2\cos\alpha}{r}, \quad \frac{v^2}{\rho} = \frac{r^3}{c^2}\sin\mu.$$

La seconde donne, en remplaçant ρ par sa valeur,

$$(2)\quad v^2 = \frac{r^4}{c^2\left(1 + r\cot\mu\,\frac{d\mu}{dr}\right)}.$$

La première équation (1) peut s'écrire

$$(3)\quad \frac{d.v^2}{dr} = -\frac{2r^3}{c^2} - \frac{6v^2\cos\alpha}{r\cos\mu}.$$

On y remplacera v^2 par sa valeur tirée de l'équation (2), et $\frac{d.v^2}{dr}$ par la valeur obtenue en différentiant cette formule ; il vient, après réduction,

$$\frac{d^2\mu}{dr^2} - \frac{1+\sin 2\mu}{\sin^2\mu}\frac{d\mu^2}{dr^2} - \frac{6\cos\alpha + 7\cos\mu}{r\cos\mu}\frac{d\mu}{dr}$$
$$= \frac{6\sin\mu}{r^2\cos^2\mu}(\cos\alpha + \cos\mu).$$

On ne peut intégrer cette équation ; mais, comme on aperçoit l'intégrale particulière $\cos\mu = -\cos\alpha$, $\mu = \pi - \alpha$, on devra essayer si elle peut vérifier les équations (1) du problème, en tenant compte des conditions initiales. Or les équations (1), ou leurs transformées (2) et (3), donnent, par $\mu = \pi - \alpha$,

$$v^2 = \frac{r^4}{c^2}, \quad \frac{d.v^2}{dr} = -\frac{2r^3}{c^2} + \frac{6v^2}{r};$$

la seconde est conséquence de la première, et elles sont compatibles ; μ étant constant, la trajectoire est une spirale logarithmique, et la loi du mouvement est donnée par la formule

$$\frac{r^2}{c} = v = -\frac{dr}{dt\cos\alpha}, \quad \frac{1}{r} = \frac{1}{a} + \frac{t\cos\alpha}{c}.$$

Ainsi le mouvement donné par l'intégrale particulière satisfait à toutes les conditions du problème; il aura donc réellement lieu.

Forces centrales.

Quand un point m se meut sous l'action d'une force F qui passe toujours par un centre fixe O, la trajectoire est plane, la vitesse aréolaire autour de O garde une valeur constante C ou $\pm c^2$. On a, avec des coordonnées polaires, O étant le pôle,

$$v^2 = C^2\left[\left(\frac{d\frac{1}{r}}{d\theta}\right)^2 + \frac{1}{r^2}\right], \quad F = \frac{mC^2}{r^2}\left(\frac{d^2\frac{1}{r}}{d\theta^2} + \frac{1}{r}\right).$$

Lorsque la valeur de F est donnée, il suffit de l'égaler à l'expression précédente, qui est due à Binet, pour former une équation du second ordre de la trajectoire; si F est exprimée en fonction de r, on peut calculer son travail, $-2\int F\,dr$, et le théorème des forces vives fait connaître v^2; en l'égalant à la valeur rappelée ci-dessus, on a une équation du premier ordre pour la trajectoire.

D'une manière générale, C est égal à $\pm r_0 v_0 \sin(r_0, v_0)$.

Lorsque la trajectoire passe au pôle, le mobile y arrive avec une vitesse infinie : on ne peut dire ce qu'il deviendra ensuite à moins de faire une convention absolument arbitraire.

Une fois connue la relation qui lie r et θ, on peut intégrer $r^2\,d\theta$ qui est égal à $C\,dt$, et avoir ainsi la loi du mouvement.

142. *Mouvement d'un point attiré vers l'origine par une force inversement proportionnelle au cube de la distance,* $F = \frac{m\lambda^4}{r^3}$.

La formule de Binet donne immédiatement l'équation

différentielle de la trajectoire : en divisant par $\frac{mc^4}{r^2}$, il vient

$$\text{(1)} \qquad \frac{d^2\frac{1}{r}}{d\theta^2} + \frac{c^4 - \lambda^4}{c^4}\frac{1}{r} = 0.$$

Suivant que le coefficient de $\frac{1}{r}$ a une valeur positive ou négative, $\pm n^2$, l'intégrale prend la forme

$$\frac{1}{r} = A\cos n(\theta - \alpha) \quad \text{ou} \quad \frac{1}{r} = Ae^{n\theta} + Be^{-n\theta};$$

les constantes se déduisent aisément des conditions initiales, et il est facile de discuter la trajectoire, qui peut être une spirale logarithmique.

Lorsque $\lambda^4 - c^4$ est nul, l'intégrale de l'équation (1) devient

$$\frac{1}{r} = A\theta + B;$$

elle représente une spirale hyperbolique ou un cercle. Je me bornerai à chercher la loi du mouvement dans le cas de la spirale; on a

$$c^2\,dt = r^2\,d\theta = \frac{d\theta}{(A\theta + B)^2}, \quad c^2 t = \frac{\theta - \theta_0}{(A\theta + B)(A\theta_0 + B)}.$$

143. *Mouvement d'un point* M *sollicité par deux forces émanant d'un centre d'action* O, *l'une, attractive, proportionnelle à la distance, l'autre, répulsive, en raison inverse du cube de la distance. Cas où, à l'instant initial, la vitesse est perpendiculaire à la droite qui passe en* O, *et les deux forces se font équilibre.* (Paris, 1869.)

Le mouvement a lieu dans le plan qui passe par O et par la vitesse initiale; en prenant O pour pôle, employant la formule de Binet et supposant $m = 1$, nous avons

$$\frac{c^4}{r^2}\left(\frac{d^2\frac{1}{r}}{d\theta^2} + \frac{1}{r}\right) = -\frac{d\frac{1}{2}v^2}{dr} = \mu^2 r - \frac{\lambda^4}{r^3}.$$

Multipliant par $2\,dr$, on en déduit l'intégrale des forces vives

$$v^2 = c^4 \left[\left(\frac{d\frac{1}{r}}{d\theta} \right)^2 + \frac{1}{r^2} \right] = v_0^2 - \mu^2(r^2 - r_0^2) - \lambda^4 \left(\frac{1}{r^2} - \frac{1}{r_0^2} \right).$$

Désignons par ε l'angle de r_0 et de v_0; on a

$$c^2 = r_0 v_0 \sin\varepsilon;$$

si l'on divise l'équation précédente par r^2, on peut l'écrire

$$(1) \quad \left\{ \begin{aligned} v_0^2 r_0^2 \sin^2\varepsilon \frac{1}{r^6} \frac{dr^2}{d\theta^2} &= -(\lambda^4 + r_0^2 v_0^2 \sin^2\varepsilon) \frac{1}{r^4} \\ &\quad + \left(v_0^2 + \mu^2 r_0^2 + \frac{\lambda^4}{r_0^2} \right) \frac{1}{r^2} - \mu^2. \end{aligned} \right.$$

Le second membre est positif pour $r = r_0$, mais il devient négatif quand r est très grand ou très petit; r doit donc rester entre deux limites a et b, et, quand elle les atteint, dr est nul; la vitesse est perpendiculaire au rayon vecteur; les valeurs correspondantes h et k de cette vitesse sont telles que $ah = bk = c^2 = r_0 v_0 \sin\varepsilon$.

Si l'on prenait pour origine des temps l'époque où le rayon vecteur atteint un de ces maxima ou un de ces minima, l'équation des forces vives garderait la forme (1), où l'on ferait $r_0 = a$, $v_0 = h$, $\varepsilon = \frac{\pi}{2}$,

$$(2) \quad \frac{a^2 h^2}{r^6} \frac{dr^2}{d\theta^2} = -(\lambda^4 + a^2 h^2) \frac{1}{r^4} + \left(h^2 + \mu^2 a^2 + \frac{\lambda^4}{a^2} \right) \frac{1}{r^2} - \mu^2.$$

Posons, pour simplifier l'écriture, $\lambda^4 + a^2 h^2 = n^2 a^2$:

$$\begin{aligned} \frac{a^2 h^2}{r^6} \frac{dr^2}{d\theta^2} &= -\frac{n^2 a^2}{r^4} + \frac{\mu^2 a^2 + n^2}{r^2} - \mu^2 \\ &= -n^2 a^2 \left(\frac{1}{r^2} - \frac{\mu^2 a^2 + n^2}{2 a^2 n^2} \right)^2 + \frac{(n^2 - \mu^2 a^2)^2}{4 a^2 n^2}. \end{aligned}$$

Nous prendrons $\frac{1}{r^2}$ pour inconnue, et, en admettant qu'elle commence par décroître, c'est-à-dire que a soit un minimum, nous aurons

$$\frac{2n}{h} d\theta = \frac{-d\frac{1}{r^2}}{\sqrt{\frac{(n^2-a^2\mu^2)^2}{4a^4n^4} - \left(\frac{1}{r^2} - \frac{n^2+a^2\mu^2}{2a^2n^2}\right)^2}}.$$

En supposant $\theta = 0$ pour $r = a$, on aura, sans constante d'intégration,

$$\frac{2n\theta}{h} = \arccos \frac{2a^2n^2}{n^2-a^2\mu^2}\left(\frac{1}{r^2} - \frac{n^2+a^2\mu^2}{2a^2n^2}\right);$$

d'où

$$(3) \qquad \frac{1}{r^2} = \frac{1}{a^2}\cos^2\frac{n\theta}{h} + \frac{\mu^2}{n^2}\sin^2\frac{n\theta}{h}.$$

Cette courbe est comprise entre deux cercles concentriques au pôle et ayant pour rayons a et $\frac{n}{\mu}$; l'angle d'un rayon vecteur minimum avec le maximum qui suit est $\frac{h}{n}\frac{\pi}{2}$, moindre que $\frac{\pi}{2}$; la courbe est fermée et algébrique si $\frac{h}{n}$ est commensurable. Il est aisé de voir que, en appliquant le plan de la figure sur un cône droit dont le demi-angle au sommet a pour sinus $\frac{h}{n}$, le pôle étant au sommet du cône, la transformée de la trajectoire se projettera sur un plan perpendiculaire à l'axe du cône suivant une ellipse dont les demi-axes sont $\frac{ah}{n}$ et $\frac{h}{\mu}$.

La trajectoire se réduirait à un cercle si le maximum et le minimum de r étaient égaux, $a\mu = n$ ou $\mu^2a^4 - \lambda^4 = a^2h^2$. Il faudrait que la vitesse initiale fût perpendiculaire au rayon vecteur et moyenne proportionnelle entre ce rayon et l'accélération du mobile à cette époque; cette condition, dans le cas d'une force centrale, suffit toujours pour que le mouvement soit circulaire et uniforme.

La trajectoire présente un point d'inflexion lorsque la

valeur $\frac{\lambda}{\sqrt{\mu}}$ de r pour laquelle l'accélération serait nulle est comprise entre les limites a et $\frac{n}{\mu}$ entre lesquelles varie la distance du mobile au pôle.

La loi du mouvement sur la trajectoire est donnée par le principe des aires :

$$dt = \frac{r^2\, d\theta}{c^2} = \frac{\frac{1}{ah}\, d\theta}{\frac{1}{a^2}\cos^2\frac{n\theta}{h} + \frac{\mu^2}{n^2}\sin^2\frac{n\theta}{h}}$$

$$= \frac{1}{1 + \frac{a^2\mu^2}{n^2}\operatorname{tang}^2\frac{n\theta}{h}} \times \frac{a\, d\theta}{h\cos^2\frac{n\theta}{h}}.$$

L'intégrale devient, en faisant $t = 0$ pour $\theta = 0$,

$$\operatorname{tang}\frac{n\theta}{h} = \frac{n}{a\mu}\operatorname{tang}\mu t.$$

Le temps employé pour décrire l'arc compris entre un maximum et un minimum de r est $\frac{\pi}{2\mu}$ et ne dépend point de λ.

Dans le cas particulier proposé, λ^4 est égal à $\mu^2 a^4$; on prendra la forme (2) pour l'intégrale des forces vives, a représentant le rayon vecteur initial, h la vitesse initiale; n^2 sera égal à $\mu^2 a^2 + h^2$, mais la trajectoire sera toujours représentée par l'équation (3); a est le minimum de r, car l'autre limite $\frac{n}{\mu}$ est $> a$. Pour $r = a$, le rayon de courbure de la trajectoire est infini sans qu'il y ait inflexion; seulement la tangente a un contact du troisième ordre.

144. *Un mobile est attiré vers un centre fixe avec une intensité fonction de la distance au centre d'action; trouver quelle doit être la forme la plus générale de cette fonction pour que la trajectoire soit toujours une courbe* *fermée, quelle que soit la direction de la vitesse initiale, à la seule condition que sa grandeur ne dépasse pas une certaine limite.*

Soit $f(r)$ l'attraction du centre fixe qu'on prend pour pôle; le mouvement s'effectue dans un plan, et l'équation des forces vives, avec la forme qui convient aux forces centrales, donne

$$c^4\left[\left(\frac{d\frac{1}{r}}{d\theta}\right)^2+\frac{1}{r^2}\right]=v_0^2-2\int_{r_0}^{r} f(r)\,dr.$$

Posons $\frac{1}{r}=u$, $\int 2f(r)\,dr=-\varphi(u)$, et nous aurons

$$(1)\qquad \frac{du^2}{d\theta^2}=\frac{v_0^2}{c^4}-u^2+\frac{\varphi(u)-\varphi(u_0)}{c^4}.$$

Si la trajectoire est une courbe fermée, u devra rester entre certaines limites finies; supposons qu'il commence par décroître, il diminuera jusqu'à ce qu'il atteigne une valeur a pour laquelle le second membre de (1) changerait de signe; il faudra que u aille ensuite en croissant jusqu'à une valeur b pour laquelle (1) changerait encore de signe; puis il reviendra à a, et ainsi de suite. Dans tous les cas, la trajectoire sera formée d'arcs superposables et comprise entre deux cercles de rayons $\frac{1}{a}$ et $\frac{1}{b}$. Les changements de signe du second membre de (1) ne se feront qu'en passant par zéro et jamais par l'infini; car alors, $\frac{du}{d\theta}$ étant infini, la courbe serait tangente au rayon vecteur, et le principe des aires ne serait plus vérifié. Prenons pour u_0 la valeur minimum a : $\frac{v_0^2}{c^4}$ est égal à a^2, et l'équation (1) devient

$$\frac{du^2}{d\theta^2}=a^2-u^2+\frac{1}{c^4}[\varphi(u)-\varphi(a)].$$

Pour $u = b$, $\frac{du}{d\theta}$ est nul; donc

$$\frac{1}{c^4} = \frac{b^2 - a^2}{\varphi(b) - \varphi(a)}, \quad \frac{du^2}{d\theta^2} = (b^2 - a^2)\frac{\varphi(u) - \varphi(a)}{\varphi(b) - \varphi(a)} - (u^2 - a^2) \text{ (}^1\text{)}.$$

L'angle de deux rayons vecteurs maximum et minimum qui se suivent est

$$(2) \quad \theta_1 = \int_a^b \frac{du\sqrt{\varphi(b) - \varphi(a)}}{\{(b^2 - a^2)[\varphi(u) - \varphi(a)] - (u^2 - a^2)[\varphi(b) - \varphi(a)]\}^{\frac{1}{2}}}.$$

La trajectoire est formée d'une succession d'arcs égaux dont chacun est vu du pôle sous l'angle θ_1; pour qu'elle soit fermée, il faut et il suffit que θ_1 soit commensurable avec π; sa valeur (2) doit être indépendante de a et de b : autrement, en faisant varier ces paramètres d'une manière continue et suivant une loi quelconque, θ_1 varierait, en général, d'une manière continue et ne resterait pas commensurable avec π. Faisons, dans l'intégrale (2),

$$a = c - h, \qquad b = c + h, \qquad u = c + hz;$$

nous aurons

$$\theta_1 = \int_{-1}^{1} \frac{h\,dz\sqrt{\varphi(c+h) - \varphi(c-h)}}{\{4ch[\varphi(c+hz) - \varphi(c-h)] - (u^2 - a^2)[\varphi(c+h) - \varphi(c-h)]\}^{\frac{1}{2}}}.$$

Développons $\varphi(c-h)$, ... par la formule de Taylor et écrivons φ', φ'', ... au lieu de $\varphi'(c)$, $\varphi''(c)$, ...; il viendra, en réduisant,

$$\theta_1 = \int_{-1}^{1} \frac{dz\sqrt{\varphi' + \frac{1}{6}h^2\varphi''' + \dots}}{\sqrt{1-z^2}\{\varphi' - c\varphi'' - \frac{1}{3}chz\varphi''' + \frac{1}{12}h^2[2\varphi''' - c(1+z^2)\varphi^{\text{IV}}] + \dots\}^{\frac{1}{2}}}.$$

---

(1) Si $\varphi(u) = \lambda u^2 + \mu$, la méthode semble en défaut; mais c'est le cas où la trajectoire peut être une spirale. L'attraction est de la forme $\frac{\lambda}{r^3}$ (n° 142).

En développant les radicaux par la formule du binôme, réduisant et ordonnant le résultat par rapport à h, on a, pour le coefficient de $\frac{dz}{\sqrt{1-z^2}}$,

$$\sqrt{\frac{\varphi'}{\varphi'-c\varphi''}}\left\{1+\frac{1}{6}\frac{chz\varphi'''}{\varphi'-c\varphi''}\right.$$
$$\left.+\frac{ch^2}{24}\left[\frac{(1+z^2)\varphi'\varphi^{\text{IV}}-2\varphi''\varphi'''}{\varphi'(\varphi'-c\varphi'')}+\frac{cz^2\varphi'''^2}{(\varphi'-c\varphi'')^2}\right]+\ldots\right\}$$

Comme l'on a, d'ailleurs,

$$\int_{-1}^{1}\frac{dz}{\sqrt{1-z^2}}=\pi,\quad \int_{-1}^{1}\frac{z\,dz}{\sqrt{1-z^2}}=0,\quad \int_{-1}^{1}\frac{z^2\,dz}{\sqrt{1-z^2}}=\frac{\pi}{2},$$

on aura enfin

$$\theta_1=\pi\sqrt{\frac{\varphi'}{\varphi'-c\varphi''}}\left\{1+\frac{ch^2}{48}\left[\frac{3\varphi'\varphi^{\text{IV}}-4\varphi''\varphi'''}{\varphi'(\varphi'-c\varphi'')}+\frac{c\varphi'''^2}{(\varphi'-c\varphi'')^2}\right]+\ldots\right\}.$$

Pour que θ_1 ne varie pas avec a et b, ni, par suite, avec c et h, il faut que le terme indépendant de h dans son expression se réduise à une constante λ, et que le coefficient de h^2 soit nul : la première condition donne

$$(3)\qquad c\varphi''(c)=n\varphi'(c),\quad \left(n=\frac{\lambda^2-1}{\lambda^2}\right),$$

et la seconde

$$(4)\qquad \frac{3\varphi'\varphi^{\text{IV}}-4\varphi''\varphi'''}{\varphi'(\varphi'-c\varphi'')}+\frac{c\varphi'''^2}{(\varphi'-c\varphi'')^2}=0;$$

il faut, de plus, que λ soit commensurable. Or, en intégrant l'équation (3) par rapport à c, on trouve

$$\varphi'(c)=Ac^n,$$

A désignant une constante : alors l'équation (4) devient

$$\frac{2}{c^3}n(n+3)=0:$$

n ne peut prendre que les valeurs zéro et -3 auxquelles

correspondent les valeurs commensurables 1 et $\frac{1}{2}$ pour λ. On a toujours

$$2f(r)\,dr = -\varphi'(u)\,du = \varphi'\left(\frac{1}{r}\right)\frac{dr}{r^2}, \quad f(r) = \frac{\varphi'(u)}{2r^2};$$

si l'on fait $n=0$, $\varphi'(u)$ se réduit à une constante A ou 2B, et $f(r)$ est égale à $\frac{B}{r^2}$; l'attraction se fait suivant la loi de Newton, et l'on sait qu'elle donne une trajectoire elliptique, c'est-à-dire fermée, pourvu, du moins, que v_0 ne dépasse pas la limite $\sqrt{\frac{2B}{r_0}}$.

Si l'on suppose $n=-3$, on a

$$\varphi'(u) = \frac{A}{u^3} = Ar^3, \quad f(r) = \frac{Ar}{2};$$

l'attraction est proportionnelle à la distance, et la trajectoire est toujours une ellipse, pourvu que A soit positif.

Quelle que soit la loi d'attraction, si la trajectoire s'écarte très peu d'un cercle, la différence d'azimut d'un rayon vecteur maximum et du rayon minimum qui le suit est sensiblement $\pi\sqrt{\frac{\varphi'}{\varphi'-c\varphi''}}$: Newton en tirait une preuve de l'exactitude de sa loi sans supposer connue rigoureusement la forme des trajectoires planétaires; l'extrême lenteur du mouvement des périhélies montre que la différence d'azimut considérée s'écarte très peu de π; les orbites étant sensiblement circulaires, $\varphi''(c)$ doit être nul, ce qui conduit à la loi de la gravitation. Mais la proposition générale que j'ai établie est due à M. Bertrand, qui en a montré tout l'intérêt (*Comptes rendus*, 1873). Les observations faites sur les étoiles doubles semblent prouver que leurs trajectoires sont toujours fermées; on ne peut admettre que des corps éloignés les uns des autres s'attirent proportionnellement à la distance : on est donc autorisé à dire que la loi de Newton règne dans tout l'univers.

145. *Forces centrales de Jacobi : exemple.* — Jacobi a signalé un cas intéressant dans lequel le mouvement dû à une force centrale peut se déterminer à l'aide de deux quadratures : c'est celui où l'intensité de la force est donnée sous la forme

$$F = \frac{1}{r^2} f(\theta).$$

L'expression donnée par Binet pour les forces centrales conduit immédiatement à une équation linéaire et du second ordre pour la trajectoire. Mais soit C la constante des aires : on a

$$\frac{1}{r^2} = \frac{1}{C}\frac{d\theta}{dt}, \quad F = \frac{1}{C} f(\theta)\frac{d\theta}{dt}.$$

Les équations du mouvement, en supposant $m = 1$, peuvent s'écrire

$$\frac{d^2x}{dt^2} = -F\cos\theta = -\frac{\cos\theta}{C} f(\theta)\frac{d\theta}{dt},$$
$$\frac{d^2y}{dt^2} = -\frac{\sin\theta}{C} f(\theta)\frac{d\theta}{dt}.$$

On en déduit, en intégrant,

$$(1)\quad \begin{cases} \dfrac{dx}{dt} = -\dfrac{1}{C}\displaystyle\int f(\theta)\cos\theta\, d\theta + A, \\[2ex] \dfrac{dy}{dt} = -\dfrac{1}{C}\displaystyle\int f(\theta)\sin\theta\, d\theta + B. \end{cases}$$

On a, d'ailleurs,

$$x\frac{dy}{dt} - y\frac{dx}{dt} = C;$$

il suffit de remplacer, dans cette équation, x, y par $r\cos\theta$, $r\sin\theta$, et $\frac{dx}{dt}$, $\frac{dy}{dt}$ par leurs valeurs (1) pour avoir l'équation de la trajectoire, qu'on peut écrire sous la forme

$$(2)\quad \begin{cases} \dfrac{1}{r} = -\dfrac{1}{C^2}\left[\cos\theta\displaystyle\int f(\theta)\sin\theta\, d\theta - \sin\theta\int f(\theta)\cos\theta\, d\theta\right] \\ \qquad + a\cos\theta + b\sin\theta \end{cases}$$

Connaissant r en fonction de θ, on trouvera la loi du mouvement en intégrant l'équation $C\,dt = r^2\,d\theta$.

M. Darboux a fait une remarque importante au sujet de la trajectoire : si l'on change d'une manière quelconque les conditions initiales du mouvement, les constantes $\frac{1}{C^2}$, a, b prendront de nouvelles valeurs qu'on peut représenter par $\frac{n}{C^2}$, $na + a'$, $nb + b'$. Si donc on désigne par $\varphi(\theta)$ la valeur (2) de $\frac{1}{r}$ qui correspond à un cas particulier, l'équation de la trajectoire sera, dans le cas général,

$$\frac{1}{r} = n\varphi(\theta) + a'\cos\theta + b'\sin\theta;$$

elle représente une courbe homologique à la courbe (2).

Soit $f(\theta) = \lambda\sin^2\theta$, et supposons que, pour $t = 0$, on ait

$$x = a,\quad y = 0,\quad \frac{dx}{dt} = 0,\quad \frac{dy}{dt} = \sqrt{\frac{2\lambda}{3a}}:$$

on demande de déterminer le mouvement et de comparer le temps que met le mobile pour tourner autour de l'origine à celui qu'il mettrait si la force était $\frac{\lambda}{r^2}$, les conditions initiales restant les mêmes. (Paris, 1877.)

On a $C = av_0 = \sqrt{\frac{2}{3}\lambda a}$, et les équations (1) deviennent, en tenant compte des valeurs initiales,

$$\frac{dx}{dt} = -\sqrt{\frac{\lambda}{6a}}\sin^3\theta,\quad \frac{dy}{dt} = \sqrt{\frac{\lambda}{6a}}(3\cos\theta - \cos^3\theta);$$

la trajectoire (U) est représentée par l'équation

$$(3)\qquad \frac{1}{r} = \frac{\sin^2\theta + 2\cos^2\theta}{2a} = \frac{3 + \cos 2\theta}{4a}.$$

Si, les circonstances initiales restant les mêmes, l'attraction était égale à $\frac{\lambda}{r^2}$, le mobile décrirait une ellipse dont l'équation serait, en faisant tourner l'axe polaire de 180°,

$$\frac{1}{r} = \frac{3 + \cos\theta}{2a}.$$

La courbe U peut se déduire de l'ellipse en doublant le rayon vecteur de chaque point de cette ellipse et réduisant de moitié l'angle de ce rayon avec l'axe polaire : l'aire de U est quadruple de celle de l'ellipse, et, comme la vitesse aréolaire sur chacune est la même, il faut quatre fois plus de temps pour parcourir U que pour parcourir l'ellipse.

146. *Mouvement parabolique dans le cas de l'attraction newtonienne. Théorème de Lambert.*

On sait qu'une masse m, attirée vers le pôle par une force $\frac{fm\mu}{r^2}$, décrit une parabole dont l'équation est

$$r = \frac{p}{2\cos^2\frac{1}{2}\theta}$$

lorsque $2f\mu = r_0 v_0^2$: la vitesse aréolaire $\frac{1}{2}c^2$ est $\frac{1}{2}\sqrt{pf\mu}$.

Pour avoir à chaque instant la position du mobile sur sa trajectoire, je suppose que l'axe polaire passe au sommet, en sorte que θ désignera l'anomalie vraie. Le théorème des aires nous donne

$$dt = \frac{r^2\,d\theta}{c^2} = \sqrt{\frac{p^3}{f\mu}}\,\frac{d\theta}{4\cos^4\frac{1}{2}\theta} = \frac{1}{2}\sqrt{\frac{p^3}{f\mu}}\left(1 + \operatorname{tang}^2\frac{1}{2}\theta\right)d\operatorname{tang}\frac{1}{2}\theta.$$

Intégrant et faisant $t = 0$ pour $\theta = 0$,

$$(1) \qquad t = \frac{1}{6}\sqrt{\frac{p^3}{f\mu}}\left(3\operatorname{tang}\frac{1}{2}\theta + \operatorname{tang}^3\frac{1}{2}\theta\right).$$

Il ne sera pas commode de résoudre par rapport à θ, mais on construira des Tables qui donneront t en fonction de θ, et par interpolation on en déduira l'anomalie vraie du mobile à chaque instant.

Le théorème de Lambert consiste en ce que l'intervalle de temps employé par le mobile pour aller d'un point à un autre de la parabole peut s'exprimer sans faire intervenir le paramètre, et seulement au moyen des rayons vecteurs extrêmes et de la corde de l'arc parcouru. Soient a et b ces rayons extrêmes, θ_1, θ_2 leurs anomalies vraies, α, β les tangentes des moitiés de ces angles, c la corde de l'arc parabolique; l'équation (1) donne, pour le temps que le mobile met à passer d'une position à l'autre,

$$(2)\quad \left\{\begin{aligned} T &= \frac{1}{6}\sqrt{\frac{p^3}{f\mu}}[3(\beta-\alpha)+\beta^3-\alpha^3] \\ &= \frac{1}{6}(\beta-\alpha)\sqrt{\frac{p^3}{f\mu}}(3+\alpha^2+\alpha\beta+\beta^2). \end{aligned}\right.$$

Le carré de la corde de l'arc parcouru est

$$c^2 = a^2+b^2-2ab\cos(\theta_2-\theta_1),$$

d'où

$$\begin{aligned} (a+b)^2-c^2 &= 4ab\cos^2\frac{\theta_2-\theta_1}{2} \\ &= \frac{p^2}{\cos^2\frac{\theta_1}{2}\cos^2\frac{\theta_2}{2}}\cos^2\frac{\theta_2-\theta_1}{2} = p^2(1+\alpha\beta)^2. \end{aligned}$$

Nous connaissons le produit de $a+b+c$ et de $a+b-c$; nous aurons facilement leur somme

$$2a+2b = \frac{p}{\cos^2\frac{\theta_1}{2}}+\frac{p}{\cos^2\frac{\theta_2}{2}} = p(2+\alpha^2+\beta^2);$$

$a+b+c$ et $a+b-c$ sont racines de l'équation du second degré

$$u^2-p(2+\alpha^2+\beta^2)u+p^2(1+\alpha\beta)^2 = 0;$$

donc

$$a+b\pm c=p\left(1+\frac{\alpha^2+\beta^2}{2}\right)\pm p(\beta-\alpha)\sqrt{1+\left(\frac{\beta+\alpha}{2}\right)^2}.$$

On peut introduire dans la partie rationnelle la quantité qui est sous le radical, et écrire

$$a+b\pm c=p\left[1+\left(\frac{\beta+\alpha}{2}\right)^2+\left(\frac{\beta-\alpha}{2}\right)^2 \pm(\beta-\alpha)\sqrt{1+\left(\frac{\beta+\alpha}{2}\right)^2}\right].$$

Le second membre est un carré, et, si l'on veut avoir la racine en valeur absolue, on devra écrire, en supposant $\theta_2-\theta_1<\pi$,

$$a+b\pm c=p\left[\sqrt{1+\left(\frac{\beta+\alpha}{2}\right)^2}\pm\frac{\beta-\alpha}{2}\right]^2,$$

d'où

$$\begin{aligned}(a+b+c)^{\frac{3}{2}}-(a+b-c)^{\frac{3}{2}} &= p^{\frac{3}{2}}(\beta-\alpha)\left[3+3\left(\frac{\beta+\alpha}{2}\right)^2+\left(\frac{\beta-\alpha}{2}\right)^2\right]\\ &= p^{\frac{3}{2}}(\beta-\alpha)(3+\alpha^2+\alpha\beta+\beta^2).\end{aligned}$$

Comparant à l'équation (2), nous avons l'expression cherchée

$$T=\frac{1}{6\sqrt{f\mu}}\left[(a+b+c)^{\frac{3}{2}}-(a+b-c)^{\frac{3}{2}}\right].$$

Si $\theta_2-\theta_1$ est $>\pi$, $\sqrt{1+\frac{1}{4}(\beta+\alpha)^2}$ est $<\frac{1}{4}(\beta-\alpha)^2$, et l'on aura

$$a-b\pm c=p\left[\frac{\beta-\alpha}{2}\pm\sqrt{1+\left(\frac{\beta+\alpha}{2}\right)^2}\right],$$

$$(1)\qquad T=\frac{1}{6\sqrt{f\mu}}\left[(a+b+c)^{\frac{3}{2}}+(a+b-c)^{\frac{3}{2}}\right].$$

Ces formules donnent une expression remarquable de l'aire d'un secteur parabolique, qui est égal à $\frac{1}{2}c^2T$ ou

$\frac{1}{2}T\sqrt{pf\mu}$; l'aire du secteur est donc

$$A = \frac{1}{12}\sqrt{p}\left[(a+b+c)^{\frac{3}{2}} \pm (a+b-c)^{\frac{3}{2}}\right].$$

Quand on veut appliquer l'équation (3) au mouvement des comètes, on prend pour unité de longueur la distance moyenne de la Terre au Soleil et pour unité de temps le jour solaire moyen : la formule bien connue du mouvement elliptique, $n^2a^3 = f\mu$, donne, quand on l'applique à la Terre,

$$\sqrt{f\mu} = n = \frac{2\pi}{365,2564} = 0,017202;$$

l'équation (3) devient alors

$$T = 9^j\,16^h\,32^m\left[(a+b+c)^{\frac{3}{2}} - (a+b-c)^{\frac{3}{2}}\right].$$

EXERCICES.

1. Étant donnés un point O et une droite AB, on demande suivant quelle droite doit glisser un point pesant, partant de O sans vitesse initiale, pour atteindre AB au bout d'un temps minimum.

La droite cherchée fait des angles égaux avec la perpendiculaire abaissée de O sur AB et avec la ligne de plus grande pente du plan AOB.

2. Un point fixe O attire un mobile M avec une intensité qui varie en raison inverse de la $n^{\text{ième}}$ puissance de la distance s : déterminer n de manière que le mobile, partant de l'infini avec une vitesse nulle, ait pour $s = a$ la vitesse qu'il aurait eue pour $s = \frac{a}{4}$ s'il était parti sans vitesse du point $s = a$. Calculer, dans ce dernier cas, le temps que le mobile met pour arriver en O. (Walton.)

F est de la forme $-\lambda^2 s^{-\frac{3}{2}}$, et le temps demandé est $\frac{3}{8}\frac{\pi}{\lambda}a^{\frac{5}{4}}$.

3. Mouvement rectiligne d'un point de masse m, sollicité par une force égale à $me^{-\omega t}$ et animé d'une vitesse initiale $\frac{c^2}{\omega}$.

4. Mouvement rectiligne d'un point M attiré avec une intensité

proportionnelle à la distance par un point qui parcourt d'un mouvement uniformément varié la même droite que le point M. (RICCATI.)

5. On donne deux axes rectangulaires OX, OY, et l'on demande de déterminer le mouvement d'un point M assujetti à glisser sur OX et attiré vers un point A de OY avec une intensité proportionnelle à la distance; la droite OX est dépolie, et le coefficient de frottement est égal à l'unité; enfin l'on a $OM_0 = 5OA = 5a$ et $v_0 = 0$. (Marseille, 1884.)

On trouve que s varie de $5a$ à $-3a$; alors il faut changer l'équation du mouvement, s varie de $-3a$ à $+a$, et M s'arrête.

6. Mouvement d'un point uniquement sollicité par une résistance de milieu égale à $m\lambda\sqrt{v}$.

Le mobile s'arrête après avoir parcouru le chemin $\frac{1}{3\lambda} v_0^{\frac{3}{2}}$.

7. Soient a et b les espaces parcourus depuis le temps $t_1 - \theta$ jusqu'au temps t_1, et de t_1 à $t_1 + \theta$, par un point pesant qui se meut verticalement dans l'air en éprouvant une résistance $\frac{mgv^2}{k^2}$: montrer que la somme $e^{\frac{bg}{k^2}} + e^{-\frac{ag}{k^2}}$ a une valeur constante, quel que soit t_1 et quel que soit le sens du mouvement. (MAURICE D'OCAGNE.)

On prendra l'époque t_1 pour origine des temps et la position correspondante du mobile pour origine des espaces; il sera très facile d'éliminer la vitesse correspondante des équations qui donnent $s = -a$ ou $s = b$ pour $t = \pm\theta$: la somme cherchée est égale à $2e^{\frac{g\alpha}{k^2}}$ ou à $2e^{-\frac{g\beta}{k^2}}$ selon que le corps descend ou monte; α est l'espace parcouru dans le temps θ, en partant sans vitesse, β le chemin décrit pendant l'intervalle θ qui précède l'arrêt du mobile.

8. Un point pesant, sans vitesse initiale, tombe dans l'air d'une hauteur a sur un plan horizontal qui le fait rebondir avec sa vitesse d'incidence : on demande à quelle hauteur il s'élèvera après le $n^{\text{ième}}$ bond, la résistance de l'air étant $\frac{mgv^2}{k^2}$. (W. WALTON.)

Soit a_p la hauteur à laquelle le corps remonte après le $p^{\text{ième}}$ bond; si l'on pose $e^{\frac{2g}{k^2}a_p} = u_p$, on trouve la loi de récurrence

$$\frac{1}{u_{p+1} - 1} = \frac{1}{u_p - 1} + 1.$$

9. Déterminer le mouvement d'un mobile partant du repos, attiré vers l'origine par une force proportionnelle à la distance, $-\lambda^2 s$, et éprouvant de la part du milieu ambiant une résistance proportionnelle à la vitesse, $-kv$ (la masse du mobile étant 1).

L'équation différentielle du mouvement est linéaire et subsiste quel que soit le sens de la vitesse; si $k \geqq 2\lambda$, le mobile s'approche indéfiniment de l'origine; si $k < 2\lambda$, le mouvement est oscillatoire et tautochrone; l'amplitude des oscillations diminue indéfiniment.

10. Un point pesant est lancé d'un point O avec la vitesse v_0 : déterminer l'angle φ de cette vitesse avec l'horizon de manière à rendre maximum la distance du point O au point de rencontre du mobile avec un plan horizontal à la distance h au-dessous du point de départ.

On trouve $\cos 2\varphi = \dfrac{gh}{v_0^2 + gh}$.

11. Soient OA et ON une ligne de plus grande pente d'un plan P, incliné de l'angle i sur l'horizon, et une normale à ce plan : un corps pesant est lancé du point O suivant une direction située dans le plan NOA et faisant l'angle φ avec OA. Calculer l'angle φ_1 que le mobile fait avec OA quand il retombe sur le plan, l'angle φ_n sous lequel il le rencontre après avoir rebondi $n-1$ fois en supposant P parfaitement élastique : montrer que la vitesse estimée suivant ON est la même à l'arrivée qu'au départ. (Bordoni.)

Il est avantageux de prendre OA et ON pour axes : on trouve

$$\cot \varphi_1 = \cot \varphi + 2 \tang i.$$

12. Lieu des positions simultanées de divers corps pesants lancés en même temps d'un point donné avec des vitesses égales, mais de directions différentes. Sphère.

13. Un point M est soumis à une force dirigée suivant la perpendiculaire MP abaissée sur un axe OX, et dont l'intensité est $\lambda \overline{MP}^3$; quelle doit être la grandeur d'une seconde force, parallèle à OX, agissant sur M, pour qu'il décrive un arc de la parabole $y^2 = 2px$? Loi du mouvement.

$X = C - 6p\lambda x^2$. — Le mouvement est oscillatoire.

14. Mouvement d'un point lancé parallèlement à une droite OX et attiré vers cette droite par une force inversement proportionnelle au carré de la distance du mobile à OX.

Le point décrit une moitié de cycloïde dilatée; le mouvement ultérieur sera déterminé par raison de symétrie.

15. Mouvement d'un point M soumis à une force dont la ligne d'action rencontre à un instant quelconque en deux points P, Q deux droites données A, B non dans un même plan et dont l'intensité est représentée par le segment PQ; examiner le cas où, à l'instant initial, M se trouve sur A avec une vitesse non dirigée dans un plan parallèle aux deux droites A et B. (Caen, 1884.)

$$\text{(A)} \qquad y = 0, \qquad z = -h;$$
$$\text{(B)} \qquad x = 0, \qquad z = h,$$

l'axe des z étant une droite quelconque rencontrant A et B; puis

$$\frac{d^2x}{dt^2} = \frac{2hx}{z-h}, \qquad \frac{d^2y}{dt^2} = \frac{2hy}{z+h}, \qquad \frac{d^2z}{dt^2} = 2h.$$

En combinant la première ou la seconde avec la dernière

$$(z-h)\frac{d^2x}{dt^2} - x\frac{d^2z}{dt^2} = 0, \qquad (z+h)\frac{d^2y}{dt^2} - y\frac{d^2z}{dt^2} = 0,$$

elles expriment que les vitesses aréolaires des projections obliques sur Oxz et Oyz sont constantes; z se calcule séparément, et l'on peut achever l'intégration. On verra que la restriction imposée en dernier lieu à la direction de v_0 est nécessaire pour que le problème soit possible.

16. Mouvement d'un point pesant dans l'air en prenant $\dfrac{mgv}{k}$ pour la résistance du milieu : amplitude de jet maximum.

Il est avantageux de partir des équations

$$\frac{d^2x}{dt^2} = -\frac{g}{k}\frac{dx}{dt}, \qquad \frac{d^2y}{dt^2} = -g - \frac{g}{k}\frac{dy}{dt};$$

elles s'intègrent séparément : l'équation de la trajectoire est

$$y = \frac{k + v_0 \sin\alpha_0}{v_0 \cos\alpha_0} x + \frac{k^2}{g} \mathrm{L}\left(1 - \frac{gx}{kv_0 \cos\alpha_0}\right);$$

l'amplitude du jet est maximum si

$$kv_0 + v_0^2 \sin\alpha_0 = (kv_0 + k^2 \sin\alpha_0)\,\mathrm{L}\,\frac{v_0 + k\sin\alpha_0}{k\sin\alpha_0};$$

les tangentes aux points de départ et d'arrivée sont perpendiculaires.

17. Un point pesant, lancé horizontalement dans un milieu dont la résistance est proportionnelle à sa densité et au carré de la vitesse, décrit un quart de cercle; comment varie la densité du milieu? (P. JULLIEN.)

Elle est de la forme $\frac{k}{z}\sqrt{R^2 - z^2}$, z étant la hauteur au-dessus du centre.

18. Mouvement d'un point M attiré vers un point O avec une force proportionnelle à la distance.

2° Lieu formé par les trajectoires de M en supposant qu'il parte d'un point A avec une vitesse de grandeur donnée parallèle à un plan P. (WALTON.)

3° Déterminer l'angle φ de cette vitesse avec OA pour que le mobile atteigne un point donné B. Dans quelle région doit se trouver B pour que le problème soit possible? (Paris, 1887.)

Il est avantageux de partir des équations

$$\frac{d^2x}{dt^2} = -\lambda^2 x, \qquad \frac{d^2y}{dt^2} = -\lambda^2 y, \qquad \frac{d^2z}{dt^2} = -\lambda^2 z,$$

les coordonnées pouvant être obliques. 2° Si l'on suppose v_0 parallèle au plan des yz, le lieu des trajectoires est l'ellipsoïde

$$\frac{x^2}{a^2} + \lambda^2 \frac{y^2 + z^2}{v_0^2} = 1,$$

l'angle YOZ étant droit. 3° En supposant B dans le plan des xy et l'angle XOY droit, $B(x, y)$,

$$(v_0^2 x^2 + \lambda^2 a^2 y^2 - v_0^2 a^2)\operatorname{tang}^2\varphi$$
$$- 2v_0^2 xy \operatorname{tang}\varphi + (v_0^2 + a^2\lambda^2)y^2 = 0.$$

19. Enveloppe des ellipses décrites par divers mobiles attirés vers un point F suivant la loi de Newton et partant d'un point A avec des vitesses de même grandeur, mais de directions différentes dans un plan passant par AF.

Les ellipses ont leurs grands axes égaux; leur enveloppe est une ellipse de foyers A et F.

20. Mouvement d'un point attiré vers l'origine par une force

égale à $m\lambda^2\left(\frac{a^4}{r^3} - r\right)$; la vitesse initiale $a\lambda$ est perpendiculaire au rayon vecteur correspondant dont la longueur est a. (Caen, 1877.)

$$C = a^2\lambda, \qquad r^2 = \frac{a^2}{1 - 4\theta^2}, \qquad \theta = \frac{1}{2}\,\frac{e^{\lambda t} - e^{-\lambda t}}{e^{\lambda t} + e^{-\lambda t}}.$$

21. Mouvement d'un point, de masse 1, attiré vers l'origine par la force

$$2\lambda^2\frac{a^2 + b^2}{r^5} - 3\lambda^2\frac{a^2 b^2}{r^7},$$

λ, a, b étant des constantes; $v_0 = \frac{\lambda}{a}$ perpendiculaire au rayon vecteur correspondant, de longueur a. (Paris, 1870.)

$$C = \lambda, \qquad r^2 = a^2\cos^2\theta + b^2\sin^2\theta,$$
$$\lambda t = \frac{a^2 + b^2}{2}\theta + \frac{a^2 - b^2}{4}\sin 2\theta.$$

La trajectoire est une podaire de l'ellipse. Si l'on change b^2 en $-a^2$, on a une lemniscate.

22. Déterminer la force dirigée vers le pôle et fonction de r, qui peut faire décrire à un point libre une circonférence passant au pôle. Discuter la trajectoire quand les conditions initiales sont quelconques.

La formule de Binet donne une valeur de la forme $\frac{2\lambda^2}{r^5}$: la trajectoire, dans le cas général, sera

$$C^2\frac{dr^2}{d\theta^2} = \left(v_0^2 - \frac{\lambda^2}{r_0^4}\right)r^4 - C^2 r^2 + \lambda^2;$$

elle ne passe pas nécessairement au pôle.

23. Mouvement d'un point m sous l'action d'une force dirigée vers le pôle et égale à $\frac{mab^2}{r^2}(5e^{-2\theta} + 1)$; v_0, égale à $2b$, fait un angle de 45° avec r_0, de longueur a. (Nancy, 1885.)

L'équation de Binet est avantageuse : $\frac{1}{r} = \frac{1}{2a}(1 + e^{-2\theta})$.

24. Mouvement d'un point attiré vers l'origine par une force égale à $\lambda\sqrt{\frac{x^2 + y^2}{(x^2 - y^2)^3}}$. (Paris, 1886.)

La force est du type des forces centrales de Jacobi,

$$\frac{\lambda}{r^2}(\cos 2\theta)^{-\frac{3}{2}};$$

la trajectoire est une conique $x^2 - y^2 = (ax + by + h)^2$.

25. La trajectoire d'un point m, soumis à l'action d'une force F, coïncide avec la courbe funiculaire décrite par un fil homogène dont chaque élément est soumis à une force $F'ds$, pourvu que F soit en chaque point de la courbe dirigée en sens contraire de F' et égale à $\frac{TF'}{m}$; il faut, en outre, qu'au point de départ v soit égale à $\frac{T}{m}$, T désignant la tension; mais cette égalité subsistera aux divers points de la trajectoire.

On comparera les équations d'équilibre du fil avec celles du mouvement du point, qu'on peut écrire sous la forme

$$d.mv\frac{dx}{ds} - X\frac{ds}{v} = 0, \qquad \dots$$

MOUVEMENT D'UN POINT SUR UNE COURBE FIXE.

Cas où la courbe est donnée et parfaitement polie.

147. Un point M, assujetti à rester sur une courbe parfaitement polie et sollicité par une force R, est toujours en équilibre lorsque R est normale à la courbe; cette condition est d'ailleurs nécessaire : il en résulte que l'action exercée par la courbe sur un point assujetti à ne pas la quitter peut se représenter exactement par une force N ayant une direction quelconque dans le plan normal et une grandeur aussi quelconque ; il en est encore de même quand le point est en mouvement.

Cela posé, soit un point M assujetti à rester sur une courbe polie et sollicité par une force F à laquelle on peut toujours réduire un système de forces appliquées en M : ce point peut être traité comme un point libre si l'on adjoint à F cette force inconnue *a priori*, N, qui représente l'action de la courbe. Décomposons F en deux forces P, Q dirigées, l'une suivant la tangente, l'autre dans le plan normal : la première sera égale à la force tangentielle $m\frac{dv}{dt}$, tandis que Q et N auront pour résultante la force centripète $m\frac{v^2}{\rho}$. On peut toujours exprimer P en fonction de t, de l'arc parcouru s et de $\frac{ds}{dt}$; l'intégration de l'équation $m\frac{d^2 s}{dt^2} = P$, tout à fait analogue à celle du mouvement rectiligne, fera connaître la loi du mouvement; alors la force centripète sera connue pour chaque point aussi bien que Q, et l'on en pourra conclure la réaction N exercée par la courbe sur le mobile; cette réaction est égale et opposée à la pression N′ supportée par la courbe.

On peut aussi étudier le mouvement à l'aide des équations générales de Maclaurin en ajoutant aux composantes X, Y, Z de F les projections de N sur les axes. Je me bornerai à la remarque suivante : la différentielle

$$X\,dx + Y\,dy + Z\,dz,$$

qui représente $d\frac{1}{2}mv^2$, puisque le travail de N est nul, peut toujours s'intégrer quand X, Y, Z ne dépendent que de x, y, z; car ces coordonnées peuvent s'exprimer au moyen du paramètre unique qui fixe la position de M sur la courbe; toutefois, si l'intégration peut s'effectuer directement, il est clair qu'il y aura avantage à le faire.

148. *Mouvement d'un point de masse égale à l'unité, assujetti à rester sur la courbe d'intersection d'un cylindre parabolique et d'un cône*

$$z^2 = 2ax, \quad 9y^2 = 16xz,$$

et sollicité par une force dont les composantes rectangulaires sont

$$X = 4k^2x, \quad Y = \frac{9}{2}k^2y, \quad Z = 2k^2(a + 3z);$$

le point est d'abord placé à l'origine et lancé vers le haut sur la branche qui est en avant du plan des xz, avec une vitesse ak. (A. Fuhrmann.)

Ce problème se résout très facilement à l'aide des équations de Maclaurin. On tire des équations de la courbe

$$x = \frac{z^2}{2a}, \quad y = \frac{2}{3}\sqrt{\frac{2}{a}}\,z^{\frac{3}{2}},$$

d'où

$$dx = \frac{z}{a}\,dz, \quad dy = dz\sqrt{\frac{2z}{a}}, \quad ds = \frac{a+z}{a}\,dz.$$

L'équation des forces vives est ici

$$d\,\frac{1}{2}v^2 = 4k^2x\,dx + \frac{9}{2}k^2y\,dy + 2k^2(a+3z)\,dz.$$

On peut intégrer sans même remplacer x, y, dx, dy par leur valeur en z, paramètre le plus propre à définir les points de la courbe :

$$\frac{1}{2}v^2 - \frac{1}{2}a^2k^2 = 2k^2x^2 + \frac{9}{4}k^2y^2 + k^2(2az + 3z^2).$$

Remplaçant x, y et $v = \frac{ds}{dt}$ par leur valeur en z :

$$\frac{ds^2}{dt^2} = \frac{(a+z)^2}{a^2}\,\frac{dz^2}{dt^2} = \frac{k^2}{a^2}(a+z)^4;$$

d'où

$$\frac{dz}{a+z} = k\,dt, \quad a + z = ae^{kt}.$$

Le mouvement se fera toujours dans le même sens, avec une vitesse croissante. Il nous reste à calculer les composantes de N, et pour cela il faut connaître $\frac{d^2x}{dt^2}$, $\frac{d^2y}{dt^2}$, $\frac{d^2z}{dt^2}$. On a

$$\frac{dx}{dt} = \frac{dx}{dz}\,\frac{dz}{dt} = \frac{kz(a+z)}{a}, \quad \frac{d^2x}{dt^2} = \frac{d}{dz}\left(\frac{dx}{dt}\right)\frac{dz}{dt} = \frac{k^2(a+z)(a+2z)}{a},$$

$$\frac{d^2y}{dt^2} = \frac{k^2}{\sqrt{2az}}(a+z)(a+3z), \quad \frac{d^2z}{dt^2} = k^2(a+z);$$

par conséquent,

$$N\cos\lambda = \frac{d^2x}{dt^2} - X = k^2(a + 3z),$$

$$N\cos\mu = \frac{k^2}{\sqrt{2az}}(a^2 + 4az - 3z^2),$$

$$N\cos\nu = -k^2(a + 5z).$$

Il est aisé de constater que $\cos\lambda\, dx + \ldots = 0$; quant à l'angle de N et de la normale principale, on en aura facilement le cosinus, mais il est très compliqué.

149. *Un point matériel, assujetti à rester sur une ellipse, est attiré vers les deux foyers par des forces inversement proportionnelles au carré de la distance et vers le centre par une force proportionnelle à la distance; démontrer que la pression exercée en chaque point de l'ellipse est inversement proportionnelle au rayon de courbure; déterminer la vitesse initiale qui annulerait la pression; mouvement correspondant.* (Question de licence, 1865, généralisée.)

Je suppose la masse du mobile M égale à l'unité, et je désigne par r, r', u ses distances aux foyers F, F' et au centre O, par μ, μ', λ les attractions de ces trois points à l'unité de distance, par ψ et ω les angles de la normale en M avec MF et MF' d'une part, avec MO de l'autre. On sait que le travail élémentaire d'une force attractive émanant d'un centre fixe est égal et de signe contraire au produit de la force par l'accroissement de distance du mobile au centre. Le théorème des forces vives donne ici

$$d\frac{1}{2}v^2 = -\mu\frac{dr}{r^2} - \mu'\frac{dr'}{r'^2} - \lambda u\, du;$$

d'où

$$(1) \quad v^2 - v_0^2 = 2\mu\left(\frac{1}{r} - \frac{1}{r_0}\right) + 2\mu'\left(\frac{1}{r'} - \frac{1}{r'_0}\right) - \lambda(u^2 - u_0^2).$$

Soit N la réaction normale de la courbe, supposée positive quand elle est dirigée vers le centre de courbure; nous avons

$$\frac{v^2}{\rho} = N + \frac{\mu}{r^2}\cos\psi + \frac{\mu'}{r'^2}\cos\psi + \lambda u \cos\omega;$$

d'où, en tenant compte de la valeur de v^2 tirée de l'équation (I),

$$N = \frac{1}{\rho}\left(v_0^2 - \frac{2\mu}{r_0} - \frac{2\mu'}{r'_0} + \lambda u_0^2\right) + \mu\left(\frac{2}{r\rho} - \frac{\cos\psi}{r^2}\right)$$
$$+ \mu'\left(\frac{2}{r'\rho} - \frac{\cos\psi}{r'^2}\right) - \lambda\left(\frac{u^2}{\rho} + u\cos\omega\right).$$

Pour évaluer les termes variables en μ et μ', je rappelle les relations

$$\rho = \frac{b^2}{a\cos^3\psi}, \quad rr'\cos^2\psi = b^2, \quad \rho\cos\psi = \frac{rr'}{a};$$

d'où

$$\frac{2}{r\rho} - \frac{\cos\psi}{r^2} = \frac{2r - \rho\cos\psi}{r^2\rho} = \frac{2ar - rr'}{ar^2\rho} = \frac{1}{a\rho} = \frac{2}{r'\rho} - \frac{\cos\psi}{r'^2}.$$

Pour calculer les termes en λ, je désigne par p la perpendiculaire abaissée de O sur la tangente en M; on sait que $u\cos\omega = p$ et $p^3\rho = a^2b^2$; donc

$$\frac{u^2}{\rho} + u\cos\omega = \frac{1}{\rho}\left(u^2 + \frac{a^2b^2}{p^2}\right) = \frac{1}{\rho}(a^2 + b^2).$$

La dernière transformation est fondée sur les théorèmes d'Apollonius, d'où résulte que $\frac{ab}{p}$ est le demi-diamètre conjugué de OM. Les calculs précédents donnent à la valeur de N la forme proposée

$$N = \frac{1}{\rho}\left[v_0^2 - \frac{2\mu}{r_0} - \frac{2\mu'}{r'_0} + \lambda u_0^2 + \frac{\mu + \mu'}{a} - \lambda(a^2 + b^2)\right].$$

Il a été dit que, si N est positif, c'est que le point tend à sortir de l'ellipse. Pour qu'elle soit nulle ou que le point décrive librement la courbe, il faut avoir

$$(\text{II}) \qquad v_0^2 = \frac{2\mu}{r_0} + \frac{2\mu'}{r'_0} - \lambda u_0^2 - \frac{\mu+\mu'}{a} + \lambda(a^2+b^2).$$

Pour avoir l'équation différentielle du mouvement dans ce cas particulier, je reprends l'équation (I), en l'additionnant membre à membre avec l'équation (II) : il vient

$$v^2 = \frac{2\mu}{r} + \frac{2\mu'}{r'} - \lambda u^2 - \frac{\mu+\mu'}{a} + \lambda(a^2+b^2).$$

Déterminons les points de l'ellipse par leur anomalie excentrique φ; on a

$$r = a(1 - e\cos\varphi), \qquad r' = a(1 + e\cos\varphi),$$
$$u^2 = a^2\cos^2\varphi + b^2\sin^2\varphi, \quad ds^2 = a^2(1 - e^2\cos^2\varphi)\,d\varphi^2.$$

Substituant dans l'équation précédente, on lui donne, après de simples réductions, la forme suivante :

$$\frac{d\varphi^2}{dt^2} = \frac{\mu}{a^3(1-e\cos\varphi)^2} + \frac{\mu'}{a^3(1+e\cos\varphi)^2} + \lambda.$$

On ne sait pas effectuer l'intégration; mais, comme $\frac{d\varphi}{dt}$ ne peut s'annuler, on voit que le mouvement sera continu.

L'équation (II) est remarquable : si l'on y annule tour à tour μ' et λ, μ et λ, μ et μ', on reconnaît que v_0^2 est la somme des carrés de trois vitesses initiales avec lesquelles le mobile décrirait librement l'ellipse sous l'action de F seule, ou de F′, ou de O. C'est un cas particulier d'un théorème général dû à M. Bonnet. Supposons que des points libres, de masses m, m', m'', ..., soumis respectivement à des forces F, F′, F″ et partant d'un point A avec des vitesses v_0, v'_0, v''_0, ... suivant une même droite AB, décrivent une même trajectoire U : cette ligne sera encore la trajectoire d'une masse M, sollicitée à la fois par F, F′, F″, ... et animée suivant AB d'une vitesse initiale V_0, telle que MV_0^2 soit égal à $mv_0^2 + m'v_0'^2 + m''v_0''^2 + \ldots$. On s'en assure en supposant que le point M soit obligé de rester sur U : un calcul analogue au précédent montre que la réaction de U serait nulle.

Une autre proposition, qui comprend le cas proposé, consiste en ceci : soit un mobile soumis à l'action de certaines forces, qui, avec une vitesse initiale donnée, décrit une courbe plane ; si l'on change la vitesse initiale et qu'on oblige le mobile à décrire la même courbe, il exercera une pression inversement proportionnelle au rayon de courbure. En effet, la valeur de N, qui serait nulle dans le premier cas, se complique seulement d'un terme provenant de $\frac{v^2}{\rho}$. Or la valeur de v^2 ne diffère de ce qu'elle est dans le premier cas que par l'addition d'une constante h, qui rend N égale à $\frac{h}{\rho}$.

150. *Un mobile* M, *non pesant, assujetti à rester sur une circonférence de cercle, est attiré vers un point* O *de cette courbe par une force fonction de la distance ; déterminer cette fonction de manière que la pression exercée sur le cercle soit constante ; nature du mouvement produit.*

(Paris, 1868.)

Prenons la masse du mobile pour unité, le point O pour pôle, le diamètre OA pour axe polaire ; désignons par a le diamètre, par r la distance OM et par $\varphi(r)$ l'attraction du centre O. La vitesse est donnée par le théorème des forces vives

$$d.v^2 = -2\varphi(r)\,dr. \tag{I}$$

La réaction N du cercle, supposée positive à l'intérieur, fait avec MO un angle égal à θ, et, comme le rayon de courbure est $\frac{a}{2}$, on a

$$\frac{2v^2}{a} = \mathrm{N} + \cos\theta\,\varphi(r), \quad v^2 = \frac{\mathrm{N}a}{2} + \frac{1}{2}r\varphi(r),$$

puisque $a\cos\theta = r$. Différentions et comparons à l'équation (I) : on a

$$d.v^2 = \frac{1}{2}\varphi(r)\,dr + \frac{1}{2}r\varphi'(r)\,dr = -2\varphi(r)\,dr:$$

donc

$$r\varphi'(r) + 5\varphi(r) = 0, \quad \varphi(r) = \frac{2c}{r^5},$$

c désignant une constante; l'attraction varie en raison inverse de la cinquième puissance de la distance. On peut alors intégrer l'équation (I), et l'on trouve

$$\text{(II)} \qquad v^2 - v_0^2 = \frac{c}{r^4} - \frac{c}{r_0^4};$$

$$N = \frac{2v_0^2}{a} - \frac{2c}{ar_0^4}.$$

La pression éprouvée par le cercle est égale et directement opposée à la réaction N qu'il exerce. La loi du mouvement est donnée par l'équation (II) qu'on peut remplacer par l'équation équivalente

$$a^2\frac{d\theta^2}{dt^2} = v_0^2 - \frac{c}{r_0^4} + \frac{c}{a^4\cos^4\theta};$$

le mouvement se fera toujours dans le même sens si c est compris entre zéro et $\frac{a^4 r_0^4 v_0^2}{a^4 - r_0^4}$, sinon il sera oscillatoire; d'ailleurs, l'intégration ne peut se faire à l'aide des fonctions élémentaires que lorsque c est égal à zéro ou à $r_0^4 v_0^2$: dans ce dernier cas, N s'annule.

151. *Soit, en supposant l'axe des y vertical,*

$$x^{\frac{2}{3}} + y^{\frac{2}{3}} = a^{\frac{2}{3}}$$

l'équation d'une hypocycloïde à quatre rebroussements : calculer le temps qu'un point pesant, assujetti à rester *sur la courbe et partant du point le plus bas avec la vitesse $\sqrt{2ga}$, mettra pour atteindre un point de rebroussement* B *où la tangente est horizontale.* (Despeyrous.)

On trouve aisément qu'un élément ds d'arc de l'hypocycloïde est égal à $dy\sqrt[3]{\frac{a}{y}}$ et que l'intégrale des forces vives donne

$$v^2 = \left(\frac{a}{y}\right)^{\frac{2}{3}} \frac{dy^2}{dt^2} = -2gy;$$

on aura, pour le temps cherché,

$$T = \int_{-a}^{0} \frac{a^{\frac{1}{3}}}{\sqrt{2g}}(-y)^{-\frac{5}{6}} dy = 3\sqrt{\frac{2a}{g}}.$$

La vitesse au point B est nulle, et le mobile y reste en équilibre. D'après l'identité qui existe entre le mouvement considéré et le mouvement rectiligne produit par une force égale à la force tangentielle P, nous sommes dans le cas considéré au n° 130, et il semble que T devrait être infini; mais ici se présente justement l'exception signalée à la fin du n° 130 : la courbure de l'hypocycloïde en B est infinie; l'angle de contingence ε d'un arc infiniment petit MB est d'ordre infinitésimal inférieur à celui de MB, et comme, au point M, P est égale à $-mg \sin \varepsilon$, elle est infiniment moins petite que l'arc MB, et le mobile doit atteindre sa position d'équilibre dans un temps fini.

152. *On donne, dans un plan vertical, une cycloïde dont la base est horizontale et la convexité tournée vers le bas; le rayon du cercle générateur est a. Un fil sans masse, de longueur* $6a$, *est attaché par une de ses extrémités à l'un des points de rebroussement de la cycloïde; le fil est d'abord vertical et se termine par une*

masse à laquelle on donne une vitesse horizontale $\sqrt{8ga}$; *mouvement du point m, tension du fil.* (Paris, 1864).

Je prends pour origine le point O, où le fil est attaché; l'axe des x est horizontal, et l'axe des y suivant la verticale descendante. Soit A la position initiale de m; le fil OA s'enroulera sur la cycloïde, une portion OP s'infléchissant suivant un arc égal de la courbe, l'autre partie PM étant dirigée suivant la tangente. Les coordonnées du point P peuvent s'écrire

$$x_1 = a(u - \sin u), \quad y_1 = a(1 - \cos u).$$

Un calcul connu donne

$$\text{arc OP} = 4a\left(1 - \cos\frac{u}{2}\right);$$

donc

$$\text{PM} = 2a\left(1 + 2\cos\frac{u}{2}\right).$$

D'ailleurs $\frac{u}{2}$ est l'angle de PM avec OY ou de la tangente à la trajectoire avec OX. Je le désigne par φ. En projetant sur les axes l'arc OP et la tangente PM, on a les coordonnées du point M

$$x = a(2\varphi - \sin 2\varphi) + 2a(1 + 2\cos\varphi)\sin\varphi = a(2\varphi + 2\sin\varphi + \sin 2\varphi),$$
$$y = a(3 + 2\cos\varphi + \cos 2\varphi).$$

Sans effectuer l'élimination de φ, qui donne un résultat très-compliqué, on peut reconnaître la forme de la courbe. On a d'abord

$$dx = 2a\cos\varphi(1 + 2\cos\varphi)\,d\varphi, \quad dy = -2a(1 + 2\cos\varphi)\sin\varphi\,d\varphi.$$

Dans la cycloïde, on fait toujours croître u; on fera de même pour φ; x commence par croître, y par décroître; pour $\varphi = \frac{\pi}{2}$, dx devient négatif; alors x diminue jusqu'à ce que φ soit égal à $\frac{2\pi}{3}$; dx et dy changent de signe à ce moment; x et y vont augmenter, et l'on a un point de rebroussement B $\left[x = a\left(\frac{4}{3}\pi + \frac{1}{2}\sqrt{3}\right), y = \frac{3}{2}a\right]$, situé sur la cycloïde, tandis que tout le reste de la courbe est en dessous. A partir du rebroussement jusqu'à $\varphi = \pi$, x et y augmentent pour atteindre $2a\pi$ et $2a$. La partie qui suit est symétrique de celle que je viens d'esquisser, par rapport à la verticale du second point de rebroussement de la cycloïde; mais le poids m n'atteint pas même le point B, car le théorème des forces vives donne

$$v^2 - 8ga = 2g(y - 6a).$$

Or $ds = 2a(1 + 2\cos\varphi)d\varphi$; il vient alors

$$v^2 = 4a^2(1 + 2\cos\varphi)^2 \frac{d\varphi^2}{dt^2} = 2ga(1 + 2\cos\varphi + \cos 2\varphi);$$

d'où

$$\text{(I)} \qquad dt\sqrt{\frac{g}{a}} = \frac{(1 + 2\cos\varphi)d\varphi}{\sqrt{\cos\varphi(1 + \cos\varphi)}}.$$

On voit que φ ne peut croître au delà de $\frac{\pi}{2}$; pour cette valeur, le mobile s'arrête et va rebrousser chemin pour exécuter des oscillations symétriques; les coordonnées du point d'arrêt sont $x = (\pi + 2)a$, $y = 2a$; la tangente est verticale et l'arc parcouru égal à

$$\int_0^{\frac{\pi}{2}} 2a(1 + 2\cos\varphi)d\varphi = a(\pi + 4).$$

Pour intégrer l'équation (I), on prendra pour variable $\tang\frac{1}{2}\varphi$, ce qui laisse un radical; mais, comme φ reste compris entre $\pm\frac{\pi}{2}$, on posera $\operatorname{tang}\frac{1}{2}\varphi = \sin\mu$; d'où

$$d\varphi = \frac{2\cos\mu\, d\mu}{1+\sin^2\mu}, \quad \cos\varphi = \frac{\cos^2\mu}{1+\sin^2\mu}.$$

Substituant dans l'équation (I), on a

$$dt\sqrt{\frac{g}{a}} = \frac{3-\sin^2\mu}{1+\sin^2\mu}\sqrt{2}\,d\mu = \frac{4\sqrt{2}\,d\mu}{1+\sin^2\mu} - \sqrt{2}\,d\mu,$$

$$\sqrt{\frac{g}{a}}\,t = 4\operatorname{arc tang}(\sqrt{2}\operatorname{tang}\mu) - \mu\sqrt{2}$$

$$= 4\arcsin\left(\sqrt{2}\sin\frac{1}{2}\varphi\right) - \sqrt{2}\arcsin\left(\operatorname{tang}\frac{1}{2}\varphi\right).$$

Le temps d'une demi-oscillation s'obtient en faisant $\varphi = \frac{\pi}{2}$ ou $\mu = \frac{\pi}{2}$,

$$T = \pi\sqrt{\frac{a}{g}}\left(2 - \frac{\sqrt{2}}{2}\right).$$

La tension correspondant à une position quelconque du fil est la résultante de la force centrifuge et de la composante normale du poids; or $\rho = PM$, et nous avons trouvé l'expression de v^2; on en déduit

$$N' = m\left(\frac{v^2}{\rho} + g\cos\varphi\right) = mg\,\frac{4\cos\varphi + 3\cos^2\varphi}{1+2\cos\varphi}.$$

Cette tension est d'abord $\frac{7}{3}mg$ et diminue jusqu'à zéro.

153. *Deux points pesants se meuvent sur un cercle vertical dans des conditions telles, que leurs vitesses au point le plus bas* P *ont une même valeur* $\sqrt{2gh}$: *trouver l'enveloppe de la droite qui joint les positions simultanées des deux mobiles.* (Jacobi.)

Je vais donner de ce problème une solution analytique tout à fait directe. Soient O le centre du cercle, a son rayon, A et B les positions des mobiles à l'époque t, 2θ et

2φ les angles POA, POB. Le théorème des forces vives donne tout d'abord

$$(1)\qquad \frac{d\theta^2}{h-a+a\cos 2\theta}=\frac{d\varphi^2}{h-a+a\cos 2\varphi},$$

chacune de ces fractions étant égale à $\frac{g\,dt^2}{2a^2}$.

Cela posé, prenons le point O pour origine, et supposons l'axe des x dirigé dans le sens de la pesanteur, l'axe des y horizontal : l'équation de la droite AB peut s'écrire

$$(2)\qquad x\cos(\theta+\varphi)+y\sin(\theta+\varphi)-a\cos(\theta-\varphi)=0.$$

Comme nous avons seulement, entre φ et θ, une équation différentielle, en sorte que la relation finie qui existe entre eux dépend d'une constante arbitraire, nous ne pouvons trouver que l'équation différentielle de l'enveloppe, dont l'intégration amènera aussi une arbitraire. Suivant la méthode ordinaire, différentions (2) par rapport au paramètre dont dépendent φ et θ; on a

$$\begin{gathered}[-x\sin(\theta+\varphi)+y\cos(\theta+\varphi)+a\sin(\theta-\varphi)]\,d\theta\\=[x\sin(\theta+\varphi)-y\cos(\theta+\varphi)-a\sin(\theta-\varphi)]\,d\varphi.\end{gathered}$$

J'élève les deux nombres au carré, et j'ajoute aux coefficients de $d\theta^2$ et de $d\varphi^2$ le carré du premier membre de l'équation (2), qui est nul :

$$\begin{gathered}(x^2+y^2+a^2-2ax\cos 2\varphi-2ay\sin 2\varphi)\,d\theta^2\\=(x^2+y^2+a^2-2ax\cos 2\theta-2ay\sin 2\theta)\,d\varphi^2.\end{gathered}$$

Remplaçons $d\theta^2$ et $d\varphi^2$ par les quantités auxquelles ils sont proportionnels (1), et nous aurons, après de simples réductions,

$$\begin{gathered}2a(h-a)[x(\cos 2\theta-\cos 2\varphi)+y(\sin 2\theta-\sin 2\varphi)]\\+a(x^2+y^2+a^2)(\cos 2\theta-\cos 2\varphi)+2a^2y\sin 2(\theta-\varphi)=0.\end{gathered}$$

Si l'on rend calculables par logarithmes les différences de sinus et de cosinus, on pourra diviser par $2a\sin(\theta-\varphi)$, et il restera

$$(3)\quad \left\{\begin{aligned} &2(h-a)y\cos(\theta+\varphi)\\ &\quad -[x^2+y^2+a^2+2(h-a)x]\sin(\theta+\varphi)+2ay\cos(\theta-\varphi)=0. \end{aligned}\right.$$

On ne peut éliminer θ et φ entre les équations (2) et (3); mais il est bien facile d'éliminer $\cos(\theta-\varphi)$, ce qui donne

$$(4)\quad \left\{\begin{aligned} &2(x+h-a)y\cos(\theta+\varphi)\\ &\quad =[x^2-y^2+a^2+2(h-a)x]\sin(\theta+\varphi). \end{aligned}\right.$$

Or, au point x, y, déterminé par les équations (2) et (4), la tangente à l'enveloppe est la droite AB (2); donc $\cos(\theta+\varphi)$ et $\sin(\theta+\varphi)$ sont proportionnels à dy et à $-dx$; si on les remplace par ces différentielles dans (4), on aura l'équation différentielle de l'enveloppe : on peut l'écrire, en ajoutant $2x(x+h-a)\,dx$ aux deux membres,

$$2(x+h-a)(x\,dx+y\,dy)=(x^2+y^2-a^2)\,dx.$$

On trouve immédiatement l'intégrale

$$x^2+y^2-a^2=C(x+h-a).$$

L'enveloppe est un cercle E; l'axe radical de ce cercle et du cercle donné S est l'horizontale située à la hauteur h au-dessus de P; il suffira de connaître la position des deux mobiles à un instant quelconque et le sens de leurs vitesses pour déterminer la constante C : le cercle E doit toucher AB à l'intérieur ou à l'extérieur de S selon que vitesses sont de même sens ou non.

Supposons que les mobiles fassent le tour de S dans un temps T : les époques de leur passage en un même point M de la circonférence diffèrent d'une quantité fixe T′, quel que soit M; les droites qui joignent les positions des mobiles aux instants t, $t+T'$, $t+2T'$, ... forment les côtés d'une ligne polygonale inscrite dans S, circonscrite à E; si le polygone est fermé à un certain instant, il le sera toujours, et il faut, pour cela, que T' soit une fraction $\frac{m}{n}$ de T. En général, on ne peut construire un polygone de n côtés inscrit dans un cercle et circonscrit à un autre; mais, s'il en existe un, il y en aura une infinité.

(Poncelet.)

Cas où il y a des résistances de milieux et de frottement.

Les résistances du milieu, étant les fonctions de la vitesse, n'empêchent pas l'équation du travail, $d.v^2 = 2P\,ds$, de donner la loi du mouvement sur la courbe; seulement, comme P dépend de v, l'intégrale du premier ordre ne se trouve pas à l'aide d'une simple quadrature; on a une équation différentielle à intégrer. S'il y a une force de frottement proportionnelle à la pression normale, il faut calculer cette pression, résultante de la force centrifuge et de la composante normale des forces extérieures; en la reportant dans l'équation du travail, on est encore ramené à une équation différentielle en v^2.

154. *Un point pesant est lancé avec une vitesse horizontale v_0, à partir du sommet d'une cycloïde dépolie dont la base est horizontale et la convexité tournée vers le haut; le plan de la courbe est vertical. Mouvement du mobile; point où il quitte la cycloïde en le supposant libre de s'échapper à l'extérieur.*

En prenant pour axes la tangente au sommet et l'axe de la cycloïde, les coordonnées d'un de ses points ont la forme connue

$$x = a(u + \sin u), \qquad y = a(1 - \cos u).$$

On sait que la tangente fait avec l'axe des x l'angle $\frac{u}{2}$, et que $ds = 2a\cos\frac{1}{2}u\,du$, $\rho = 4a\cos\frac{1}{2}u$.

Soit N la réaction normale de la courbe comptée positivement vers l'extérieur ; fN sera la réaction tangentielle, et, en faisant la masse du mobile égale à l'unité, nous aurons, comme précédemment, les deux équations du mouvement

$$\text{(I)} \qquad d\frac{1}{2}v^2 = \left(g\sin\frac{u}{2} - f\mathrm{N}\right)ds, \quad \frac{v^2}{\rho} = g\cos\frac{u}{2} - \mathrm{N}.$$

Éliminons N :

$$\frac{1}{2}\frac{d.v^2}{ds} - f\frac{v^2}{\rho} = g\left(\sin\frac{1}{2}u - f\cos\frac{1}{2}u\right)$$

ou

$$\frac{d.v^2}{du} - fv^2 = 2ag[\sin u - f(1+\cos u)].$$

L'intégrale de cette équation linéaire est, d'après une formule générale,

$$v^2 = e^{fu}\left[v_0^2 + 2ag\int_0^u(\sin u - f - f\cos u)e^{-fu}du\right];$$

mais

$$\int e^{-fu}\cos u\,du = \frac{\sin u - f\cos u}{1+f^2}e^{-fu},$$

$$\int e^{-fu}\sin u\,du = -\frac{\cos u + f\sin u}{1+f^2}e^{-fu};$$

donc

$$v^2 = \left(v_0^2 - \frac{4gaf^2}{1+f^2}\right)e^{fu} + 2ag\left[1 - \frac{(1-f^2)\cos u + 2f\sin u}{1+f^2}\right].$$

En posant $f = \operatorname{tang}\varphi$, cette expression prend une forme remarquable

$$\text{(II)} \quad v^2 = (v_0^2 - 4ag\sin^2\varphi)e^{u\operatorname{tang}\varphi} + 4ag\sin^2\left(\varphi - \frac{1}{2}u\right).$$

Avant de discuter cette formule, je rappelle que nos équations (I) sont établies en supposant la réaction de la courbe dirigée vers l'extérieur, et $N > 0$; quand N deviendra négatif, si le mobile repose simplement sur la courbe, il la quittera, et s'il ne peut s'échapper, si c'est, par exemple, une bille enfermée dans un tube cycloïdal, il faudra écrire la première équation (I)

$$(\text{I } bis) \qquad d\frac{1}{2}v^2 = \left(g \sin\frac{1}{2}u + fN\right)ds,$$

et la formule (II) ne sera plus exacte. Or nous avions

$$N = g\cos\frac{1}{2}u - \frac{v^2}{\rho};$$

la formule (II) s'applique seulement tant que

$$v^2 < g\rho\cos\frac{1}{2}u < 4ag\cos^2\frac{1}{2}u.$$

Il faut que v_0^2 soit $< 4ag$, sinon le mobile quitterait tout de suite la courbe. La formule (II) commence par être applicable tant qu'on a $N > 0$ ou

$$(\text{III}) \qquad \begin{cases} (v_0^2 - 4ag\sin^2\varphi)e^{u\tan g\varphi} + 4ag\sin^2\left(\varphi - \frac{1}{2}u\right) \\ \qquad\qquad - 4ag\sin^2\left(\frac{\pi}{2} - \frac{1}{2}u\right) < 0. \end{cases}$$

Distinguons deux cas selon le signe de $v_0^2 - 4ag\sin^2\varphi$: si ce binôme est > 0, l'équation (II) montre que v^2 ne s'annule pas; mais l'inégalité (III) cesse d'être satisfaite quand u dépasse une certaine valeur moindre que π; alors le mobile s'échappe s'il en est libre, sinon il faut modifier les équations du mouvement d'après la formule (I *bis*).

Soit $v_0^2 - 4ag\sin^2\varphi < 0$; l'équation (II) montre que v^2 s'annule pour une valeur de u moindre que 2φ, car le second membre, positif pour $u = 0$, est négatif pour $\frac{1}{2}u = \varphi$; mais le deuxième terme du premier membre de la formule (III) est moindre que le troisième, tant que $\frac{u}{2}$ est $< \varphi$; l'inégalité sera toujours vérifiée; le mobile restera sur la courbe jusqu'à ce que v^2 devienne nul, et l'on arrivera à un repos indéfini.

Soit $v_0^2 - 4ag\sin^2\varphi = 0$. Le mobile s'arrête pour $u = 2\varphi$, sans que l'inégalité (III) cesse d'être vérifiée; mais le point d'arrêt est une position d'équilibre instable; u pourrait dépasser la valeur 2φ sans que v devienne imaginaire, la vitesse étant toujours donnée par la formule (II), du moins jusqu'à $u = \varphi + \frac{\pi}{2}$; pour cette valeur N est nul et le mouvement change de nature. On peut exprimer t en fonction de u; car, avec la valeur actuelle de v_0^2,

$$v = 2a\cos\frac{1}{2}u\frac{du}{dt} = \pm 2\sqrt{ag}\sin\left(\varphi - \frac{1}{2}u\right).$$

On met le signe + ou — selon que le mobile est au-dessus ou au-dessous du point d'arrêt. Prenons la première hypothèse :

$$dt\sqrt{\frac{g}{a}} = \frac{\cos\frac{1}{2}u\,du}{\sin(\varphi - \frac{1}{2}u)} = \frac{\cos[\varphi - (\varphi - \frac{1}{2}u)]}{\sin(\varphi - \frac{1}{2}u)}du.$$

Développant et intégrant :

$$t\sqrt{\frac{g}{a}} = 2\cos\varphi\,\mathrm{L}\frac{\sin\varphi}{\sin(\varphi - \frac{1}{2}u)} + u\sin\varphi.$$

Il faudra un temps infini pour arriver au point d'arrêt, ce qui s'accorde avec les résultats du n° 130. Quant à la relation qui lie t à u, elle ne peut être donnée explicitement dans le cas général.

155. *Mouvement d'un point pesant sur une hélice dépolie, tracée sur un cylindre droit vertical, de rayon* R; *la tangente à l'hélice fait l'angle* α *avec l'horizon.*

Nous ne connaissons pas la direction de la réaction normale N de la courbe; nous savons seulement qu'elle est dans le plan normal, et nous désignerons par β l'angle qu'elle fait avec la normale principale; celle-ci n'est autre, on le sait, que la normale au cylindre. Supposons la masse du mobile M égale à l'unité, son point de départ sur l'axe des x, et sa vitesse initiale v_0 dirigée vers le bas; les arcs descendants seront comptés comme positifs. Écrivons les composantes de l'accélération suivant la tangente, la normale principale et la binormale :

$$(1)\qquad \frac{d\frac{1}{2}v^2}{ds} = g\sin\alpha - f\mathrm{N},\quad \frac{v^2}{\rho} = \mathrm{N}\cos\beta,\quad g\cos\alpha - \mathrm{N}\sin\beta = 0.$$

Comme $\rho = \dfrac{\mathrm{R}}{\cos^2\alpha}$, on en tire

$$\operatorname{tang}\beta = \frac{g\mathrm{R}}{v^2\cos\alpha},\quad \mathrm{N}^2 = g^2\cos^2\alpha + \frac{v^4\cos^4\alpha}{\mathrm{R}^2},$$

$$\frac{d\frac{1}{2}v^2}{ds} = g\sin\alpha - f\cos\alpha\sqrt{g^2 + \frac{v^4}{\mathrm{R}^2}\cos^2\alpha}$$

ou

$$(2)\qquad \frac{d.v^2}{g\mathrm{R}\operatorname{tang}\alpha - f\sqrt{g^2\mathrm{R}^2 + v^4\cos^2\alpha}} = \frac{2\,ds\cos\alpha}{\mathrm{R}}.$$

Pour intégrer, je pose $\sqrt{g^2\mathrm{R}^2 + v^4\cos^2\alpha} = g\mathrm{R} + uv^2\cos\alpha$, et j'obtiens

$$v^2 = \frac{2g\mathrm{R}u}{(1-u^2)\cos\alpha},$$

$$(3)\qquad \frac{2\,ds\cos^2\alpha}{\mathrm{R}} = \frac{2(1+u^2)\,du}{(1-u^2)[\operatorname{tang}\alpha - f - (\operatorname{tang}\alpha + f)u^2]}.$$

La définition de u montre qu'il est compris entre zéro et 1, et l'expression de v^2 en fonction de u prouve que ces deux variables augmentent ou diminuent ensemble. Lorsque f est $>$ tangα, l'équation (3) montre que du est toujours négatif, ds étant >0; u diminue depuis sa valeur initiale u_0, déterminée par v_0, jusqu'à zéro; alors v est aussi nul et M s'arrête. Au contraire, si tang$\alpha > f$, le mobile ne s'arrête plus. Soit $h = \sqrt{\frac{\tang\alpha - f}{\tang\alpha + f}}$, la valeur de v^2 correspondant à $u = h$ sera

$$k^2 = \frac{gR}{f\cos\alpha}\sqrt{\tang^2\alpha - f^2}.$$

Lorsque u_0 sera $< h$, du sera d'abord > 0; u augmentera jusqu'à h, mais il n'atteindra cette limite que pour $s = \infty$; si $u_0 > h$, u diminue et tend vers h pour $s = \infty$; dans les deux hypothèses, v tend indéfiniment vers k. Enfin, si $u_0 = h$, u et v garderont des valeurs constantes.

On peut trouver la valeur de u en fonction de s : il faut, dans l'équation (3), remplacer le coefficient de du par deux fractions simples relativement à u^2 :

$$\frac{2f\,ds\cos^2\alpha}{R} = \frac{2\tang\alpha\,du}{\tang\alpha - f - (\tang\alpha + f)u^2} - \frac{2\,du}{1 - u^2}.$$

Dans le cas où f est $>$ tangα, on a pour intégrale

$$\frac{2fs\cos^2\alpha}{R} = L\frac{(1 + u_0)(1 - u)}{(1 - u_0)(1 + u)}$$
$$+ \frac{2\tang\alpha}{\sqrt{f^2 - \tang^2\alpha}}\operatorname{arc\,tang}\frac{(u_0 - u)\sqrt{f^2 - \tang^2\alpha}}{f - \tang\alpha + (f + \tang\alpha)uu_0}.$$

Pour avoir l'arc parcouru jusqu'à ce que le mobile s'arrête, il suffit de faire dans cette formule $u = 0$. Lorsque f est $<$ tangα, l'intégrale ne renferme que des logarithmes; elle est compliquée et ne saurait conduire à la valeur explicite de s en fonction de t; mais on peut prouver que la courbe qui représente la loi des espaces en fonction du temps a une asymptote : ce sera un nouveau cas où l'équation différentielle d'une courbe ou d'un mouvement peut suffire pour en étudier les propriétés. Prenons égales les longueurs qui représentent l'unité d'espace et de temps. Puisque, pour $s = \infty$, $\lim \frac{ds}{dt} = k$, k sera le coefficient angulaire de l'asymptote; l'ordonnée à l'origine sera

$$\delta = \lim(s - kt) = \int_0^\infty \left(1 - \frac{k}{v}\right) ds = \int_{v_0}^{k} (v - k) \frac{ds}{d\frac{1}{2}v^2} dv;$$

mais l'équation (2) peut s'écrire, en nous rappelant la valeur de k^2,

$$\frac{ds}{d\frac{1}{2}v^2} = \frac{R}{\cos\alpha} \frac{gR \tang\alpha + f\sqrt{g^2R^2 + v^4\cos^2\alpha}}{f^2\cos^2\alpha(k^4 - v^4)};$$

d'où

$$\delta = -\int_{v_0}^{k} \left(gR \tang\alpha + f\sqrt{g^2R^2 + v^4\cos^2\alpha}\right)$$

$$\times \frac{R\,dv}{f^2\cos^3\alpha(k^3 + k^2v + v^2 + v^3)k};$$

δ est donc fini et déterminé.

L'hypothèse de $f = \tang\alpha$ ne donne pas beaucoup de simplification; on trouve que v diminue toujours jusqu'à zéro, valeur qu'il n'atteint qu'avec s infini.

Le mouvement ascendant se traiterait absolument de la même façon : on compterait les arcs montants comme positifs et l'on n'aurait qu'à changer g en $-g$; il y a toujours arrêt; et il n'est pas moins évident que le mouvement ascendant et le mouvement descendant ne peuvent pas être compris dans une même formule.

Détermination de la courbe par les propriétés données du mouvement.

On peut demander sur quelle courbe un point, sollicité par des forces connues, doit être assujetti à rester pour que son mouvement satisfasse à des conditions données. Il faut donner deux conditions relatives à la courbe ou au mouvement; car on aura ainsi deux relations qui, avec les trois équations du mouvement et la condition de perpendicularité de la tangente à la courbe et de la réaction, permettent de trouver en fonction du temps les coordonnées du mobile et les composantes de la réaction. En général, on écrira les équations du mouvement comme nous l'avons fait dans les cas précédents, et l'élimination de la réaction et du temps fera connaître la courbe.

156. *Déterminer dans un plan vertical une courbe telle qu'un point pesant, obligé de la suivre et ayant primitivement une vitesse horizontale $\sqrt{2gh}$, exerce une pression constante. En déduire la courbe sur laquelle il faut faire enrouler le fil qui soutient un pendule simple restant dans un plan vertical pour que la tension soit constante.* (Agrégation, 1841.)

Je prends pour origine le point de départ O, l'axe des x étant horizontal et l'axe des y suivant la verticale ascendante; nous pouvons supposer que l'angle α de la tangente avec OX soit nul à l'origine. Je désigne par mng la réaction de la courbe, en convenant qu'au point O elle sera dirigée vers le haut ou vers le bas selon que n sera positif ou négatif : aux autres points sa direction sera déterminée par la loi de continuité. On a toujours

$$v^2 = 2g(h - y), \tag{1}$$

mais l'expression de l'accélération centripète dépend du sens de la courbure. Supposons que, dans le voisinage de l'origine, la courbe tourne sa convexité vers le bas : on aura

$$\frac{v^2}{\rho} = ng - g\cos\alpha, \tag{2}$$

et l'on s'assurera facilement que cette équation subsiste quand même $\cos\alpha$ deviendrait négatif, pourvu que la courbure ne change point de sens. On conclut alors, des équations (1) et (2),

$$n - \cos\alpha = 2\frac{h-y}{\rho} = 2(h-y)\frac{\sin\alpha\, d\alpha}{dy}.$$

Il est évident que n est > 1; les variables se séparent, et l'on a, en intégrant,

$$(h-y)(n-\cos\alpha)^2 = h(n-1)^2, \quad y = h - \left(\frac{n-1}{n-\cos\alpha}\right)^2 h;$$

d'où

$$dy = 2(n-1)^2 h \frac{\sin\alpha\, d\alpha}{(n-\cos\alpha)^3}, \quad dx = 2(n-1)^2 h \frac{\cos\alpha\, d\alpha}{(n-\cos\alpha)^3}.$$

On peut faire croître indéfiniment l'angle α, et le sens de la courbure ne change pas. L'expression de dx est intégrable; mais, sans effectuer l'intégration, on peut se rendre compte de la forme de la courbe. Quand α varie de zéro à $\frac{\pi}{2}$, x et y augmentent régulièrement; pour $\alpha = \frac{\pi}{2}$, la tangente est verticale; ensuite y continue à croître, mais x décroît jusqu'à ce que α soit égal à π; au point correspondant A, la tangente est horizontale; on a

$$y = h\left[1 - \left(\frac{n-1}{n+1}\right)^2\right],$$

x prenant une valeur a; puis, α continuant à croître, on trouve un arc de courbe symétrique de l'arc OA par rapport à la verticale de A, et le mobile revient toucher l'axe des x à une distance $2a$ de l'origine; puis tout se reproduit dans l'ordre primitif. Sans calculer la valeur générale de x, il est aisé d'avoir a. On a, en effet,

$$a = 2(n-1)^2 h \int_0^\pi \frac{\cos\alpha \, d\alpha}{(n-\cos\alpha)^3}.$$

Or

$$\int_0^\pi \frac{d\alpha}{n-\cos\alpha} = \frac{\pi}{\sqrt{n^2-1}}.$$

Différentions par rapport à n :

$$\int_0^\pi \frac{d\alpha}{(n-\cos\alpha)^2} = n\pi(n^2-1)^{-\frac{3}{2}},$$

$$\int_0^\pi \frac{d\alpha}{\left(1-\frac{\cos\alpha}{n}\right)^2} = \pi\left(1-\frac{1}{n^2}\right)^{-\frac{3}{2}};$$

différentions par rapport à $\frac{1}{n}$, puis divisons tout par n^3 :

$$\int_0^\pi \frac{2\cos\alpha \, d\alpha}{(n-\cos\alpha)^3} = 3n\pi(n^2-1)^{-\frac{5}{2}}, \quad a = \frac{3n\pi h}{(n+1)^2\sqrt{n^2-1}}.$$

La courbe sur laquelle on doit faire enrouler le fil d'un pendule pour que la tension soit constante n'est autre que la développée de la précédente. Soient x_1, y_1 les coordonnées du point correspondant au point x, y; on a

$$\begin{aligned} y_1 = y + \rho\cos\alpha &= y + 2\frac{h-y}{n-\cos\alpha}\cos\alpha \\ &= h\left[1 + \frac{3\cos\alpha - n}{(n-\cos\alpha)^3}(n-1)^2\right], \end{aligned}$$

d'où

$$dy_1 = -6n(n-1)^2 h \frac{\sin\alpha\cos\alpha \, d\alpha}{(n-\cos\alpha)^4}, \quad dx_1 = 6hn(n-1)^2 \frac{\sin^2\alpha \, d\alpha}{(n-\cos\alpha)^4}.$$

On a d'abord un point O_1, correspondant à O, où la tangente est verticale ; puis y_1 diminue jusquà $\alpha = \frac{\pi}{2}$ pour augmenter quand α varie de $\frac{\pi}{2}$ à π ; quant à x_1, il croît toujours ; il y a un point de rebroussement A_1, correspondant à A, avec tangente verticale ; puis la courbe forme une suite indéfinie de festons égaux. Il est clair que l'arc $O_1 A_1$ peut seul servir à l'enroulement du fil pendulaire.

Supposons qu'au point O la courbe doive être au-dessous de sa tangente, c'est-à-dire que α diminue à partir de zéro ; on devra prendre

$$\frac{v^2}{\rho} = -ng + g\cos\alpha \quad \text{et} \quad \rho = -\frac{dy}{\sin\alpha\, d\alpha}.$$

Des calculs analogues à ceux du premier cas nous donnent

$$\cos\alpha - n = 2(y-h)\sin\alpha\frac{d\alpha}{dy}, \quad y = h - h\left(\frac{1-n}{\cos\alpha - n}\right)^2.$$

La constante n est seulement assujettie à être < 1. Si on la prend < -1, y reste fini, on a la même courbe que dans le premier cas ; toutefois l'origine en est le point le plus haut, au lieu d'être le point le plus bas. Lorsque n est compris entre 1 et -1, on peut le représenter par $\cos\beta$, et si β est l'angle compris entre zéro et $-\pi$, dont le cosinus soit n, on voit que, pour $\alpha = \beta$, y et aussi x sont infinis ; la direction asymptotique fait l'angle β avec l'horizontale, mais l'asymptote est rejetée à l'infini ; en effet, son ordonnée à l'origine est

$$\lim(y - x\operatorname{tang}\beta) = \int_0^\beta \left(1 - \frac{\operatorname{tang}\beta}{\operatorname{tang}\alpha}\right)\frac{dy}{d\alpha}\,d\alpha$$
$$= \frac{(1-n)}{2n}\int_0^\beta \frac{\cos\frac{1}{2}(\beta-\alpha)\,d\alpha}{\sin^2\frac{1}{2}(\beta-\alpha)\sin^3\frac{1}{2}(\beta+\alpha)}.$$

Comme la quantité sous le signe $\int$, multipliée par $(\beta-\alpha)^2$, reste finie pour $\alpha = \beta$, l'intégrale est infinie.

Pour $n = 0$, on a

$$x^2 = -4hy;$$

pour $n = 1$, on trouve l'axe des x.

157. *Déterminer dans un plan vertical une courbe sur laquelle un point pesant, assujetti à glisser sur elle sans éprouver de résistances passives, exerce une pression égale au produit de la composante normale de son poids par une constante c : cas où l'on peut intégrer jusqu'au bout.* (Paris, 1865, 1871.)

Il serait encore facile de résoudre cette question en considérant la force vive et l'accélération centripète; mais, pour choisir les signes qui figurent dans l'expression de cette accélération, il faut distinguer plusieurs cas : on évite cette discussion en se servant des équations de Maclaurin, qu'on ne doit pas perdre de vue.

Plaçons l'origine au point de départ O, l'axe des x étant horizontal, l'axe des y suivant la verticale montante : les équations du mouvement sont de la forme

$$(1) \qquad m\frac{d^2x}{dt^2} = \mathrm{N}\cos\lambda, \qquad m\frac{d^2y}{dt^2} = -mg + \mathrm{N}\sin\lambda;$$

la direction normale suivant laquelle on compte N positivement fait l'angle λ avec OX; la projection du poids sur cette direction est $-mg\sin\lambda$; la pression, estimée aussi suivant la même direction, est $-mgc\sin\lambda$, et N doit être représenté par $mgc\sin\lambda$.

En appelant $2gh$ le carré de la vitesse initiale, on a

$$(2) \qquad v^2 = \frac{1}{\cos^2\lambda}\frac{dy^2}{dt^2} = 2g(h-y);$$

enfin l'on a, en supposant λ exprimé en fonction

de y,

$$\frac{dx}{dt} + \operatorname{tang}\lambda \frac{dy}{dt} = 0,$$

$$\frac{d^2x}{dt^2} + \operatorname{tang}\lambda \frac{d^2y}{dt^2} + \frac{1}{\cos^2\lambda}\frac{d\lambda}{dy}\frac{dy^2}{dt^2} = 0.$$

Si, dans cette dernière relation, on remplace les dérivées par leurs valeurs (1) et (2) en tenant compte de la valeur de N, on a l'équation de la courbe demandée

$$cg\sin\lambda\cos\lambda + g\operatorname{tang}\lambda(c\sin^2\lambda - 1) + 2g(h-y)\frac{d\lambda}{dy} = 0$$

ou

$$(c-1)\frac{dy}{h-y} + 2\cot\lambda\, d\lambda = 0.$$

Posons $c - 1 = 2n$ et intégrons par logarithmes : on trouve, a étant une constante,

$$\left(\frac{h-y}{a}\right)^{2n} = \sin^2\lambda = \frac{dx^2}{dx^2+dy^2},$$

d'où

$$dx = \pm\frac{(h-y)^n\, dy}{\sqrt{a^{2n}-(h-y)^{2n}}}.$$

Pour qu'on puisse intégrer une dernière fois, il faut et il suffit que $\frac{n+1}{2n}$ ou $\frac{n+1}{2n} - \frac{1}{2}$ soit entier ou, en un mot, que n soit l'inverse d'un entier quelconque μ. Donnons à μ les valeurs simples -2, -1, 1, 2 ; les valeurs correspondantes de n sont $-\frac{1}{2}$, -1, 1, $\frac{1}{2}$, et celles de c, zéro, -1, 3, 2 ; les valeurs de dx sont

$$1^\circ \pm\frac{dy\sqrt{a}}{\sqrt{h-y-a}}, \quad 2^\circ \pm\frac{a\,dy}{\sqrt{(h-y)^2-a^2}},$$

$$3^\circ \pm\frac{(h-y)\,dy}{\sqrt{a^2-(h-y)^2}}, \quad 4^\circ \pm dy\sqrt{\frac{h-y}{a-h+y}}.$$

Les intégrales de ces différentielles sont bien connues, et l'on trouve pour la courbe demandée :

1° Une parabole dont la directrice est $y = h$;

2° Une chaînette tournant sa convexité vers le haut;

3° Une circonférence dont $y = h$ représente un diamètre;

4° Une cycloïde dont $y = h$ détermine la base.

La loi du mouvement est donnée, dans le cas général, par l'équation

$$dt = \pm \frac{a^n\, dy}{\sqrt{2g(h-y)}\sqrt{a^{2n}-(h-y)^{2n}}}.$$

158. *Trouver une courbe plane telle qu'un point obligé de la suivre, et partant d'un point donné* O (*fig.* 21) *de cette courbe, sous l'action d'un centre* A *qui*

Fig. 21.

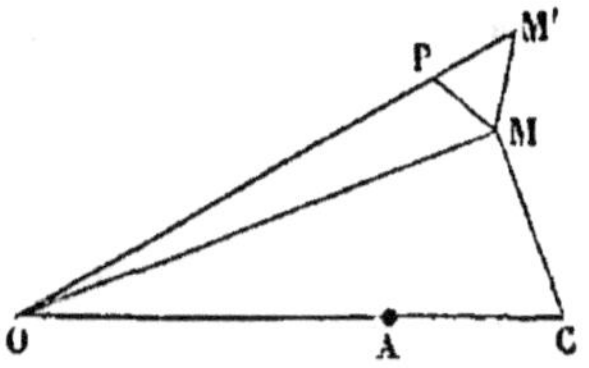

l'attire proportionnellement à la distance, arrive en un point quelconque M *de la courbe dans le même temps que s'il s'était mû sur la droite* AM, v_0 *étant nul.*

(OSSIAN BONNET.)

Soient M, M' deux points de la courbe infiniment voisins; le mobile doit parcourir les arcs OM, OM' dans le même temps que les cordes OM, OM'. Soit P le point où arrive le mobile qui suit la corde OM' à l'instant où celui qui suit la courbe passe en M, tous deux étant partis ensemble de O; nos deux mobiles devront parcourir dans le même temps, l'un la droite PM', l'autre l'arc MM'. Comme le théorème des forces vives a lieu, les vitesses en P et en M diffèrent infiniment peu; il faut donc $PM' = \text{arc}\, MM'$; le triangle $PM'M$ est isoscèle et $M' = \pi - 2M'PM$.

D'autre part, il est aisé de démontrer que, si l'on considère des mobiles, partant ensemble du point O, attirés vers le point A et suivant des droites issues de O, le lieu de leurs positions simultanées ou courbe synchrone est un cercle dont le diamètre OC est dirigé suivant OA; les points O, P, M, C sont donc sur un cercle, $M'PM = OCM = \frac{\pi}{2} - \theta$ en prenant OA pour axe polaire; il en résulte

$$M' = 2\theta, \quad \frac{r\,d\theta}{dr} = \text{tang}\, 2\theta, \quad r^2 = c^2 \sin 2\theta.$$

La courbe demandée est une lemniscate de Bernoulli, tangente à OA, et dont le paramètre est quelconque.

159. Des tautochrones. — *Trouver sur une surface donnée une courbe sur laquelle doit se mouvoir un point, sollicité par des forces connues, pour qu'il arrive en un point A de cette courbe dans un temps constant, quel que soit le point d'où il part sans vitesse initiale.*

Le mouvement d'un point sur une courbe est déterminé par la composante tangentielle de la force motrice, comme le mouvement sur une droite l'est par la force agissant suivant cette droite; si donc une courbe doit être tautochrone pour un mobile sollicité par une force de nature donnée, il faut que la composante tangentielle soit, à chaque instant, égale à la force de même espèce qui produirait un mouvement rectiligne tautochrone.

Considérons d'abord des forces qui ne dépendent que de la position du mobile : on sait que, dans le mouvement rectiligne tautochrone, la force motrice doit alors être proportionnelle à la distance s du mobile M au point d'arrivée A; la force tangentielle sur une courbe tautochrone aura la même expression, s désignant l'arc AM, et cette condition suffit pour déterminer la tautochrone sur une surface. Le point A est nécessairement une position d'équilibre.

Soit à chercher dans un plan la tautochrone pour un point attiré vers un pôle O avec une force $m\lambda^2 r$. On posera

$$-m\lambda^2 r\frac{dr}{ds} = -\frac{m\pi^2}{4T^2}s, \quad s\,ds = \frac{4T^2\lambda^2}{\pi^2}r\,dr = c^2 r\,dr,$$

d'où

$$s^2 = c^2(r^2 - a^2), \quad ds = \frac{cr\,dr}{\sqrt{r^2 - a^2}},$$

$$d\theta = \pm\frac{dr}{r}\sqrt{\frac{(c^2-1)r^2 + a^2}{r^2 - a^2}}.$$

Cette équation représente une hypocycloïde pour $c < 1$, une droite pour $c = 1$, et, quand $c > 1$, une spirale U qui s'étend à l'infini. M. Puiseux a reconnu (*Journal de Liouville*, t. IX) que U est semblable à la développée D' de sa développée D : je vais montrer, en outre, qu'elle lui est inversement homothétique par rapport à O. Je mène $OP = p$, perpendiculaire sur la tangente à U en M, MM' rayon de courbure de U, M'M'' rayon de courbure de D en M' ; M'' est sur D'. MM' étant parallèle à OP, M'M'' à MP, il suffit de montrer qu'on a

$$\frac{M'M''}{MM'} = \frac{PM}{OP}$$

et

$$MM' > OP.$$

Or on a, en se reportant à la valeur de $\frac{dr}{ds}$,

$$PM = r\frac{dr}{ds} = \frac{1}{c}\sqrt{r^2 - a^2},$$

$$OP = p = \sqrt{r^2 - \overline{PM}^2} = \frac{1}{c}\sqrt{(c^2-1)r^2 + a^2},$$

$$\rho = MM' = \frac{r\,dr}{dp} = \frac{c}{c^2-1}\sqrt{(c^2-1)r^2 + a^2} = \frac{c^2 p}{c^2-1} > OP;$$

enfin à l'arc ds sur U correspond sur D un arc $d\rho$ qui a même angle de contingence que ds; on a donc, pour le rapport des rayons de courbure,

$$\frac{M'M''}{MM'} = \frac{d\rho}{ds} = \frac{d\rho}{dr}\frac{dr}{ds} = \frac{cr}{\sqrt{(c^2-1)r^2+a^2}}\frac{\sqrt{r^2-a^2}}{cr} = \frac{PM}{OP}. \quad \text{C.Q.F.D.}$$

Nous avons trouvé (n° **132**) que, si un mobile se meut en ligne droite dans un milieu dont la résistance est kv^2, pour qu'il arrive au point A de cette droite dans un temps constant, il doit être attiré vers le point A par une force dont la valeur, fonction de s, est

$$F = \frac{1}{\lambda^2 k}(e^{ks}-1),$$

le temps de la chute étant $\frac{\pi}{2}\lambda$. Pour qu'un point assujetti à se mouvoir sur une courbe dans le même milieu résistant arrive en un point A de cette courbe dans un temps constant, il faut que la composante tangentielle de la force extérieure ait une valeur égale à $-F$. Supposons le mobile sollicité simplement par la pesanteur et la courbe dans un plan vertical; prenons pour axe des x la tangente au point le plus bas, pour axe des y la verticale ascendante; nous aurons en chaque point de la tautochrone

$$g\frac{dy}{ds} = \frac{1}{\lambda^2 k}(e^{ks}-1), \qquad y = \frac{1}{g\lambda^2 k^2}(e^{ks}-ks-1).$$

Comme $\frac{dy}{ds}$ doit être compris entre -1 et $+1$, s a des limites; il faut

$$e^{ks} < 1 + gk\lambda^2,$$

ce qui donne, du côté des x positifs, un point d'arrêt à tangente verticale. Si l'on donne à s des valeurs négatives, on pourra aller jusqu'à $-\infty$ quand $\lambda^2 gk > 1$; il y aura une branche infinie au-dessus de OX avec des abscisses négatives. Si, au contraire, $\lambda^2 gk < 1$, s ne pourra atteindre $-\infty$, et l'on aura un second point d'arrêt. Quant au mouvement sur ces courbes, il est donné par l'équation du travail

$$d\frac{1}{2}v^2 = -ds\left[\frac{1}{\lambda^2 k}(e^{ks}-1) - kv^2\right],$$

$$v^2 = \frac{e^{2ks}}{k^2\lambda^2}[(1-e^{-ka})^2 - (1-e^{-ks})^2] = \frac{ds^2}{dt^2},$$

a étant la valeur initiale de s. Une nouvelle intégration donne

$$1 - e^{-ks} = (1 - e^{-ka})\cos\frac{t}{\lambda}.$$

Le mobile descend pendant un temps égal à $\frac{\pi}{2}\lambda$ et remonte pendant un temps égal; l'arc négatif s_1 qu'il décrit est donné par l'équation précédente où l'on fait $t = \pi\lambda$. Pour le mouvement ultérieur, il faut changer le signe de kv^2 dans l'équation du travail, et la courbe n'est pas tautochrone du côté des arcs négatifs.

160. *Des courbes tautochrones planes dans le cas du frottement.* — Considérons un point M, de masse 1, sollicité par une force F qui ne dépend que de sa position, et cherchons sur quelle courbe C il doit se mouvoir pour arriver en un point A dans un temps constant T, en supposant que v_0 soit nulle et que C exerce une force de frottement fN. Nous ne pouvons résoudre la question à l'aide de résultats relatifs au mouvement rectiligne, car la composante normale de F et la courbure de C interviennent dans le calcul de N; pour avoir des calculs simples, nous supposerons que la courbe C soit dans un plan donné qui contient toujours la force F. Soit s l'arc de courbe compté à partir de A jusqu'à un point quelconque de C, où la tangente fait l'angle α avec une droite fixe OX : les composantes tangentielle et normale de F, P et Q, peuvent s'exprimer en fonction de s et de α : la direction suivant laquelle je compte positivement Q, aussi bien que ρ, fait avec OX l'angle $\alpha + \frac{\pi}{2}$. On a toujours $\rho = \frac{ds}{d\alpha}$ et

$$\frac{v^2}{\rho} = Q \pm N, \quad N = \pm\left(\frac{v^2}{\rho} - Q\right),$$

le signe étant choisi de manière à donner pour N une valeur positive. Le théorème des forces vives nous donne, en supposant que M marche dans le sens où s décroît,

$$d.v^2 = 2(P + fN)\,ds = 2P\,ds \pm 2f\left(\frac{v^2}{\rho} - Q\right) ds;$$

je ne prendrai que le signe supérieur, en convenant de changer f en $-f$ si, en mettant le signe + dans l'expression de N, on trouve une valeur négative; l'équation précédente donne, en remplaçant $\frac{ds}{\rho}$ par $d\alpha$,

$$d.v^2 - 2fv^2\,d\alpha = 2(P - fQ)\,ds.$$

Si l'on désigne par h la valeur initiale de s, on a l'intégrale

$$v^2 = e^{2f\alpha} \int_s^h 2(fQ - P)\,e^{-2f\alpha}\,ds.$$

On en déduit, pour dt, une valeur de même forme que celle que nous avons trouvée n° 132, et l'on est conduit à poser

$$(1) \qquad \int_0^s 2(fQ - P)\,e^{-2f\alpha}\,ds = u, \quad \int_0^h = u_0,$$

$$e^{-f\alpha}\,ds = \varphi(u)\,du :$$

on obtient alors, pour la loi du mouvement de M,

$$(2) \qquad t = \int_u^{u_0} \frac{\varphi(u)\,du}{\sqrt{u_0 - u}}.$$

Pour que t soit égal à T, quel que soit u_0, quand on prend zéro pour limite inférieure de l'intégrale, il faut (n° 132) que $\varphi(u)$ se réduise à $\frac{T}{\pi\sqrt{u}}$, et l'on a

$$(3)\qquad e^{-f\alpha}\,ds = \frac{T}{\pi}\frac{du}{\sqrt{u}};$$

comme d'ailleurs la première des équations (1) donne

$$2(fQ - P)e^{-2f\alpha}\,ds = du,$$

on trouve, en éliminant du et ds,

$$(4)\qquad 2(fQ - P)e^{-f\alpha} = \frac{\pi}{T}\sqrt{u}.$$

Différentions les deux membres :

$$2e^{-f\alpha}[f\,dQ - dP - f\,d\alpha(fQ - P)] = \frac{\pi}{2T}\frac{du}{\sqrt{u}}.$$

Égalant enfin les valeurs de du données par cette équation et par l'équation (3), nous avons une relation qui peut être considérée comme une équation différentielle de C,

$$(5)\qquad ds = \frac{4\pi^2}{T^2}[f\,dQ - dP - f(fQ - P)\,d\alpha].$$

D'autre part, nous sommes en mesure d'effectuer l'intégration indiquée dans l'équation (2), et nous avons pour la loi du mouvement

$$t = \frac{T}{\pi}\arccos\frac{2u - u_0}{u_0},\quad u = u_0\cos^2\frac{\pi t}{2T}.$$

Extrayons les racines carrées et remplaçons $\sqrt{u}$ par sa valeur (4),

$$(6)\qquad (fQ - P)e^{-f\alpha} = (fQ_0 - P_0)e^{-f\alpha_0}\cos\frac{\pi t}{2T}.$$

Appliquons les résultats précédents au cas où F est le poids du mobile; en supposant OX horizontal, on a

$$P = -g \sin\alpha, \quad Q = -g \cos\alpha,$$

et, si l'on fait $f = \operatorname{tang}\varphi$, l'équation (5) devient

$$ds = \frac{4\pi^2 g}{T^2 \cos^2\varphi} \cos\alpha \, d\alpha;$$

on trouve aisément qu'elle représente une cycloïde engendrée par un cercle de rayon $\frac{\pi^2 g}{T^2 \cos^2\varphi}$ roulant sous une horizontale. L'équation (6) devient

$$\sin(\alpha - \varphi) e^{-\alpha \operatorname{tang}\varphi} = \sin(\alpha_0 - \varphi) e^{-\alpha_0 \operatorname{tang}\varphi} \cos\frac{\pi t}{2T}.$$

Le point d'arrivée A n'est plus au bas de la cycloïde, mais en un point où α est égal à φ : c'est une position d'équilibre limite. Le mobile ne se met d'ailleurs en mouvement que s'il est d'abord plus haut que A; il dépasse ce point et s'arrête au bout du temps 2T en un point M_1 pour lequel on a

$$\sin(\alpha - \varphi) e^{-\alpha \operatorname{tang}\varphi} = -\sin(\alpha_0 - \varphi) e^{-\alpha_0 \operatorname{tang}\varphi}.$$

Soit A′ le symétrique de A par rapport à l'axe de la cycloïde; si M_1 est sur l'arc AA′, M y restera indéfiniment; mais, si M_1 est au-dessus de A′, le mobile fera une seconde excursion analogue à la première, le point de tautochronisme étant A′.

161. Étude géométrique des brachistochrones. — La brachistochrone est la courbe que doit suivre un point matériel soumis à l'action d'une force connue F pour qu'il arrive d'un point donné à un autre dans un temps minimum. On peut établir géométriquement ses propriétés caractéristiques lorsque F admet un potentiel, c'est-à-dire quand $X\,dx + Y\,dy + Z\,dz$ est la différentielle d'une fonction $\varphi(x, y, z)$. L'équation $\varphi = \text{const.}$ représente une *surface de niveau* en chaque point de laquelle F lui serait normale : quand le mobile se trouve sur l'une de ces surfaces, sa vitesse a une valeur correspondante, donnée par le théorème des forces vives.

Je m'appuierai sur un lemme bien connu : soient A, B deux points situés dans deux régions $\mathcal{A}$, $\mathcal{B}$ séparées par une surface S; pour qu'un mobile, marchant dans la région $\mathcal{A}$ avec une vitesse a, dans la région $\mathcal{B}$ avec la vitesse b, aille de A en B dans un temps minimum, il doit suivre une ligne brisée AMB dont le plan contient la normale à S en M; les angles i et r de cette normale avec AM et BM, que nous appellerons *angles d'incidence et de transmission*, ont leurs sinus proportionnels à a et à b. On peut l'établir à l'aide du théorème de Fermat : si M' est un point de S infiniment voisin de M, on doit avoir

$$\frac{AM' - AM}{a} + \frac{BM' - BM}{b} = 0$$

ou

$$\frac{MM' \cos AMM'}{a} = -\frac{MM' \cos BMM'}{b};$$

si MM' est perpendiculaire sur AN, il doit l'être aussi sur BM, ce qui établit le premier point . si on le suppose ensuite dans le plan AMB, $\cos AMM'$ et $-\cos BMM'$ seront égaux à $\sin i$ et à $\sin r$, d'où suit le reste du lemme. La route AMB tourne sa convexité vers la région où la vitesse est la plus grande.

Nous voulons trouver la route qu'il faut faire suivre à un point M, de masse m, sollicité par la force F, pour que, partant d'un point A avec une vitesse donnée, il arrive en un point B dans un temps minimum. Traçons entre A et B un très grand nombre de surfaces de niveau très rapprochées les unes des autres, et soient S_0, S_1, S_2, ..., S_n

$n+1$ de ces surfaces consécutives ; $v_0, v_1, \ldots, v_n$ les vitesses que M prendrait sur chacune d'elles sous l'action de F. Cherchons la ligne brisée L que doit suivre, pour aller de A à B dans un temps minimum, un mobile μ assujetti à la seule condition de se mouvoir avec la vitesse v_1 dans la région comprise entre S_0 et S_1, avec la vitesse v_2 entre S_1 et S_2, et ainsi de suite. Soient $m_0, m_1, \ldots, m_n$ les sommets de L situés sur $S_0, S_1, \ldots, S_n$; $i_0, i_1, i_2, \ldots, i_n$; $r_0, r_1, r_2, \ldots, r_n$ les angles d'incidence et de transmission correspondants. La position relative de deux côtés consécutifs de L est déterminée par notre lemme : donc 1° le plan de trois sommets m_{k-1}, m_k, m_{k+1} contient la normale à S_k en m_k ; 2° l'on a

$$\frac{\sin i_k}{v_k} = \frac{\sin r_k}{v_{k+1}}. \tag{1}$$

Traitons la différence ε_k de r_k et de i_k comme un infiniment petit : on tire de la relation précédente

$$\frac{\sin i_k}{v_k} = \frac{\varepsilon_k \cos i_k}{v_{k+1} - v_k}, \qquad \frac{\varepsilon_k}{v_{k+1} - v_k} = \frac{\tang i_k}{v_k}.$$

On obtient n équations analogues à la dernière en remplaçant k par 1, 2, 3, ..., n ; la somme des numérateurs des premiers membres, divisée par la somme des dénominateurs, a une valeur comprise entre la plus grande et la plus petite des valeurs de $\frac{\tang i}{v}$; si donc on pose

$$\frac{\varepsilon_1 + \varepsilon_2 + \ldots + \varepsilon_n}{v_{n+1} - v_1} = \lambda \frac{\tang i_1}{v_1}, \tag{2}$$

λ différera peu de l'unité quand la longueur

$$m_0 m_1 m_2 \ldots m_{n+1}$$

sera peu considérable.

Passons à la limite en supposant les surfaces S infiniment rapprochées les unes des autres; la ligne brisée L devient la courbe C que doit suivre μ pour aller de A en B dans un temps minimum, et les deux propriétés que nous lui avons reconnues s'étendront à C : 1° le plan qui passe par un point m de cette ligne et par deux points infiniment voisins, c'est-à-dire le plan osculateur, contient la normale à S en m; 2° en supposant que la portion $m_0 m_1 m_2 \ldots m_{n+1}$ de L devienne un arc ds de C, $\varepsilon_1 + \varepsilon_2 + \ldots + \varepsilon_n$ sera la courbure $\frac{ds}{\rho}$ de cet arc, et, λ devenant égal à l'unité, l'équation (2) donnera

$$\frac{ds}{\rho\, dv} = \frac{\tang i}{v}. \tag{3}$$

Revenons au point M : quelle que soit la route qu'on lui fasse suivre sans qu'il éprouve de résistances passives, sa vitesse dans les différentes couches de niveau sera la même que celle de μ, et il ne saurait arriver en B plus tôt que le point μ, qui n'est assujetti qu'à avoir une vitesse déterminée dans les différentes régions : C est donc la brachistochrone, et elle est déterminée par les deux propriétés que nous avons établies, mais que nous allons énoncer sous une forme nouvelle. Nous dirons d'abord que son plan osculateur en un point quelconque contient F, dont la direction est normale à la surface de niveau qui y passe. En second lieu, comme $ds = v\, dt$, nous tirerons de l'équation (3)

$$m\frac{v^2}{\rho} = \sin i \times \frac{1}{\cos i}\, m\frac{dv}{dt}; \tag{4}$$

la force tangentielle $m\frac{dv}{dt}$ divisée par $\cos i$ n'est autre que F, et, comme la force est dans le plan osculateur, elle fait l'angle $\frac{\pi}{2} - i$ avec la normale, et le second membre de (4) est égal à la projection de F sur cette droite. Mais il faut remarquer que C tourne sa convexité du côté où v va en augmentant, c'est-à-dire du côté de F, en sorte que $F \sin i$ est la projection de F sur le prolongement du rayon de courbure, et il convient d'exprimer la seconde propriété caractéristique de la brachistochrone par l'équation

$$(5) \qquad m\frac{v^2}{\rho} = -F\cos(F, \rho).$$

La force centripète a pour valeur générale

$$N + F\cos(F, \rho);$$

en comparant ce résultat avec l'équation (5), on en conclut que la pression supportée par une brachistochrone est double de la composante normale de la force correspondante.

Quand les surfaces de niveau sont des plans parallèles, leurs normales sont parallèles; la brachistochrone est plane; d'ailleurs r_k devient égal à v_{k+1}, et l'équation (1) montre que $\frac{\sin i}{v}$ est constant; cette relation constitue une équation différentielle du premier ordre pour déterminer C, tandis que l'équation (5), applicable au cas général, est du second ordre.

Dans le numéro d'avril 1886 des *Nouvelles Annales de Mathématiques*, j'ai montré que, si la vitesse en A est nulle, la brachistochrone est, en ce point, tangente à F, et que sa courbure y est infinie. Je vais établir ici que, si des mobiles de masse m, sollicités chacun par la force F, partent en même temps et avec la même vitesse du point A en suivant diverses brachistochrones, le lieu de leurs positions simultanées à l'époque t est orthogonal à toutes ces courbes. Soient M, M′ deux points du lieu infiniment voisins, et supposons l'angle AMM′ obtus, et par suite AM′M aigu :

sur l'arc M'A, on peut évidemment trouver un point P infiniment voisin de M', et tel que PM < arc PM'; cela posé, si l'on fait suivre à une masse m le chemin APM, elle arrivera en M, sous l'action de la force F, avant le temps t, puisqu'elle décrira le chemin PM avec la même vitesse qu'elle aurait eue sur PM' si on l'avait fait mouvoir sur le chemin APM' : donc l'arc donné AM ne serait pas le chemin qui mène le plus vite de A en M, comme on l'a supposé.

De cette proposition et du théorème de Fermat sur les minima, il résulte que, si, au lieu de donner l'extrémité B d'un arc de brachistochrone, on veut que cette ligne aboutisse sur une ligne ou sur une surface donnée, elle doit leur être orthogonale; et, de même, si le point A doit être choisi sur une ligne ou sur une surface données, la tangente à cette ligne ou le plan tangent à cette surface en A doit être perpendiculaire à la tangente à la brachistochrone en B.

La brachistochrone, pour un point assujetti à rester sur une surface donnée, a des propriétés analogues aux précédentes, sauf des modifications faciles à deviner : ainsi, dans l'équation (5), F représenterait la projection de la force motrice sur le plan tangent, et ρ le rayon de courbure géodésique. Je n'y insiste pas, et je passe à une application qui se rapporte au cas général et que j'ai indiquée dans la Note citée ci-dessus.

162. *Déterminer la brachistochrone pour un point de masse* 1, *attiré vers* OZ *par une force égale à* $\varphi'(u)$, *u étant la distance du mobile à* OZ.

Pour que le plan osculateur en un point M contienne la perpendiculaire abaissée de ce point sur OZ, c'est-à-dire F, on doit avoir

$$x(dy\, d^2z - dz\, d^2y) + y(dz\, d^2x - dx\, d^2z) = 0;$$

intégrant et désignant par H une constante, on a

$$(1)\qquad x\,dy - y\,dx = \mathrm{H}\,dz.$$

Aux coordonnées x, y je substitue les coordonnées polaires u et ψ, je prends pour variable indépendante l'arc s de C, et je représente par des lettres accentuées les dérivées relatives à s : l'équation (1) nous donne d'abord

$$(2)\qquad u^2\psi' = \mathrm{H}z'.$$

Il s'agit d'exprimer la projection de F sur le prolongement du rayon de courbure en M; les angles λ, μ, ν de ce rayon avec u, avec la perpendiculaire au plan ZOM et avec OZ ont pour cosinus

$$\cos\lambda = \rho(u'' - u\psi'^2),\quad \cos\mu = \frac{\rho}{u}\,\frac{d.u^2\psi'}{ds},\quad \cos\nu = \rho z'';$$

ces formules peuvent se déduire de ce que les cosinus directeurs de ρ par rapport à OX, OY, OZ sont $\rho x''$, $\rho y''$, $\rho z''$. Si l'on tient compte de (2) et de l'identité

$$u'^2 + u^2\psi'^2 + z'^2 = u'^2 + \frac{\mathrm{H}^2 z'^2}{u^2} + z'^2 = 1,$$

d'où l'on peut tirer u'' en fonction de z', z'' et u', on trouvera

$$\cos\lambda = -\rho\left(1 + \frac{\mathrm{H}^2}{u^2}\right)\frac{z'z''}{u'},\quad \cos\mu = \frac{\mathrm{H}\rho z''}{u},\quad \cos\nu = \rho z''$$

et, par suite,

$$\frac{1}{\rho^2} = \left(1 + \frac{\mathrm{H}^2}{u^2}\right)\left(\frac{z''}{u'}\right)^2.$$

Si l'on a $v = 0$ pour $u = a$, v^2 est égal à $2\varphi(a) - 2\varphi(u)$; l'angle de F avec le prolongement du rayon de courbure est λ, et l'on a

$$\frac{v^2}{\rho^2} = \frac{\mathrm{F}\cos\lambda}{\rho},\quad 2\left(1 + \frac{\mathrm{H}^2}{u^2}\right)\left(\frac{z''}{u'}\right)^2[\varphi(a) - \varphi(u)] = -\left(1 + \frac{\mathrm{H}^2}{u^2}\right)\frac{z'z''}{u'}\varphi'(u).$$

On peut diviser par $\left(1+\frac{H^2}{u^2}\right)\frac{z''}{u'}$, et l'on trouve

$$\frac{u'\varphi'(u)}{\varphi(u)-\varphi(a)}=2\frac{z''}{z'};$$

intégrant, et ayant ensuite égard à l'équation (2), on a

$$\begin{aligned}K[\varphi(u)-\varphi(a)]=z'^2&=\frac{dz^2}{du^2+u^2\,d\psi^2+dz^2}\\&=\frac{u^4\,d\psi^2}{H^2\,du^2+(H^2+u^2)u^2\,d\psi^2};\end{aligned}$$

c'est l'équation différentielle de la projection de C sur OXY.

163. *Brachistochrone pour un point pesant assujetti à se mouvoir sur une sphère : méthode analytique.*

Je vais indiquer une solution fondée sur le calcul des variations et plus rapide, dans le cas présent, que la solution géométrique. Définissons la position du mobile M par l'angle θ du rayon OM avec la verticale descendante OZ et par l'angle ψ du plan ZOM avec un plan fixe ZOX. Le carré ds^2 d'un élément de ligne tracée sur la sphère est

$$R^2(d\theta^2+\sin^2\theta\,d\psi^2),$$

et si, au point de départ, $\theta=\alpha$ et $v_0=0$, le carré de la vitesse du mobile dans une position quelconque sera

$$2Rg(\cos\theta-\cos\alpha);$$

le temps que le mobile met pour aller de A en B est, en posant $\psi'=\frac{d\psi}{d\theta}$,

$$T=\int_\beta^\alpha\frac{d\theta\sqrt{1+\psi'^2\sin^2\theta}}{\sqrt{2gR(\cos\theta-\cos\alpha)}}.$$

Pour que T soit minimum, il faut que sa variation soit nulle; on peut supposer que θ ne varie pas, et la variation de T ne sera due qu'à celle de ψ' : si l'on désigne par $V\,d\theta$

la quantité sous le signe $\int$, on a

$$\delta T = \int_\beta^\alpha \frac{\partial V}{\partial \psi'} \delta\psi' \, d\theta = -\int_\beta^\alpha \frac{d}{d\theta} \frac{\partial V}{\partial \psi'} \delta\psi \, d\theta,$$

parce que $\delta\psi$ est nul aux limites : pour que δT s'annule, on doit avoir

$$\frac{d}{d\theta} \frac{\partial V}{\partial \psi'} = 0,$$

$$\frac{\partial V}{\partial \psi'} = \frac{\psi' \sin^2\theta}{\sqrt{1 + \psi'^2 \sin^2\theta} \sqrt{2g \, R(\cos\theta - \cos\alpha)}} = \text{const.}$$

Si l'on prend la constante sous la forme $\frac{1}{a\sqrt{2gR}}$, on aura, pour l'équation de la brachistochrone,

$$d\psi^2 = \frac{(\cos\theta - \cos\alpha)\, d\theta^2}{\sin^2\theta(a^2 \sin^2\theta - \cos\theta + \cos\alpha)};$$

la courbe représentée par cette équation a une forme analogue à celle d'une épicycloïde sphérique comprise entre deux cercles horizontaux, les points de rebroussement étant sur le cercle supérieur.

EXERCICES.

1. Mouvement d'un point assujetti à rester sur une spirale logarithmique et attiré vers le pôle par une force $\frac{m\lambda^2}{r^2}$, v_0 étant nulle. (Gilbert.)

En appelant μ l'angle des tangentes avec les rayons vecteurs, on trouve

$$t = \frac{1}{\lambda \cos\mu} \sqrt{\frac{r_0}{2}} \left(\sqrt{r(r_0 - r)} + r_0 \arccos \sqrt{\frac{r}{r_0}} \right).$$

2. Mouvement d'un point assujetti à rester sur une droite, attiré vers un point A par une force $m\,\varphi(r)$, et légèrement écarté de sa position d'équilibre.

Si a désigne la distance de A à la droite, et si l'on néglige $\frac{s^3}{a^3}$,

$$s = s_0 \cos t \sqrt{\frac{\varphi(a)}{a}}.$$

3. Mouvement d'un point m assujetti à rester sur la parabole

$$y^2 = 2px,$$

et sollicité par une force dont les composantes sont

$$X = mp\left(c^2 - \sqrt{\frac{p}{2x+p}}\right), \quad Y = \frac{mpy}{\sqrt{y^2+p^2}};$$

la vitesse au sommet est cp. Pression sur la courbe. (FUHRMANN.)

Grandes réductions : $y = cpt$, $N = mp$.

4. Mouvement d'un point pesant sur une hélice ordinaire dont l'axe est vertical; pression sur la courbe. Pas de résistances passives.

Si v_0 et z_0 sont nuls, $z = \frac{1}{2} gt^2 \sin i$; la pression

$$N' = \frac{mg \cos i}{R} \sqrt{4z^2 \cos^2 i + R^2}$$

fait avec la normale principale un angle dont le sinus est $\frac{mg \cos i}{N'}$.

5. Mouvement d'un point pesant assujetti à rester sur une parabole dont le sommet est situé verticalement à une hauteur a au-dessus du foyer; ce foyer exerce sur le mobile une action répulsive F, proportionnelle à la racine carrée de la distance; au sommet, cette force est $\frac{3}{2} mg$, et la vitesse du mobile $2\sqrt{ag}$; pression sur la courbe. (Caen, 1878.)

$F = \frac{3}{2} mg \sqrt{\frac{r}{a}}$; on exprime v^2 et le travail en fonction de r :

$$\frac{r}{r-a} \frac{dr^2}{dt^2} = 2gr\left(1 + \sqrt{\frac{r}{a}}\right),$$

$$\frac{1}{2} t \sqrt{\frac{g}{a}} = \sqrt{2\frac{\sqrt{r}-\sqrt{a}}{\sqrt{a}}} - \text{arc tang} \sqrt{\frac{\sqrt{r}-\sqrt{a}}{2\sqrt{a}}}.$$

La pression se réduit à $\frac{5}{2} mg$.

6. Sur la gorge d'une poulie de rayon a, située dans un plan vertical, est enroulé un fil sans masse, de longueur l, portant à son extrémité un point pesant; déterminer le mouvement que prend ce point quand on lui imprime une vitesse horizontale v_0 : cas des petites oscillations. (J. VIEILLE.)

Si le fil, en se déroulant, fait l'angle θ avec la verticale,

$$(l+a\theta)^2 \frac{d\theta^2}{dt^2} = v_0^2 + 2g[(l+a\theta)\cos\theta - a\sin\theta - l].$$

7. Chercher comment varie la vitesse d'un point pesant assujetti à rester sur un cercle dépoli situé dans un plan vertical.

θ étant l'angle de la verticale avec le rayon qui passe par le mobile, la considération de la force vive et de l'accélération centripète donne (*voir* n° 153)

$$v^2 = Ce^{-2f\theta} + \frac{2gR}{1+4f^2}[(1-2f^2)\cos\theta - 3f\sin\theta].$$

8. On donne dans un plan vertical une courbe telle que la partie d'une tangente quelconque comprise entre le point de contact et une horizontale donnée OX ait une longueur constante a : déterminer le mouvement d'un point pesant, assujetti à rester sur la tractrice donnée, partant du point le plus élevé sans vitesse initiale, et éprouvant de la part du milieu ambiant une résistance égale à $\frac{mv^2}{a}$; il n'y a pas de frottement.

L'équation de la tractrice est $\frac{dy}{ds} = -\frac{y}{a}$; le théorème du travail donne

$$d.v^2 = -2g\,dy + 2\frac{v^2}{y}dy, \quad \text{d'où} \quad v^2 = 2gy\frac{a-y}{a}.$$

Remplaçant v par $-\frac{a}{y}\frac{dy}{dt}$, on peut intégrer, et l'on trouve

$$y = \frac{2a^2}{2a+gt^2}.$$

9. Sur un paraboloïde $x^2+y^2 = 2pz$, l'axe des z étant dans le sens de la pesanteur, trouver une courbe telle qu'un point pesant, assujetti à la suivre, descende de quantités égales dans des temps égaux.

La projection sur le plan des xy est définie en coordonnées polaires par une équation de la forme

$$d\theta^2 = \frac{(r^2 - a^2)(r^2 + b^2)\,dr^2}{c^4 r^2}.$$

10. Déterminer dans un plan vertical une courbe passant par un point O et telle qu'un point pesant, assujetti à la suivre, soit à une distance du point O représentée par $r = at$. (LEIBNITZ).

On trouve $\frac{a\,d\theta}{\sqrt{\sin\theta}} = \pm dr\sqrt{\frac{2g}{r}}$; la courbe a un rebroussement en O si, pour $r = 0$, θ n'est pas nul; elle touche en une infinité de points l'horizontale du point O au-dessous duquel elle est tout entière; on peut prendre une partie de cette horizontale comme appartenant au lieu.

11. Un point pesant est assujetti à se mouvoir à l'intérieur d'un cercle vertical : déterminer la vitesse v_0 qu'il doit avoir au point le plus bas pour qu'il se détache avant d'atteindre le point culminant et décrive un arc de parabole qui aille passer au centre du cercle.

$$v_0^2 = (2 + \sqrt{3})\,g\mathrm{R}.$$

12. Déterminer dans un plan vertical la courbe que doit suivre un point pesant pour qu'il exerce sur elle une pression égale à λy^n, l'axe des y étant dirigé dans le sens de la pesanteur et v_0 égale à $\sqrt{2gy_0}$. (VARIGNON.)

$$dx = \pm \lambda y^n\,dy\left[(2n+1)^2 g^2 + \lambda^2 y^{2n}\right]^{-\frac{1}{2}}.$$ (*Voir* n° 157.)

13. Déterminer, dans un plan P, une courbe C qui passe en un point donné A, et sur laquelle doit se mouvoir un point M, de masse 1, attiré vers un point O de P avec une force $\frac{\lambda}{\overline{\mathrm{OM}}^3}$, de manière que la pression exercée sur C soit toujours égale à $\frac{3\lambda}{a^3}$ et fasse un angle obtus avec MO. Quand M passe en A, sa vitesse est telle que, s'il pouvait quitter C, il décrirait un cercle de centre O et de rayon $a = \mathrm{OA}$. (Caen, 1885.)

La vitesse en A est $\frac{\sqrt{\lambda}}{a}$; aux autres points, $v^2 = \frac{\lambda}{r^2}$; la courbe est concave vers le pôle O. Soit p la distance de O à une tangente;

on a

$$\frac{v^2}{\rho} = \frac{\lambda}{r^2}\frac{dp}{r\,dr} = \frac{3\lambda}{a^3} + \frac{p}{r}\frac{\lambda}{r^3},$$

d'où

$$p = \frac{r^4}{a^3} \quad \text{et} \quad r^3 = a^3 \cos 3\theta.$$

C appartient à une famille de courbes étudiées par M. Roberts.

14. Trouver la courbe plane C sur laquelle doit se mouvoir une masse m, attirée vers l'origine par une force $\frac{m\lambda a^2}{r^2}$, pour que la pression exercée sur C soit égale et opposée à la composante normale de l'attraction : pour $r = a$, $v^2 = 2\lambda a$. (Caen, 1881.)

Méthode analogue à la précédente : C spirale logarithmique.

15. Trouver l'équation propre à caractériser la courbe C sur laquelle doit se mouvoir un point pesant pour que, partant sans vitesse d'un point quelconque A, il arrive en un point O au bout d'un temps égal à $F(h)$, si h représente la hauteur du point A au-dessus du point O. Cas où C doit être dans un plan vertical et $F(h)$ de la forme $\frac{\pi(a+h)}{4\sqrt{ga}}$. (Abel.)

On doit avoir, Oz étant vertical,

$$\int_0^h \frac{\frac{ds}{dz}\,dz}{\sqrt{h-z}} = \sqrt{2g}\,F(h);$$

donc, d'après les calculs du n° 133,

$$\frac{ds}{dz} = \frac{\sqrt{2g}}{\pi}\psi'(z) \quad \text{si} \quad \psi(z) = \int_0^z \frac{F(x)\,dx}{\sqrt{z-x}}.$$

Dans le cas particulier proposé,

$$\frac{ds}{dz} = \frac{a+2z}{2\sqrt{2az}}, \quad 18ax^2 = z(3a-2z)^2.$$

16. Déterminer dans un plan vertical une courbe passant en un point O et telle que les temps nécessaires à un corps pesant pour parcourir un arc OM de cette courbe et la corde OM soient dans un rapport donné α, quel que soit M, la vitesse au point O étant nulle dans tous les cas.

Analytiquement, ou par la méthode du n° 158, on trouve, l'axe polaire étant vertical,

$$(\alpha^2-1)\cos^2\theta\,\frac{dr^2}{r^2\,d\theta^2}+2\alpha^2\sin\theta\cos\theta\,\frac{dr}{r\,d\theta}+\alpha^2\sin^2\theta-\cos^2\theta=0.$$

M. Alfred Serret a donné cette équation dans le *Journal de Liouville*, t. IX; mais il faut encore discuter l'intégrale, qui est

$$\frac{r}{c}=(\cos\theta)^{\frac{\alpha}{\alpha\pm1}}\left(\alpha\sin\theta+\sqrt{\alpha^2-\cos^2\theta}\right)^{\frac{\pm\alpha}{\alpha^2-1}}\left(\sin\theta+\sqrt{\alpha^2-\cos^2\theta}\right)^{\frac{\pm1}{\alpha^2-1}}.$$

Fig. 22.

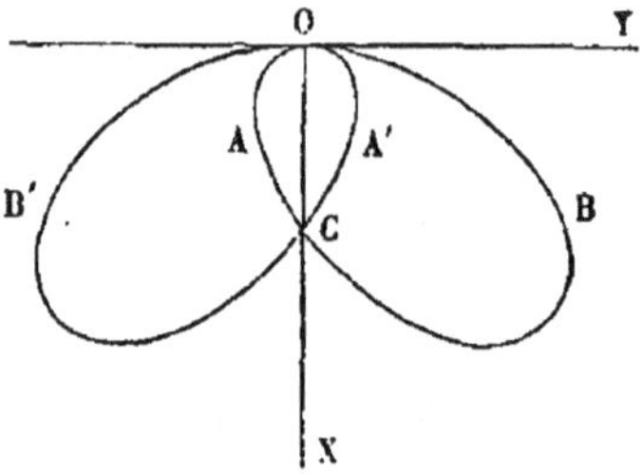

Quand $\alpha>1$, la courbe est formée de deux ovales qui touchent OY en O : le mobile doit marcher dans le sens OAB ou OA'B', et il faut lui imprimer en O une vitesse infiniment petite; la courbure des branches OA, OA' en O est infinie; celle de OB, OB' nulle. Quand $\alpha<1$, la courbe définie par l'équation a deux branches infinies et deux qui se raccordent en O où leur courbure est nulle; il faudrait un temps infini pour parcourir une corde infiniment peu inclinée, et le problème est impossible.

17. Trouver dans un plan vertical une courbe AMB sur laquelle doit se mouvoir un point pesant, éprouvant de la part de l'air une résistance mkv^2, pour que, lancé du point A avec une vitesse déterminée, il arrive au point quelconque M avec une vitesse égale à celle qu'il acquerrait en tombant verticalement dans le même milieu d'une hauteur égale à l'arc MB. (W. Walton.)

En prenant A pour origine, la courbe est définie par l'équation

$$k(x+s)=1-e^{-2ks}.$$

18. Déterminer dans un plan une courbe tautochrone pour un point attiré vers un point O du plan avec une force inversement proportionnelle au carré de la distance

On trouve une série d'équations de la forme

$$\frac{c^2}{r^2}\frac{dr}{ds} = s, \quad s^2 = 2c^2\frac{r-a}{ar}, \quad d\theta^2 = \frac{ac^2 - 2(r-a)r^3}{2(r-a)r^5}dr^2.$$

19. Même question, en supposant la courbe dépolie et l'attraction proportionnelle à la distance (G. Darboux).

On définira la courbe comme l'enveloppe de

$$x\cos\alpha + y\sin\alpha = \mathrm{F}(\alpha),$$

et l'on trouvera (*voir* n° 159) que la courbe a une équation de même forme que lorsqu'elle doit être polie.

20. Tautochrone pour un point pesant sur le paraboloïde

$$x^2 + y^2 = 2pz,$$

l'axe des z étant dirigé en sens contraire de la pesanteur.

En projection sur OXY,

$$d\theta^2 = \frac{a^2p^2 + (pc - p^2 + a^2)r^2 - r^4}{p^2r^2(r^2 - a^2)}dr^2.$$

21. Une infinité de cycloïdes situées dans un plan vertical ont leurs bases sur une même horizontale OX et un point de rebroussement commun en O : discuter le lieu des positions simultanées de points pesants, partis en même temps du point O sans vitesse initiale et glissant sur les diverses cycloïdes. Reconnaître que la courbe synchrone leur est orthogonale.

En désignant par a un paramètre variable, c une constante, on trouve

$$x = ac - a^2\sin\frac{c}{a}, \quad y = a^2\left(1 - \cos\frac{c}{a}\right).$$

22. Brachistochrone pour un point repoussé de l'origine par une force $\dfrac{m\lambda}{r^2}$.

La courbe plane sera concave du côté du pôle; p étant la distance de ce pôle a la tangente,

$$\rho = \frac{r\,dr}{dp}, \quad v^2 = 2\lambda\frac{r-a}{ar}, \quad 2\lambda\frac{r-a}{ar^2}\frac{dp}{dr} = \frac{p}{r}\frac{\lambda}{r^2},$$

d'où

$$c^2\frac{r-a}{r} = p^2 = \frac{r^4\,d\theta^2}{dr^2 + r^2\,d\theta^2}, \quad d\theta^2 = \frac{c^2(r-a)\,dr^2}{r^2[r^3 - c^2r + c^2a]}.$$

MOUVEMENT SUR UNE SURFACE FIXE.

Cas où la surface est donnée et parfaitement polie.

164. Un point M, assujetti à se mouvoir sur une surface S parfaitement polie, peut être traité comme un point libre si, à la force motrice F, on adjoint la réaction normale N de S; les équations du mouvement sont de la forme

$$(1)\qquad m\frac{d^2x}{dt^2} = X + aN,\quad m\frac{d^2y}{dt^2} = Y + bN,\quad m\frac{d^2z}{dt^2} = Z + cN;$$

si $\varphi(x, y, z) = 0$ est l'équation de S, on aura

$$a = \pm\frac{1}{\Delta}\varphi'_x,\quad b = \pm\frac{1}{\Delta}\varphi'_y,\quad c = \pm\frac{1}{\Delta}\varphi'_z,\quad \Delta = \sqrt{\varphi'^2_x + \varphi'^2_y + \varphi'^2_z}.$$

Lorsque $X\,dx + Y\,dy + Z\,dz$ est une différentielle exacte, z étant considéré comme fonction de x et de y, la vitesse est donnée par l'intégrale des forces vives; on peut obtenir, comme il suit, une équation de la trajectoire. On a

$$(2)\qquad \frac{dx}{dt} = v\frac{dx}{ds},\quad \frac{d^2x}{dt^2} = \frac{dv}{dt}\frac{dx}{ds} + v^2\frac{d^2x}{ds^2};$$

dans les équations (1), remplaçons $\frac{d^2x}{dt^2}$, $\frac{d^2y}{dt^2}$, $\frac{d^2z}{dt^2}$ par cette valeur et les valeurs analogues et éliminons $\frac{dv}{dt}$ et N ; nous aurons l'équation dont il s'agit, v étant connue :

$$(3)\qquad \begin{vmatrix} mv^2\frac{d^2x}{ds^2}-X & \frac{dx}{ds} & a \\ mv^2\frac{d^2y}{ds^2}-Y & \frac{dy}{ds} & b \\ mv^2\frac{d^2z}{ds^2}-Z & \frac{dz}{ds} & c \end{vmatrix} = 0.$$

Soient MN la normale à S, MT la tangente à la trajectoire, MC sa normale principale, MG sa normale située dans le plan tangent à S : l'équation (3) exprime que la projection de F sur MG est égale à $\frac{mv^2}{\rho}\cos CMG$, ou au produit de mv^2 par la *courbure géodésique* de la trajectoire.

La réaction N peut se déduire de l'une des équations (1), mais on a une valeur symétrique en ajoutant ces équations multipliées par φ'_x, φ'_y, φ'_z : il vient

$$\Sigma m\varphi'_x\frac{d^2x}{dt^2} = X\varphi'_x + Y\varphi'_y + Z\varphi'_z \pm N\Delta;$$

il suffit de remplacer $\frac{d^2x}{dt^2}$, ... par les valeurs (2) pour voir que N est égal au quotient de mv^2 par le rayon de courbure de la section normale faite dans S par le plan NMT, moins la projection de F sur MN. Pour calculer N en fonction de x, y, z, on tirera de l'équation de S

$$\Sigma\varphi'_x\frac{d^2x}{dt^2} = -\left(\frac{\partial^2\varphi}{\partial x^2}\frac{dx^2}{dt^2}+\ldots+2\frac{\partial^2\varphi}{\partial x\,\partial y}\frac{dx}{dt}\frac{dy}{dt}\right).$$

Il faut enfin signaler le cas où le théorème des aires s'applique à la projection sur OXY, ce qui a lieu lorsque F est contenue dans un plan passant par OZ et que S est une surface de révolution autour de cette droite.

165. *Mouvement d'un point pesant* M *placé sur un cylindre droit vertical et attiré vers un centre* A *par une force proportionnelle à la distance.* (Paris, 1874.)

Je prends pour axe des z l'axe du cylindre et pour axe des x une horizontale passant par A; on a pour l'équation de la surface

$$x^2+y^2=R^2, \quad x\,dx+y\,dy=0.$$

Soient 1 la masse de M, a la longueur OA, μ^2 l'attraction à l'unité de distance; les équations du mouvement seront

$$(1)\qquad \left\{\begin{aligned} \frac{d^2x}{dt^2}&=-\mu^2(x-a)+N\frac{x}{R},\\ \frac{d^2y}{dt^2}&=-\mu^2y+\frac{Ny}{R},\\ \frac{d^2z}{dt^2}&=-g-\mu^2z. \end{aligned}\right.$$

Ajoutons les deux premières multipliées respectivement par $2\,dx$, $2\,dy$:

$$2\,dx\frac{d^2x}{dt^2}+2\,dy\frac{d^2y}{dt^2}=2\mu^2a\,dx, \quad \frac{dx^2+dy^2}{dt^2}=2\mu^2ax+C.$$

Posons $x=R\cos\theta$, $y=R\sin\theta$, et désignons par ω et α les valeurs initiales de $\frac{d\theta}{dt}$ et de θ; cette intégrale peut s'écrire

$$(2)\qquad R\frac{d\theta^2}{dt^2}=R\omega^2+2\mu^2a(\cos\theta-\cos\alpha).$$

Quant à la troisième équation (1), elle s'intègre séparément :

$$(3)\qquad z=\left(z_0+\frac{g}{\mu^2}\right)\cos\mu t+\frac{1}{\mu}\left(\frac{dz}{dt}\right)_0\sin\mu t-\frac{g}{\mu^2}.$$

La projection de M sur l'axe des z fait des oscillations dont la durée est $\frac{2\pi}{\mu}$ au-dessus et au-dessous du point dont l'ordonnée est $-\frac{g}{\mu^2}$. L'équation (2) prouve que le rayon vecteur de la projection de M se meut par rapport à OA, comme la tige d'un pendule de longueur $\frac{gR}{\mu^2 a}$ par rapport à la verticale; le mouvement sera alternatif ou continu selon que

$$R\omega^2 - 2\mu^2 a(1+\cos\alpha) \lesseqgtr 0.$$

Dans le second cas, le temps d'une révolution est

$$\int_0^{2\pi} d\theta \sqrt{R}(2\mu^2 a\cos\theta + R\omega^2 - 2\mu^2 a\cos\alpha)^{-\frac{1}{2}};$$

s'il est commensurable avec $\frac{2\pi}{\mu}$, la trajectoire sera fermée; mais elle ne peut être plane, car ce serait une ellipse, et θ devenant une fonction circulaire de z s'exprimerait comme lui par des fonctions élémentaires de t; or c'est incompatible avec la forme de l'équation (2) qui donne pour θ une fonction elliptique de t.

Quand $a = 0$, on peut appliquer le théorème des aires sur le plan xy; d'ailleurs l'équation (2) donne

$$\frac{d\theta}{dt} = \omega, \quad \theta = \omega t,$$

et, en prenant pour origine du temps une époque où $dz = 0$, (3) devient

$$z = \left(z_0 + \frac{g}{\mu^2}\right)\cos\mu t - \frac{g}{\mu^2}.$$

Pour calculer N, j'ajoute les deux premières équations (1) multipliées respectivement par x et y, et, comme

$$x^2 + y^2 = R^2,$$

je tire

$$\mathrm{RN} = x\frac{d^2x}{dt^2} + y\frac{d^2y}{dt^2} + \mu^2(\mathrm{R}^2 - ax);$$

mais

$$x\frac{dx}{dt} + y\frac{dy}{dt} = 0, \quad x\frac{d^2x}{dt^2} + y\frac{d^2y}{dt^2} + \frac{dx^2}{dt^2} + \frac{dy^2}{dt^2} = 0;$$

donc

$$\begin{aligned}\mathrm{RN} &= -\left(\frac{dx^2}{dt^2} + \frac{dy^2}{dt^2}\right) + \mu^2(\mathrm{R}^2 - ax)\\ &= -\mathrm{R}^2\frac{d\theta^2}{dt^2} + \mu^2(\mathrm{R}^2 - a\mathrm{R}\cos\theta).\end{aligned}$$

Remplaçant $\frac{d\theta^2}{dt^2}$ par sa valeur (2),

$$\mathrm{N} = \mu^2(\mathrm{R} + 2a\cos\alpha - 3a\cos\theta) - \mathrm{R}\omega^2.$$

Cette force diminue avec $\cos\theta$; il suffit de donner à cette variable ses valeurs extrêmes pour reconnaître si N peut s'annuler.

166. *Étudier le mouvement d'un point pesant sur un paraboloïde de révolution dont l'axe est vertical et la convexité tournée vers le bas; discussion générale.* (Paris, 1861, 1872).

On peut écrire l'équation du paraboloïde

$$(1) \qquad x^2 + y^2 - 2pz = 0;$$

et, si la masse du mobile M est l'unité, les équations générales du mouvement nous donneront

$$(2) \qquad \left\{\begin{aligned} &\frac{d^2x}{dt^2} = \frac{\mathrm{N}x}{\Delta}, \quad \frac{d^2y}{dt^2} = \frac{\mathrm{N}y}{\Delta}, \quad \frac{d^2z}{dt^2} = -g - \frac{\mathrm{N}p}{\Delta},\\ &\Delta = \sqrt{x^2 + y^2 + p^2}.\end{aligned}\right.$$

Ajoutant les trois premières multipliées respectivement par $2\,dx$, $2\,dy$, $2\,dz$, et tenant compte de l'équation (1), on trouve l'équation des forces vives, qui a pour intégrale

$$\frac{dx^2}{dt^2} + \frac{dy^2}{dt^2} + \frac{dz^2}{dt^2} = v_0^2 + 2g(z_0 - z).$$

Si l'on multiplie la première équation (2) par $-y$, la deuxième par x et qu'on les ajoute, on a

$$x\frac{d^2y}{dt^2} - y\frac{d^2x}{dt^2} = 0, \quad x\frac{dy}{dt} - y\frac{dx}{dt} = C.$$

C'est l'intégrale des aires appliquée au mouvement de la projection sur le plan XY, et cette équation pouvait être écrite à l'avance, puisque les deux forces qui agissent sur M, la pesanteur et la réaction de la surface, ont un moment nul par rapport à l'axe des z.

La nature de la surface et la forme des intégrales premières conduisent à prendre des coordonnées semi-polaires u, ψ et z. Appelons a la valeur initiale de u, et ε l'angle de la vitesse initiale v_0 avec la tangente au parallèle : les intégrales des aires et des forces vives deviennent

$$(3) \quad \frac{du^2}{dt^2} + u^2\frac{d\psi^2}{dt^2} + \frac{dz^2}{dt^2} = v_0^2 + 2g(z_0 - z), \quad u^2\frac{d\psi}{dt} = c^2 = av_0\cos\varepsilon;$$

de plus l'équation de la surface donne

$$u^2 = 2pz, \quad u\,du = p\,dz.$$

Éliminons ψ et u entre ces équations et les équations (3), faisons $v_0^2 = 2gh$, et tenons compte de ce que $a^2 = 2pz_0$: nous trouverons

$$(4) \qquad \frac{dz^2}{dt^2} = \frac{4g}{2z + p}[-z^2 + (z_0 + h)z - hz_0\cos^2\varepsilon].$$

z doit rester compris entre deux limites égales à

$$\frac{z_0 + h}{2} \pm \frac{1}{2}\sqrt{(z_0 - h)^2 + 4z_0 h\sin^2\varepsilon}.$$

Pour que ces limites se confondent, il faut la double condition $z_0 = h$, $\varepsilon = 0$; dans ce cas, le mobile parcourra uniformément un parallèle de la surface avec la vitesse $\sqrt{2gz_0}$; comme la longueur du parallèle est $2\pi\sqrt{2pz_0}$, le temps de la révolution sera $2\pi\sqrt{\frac{p}{g}}$; il est le même pour tous les parallèles (¹).

On peut obtenir la valeur N de la réaction en ajoutant les équations (2) multipliées respectivement par x, y, $-p$: on en déduit

$$N = \frac{1}{\Delta}\left(x\frac{d^2x}{dt^2} + y\frac{d^2y}{dt^2} - p\frac{d^2z}{dt^2} - pg\right);$$

mais, en différentiant deux fois l'équation (1), on trouve

$$x\frac{d^2x}{dt^2} + y\frac{d^2y}{dt^2} - p\frac{d^2z}{dt^2} = -\frac{dx^2}{dt^2} - \frac{dy^2}{dt^2} = \frac{dz^2}{dt^2} - v^2;$$

nous avons calculé v^2 et z'^2, et nous savons former la valeur de N. On peut aussi bien la déduire de la troisième des équa-

---

(¹) Sur une surface de révolution quelconque à axe vertical, on peut donner à un mobile pesant une vitesse horizontale v_0, telle qu'il reste sur le parallèle où il est d'abord ; il faut et il suffit que la résultante de la force centrifuge et de la pesanteur soit normale à la surface. Soient u le rayon du parallèle, γ l'angle de la normale avec l'horizon ; la condition est

$$g\cos\gamma = \frac{v_0^2}{u}\sin\gamma;$$

le temps de la révolution sera

$$T = \frac{2\pi u}{v} = 2\pi\sqrt{\frac{u}{g}\operatorname{tang}\gamma}.$$

Pour que ce temps soit le même pour tous les parallèles, il faut que $u\operatorname{tang}\gamma$ soit constant ; or, en appelant du et dz les variations correspondant à un petit arc de méridienne,

$$\operatorname{tang}\gamma = \frac{du}{dz}, \quad u\,du = c\,dz;$$

la méridienne est nécessairement parabolique.

tions (2) : la dérivée $\frac{d^2z}{dt^2}$ qui y figure s'obtiendra en différentiant l'équation (4) par rapport à t et supprimant le facteur commun $\frac{dz}{dt}$. On trouve en définitive

$$N = -\frac{g}{\sqrt{p(2z+p)^3}}[p^2 + 2p(z_0+h) + 2hz_0\cos^2\varepsilon],$$

valeur toujours négative : donc le mobile, qui exerce une pression égale et opposée à N, appuie constamment sur le côté concave de la surface.

Pour étudier le mouvement, revenons à l'équation (4). Nous ne restreignons pas la généralité du problème en plaçant l'origine du temps à l'un des instants où z est minimum, $\frac{dz}{dt}$ nul : il faut faire $\varepsilon = 0$, et si nous désignons encore la vitesse initiale par $\sqrt{2gh}$, l'équation (4) nous donnera

$$dt = \pm\frac{dz}{2}\sqrt{\frac{2z+p}{g(z-z_0)(h-z)}}.$$

Nous remplacerons z, z_0, h et dz par $\frac{u^2}{2p}, \frac{a^2}{2p}, \frac{b^2}{2p}, \frac{u\,du}{p}$, et nous aurons la relation suivante entre u et t :

$$(5) \qquad dt = \pm\frac{u\,du}{\sqrt{pg}}\sqrt{\frac{u^2+p^2}{(u^2-a^2)(b^2-u^2)}};$$

la distance du mobile à l'axe OZ varie de a à b pendant un temps T qu'on peut exprimer sous la forme ordinaire des intégrales elliptiques en posant

$$u^2 = a^2\sin^2\varphi + b^2\cos^2\varphi;$$

si l'on fait décroître u de b jusqu'à a, φ croîtra de 0 à $\frac{\pi}{2}$ et le temps correspondant sera, le calcul est facile,

$$T = \sqrt{\frac{b^2+p^2}{pg}}\int_0^{\frac{\pi}{2}} d\varphi\sqrt{1-\frac{b^2-a^2}{b^2+p^2}\sin^2\varphi}.$$

On aura l'équation différentielle de la projection de la trajectoire sur OXY en remplaçant, dans (6), dt par

$$\frac{u^2\,d\psi}{c^2} = \frac{u^2\,d\psi}{av_0} = \frac{u^2\,d\psi}{ab}\sqrt{\frac{p}{g}};$$

il vient alors, ψ croissant toujours en vertu de l'intégrale des aires,

$$(6) \qquad d\psi = \pm\frac{ab\,du}{pu}\sqrt{\frac{u^2+p^2}{(u^2-a^2)(b^2-u^2)}}.$$

Quand u varie de a à b, ψ augmente d'une quantité ψ_1 que je dis être supérieure à $\frac{\pi}{2}$: en effet,

$$\psi_1 = \frac{ab}{p}\int_a^b \frac{du}{u}\sqrt{\frac{u^2+p^2}{(u^2-a^2)(b^2-u^2)}}$$
$$> \int_a^b \frac{du}{u^3\sqrt{\left(\frac{1}{a^2}-\frac{1}{u^2}\right)\left(\frac{1}{u^2}-\frac{1}{b^2}\right)}},$$

et la dernière intégrale est égale à $\frac{\pi}{2}$. Ainsi, la différence d'azimut des deux plans verticaux dans lesquels la distance du mobile à la verticale OZ atteint son minimum et son maximum est supérieure à 90°; c'est la même propriété que V. Puiseux a démontrée pour le cas du pendule sphérique, dans le tome VII du *Journal de Liouville*.

Si a diffère peu de b, on pourra remplacer u^2+p^2 par a^2+p^2, et ψ_1 sera sensiblement égal à $\frac{\pi}{2}\sqrt{1+\frac{a^2}{p^2}}$.

Dans le cas où a et b sont peu considérables, on peut obtenir, relativement aux petites oscillations sur notre paraboloïde, des résultats analogues à ceux que M. Resal a trouvés dans le cas du pendule sphérique. Dans l'équation (5), remplaçons u^2+p^2 par u^2 et intégrons à partir de $u=a$: nous aurons, avec une erreur relative de l'ordre de $\frac{u^2}{p^2}$,

$$(7)\qquad \begin{cases} dt\sqrt{\dfrac{g}{p}} = \dfrac{u\,du}{\sqrt{(u^2-a^2)(b^2-u^2)}}, \\ t\sqrt{\dfrac{g}{p}} = \dfrac{1}{2}\arc\cos\dfrac{a^2+b^2-2u^2}{b^2-a^2}. \end{cases}$$

Maintenant, remplaçons dans (6) $\sqrt{p^2+u^2}$ par les deux premiers termes de son développement suivant les puissances croissantes de u : on aura, en prenant d'abord le signe $+$, puisque u part de a,

$$d\psi = \frac{ab\,du}{u\sqrt{(u^2-a^2)(b^2-u^2)}} + \frac{ab}{2p^2}\,\frac{u\,du}{\sqrt{(u^2-a^2)(b^2-u^2)}} + \ldots,$$

intégrons, en faisant $\psi = 0$ pour $u = a$:

$$\psi = \frac{1}{2}\arc\cos\frac{\dfrac{2}{u^2}-\dfrac{1}{a^2}-\dfrac{1}{b^2}}{\dfrac{1}{a^2}-\dfrac{1}{b^2}} + \frac{ab}{4p^2}\arc\cos\frac{a^2+b^2-2u^2}{b^2-a^2} + \ldots.$$

Si l'on néglige le second terme, qui est de l'ordre de $\frac{u^2}{p^2}$, on trouve que la projection de la trajectoire est une ellipse d'axes $2a$ et $2b$; mais ayons égard à ce terme, en ne négligeant plus que des termes de l'ordre de $\frac{u^4}{p^4}$: nous pourrons, suivant la règle des approximations successives, laisser dans le coefficient de $\frac{ab}{4p^2}$ une erreur de l'ordre de $\frac{u^2}{p^2}$. Dans ces conditions, la seconde équation (7) nous donne la valeur de l'arc cosinus qui entre dans le terme considéré, et, si on le fait passer dans le premier membre, on a

$$2\psi - \frac{abt}{2p^2}\sqrt{\frac{g}{p}} = \arc\cos\frac{\dfrac{2}{u^2}-\dfrac{1}{a^2}-\dfrac{1}{b^2}}{\dfrac{1}{a^2}-\dfrac{1}{b^2}},$$

$$\frac{1}{u^2} = \frac{1}{a^2}\cos^2\left(\psi - \frac{abt}{4p^2}\sqrt{\frac{g}{p}}\right) + \frac{1}{b^2}\sin^2\left(\psi - \frac{abt}{4p^2}\sqrt{\frac{g}{p}}\right).$$

La projection se meut sur une ellipse, d'axes $2a$ et $2b$, qui tourne autour du point O avec une vitesse angulaire égale à $\frac{ab}{4p^2}\sqrt{\frac{g}{p}}$; le mobile fait, dans le même sens, le tour de l'ellipse dans un temps $2\pi\sqrt{\frac{p}{g}}$.

167. *Un point pesant* M, *assujetti à se mouvoir sur la surface d'un cône droit dont l'axe* OZ *est vertical, est attiré vers le sommet* O *par une force* F *égale à* $mf(r)$ *: on demande* 1° *quelle doit être la fonction* f *pour que la trajectoire puisse être plane;* 2° *quelle est alors la loi du mouvement et la pression sur le cône;* 3° *quelle sera la nature du mouvement si l'on change la vitesse initiale*. (Agrégation, 1879.)

Soient u, ψ, z les coordonnées semi-polaires de M, θ l'angle ZOM; on a

$$u = r\sin\theta, \qquad z = r\cos\theta = u\cot\theta.$$

Le poids du corps, la force F et la réaction N sont toujours dans le plan ZOM; on a donc

$$u^2\frac{d\psi}{dt} = \mathrm{C},$$

$$v^2 = \frac{1}{\sin^2\theta}\frac{du^2}{dt^2} + u^2\frac{d\psi^2}{dt^2} = \mathrm{C}^2\left[\frac{1}{\sin^2\theta}\left(\frac{d\frac{1}{u}}{d\psi}\right)^2 + \frac{1}{u^2}\right];$$

ce résultat montre l'étroite analogie qui existe entre le mouvement considéré et le mouvement produit par une force centrale : c'est encore un calcul bien connu qui nous donnera ici

$$(1) \qquad d.v^2 = -2\frac{\mathrm{C}^2\,du}{u^2}\left(\frac{1}{\sin^2\theta}\frac{d^2\frac{1}{u}}{d\psi^2} + \frac{1}{u}\right).$$

La trajectoire étant plane se projette sur OXY suivant

une conique dont l'équation est de la forme

$$\frac{1}{u} = \frac{1 + e\cos\psi}{p},$$

et la valeur de $d.v^2$ devient

$$(2) \quad d.v^2 = -2\frac{C^2 du}{u^2}\left(\frac{1}{u} - \frac{e\cos\psi}{p\sin^2\theta}\right) = -2C^2\frac{du}{u^2}\left(\frac{1}{p\sin^2\theta} - \frac{\cot^2\theta}{u}\right).$$

D'autre part, le théorème des forces vives nous donne

$$(3) \quad d.v^2 = -2g\,dz - 2f(r)\,dr = -2[g\cos\theta + f(r)]\,dr;$$

il suffit, pour déterminer $f(r)$, d'égaler cette expression de $d.v^2$ à la valeur (2) dans laquelle on remplacera u par $r\sin\theta$; on trouve pour la fonction cherchée

$$f(r) = \frac{C^2}{p\sin^3\theta}\frac{1}{r^2} - \frac{C^2\cos^2\theta}{\sin^4\theta}\frac{1}{r^3} - g\cos\theta.$$

La projection de M se meut précisément comme un point qui parcourt une conique avec une vitesse aréolaire constante autour d'un des foyers : ce mouvement est bien connu; je rappelle seulement que l'accélération y est égale à $\frac{C^2}{pu^2}$. On trouve aisément la réaction N du cône par la méthode générale; mais on y arrivera encore plus vite en remarquant que la projection de M sur OXY se meut comme une masse m sous l'action de forces égales aux projections de F, de mg et de N sur le même plan; et, puisque nous venons de trouver l'accélération de cette projection, nous aurons

$$\begin{aligned}\frac{mC^2}{pu^2} &= F\sin\theta + N\cos\theta \\ &= \frac{mC^2}{pr^2\sin^2\theta} - \frac{mC^2\cos^2\theta}{r^3\sin^3\theta} - mg\sin\theta\cos\theta + N\cos\theta;\end{aligned}$$

on en tire pour N une valeur positive; donc la réaction est dirigée vers l'intérieur du cône.

Enfin, pour avoir le mouvement dans le cas où l'on changerait d'une manière quelconque la vitesse initiale, remarquons que l'équation (3) sera toujours satisfaite, tandis que, dans (2), il faudra remplacer C^2 par une autre constante A^2; égalons cette nouvelle valeur de $d.v^2$ à la valeur (3), où nous remplacerons $f(r)$ par sa valeur, r par $u \sin\theta$: il viendra

$$A^2 \frac{d^2 \frac{1}{u}}{d\psi^2} + (A^2 \sin^2\theta + C^2 \cos^2\theta) \frac{1}{u} - \frac{C^2}{p} = 0.$$

L'intégrale représente une courbe déduite d'une conique qui aurait le point O pour foyer en augmentant, dans un rapport constant, les angles des rayons vecteurs avec l'axe polaire. La trajectoire elle-même, dont nous venons de trouver la projection, est à double courbure.

168. *Remarque générale.* — Dans les problèmes où, comme dans le précédent, il s'agit d'étudier le mouvement, sur un cône droit, d'un point M sollicité par une force F qui agit toujours dans le plan ZOM, il est souvent commode d'imaginer qu'on ait développé le cône sur un plan et de chercher la transformée de la trajectoire véritable : c'est le lieu décrit dans un plan par un point dont la vitesse aréolaire autour de O est constante, et dont l'accélération estimée suivant OM est connue : on prend pour coordonnées du mobile le rayon $OM = r$, et l'angle $\omega = \psi \sin\theta$, de la génératrice OM avec une génératrice fixe.

Par exemple, si F, ou plutôt sa projection sur OM, est proportionnelle à r, la courbe plane auxiliaire est une conique ayant son centre en O : la trajectoire véritable sera la transformée de cette conique et la loi du mouvement est bien connue.

169. *Lignes géodésiques sur les surfaces de révolution.*

Quand un point M se meut sur une surface S sans être sollicité par aucune force extérieure, l'accélération centripète est uniquement produite par la réaction de S; donc, en chaque point de la trajectoire, la normale principale coïncide avec la normale à S, ce qui est le caractère des lignes géodésiques; ces lignes peuvent se déduire de la détermination du mouvement dans les conditions que nous avons supposées. Tout d'abord, le théorème des forces vives prouve que la vitesse v du point M est constante et l'on pourrait déterminer la ligne géodésique au moyen de l'équation (3) du nº 164. Mais, lorsque S est de révolution autour d'un axe OZ, il est bien plus simple de remarquer que la vitesse aréolaire $u^2 \frac{d\psi}{dt}$ sur un plan perpendiculaire à OZ a une valeur constante C : si l'on remplace dt par $\frac{ds}{v}$ et $\frac{C}{v}$ par une constante a, il vient

$$\frac{u\,d\psi}{ds} = \frac{a}{u}.$$

Cette relation, où l'on peut exprimer ds en fonction de u et ψ, constitue une équation différentielle de la trajectoire : géométriquement, elle exprime que cette ligne fait, avec les parallèles qu'elle rencontre, des angles dont le cosinus varie en raison inverse du rayon de ces parallèles.

170. *Lignes géodésiques sur un ellipsoïde à axes inégaux.*

Nous déterminerons ces lignes en cherchant la trajectoire d'un point de masse 1, soustrait à l'action de toute force extérieure et se mouvant, par suite d'une vitesse initiale, sur l'ellipsoïde

$$\frac{x^2}{a^2}+\frac{y^2}{b^2}+\frac{z^2}{c^2}=1; \tag{1}$$

nous supposons $a>b>c$. Les équations du mouvement sont

$$\frac{d^2x}{dt^2}=\lambda\frac{x}{a^2},\quad \frac{d^2y}{dt^2}=\lambda\frac{y}{b^2},\quad \frac{d^2z}{dt^2}=\lambda\frac{z}{c^2}.$$

Ajoutons ces équations multipliées respectivement par $\frac{1}{a^2}\frac{dx}{dt}, \frac{1}{b^2}\frac{dy}{dt}, \frac{1}{c^2}\frac{dz}{dt}$:

$$\left\{\begin{array}{l}\dfrac{1}{a^2}\dfrac{dx}{dt}\dfrac{d^2x}{dt^2}+\dfrac{1}{b^2}\dfrac{dy}{dt}\dfrac{d^2y}{dt^2}+\dfrac{1}{c^2}\dfrac{dz}{dt}\dfrac{d^2z}{dt^2}\\ \quad =\lambda\left(\dfrac{x}{a^4}\dfrac{dx}{dt}+\dfrac{y}{b^4}\dfrac{dy}{dt}+\dfrac{z}{c^4}\dfrac{dz}{dt}\right).\end{array}\right. \tag{2}$$

Multiplions, au contraire, par $\frac{x}{a^2}, \frac{y}{b^2}, \frac{z}{c^2}$, et ajoutons:

$$\frac{x}{a^2}\frac{d^2x}{dt^2}+\frac{y}{b^2}\frac{d^2y}{dt^2}+\frac{z}{c^2}\frac{d^2z}{dt^2}=\lambda\left(\frac{x^2}{a^4}+\frac{y^2}{b^4}+\frac{z^2}{c^4}\right);$$

mais, en différentiant deux fois l'équation (1), on a

$$\frac{x}{a^2}\frac{d^2x}{dt^2}+\ldots=-\left(\frac{1}{a^2}\frac{dx^2}{dt^2}+\frac{1}{b^2}\frac{dy^2}{dt^2}+\frac{1}{c^2}\frac{dz^2}{dt^2}\right);$$

l'équation précédente devient

$$-\left(\frac{1}{a^2}\frac{dx^2}{dt^2}+\frac{1}{b^2}\frac{dy^2}{dt^2}+\frac{1}{c^2}\frac{dz^2}{dt^2}\right)=\lambda\left(\frac{x^2}{a^4}+\ldots\right).$$

Éliminons λ entre cette équation et l'équation (2):

$$\frac{\dfrac{1}{a^2}\dfrac{dx}{dt}\dfrac{d^2x}{dt^2}+\dfrac{1}{b^2}\dfrac{dy}{dt}\dfrac{d^2y}{dt^2}+\ldots}{\dfrac{1}{a^2}\dfrac{dx^2}{dt^2}+\dfrac{1}{b^2}\dfrac{dy^2}{dt^2}+\dfrac{1}{c^2}\dfrac{dz^2}{dt^2}}+\frac{\dfrac{x}{a^4}\dfrac{dx}{dt}+\dfrac{y}{b^4}\dfrac{dy}{dt}+\ldots}{\dfrac{x^2}{a^4}+\dfrac{y^2}{b^4}+\dfrac{z^2}{c^4}}=0.$$

Les deux fractions sont des différentielles exactes, et l'on a l'intégrale

$$\left(\frac{1}{a^2}\frac{dx^2}{dt^2}+\frac{1}{b^2}\frac{dy^2}{dt^2}+\frac{1}{c^2}\frac{dz^2}{dt^2}\right)\left(\frac{x^2}{a^4}+\frac{y^2}{b^4}+\frac{z^2}{c^4}\right)=k^2.$$

On a aussi l'intégrale des forces vives

$$\frac{dx^2}{dt^2}+\frac{dy^2}{dt^2}+\frac{dz^2}{dt^2}=h^2,$$

de sorte qu'il suffit d'éliminer dt entre ces dernières équations pour avoir l'équation différentielle des lignes géodésiques

$$(3)\quad \left(\frac{dx^2}{a^2}+\frac{dy^2}{b^2}+\frac{dz^2}{c^2}\right)\left(\frac{x^2}{a^4}+\frac{y^2}{b^4}+\frac{z^2}{c^4}\right)=\frac{k^2}{h^2}(dx^2+dy^2+dz^2)$$

Cette équation ne renfermerait que x et y si l'on tirait z et dz de l'équation de l'ellipsoïde; mais on ne peut séparer les variables. Pour être ramené aux quadratures, il faut recourir aux coordonnées elliptiques. Considérons les deux surfaces homofocales à l'ellipsoïde (1), où $c^2 < b^2 < a^2$:

$$(4)\qquad \frac{x^2}{a^2-\lambda}+\frac{y^2}{b^2-\lambda}+\frac{z^2}{c^2-\lambda}=1.$$

$$(5)\qquad \frac{x^2}{a^2-\mu}+\frac{y^2}{b^2-\mu}+\frac{z^2}{c^2-\mu}=1.$$

Si l'on donne à λ toutes les valeurs depuis c^2 jusqu'à b^2, on a des hyperboloïdes à une nappe homofocaux à l'ellipsoïde, et qui le coupent, on le sait, suivant des lignes de courbure; pour $\lambda = c^2$, l'hyperboloïde se réduit au plan des xy, et à celui des zx pour $\lambda = b^2$; les intersections avec l'ellipsoïde se projettent sur le plan des xy suivant des ellipses concentriques, dont la dernière, pour $\lambda = b^2$, se réduit à la droite qui joint les projections des ombilics. Donnons, au contraire, à μ toutes les valeurs depuis b^2 jusqu'à a^2, l'équation (5) représentera des hyperboloïdes à deux nappes dont l'intersection avec l'ellipsoïde se projette suivant des hyperboles ayant leur axe transverse suivant OX; pour $\mu = a^2$, cette hyperbole se réduit à une droite double dirigée suivant OY. Dans l'espace, ces intersections forment le second système de lignes de courbure de l'ellipsoïde. On obtient ainsi sur la surface deux séries de lignes orthogonales qui forment un système de coordonnées définies par les valeurs de λ et de μ. Il est d'ailleurs aisé de repasser de ces coordonnées aux coordonnées ordinaires : il suffit de résoudre les équations (1), (4) et (5) (Binet a donné un procédé élégant qu'on trouve exposé dans l'*Algèbre* de M. Bertrand); on a

$$x^2 = \frac{a^2(a^2-\lambda)(a^2-\mu)}{(a^2-b^2)(a^2-c^2)},$$

$$y^2 = \frac{b^2(b^2-\lambda)(b^2-\mu)}{(b^2-c^2)(b^2-a^2)},$$

$$z^2 = \frac{c^2(c^2-\lambda)(c^2-\mu)}{(c^2-a^2)(c^2-b^2)}.$$

Il suffit de substituer ces quantités et les différentielles dx, dy, dz dans l'équation (3) pour obtenir l'équation différentielle de la trajectoire en coordonnées elliptiques.

Un calcul direct, que des considérations de symétrie peuvent abréger, donne

$$\frac{x^2}{a^4} + \frac{y^2}{b^4} + \frac{z^2}{c^4} = \frac{\lambda\mu}{a^2b^2c^2}.$$

On a encore

$$dx = \pm \frac{a[(\mu-a^2)\,d\lambda + (\lambda-a^2)\,d\mu]}{2\sqrt{(a^2-b^2)(a^2-c^2)}\sqrt{(a^2-\lambda)(a^2-\mu)}}, \quad \ldots,$$

d'où

$$4\,ds^2 = \frac{\lambda(\lambda-\mu)\,d\lambda^2}{(a^2-\lambda)(b^2-\lambda)(c^2-\lambda)} + \frac{\mu(\mu-\lambda)\,d\mu^2}{(a^2-\mu)(b^2-\mu)(c^2-\mu)},$$

$$4\left(\frac{dx^2}{a^2} + \frac{dy^2}{b^2} + \frac{dz^2}{c^2}\right)$$
$$= \frac{(\lambda-\mu)\,d\lambda^2}{(a^2-\lambda)(b^2-\lambda)(c^2-\lambda)} + \frac{(\mu-\lambda)\,d\mu^2}{(a^2-\mu)(b^2-\mu)(c^2-\mu)}.$$

Il suffit de substituer ces valeurs dans l'équation (3) pour avoir sa transformée en coordonnées elliptiques. On pourra diviser par $\mu - \lambda$ qui n'est pas nul en général, autrement λ et μ seraient égaux à b^2 qui les sépare, et la trajectoire serait l'ellipse qui a pour axes le plus grand et le plus petit de l'ellipsoïde. L'équation des lignes géodésiques sera, en posant $n^2 h^2 = a^2 b^2 c^2 k^2$,

$$(6) \qquad \frac{\lambda\, d\lambda^2}{(\lambda - a^2)(\lambda - b^2)(\lambda - c^2)(\lambda - n^2)} = \frac{\mu\, d\mu^2}{(\mu - a^2)(\mu - b^2)(\mu - c^2)(\mu - n^2)}.$$

Comme λ est compris entre b^2 et c^2, μ entre a^2 et b^2, la constante n^2 doit donner des signes contraires à $\lambda - n^2$ et $\mu - n^2$; on a nécessairement $\mu > n^2 > \lambda$; n^2 se déduit d'ailleurs de l'équation (3), connaissant la position et la vitesse initiales. Si $n^2 < b^2$, λ devra varier entre n^2 et c^2, μ entre a^2 et b^2; la ligne géodésique sera comprise entre les deux lignes de courbure données par l'hyperboloïde à une nappe répondant à $\lambda = n^2$. Si, au contraire, $n^2 > b^2$, λ variera entre b^2 et c^2, μ entre a^2 et n^2; la ligne géodésique restera entre les deux lignes de courbure situées sur l'hyperboloïde à deux nappes pour lequel $\mu = n^2$. Si $n^2 = c^2$, λ sera toujours égal à c^2, et la ligne géodésique sera l'ellipse principale située dans le plan des xy; si $n^2 = a^2$, ce sera l'ellipse du plan des yz. Le cas de $n^2 = b^2$ est remarquable; les intégrales ultra-elliptiques se réduisent à des intégrales elliptiques; mais surtout, comme λ finira par tendre vers b^2, l'intégrale du terme en $d\lambda$ croîtra indéfiniment; il devra en être de même de celle en $d\mu$, et par conséquent μ tendra aussi vers b^2, et la ligne géodésique passera par un ombilic, puis elle ira à l'ombilic diamétralement opposé, et ainsi de suite. Le mouvement sera, dans tous les cas, uniforme, et, en tenant compte de (6), on trouve

$$2\,ds = \frac{\lambda^{\frac{3}{2}}\, d\lambda}{\sqrt{(a^2 - \lambda)(b^2 - \lambda)(c^2 - \lambda)(n^2 - \lambda)}} + \frac{\mu^{\frac{3}{2}}\, d\mu}{\sqrt{(a^2 - \mu)(b^2 - \mu)(c^2 - \mu)(n^2 - \mu)}},$$

le temps s'exprime par deux intégrales ultra-elliptiques.

171. *Étudier le mouvement d'un point* M *assujetti à se mouvoir sur un hélicoïde gauche à plan directeur dont l'axe* OZ *exerce sur* M *une attraction réciproque au cube de la distance. Pression exercée sur la surface.* (Agrégation, 1884.)

On peut exprimer les coordonnées rectilignes d'un point de l'hélicoïde en fonction des deux coordonnées cylindriques u et ψ :

$$x = u\cos\psi,\quad y = u\sin\psi,\quad z = c\psi;$$

la normale en M est perpendiculaire sur la génératrice MA et fait avec OZ un angle dont le cosinus est $\frac{u}{\sqrt{u^2+c^2}}$. Faisons la masse de M égale à l'unité et projetons la force d'attraction et la réaction N : 1° sur AM, 2° sur une perpendiculaire au plan ZAM, 3° sur OZ; nous aurons pour les équations du mouvement

$$(1)\quad \begin{cases} \dfrac{d^2u}{dt^2} - u\dfrac{d\psi^2}{dt^2} = -\dfrac{\lambda^2}{u^3}, \\ \dfrac{1}{u}\dfrac{d}{dt}u^2\dfrac{d\psi}{dt} = -\dfrac{Nc}{\sqrt{u^2+c^2}},\quad c\dfrac{d^2\psi}{dt^2} = \dfrac{Nu}{\sqrt{u^2+c^2}}. \end{cases}$$

Multiplions la seconde par u, la troisième par c, et ajoutons :

$$\frac{d}{dt}u^2\frac{d\psi}{dt} + c^2\frac{d^2\psi}{dt^2} = 0,$$

d'où, en intégrant,

$$(2)\qquad (u^2+c^2)\frac{d\psi}{dt} = G.$$

Cette intégrale, qui rappelle celle des aires, montre que ψ varie toujours dans le même sens, en croissant, pour fixer les idées. J'en tire $\frac{d\psi}{dt}$ pour le substituer dans la première des équations (1), puis je multiplie par 2 du et j'intègre :

$$(3) \qquad \frac{du^2}{dt^2} = \frac{\lambda^2}{u^2} - \frac{G^2}{u^2 + c^2} + H.$$

On aurait eu cette équation en combinant l'intégrale des forces vives avec l'équation (2); les constantes G et H sont données par les conditions initiales. Si l'on pose

$$F(u^2) = Hu^4 + (\lambda^2 + Hc^2 - G^2)u^2 + \lambda^2 c^2,$$

l'équation (3) nous donne

$$(4) \qquad dt = \pm \frac{u\,du\sqrt{u^2 + c^2}}{\sqrt{F(u^2)}};$$

portant cette valeur de dt dans (2), il vient

$$(5) \qquad \left\{ \begin{aligned} d\psi &= \frac{\pm G u\,du}{\sqrt{F(u^2)}\sqrt{u^2 + c^2}} \\ &= \frac{\pm G u\,du}{\sqrt{u^2 + c^2}\sqrt{Hu^4 + (\lambda^2 + Hc^2 - G^2)u^2 + \lambda^2 c^2}}. \end{aligned} \right.$$

Cette équation détermine la projection P de la trajectoire sur OXY et, par suite, la trajectoire elle-même; l'équation (4) donne la loi du mouvement en fonction du temps. La réaction N', égale et opposée à la réaction N, se déduira de la troisième équation (1), en ayant égard aux équations (2) et (4):

$$N' = \frac{c}{u}\sqrt{u^2 + c^2}\,\frac{d^2\psi}{dt^2} = -\frac{2cG}{(u^2 + c^2)^{\frac{3}{2}}}\,\frac{du}{dt} = \mp \frac{2cG\sqrt{F(u^2)}}{(u^2 + c^2)^2}.$$

Nous allons examiner, dans les divers cas qui peuvent se présenter, la nature du mouvement de la projection m de M sur OXY et la forme de sa trajectoire P : nous devons, pour cela, discuter le trinôme $F(u^2)$, auquel on ne peut attribuer que des valeurs positives. Pour éclaircir un point délicat, je me place d'abord dans le cas très simple où H est nul et $G = \lambda$; $F(u^2)$ se réduit à $\lambda^2 c^2$. L'équation (5) montre que, si u commence par croître ou, pour abréger, si $u'_0 > o$, u augmentera indéfiniment, P se confondant, à l'infini, avec une spirale d'Archimède. Si $u'_0 < o$, m se rapproche de l'origine qu'il atteint pour $t = t_1$ et $\psi = \psi_1$: en même temps, M arrive avec une vitesse infinie sur OZ qui l'attire avec une force infinie et l'on ne peut dire ce qu'il deviendra ensuite, à moins de faire une convention essentiellement arbitraire. Si l'on admet que u devienne négatif, l'équation (4), où dt doit rester positif, exige qu'on change le signe du second membre bien que ce soit, dans le voisinage de $u = o$, une fonction uniforme et continue de u; on introduit ainsi une discontinuité.

Au point O, la courbure de P est nulle; car, si u est infiniment petit du premier ordre, $u\dfrac{d\psi}{du}$ ou $\tang \mu$ est du second ordre. Si l'on veut suivre, au delà du point O, la courbe telle qu'elle est définie par l'équation (5) dont le second membre, avec le signe —, reste une fonction uniforme de u, nous trouvons que ψ doit diminuer à partir de ψ_1 quand u devient négatif; P présente une inflexion; la courbe ne correspond plus aux lois du mouvement proposé, d'après lesquelles ψ devait toujours croître. On s'assurera de la vérité des déductions précédentes en intégrant les équations (4) et (5), ce qui peut se faire explicitement dans le cas considéré; on trouve les équations

$$3\lambda ct = (u_0^2 + c^2)^{\frac{3}{2}} - (u^2 + c^2)^{\frac{3}{2}}, \qquad c\psi = \sqrt{u_0^2 + c^2} - \sqrt{u^2 + c^2}.$$

La première assujettirait t à ne pas dépasser une certaine limite : donc elle ne peut servir indéfiniment; la seconde, rendue rationnelle, représente évidemment une courbe qui a une inflexion en O.

Quand, H étant toujours nul, λ est $> G$, $F(u^2)$ est toujours positif et l'on trouve des résultats tout semblables à ceux du premier cas, si ce n'est qu'à l'infini P se confond avec une spirale logarithmique. Si $\lambda < G$, on ne peut donner à u^2 que des valeurs au plus égales à une certaine limite α^2; quand $u'_0 > 0$, m s'éloigne de l'origine, décrit un arc qui s'en va toucher le cercle de centre O et de rayon α, pour revenir à l'origine où le mouvement devient encore discontinu et où P présente une inflexion; cette courbe ressemble à une lemniscate déformée en augmentant dans un rapport déterminé les angles polaires de ses divers points. La ligne P affecte une forme analogue, et le mouvement de m est de même nature toutes les fois que H est négatif.

Quand H est positif, il y a lieu de chercher si $F(u^2)$ s'annule pour deux valeurs réelles et positives de u^2: il faut pour cela deux conditions qu'on peut écrire

$$G^2 - Hc^2 - \lambda^2 > 0, \quad [G^2 - (\lambda - c\sqrt{H})^2][G^2 - (\lambda + c\sqrt{H})^2] > 0.$$

Si la première condition est satisfaite, le premier facteur qui figure dans la seconde inégalité est positif; il faut donc que l'autre facteur

$$G^2 - (\lambda + c\sqrt{H})^2 = \Delta$$

le soit aussi; on voit d'ailleurs que cette inégalité entraîne celles qui doivent être satisfaites en même temps; c'est la condition nécessaire et suffisante pour que $F(u^2)$ puisse s'annuler.

Quand $\Delta < 0$, $F(u^2)$ est toujours positif; m peut aller soit au point O où il y a toujours une discontinuité, soit à l'infini, où P admet une asymptote. Si $\Delta > 0$, u ne peut prendre de valeurs comprises entre deux quantités, α, β; soit $\alpha < \beta$: quand $u_0 < \alpha$, le mouvement de m est analogue à celui que nous avons indiqué pour le troisième et le quatrième cas; si $u_0 > \beta$, P est tangente au cercle de rayon β et a des branches infinies avec des asymptotes.

Enfin, quand Δ est nul, ou quand G est égal à $\lambda + c\sqrt{H}$, $F(u^2)$ est un carré et, si l'on pose $\lambda c = \alpha^2\sqrt{H}$, l'équation (5) devient

$$d\psi = \pm \frac{G\,u\,du}{(u^2-\alpha^2)\sqrt{H(u^2+c^2)}};$$

P est asymptote au cercle de rayon α, et lui est extérieure ou intérieure suivant que $u_0 \gtrless \alpha$: si $u_0 = \alpha$, ce qui entraîne, dans le cas où nous sommes, $u'_0 = 0$, u doit rester constamment égal à α : M décrit une hélice d'un mouvement uniforme et l'on peut vérifier que ce mouvement satisfait aux équations (1), en supposant $\frac{d\psi}{dt} = \frac{\lambda}{\alpha^2}$ et $N = 0$.

Détermination de la surface d'après certaines propriétés du mouvement.

Pour déterminer les surfaces sur lesquelles doit se mouvoir un point sollicité par des forces données afin que le mouvement jouisse de propriétés déterminées, on peut partir des équations générales du mouvement sur une surface et exprimer qu'elles sont compatibles avec les conditions proposées. Si l'on regarde z comme fonction de x et y, les dérivées partielles des deux premiers ordres peuvent figurer dans les calculs et la surface cherchée dépendre de deux fonctions arbitraires; mais, quand la surface doit appartenir à une famille déterminée, quand les conditions initiales du mouvement sont connues, l'indétermination peut devenir beaucoup moindre ou même disparaître.

172. *Déterminer la surface de révolution dont l'axe est une verticale* OZ *et sur laquelle doit se mouvoir un point pesant* M, *animé d'une vitesse initiale convenable,* *pour qu'il coupe sous un angle constant* ω *les parallèles qu'il rencontre.* (Rennes, 1884.)

Soient u, ψ, z les coordonnées semi-polaires de M, a, o, o leurs valeurs initiales, $\sqrt{2gh}$ la vitesse initiale. La projection de la vitesse sur la tangente au parallèle en M est $u\frac{d\psi}{dt}$; on doit avoir, d'après l'énoncé,

$$(1) \qquad u\frac{d\psi}{dt} = v\cos\omega;$$

d'autre part, le mouvement a lieu dans des conditions que nous avons souvent rencontrées et nous pouvons écrire l'intégrale des aires et celle des forces vives

$$u^2\frac{d\psi}{dt} = a\cos\omega\sqrt{2gh}, \qquad v^2 = 2g(h+z).$$

Si, entre ces équations et l'équation (1), nous éliminons v et $\frac{d\psi}{dt}$, il vient

$$(z+h)u^2 = ha^2.$$

Cette équation représente la surface cherchée, dont la méridienne se construit sans aucune difficulté. Il est remarquable qu'elle ne dépende pas de ω; si donc on se donne la position initiale de M et la grandeur de la vitesse correspondante, la direction de cette vitesse doit être contenue dans un plan tangent qui est déterminé, mais on peut choisir ω tout à fait arbitrairement.

On trouve, pour déterminer la loi du mouvement,

$$\frac{dz^2}{dt^2} = \frac{8g(h+z)^4\sin^2\omega}{a^2h+4(h+z)^3},$$

mais l'intégration ne peut se faire à l'aide des fonctions élémentaires.

173. *Déterminer les surfaces sur lesquelles un point pesant doit être assujetti à rester pour que, si on l'abandonne sans vitesse en un point quelconque de l'une de ces surfaces, il glisse suivant une ligne de plus grande pente.*

Soient, au point M de l'une des surfaces cherchées S, MT la tangente à la ligne de plus grande pente qui est la trajectoire du mobile, MN la normale à S, MV la verticale : ces trois droites sont dans un même plan, car toutes trois sont perpendiculaires sur la tangente MH à la ligne de niveau qui passe en M. Le poids du mobile peut se décomposer en deux forces, l'une dirigée suivant MT, l'autre suivant MN : celle-ci, avec la réaction normale de S, produit l'accélération centripète ; donc le plan vertical MNVT est le plan osculateur à la trajectoire ; et cette courbe, dont tous les plans osculateurs sont verticaux, est nécessairement plane.

On sait en effet que les intersections successives des plans osculateurs à une courbe à double courbure sont les tangentes, et celles-ci seraient toutes verticales, ce qui exclut l'idée de ligne courbe.

Ainsi la surface cherchée est telle que toutes ses lignes de plus grande pente sont contenues dans des plans verticaux ; elles sont en même temps lignes géodésiques et lignes de courbure. Les lignes de courbure du second système doivent être orthogonales aux premières ; elles se confondent avec les lignes de niveau et sont contenues dans une série de plans horizontaux dont chacun, en vertu d'un théorème de Joachimsthal, coupe la surface sous un angle constant ; en chaque point de l'intersection, cet angle est le complément de l'angle de la tangente à la ligne de plus grande pente avec la verticale. Il en résulte que toutes ces lignes de pente sont égales, puisque pour chacune d'elles on a la même équation différentielle

$$\frac{dz}{ds} = F(z).$$

Les plans de ces lignes enveloppent un cylindre vertical, et la surface S peut être engendrée par une courbe située dans un plan qui roule sans glisser sur un cylindre vertical : c'est une *surface moulure*. Les surfaces de révolution à axe vertical, les cylindres horizontaux ou verticaux, les surfaces canaux à directrices horizontales en sont des cas particuliers ; dans le cas général, leur forme dépend de celle de deux courbes tout à fait arbitraires.

L'Analyse conduit au même résultat : soient p, q, r, s, t les dérivées partielles, du premier et du second ordre, de z ; nous désignerons le temps par θ, en sorte que l'on aura, pour les deux premières équations du mouvement du point pesant,

$$(1) \qquad m\frac{d^2x}{d\theta^2} = \frac{Np}{\sqrt{1+p^2+q^2}}, \quad m\frac{d^2y}{d\theta^2} = \frac{Nq}{\sqrt{1+p^2+q^2}};$$

mais, la trajectoire devant être une ligne de plus grande pente, on a

$$q\frac{dx}{d\theta} - p\frac{dy}{d\theta} = 0, \quad q\frac{d^2x}{d\theta^2} - p\frac{d^2y}{d\theta^2} = \frac{dy}{d\theta}\frac{dp}{d\theta} - \frac{dx}{d\theta}\frac{dq}{d\theta};$$

le premier membre s'annule en vertu des équations (1) : on a donc, en multipliant par $d\theta^2$,

$$dy(r\,dx + s\,dy) - dx(s\,dx + t\,dy);$$

remplaçant dx et dy par p et q, qui leur sont proportionnels, on aura l'équation aux dérivées partielles des surfaces cherchées,

$$(1) \qquad (r-t)pq + s(q^2 - p^2) = 0.$$

Si on la met sous la forme

$$\frac{pr+qs}{p}=\frac{ps+qt}{q},$$

elle exprime que p^2+q^2+1 et z ont leurs dérivées partielles proportionnelles; donc on a, pour intégrale première de (1),

$$p^2+q^2+1=\varphi(z);$$

cette équation exprime que, le long d'une ligne de niveau, la normale fait un angle constant avec la verticale; donc, d'après le théorème de Joachimsthal, les lignes de niveau forment un système de lignes de courbure, ce qui caractérise les surfaces moulures.

174. *Un point* M, *de masse* 1, *assujetti à se mouvoir sur une surface de révolution* S, *est attiré vers l'axe de figure* OZ *par une force réciproque au cube de la distance. Déterminer* S *de manière que* M, *mis en mouvement dans des conditions données, exerce sur la surface une pression constante; montrer que* S *peut être une sphère ou un tore et chercher, dans ces deux cas, la loi du mouvement de* M. (Agrégation, 1884.)

J'engage le lecteur à traiter le problème en partant des équations du mouvement sur une surface; on retrouvera les résultats que je vais obtenir à l'aide d'une méthode plus géométrique. Soient

u, ψ et z les coordonnées cylindriques de M;

i l'angle de la tangente MT à la trajectoire avec la tangente au parallèle qui passe en ce point, dirigée du côté où ψ croît;

α l'angle de la tangente à la méridienne avec un axe OU perpendiculaire sur OZ dans le plan ZOM; α est compté positivement dans le sens de OU vers OZ.

La partie de la normale MN à S que nous regarderons comme positive fera avec OU l'angle $\alpha + \frac{\pi}{2}$; si $d\sigma$ désigne un élément de méridienne, le rayon de courbure de cette ligne, compté suivant MN, est

$$\rho = \frac{d\sigma}{d\alpha} = \frac{du}{\cos\alpha\, d\alpha} = \frac{du}{d.\sin\alpha};$$

c'est un des rayons principaux de S; l'autre est $\frac{u}{\sin\alpha}$, en le comptant aussi positivement suivant MN. Le rayon de courbure R de la section déterminée dans S par le plan MNT est donné par la formule d'Euler

$$\frac{1}{R} = \frac{\sin\alpha}{u}\cos^2 i + \frac{1}{\rho}\sin^2 i = \frac{\sin\alpha}{u}\cos^2 i + \frac{d\sin\alpha}{du}\sin^2 i.$$

D'autre part, la pression normale que M exerce sur S est égale à la projection de l'attraction $\frac{\lambda^2}{u^3}$ sur MN, diminuée de $\frac{v^2}{R}$,

$$(1) \qquad P = \frac{\lambda^2}{u^3}\sin\alpha - \frac{v^2\cos^2 i}{u}\sin\alpha - (v^2 - v^2\cos^2 i)\frac{d\sin\alpha}{du}.$$

Mais le théorème des forces vives et celui des aires projetées sur OXY donnent

$$(2) \qquad v^2 = \frac{\lambda^2}{u^2} + H, \qquad v\cos i = u\frac{d\psi}{dt} = \frac{G}{u},$$

et, en substituant ces valeurs dans (1), il vient

$$(3) \qquad \left(\frac{\lambda^2 - G^2}{u^2} + H\right)\frac{d\sin\alpha}{du} - \frac{\lambda^2 - G^2}{u^3}\sin\alpha + P = 0.$$

Si P est une constante, cette équation équivaut à une quation différentielle du second ordre de la méridienne; mais, comme elle est linéaire et du premier ordre en $\sin\alpha$, on peut écrire l'intégrale première

$$\sin\alpha = \frac{A u}{\sqrt{\lambda^2 - G^2 + H u^2}} - \frac{P u}{H}. \tag{4}$$

Si l'on désigne par a, b, ω et ε les valeurs initiales de u, v, α et i, on aura, pour les constantes d'intégration,

$$H = b^2 - \frac{\lambda^2}{a^2}, \qquad G = ab\cos\varepsilon, \qquad A = \frac{H\sin\omega + Pa}{H}\, b\sin\varepsilon.$$

Il suffit de remplacer, dans l'équation (4), $\sin\alpha$ par $\frac{dz}{\sqrt{du^2 + dz^2}}$, et de résoudre par rapport à dz^2, pour avoir entre u et z une équation qui représente la méridienne. On trouve

$$dz^2 = \frac{\left(AH - P\sqrt{\lambda^2 - G^2 + H u^2}\right)^2 u^2\, du^2}{H^2(\lambda^2 - G^2 + H u^2) - \left(AH - P\sqrt{\lambda^2 - G^2 + H u^2}\right)^2 u^2}.$$

La valeur de z se réduit à des intégrales elliptiques. On voit directement que u ne peut jamais devenir infini, et qu'il ne s'annule pas si $\lambda^2 < G^2$; mais la forme de la méridienne dépend de tant de paramètres qu'une discussion complète nous entraînerait trop loin.

Pour que S soit une sphère ou un tore, il faut et il suffit que la méridienne ait une courbure constante; or on tire de (4)

$$\frac{d\sin\alpha}{du} = \frac{1}{\rho} = A(\lambda^2 - G^2)(\lambda^2 - G^2 + H u^2)^{-\frac{3}{2}} - \frac{P}{H}; \tag{5}$$

et, pour que cette quantité soit indépendante de u, il faut et il suffit que A ou $\lambda^2 - G^2$ s'annulent : la méridienne est alors un cercle de centre C, de rayon $\pm\frac{H}{P}$; si l'on suit la circonférence dans le sens de OU vers OZ, α représente l'angle du rayon CM avec le prolongement de OZ.

Supposons d'abord $\lambda^2 = G^2$; il en résulte $H = b^2 \sin^2 \varepsilon$, et l'équation (4) devient

$$\sin\alpha = \frac{A}{\sqrt{H}} - \frac{Pu}{H}, \qquad u = \frac{A\sqrt{H}}{P} - \frac{H}{P}\sin\alpha;$$

avec la signification que nous venons de donner à α, cette équation exprime que la méridienne est un cercle dont le centre est à la distance $\frac{A\sqrt{H}}{P}$ de l'axe OZ, et S est un tore. Le rayon de courbure est dans le sens de MN; or, l'équation (5) donne $-\frac{H}{P}$ pour sa valeur algébrique; H étant > 0, il faut que P soit négatif : le mobile tend à sortir du tore. Il y a pour son mouvement une loi très simple : si l'on regarde ce mouvement comme résultant d'un mouvement sur le cercle C et du mouvement de ce cercle autour de OZ, on aura

$$v^2 = \rho^2 \frac{d\alpha^2}{dt^2} + u^2 \frac{d\psi^2}{dt^2} = \rho^2 \frac{d\alpha^2}{dt^2} + \frac{\lambda^2}{u^2};$$

mais, en comparant avec la valeur (2) de v^2, on a

$$\rho^2 \frac{d\alpha^2}{dt^2} = H = b^2 \sin^2 \varepsilon, \qquad \alpha = \frac{bt}{\rho} \sin\varepsilon.$$

Si l'on appelle c la distance de C à OZ, on aura encore

$$d\psi = \frac{b^2 \sin^2 \varepsilon \, dt}{u^2} = \frac{b^2 \sin^2 \varepsilon \, dt}{\left(c + \rho \sin \frac{bt \sin\varepsilon}{\rho}\right)^2} = \frac{b \sin\varepsilon \, d\alpha}{c^2 \rho \left(1 + \frac{\rho}{c}\sin\alpha\right)^2}.$$

En remplaçant α par $\frac{\pi}{2} + \theta$, on voit que ψ sera donné en fonction de β par une quadrature analogue à celle qui donne le temps en fonction de l'anomalie vraie dans le mouvement des planètes; l'analogie sera d'autant plus complète qu'on s'attachera surtout au cas où $\frac{\rho}{c} < 1$, pour éviter la difficulté ou plutôt l'indétermination qui se présente quand M rencontre l'axe attractif. Quand le tore est à jour, α et ψ croissent continuellement, et la trajectoire est une sorte d'hélice qui s'enroule sur le tore.

Considérons le cas où c'est A qui s'annule, et qui correspond à trois hypothèses différentes :

$$\text{H} \sin \omega + \text{P} a = 0, \qquad b = 0, \qquad \sin \varepsilon = 0.$$

L'équation (4) se réduit à

$$\sin \alpha = -\frac{\text{P} u}{\text{H}};$$

elle exprime que la méridienne est un cercle dont le centre est sur OZ, et S est une sphère. Le rayon de courbure est encore dirigé suivant MN, et la pression sera dirigée vers l'extérieur ou vers l'intérieur de la sphère, suivant que H sera positif ou négatif. La nature du mouvement de M peut varier avec les conditions initiales : si b est nul, M décrit un grand cercle passant par OZ. Dans les deux autres cas, nous pourrons écrire l'intégrale des forces vives sous la forme

$$\rho^2 \frac{d\alpha^2}{dt^2} + \frac{\text{G}^2}{\rho^2 \sin^2 \alpha} = \frac{\lambda^2}{\rho^2 \sin^2 \alpha} + \text{H}.$$

La loi du mouvement est donnée par les deux équations

$$dt = \frac{\rho^2 \sin \alpha \, d\alpha}{\sqrt{\lambda^2 - \text{G}^2 + \text{H} \rho^2 \sin^2 \alpha}},$$

$$d\psi = \frac{\text{G} \, d\alpha}{\sin \alpha \sqrt{\lambda^2 - \text{G}^2 + \text{H} \rho^2 \sin^2 \alpha}};$$

on intègre la première en prenant pour variable $\cos \alpha$, et la seconde $\cot \alpha$. Si $\lambda^2 > \text{G}^2$, α peut s'annuler, mais le mobile n'atteint OZ qu'après avoir tourné une infinité de fois autour de cette droite. Remarquons enfin que, puisque S est une sphère quand ε ou b est nul, l'angle i et la vitesse ne s'annuleront jamais sur les autres surfaces.

175. *On donne un parallèle* P *d'une surface de révolution* S, *et l'on considère sur cette surface la ligne géodésique* G *qui touche* P *en un point* A. *Déterminer* S *de manière que* G *soit tautochrone pour un point* M *attiré vers l'axe* OZ *de* S *par une force* F *égale à*

$$m(au + b),$$

a et b désignant des constantes qu'on ne supposera jamais négatives, u la distance de M *à* OZ *et* A *étant le point de tautochronisme. Forme de la méridienne* C : *cas où l'équation de cette ligne ne renferme que des fonctions élémentaires.* (Agrégation, 1885.)

Les propriétés caractéristiques des tautochrones et des lignes géodésiques (n°s 159 et 169) donnent facilement la solution du problème. Si s désigne l'arc AM de G, T le temps que M doit mettre pour arriver en A, la composante tangentielle de F doit être égale à $-\frac{4\pi^2 ms}{T^2}$,

$$(1)\qquad -m(au+b)\frac{du}{ds} = -\frac{4\pi^2 ms}{T^2}.$$

Appelons p le rayon de P et posons

$$(2)\qquad a = \frac{4\pi^2}{T^2}\alpha, \qquad b = \frac{4\pi^2}{T^2}\beta;$$

nous tirerons de l'équation (1)

$$s = \sqrt{\alpha u^2 + 2\beta u - \alpha p^2 - 2\beta p},$$
$$ds = \frac{(\alpha u + \beta)\,du}{\sqrt{\alpha u^2 + 2\beta u - \alpha p^2 - 2\beta p}}.$$

D'un autre côté, si la ligne géodésique G coupe sous l'angle i le parallèle qui passe en M, on a (169)

$$\cos i = \frac{p}{u}, \qquad \sin i = \frac{\sqrt{u^2 - p^2}}{u}.$$

Mais $\sin i\, ds$ est l'arc de méridienne correspondant au même accroissement de u que l'arc ds de G; on a donc, eu égard aux résultats précédents,

$$\sqrt{du^2 + dz^2} = \sin i\, ds = \frac{\sqrt{u^2 - p^2}}{u} \frac{(\alpha u + \beta)\, du}{\sqrt{\alpha u^2 + 2\beta u - \alpha p^2 - 2\beta p}}.$$

C'est l'équation de la méridienne C; on en déduit, après avoir divisé haut et bas par $u - p$,

$$(1) \qquad z'^2 = \frac{dz^2}{du^2} = \frac{(u+p)(\alpha u + \beta)^2 - (\alpha u + \alpha p + 2\beta) u^2}{(\alpha u + \alpha p + 2\beta) u^2}$$

ou

$$(2) \qquad \frac{dz^2}{du^2} = \frac{\alpha(\alpha - 1) u^3 + (\alpha - 1)(\alpha p + 2\beta) u^2 + (2\alpha p + \beta)\beta u + \beta^2 p}{(\alpha u + \alpha p + 2\beta) u^2}.$$

Dans le cas général, z s'exprime à l'aide d'intégrales elliptiques; mais les équations (1) ou (2) permettent facilement de discuter la forme de C quand on n'attribue pas à α ni à β de valeurs négatives. Considérons, sous la forme (2), le numérateur $\varphi(u)$ de z'^2; on voit que, si $\alpha < 1$, $\varphi(u)$ s'annule pour une seule valeur positive u_1 de u, et qu'on ne peut attribuer à u de valeurs supérieures à u_1; pour $u = u_1$, z' est nul, et l'on a un point de rebroussement R; si l'on fait décroître u de u_1 à zéro, une des valeurs de z croît constamment, depuis la valeur z_1 qui correspond à R jusqu'à l'infini, l'autre décroît de z_1 à $-\infty$. Nous n'étudierons pas les branches de C qui répondent à des valeurs négatives de u, car G n'a aucun point sur la partie correspondante de S; la partie utile de C ressemble à une cissoïde. Si p était $> u_1$, P serait une ligne isolée sur S, et le problème impossible; mais on pourra éviter cette singularité si l'on a le droit de disposer du temps T et, par suite, de α et β.

Quand α est > 1, z' est réel pour toutes les valeurs positives de u, et, si on le suppose positif quand u croîtra de 0 à ∞, z variera de $-\infty$ à $+\infty$; C sera asymptote à OZ et à une droite située à distance finie; cela résulte de ce que l'équation (2) donne pour dz un développement suivant les puissances décroissantes de u, de la forme

$$dz = du\left(\sqrt{\alpha - 1} + \frac{2\alpha\beta p + \beta^2}{2\alpha\sqrt{\alpha - 1}}\frac{1}{u^2} + \ldots\right).$$

La valeur de z pourra s'exprimer par les fonctions algébriques, logarithmiques ou circulaires lorsque $\varphi(u)$ perdra ses premiers ou ses derniers termes, ou lorsqu'il sera divisible par $\alpha u + \alpha p + 2\beta$, ou enfin quand $\varphi(u) = 0$ aura une racine double. La première hypothèse se réalise dans trois cas :

1° $\beta = 0$. L'équation (2) donne pour dz la valeur très simple $\sqrt{\alpha - 1}\,du$; C se réduit à une droite et S à un cône; c'est le cas où l'attraction F est proportionnelle à la distance.

2° $\alpha = 0$; F est constante. L'équation (2) donne

$$dz = \pm\frac{du}{u}\sqrt{\beta\frac{p+u}{2} - u^2}; \tag{3}$$

$$\pm z = z_0 + \sqrt{\beta\frac{p+u}{2} - u^2} + \frac{\beta}{4}\arcsin\frac{4u+\beta}{\sqrt{\beta^2 + 8p\beta}}$$
$$- \sqrt{\frac{p\beta}{2}}\,\mathrm{L}\,\frac{(2p+u)\sqrt{\beta} + 2\sqrt{p\beta(p+u) - 2pu^2}}{u}.$$

Cette intégrale compliquée donnera difficilement la forme de C; au contraire, l'équation (3) indique nettement cette forme, qui rappelle encore celle de la cissoïde.

3° $\alpha = 1$. On a

$$dz = \pm \frac{du}{u}\sqrt{\frac{(\beta + 2p)\beta u + p\beta^2}{u + p + 2\beta}};$$

u peut prendre toutes les valeurs positives : la branche utile de C est, d'un côté, asymptote à OZ et se termine, de l'autre côté, par un arc parabolique dont la tangente tend à devenir perpendiculaire sur OZ.

Pour que $\varphi(u)$ soit divisible par $\alpha u + \alpha p + 2\beta$, la forme (1) permet de reconnaître qu'on doit avoir

$$\beta = -p\alpha;$$

l'une des quantités α, β serait négative, et nous avons exclu cette hypothèse.

C'est encore sous la forme (1) que je prendrai $\varphi(u)$ pour chercher la condition d'égalité de deux racines de $\varphi(u) = 0$, ou mieux encore de l'équation équivalente

$$f(u) = \frac{(\alpha u + \beta)^2}{u^2} - \frac{\alpha u + \alpha p + 2\beta}{u + p} = 0.$$

Une racine double annulera $f'(u)$, et l'on aura

$$-\frac{2\beta}{u^2}\frac{\alpha u + \beta}{u} + \frac{2\beta}{(u+p)^2} = 0$$

ou

$$(4) \qquad \frac{(\alpha u + \beta)^2}{u^2} = \frac{u(\alpha u + \beta)}{(u+p)^2}.$$

Remplaçons le premier membre par sa valeur dans $f(u)$, on aura

$$\frac{u(\alpha u + \beta)}{(u+p)^2} = \frac{\alpha u + \alpha p + 2\beta}{u + p}, \qquad (2p\alpha + \beta)u - \alpha p^2 + 2\beta p = 0.$$

La racine double sera nécessairement égale à

$$-\frac{\alpha p^2 + 2p\beta}{2p\alpha + \beta},$$

et, si l'on exprime qu'elle satisfait à l'équation (4), on a la condition cherchée

$$\left(\frac{\alpha p - \beta}{\alpha p + 2\beta}\right)^3 = \frac{p}{\alpha p + \beta}.$$

Quant à C, elle affecte sensiblement les mêmes formes que nous avons trouvées dans le cas général, suivant que $\alpha \gtrless 1$.

EXERCICES.

1. Mouvement d'un point pesant sur un cylindre de révolution dont l'axe fait l'angle α avec la verticale; pression. (Paris, 1876.)

$$\frac{d^2x}{dt^2} = g\sin\alpha + \frac{Nx}{a}, \quad \frac{d^2y}{dt^2} = \frac{Ny}{a}, \quad \frac{d^2z}{dt^2} = -g\cos\alpha.$$

2. Mouvement d'un point non pesant assujetti à rester sur un cylindre elliptique et attiré vers un point de l'axe avec une force proportionnelle à la distance; discussion. (Paris, 1881.)

$$\frac{d^2x}{dt^2} = -\lambda^2 x + \frac{N}{\Delta}\frac{x}{a^2},$$

$$\frac{d^2y}{dt^2} = -\lambda^2 y + \frac{N}{\Delta}\frac{y}{b^2}, \quad \frac{d^2z}{dt^2} = -\lambda^2 z.$$

z se détermine séparément; des deux autres équations, on tire

$$\frac{dx^2}{dt^2} + \frac{dy^2}{dt^2} = v_0^2\cos^2\varepsilon + \lambda^2(r_0^2 - r^2),$$

$$N\Delta = \lambda^2 - \frac{1}{a^2}\frac{dx^2}{dt^2} - \frac{1}{b^2}\frac{dy^2}{dt^2};$$

on posera

$$x = a\cos\varphi, \quad y = a(1 - e^2)\sin\varphi.$$

3. Mouvement d'un point assujetti à rester sur un cône droit et attiré vers le sommet O par une force réciproque au carré de la distance. (Paris, 1875.)

Suivant la remarque du n° 168, si l'on développe le cône sur un plan, la trajectoire se transforme en une ellipse dont O est le foyer; on peut aussi chercher le mouvement dans l'espace à l'aide du théorème des forces vives et des aires.

4. Même problème, sauf que l'attraction varie en raison inverse du cube de la distance. (Paris, 1876.)

5. Déterminer, sur un cône droit, le mouvement d'un point attiré avec une intensité proportionnelle à la $n^{\text{ième}}$ puissance de la distance vers un plan P mené par le sommet normalement à l'axe : v_0 est parallèle à P ; pression. — Cas de $n = 1$. (Paris, 1882).

$$\frac{u_0^2 v_0^2}{u^4 \sin^2\theta} \frac{du^2}{d\psi^2} = v_0^2 \frac{u^2 - u_0^2}{u^2} + 2\lambda^2 \cot^{n+1}\theta \frac{u_0^{n+1} - u^{n+1}}{n+1},$$

$$\mathrm{N} = \frac{r_0^2 v_0^2}{r^3} \cot\theta + \lambda^2 r^n \sin\theta \cos^n\theta.$$

Dans ce problème, comme dans les suivants, on emploiera avec avantage les intégrales des aires et des forces vives.

6. Déterminer, sur l'hyperboloïde $x^2 + y^2 - z^2 = a^2$, le mouvement d'un point attiré vers le centre par une force $m\lambda^2 r$; z_0 est nul et v_0, égale à $a\lambda\sqrt{2}$, fait l'angle de 60° avec OZ. Calculer la réaction de la surface et indiquer les conséquences du résultat obtenu. (Marseille, 1883.)

$$(1)\quad x'' = -\lambda^2 x + \frac{\mathrm{N}x}{mr}, \quad y'' = -\lambda^2 y + \frac{\mathrm{N}y}{mr}, \quad z'' = -\lambda^2 z - \frac{\mathrm{N}z}{mr};$$

on a

$$u^2\psi' = a^2\lambda\sqrt{\frac{3}{2}}, \quad v^2 = \lambda^2(3a^2 - r^2) = 2\lambda^2(a^2 - z^2);$$

la dernière donne

$$z'^2 = \frac{1}{2}\lambda^2(a^2 - 2z^2), \quad z'' = -\lambda^2 z.$$

La troisième des équations (1) donne alors $\mathrm{N} = 0$: le mobile décrit librement l'ellipse intersection de l'hyperboloïde avec l plan $y = z\sqrt{3}$.

7. Trouver sur une sphère le mouvement d'un point soumis à une force répulsive perpendiculaire au plan P d'un grand cercle et réciproque au cube de la distance; v_0 est parallèle à P. Pression sur la sphère. (Caen, 1877.)

$$u^2 \frac{d\psi}{dt} = h^2\omega, \quad v^2 = h^2\omega^2 + \frac{\lambda^2}{a^2 - h^2} - \frac{\lambda^2}{a^2 - u^2},$$

$$v^2 = \frac{a^2 u'^2}{a^2 - u^2} + \frac{\omega^2 h^4}{u^2}.$$

Posant

$$a^2h^2(a^2-h^2)\omega^2=[\lambda^2+h^2(a^2-h^2)\omega^2]k^2,$$

on a

$$d\psi=\frac{hk\,du}{u\sqrt{(u^2-h^2)(k^2-u^2)}},\qquad \frac{1}{u^2}=\frac{\cos^2\psi}{h^2}+\frac{\sin^2\psi}{k^2}.$$

La trajectoire est une ellipse sphérique; l'intégrale des aires donne

$$\operatorname{tang}\psi=\frac{k}{h}\operatorname{tang}\frac{h}{k}\omega t.$$

Enfin

$$\mathrm{N}=\frac{m}{a}\left(\omega^2h^2+\frac{\lambda^2}{a^2-h^2}\right).$$

8. Même question, sauf que la force est attractive. (Paris, 1879.)

Le mobile se précipite ou non sur le plan P suivant que $v_0 \lessgtr \frac{\lambda}{z_0}$.

9. Déterminer sur une sphère le mouvement d'un point pesant M attiré vers un point B, situé à une hauteur b au-dessus du centre, avec une force égale à $m\lambda^2\mathrm{BM}$. Achever les calculs quand l'attraction de B sur un corps placé au centre est égale au poids de ce corps; on supposera v_0 horizontale. (Paris, 1875.)

$$a^2z'^2=[v_0^2+2(b\lambda^2-g)(z-z_0)](a^2-z^2)-v_0^2(a^2-z_0^2).$$

On devra discuter cette formule. Dans le cas particulier proposé, $\lambda^2 b=g$, la force motrice passe au centre, M décrit un grand cercle.

10. P étant un pôle donné sur une sphère, déterminer, sur cette surface, le mouvement d'un point M sollicité par une force tangente au méridien MP et égale à $\frac{m\lambda}{\sin^2\mathrm{POM}}$; v_0 est normale à PM_0. Équation du cône qui a pour sommet le centre O et pour directrice la trajectoire. (Paris, 1875.)

Soit α la valeur initiale de POM; l'équation du cône est

$$[(\lambda a-v_0^2\sin\alpha\cos\alpha)x+v_0^2z\sin^2\alpha]^2-a^2\lambda^2(x^2+y^2)=0;$$

OZ ou OP est une des lignes focales de ce cône.

11. Un point M, assujetti à rester sur une sphère et attiré vers

un diamètre OA par une force fonction $F(u)$ de la distance du mobile à OA décrit une ellipse sphérique dont cette droite est un axe; déterminer $F(u)$ et la loi du mouvement. (Paris, 1876.)

$F(u)$ est de la forme $\frac{m\lambda u}{(a^2 - u^2)^2}$, et la loi du mouvement est analogue à celle qu'on a indiquée au problème 7.

12. Mouvement d'un point pesant sur la surface engendrée par la révolution d'une hyperbole équilatère autour de l'une de ses asymptotes, qu'on suppose verticale. (Paris, 1877.)

On distinguera le mouvement sur la nappe supérieure et sur la nappe inférieure.

13. Mouvement d'un point pesant M sur un tore dont l'axe est vertical, la vitesse initiale étant dirigée suivant une tangente au parallèle le plus bas.

Soient a le rayon du cercle générateur; R le rayon de la circonférence que parcourt le centre C de ce cercle; ψ l'azimut du plan ZOMC; θ l'angle de CM avec la verticale descendante:

$$\psi' = \frac{Rv_0}{(R + a\sin\theta)^2}, \quad \theta'^2 = v_0^2 - \frac{R^2 v_0^2}{(R + a\sin\theta)^2} - 2ga(1 - \cos\theta).$$

14. Déterminer le mouvement d'un point M sur un paraboloïde de révolution dont le sommet O est le point le plus bas, en supposant :

1° M pesant et attiré vers le foyer F par une force $mg\frac{\text{FM}}{\text{FO}}$;

2° M pesant, repoussé par l'axe avec une force proportionnelle à la distance, v_0 tangente au parallèle qui contient F;

3° M non pesant, attiré vers F suivant la loi de Newton.

15. Former, en fonction de la longitude ψ et de la latitude λ, l'équation différentielle des lignes géodésiques sur un ellipsoïde de révolution aplati.

$$d\psi^2 = \frac{(1 - e^2)\cos^2\lambda_0 \, d\lambda^2}{\cos^2\lambda(\cos^2\lambda - \cos^2\lambda_0)(1 - e^2\sin^2\lambda)}.$$

16. Lignes géodésiques de l'hélicoïde gauche. (*Voir* n° 171.)

17. Déterminer une surface passant par une horizontale OX et telle qu'un point pesant, assujetti à rester sur cette surface et abandonné sans vitesse en un point quelconque de OX, décrive une hélice ayant pour axe une verticale OZ. (CATALAN.)

On posera

$$x = u\cos\psi, \quad y = u\sin\psi, \quad z = m\psi,$$

m étant une fonction inconnue de u. Le point se mouvant sur une hélice, $\frac{d^2\psi}{dt^2}$ est égal à $\frac{mg}{u^2+m^2}$. On écrit que les équations générales sont compatibles, et l'on trouve

$$u\,dm + 2m\,du = 0, \quad m = \frac{c^3}{u^2},$$

ce qui détermine la surface.

18. Surface de révolution S telle qu'une de ses lignes géodésiques G ait, en chacun de ses points M, un rayon de courbure égal, mais opposé à celui de la méridienne en M. (Caen, 1887.)

S sera partout à courbures opposées; soient i l'angle de G avec le parallèle en M; θ l'angle de la tangente à la méridienne avec OZ; le théorème d'Euler donne, $d\sigma$ étant l'arc de méridien,

$$\frac{1}{R} = \frac{d\theta}{d\sigma} = -\frac{d\cos\theta}{du} = \cos^2 i\,\frac{\cos\theta}{u} + \sin^2 i\,\frac{d\cos\theta}{du};$$

or $\cos^2 i = \frac{c^2}{u^2}$, donc $\frac{d\cos\theta}{\cos\theta} + \frac{c^2\,du}{u(2u^2-c^2)} = 0$,

$$\cos^2\theta = \frac{u^2\cos^2\theta_0}{2u^2-c^2}, \quad u^2\cos^2\theta_0 - z^2(1+\sin^2\theta_0) = \frac{c^2\cos^2\theta_0}{1+\sin^2\theta_0};$$

S est un hyperboloïde. Pour une ligne géodésique où c serait remplacé par c', $\rho = \frac{c^2-2c'^2}{c^2}\,R$.

MOUVEMENT RELATIF D'UN POINT MATÉRIEL.

176. *Théorème de Coriolis.* — Considérons, au point de vue cinématique, un point M qui se meut relativement à un système de comparaison S animé lui-même d'un mouvement donné dans l'espace : on sait que, si l'on a seulement égard aux vitesses, le mouvement élémentaire de S peut, à un instant quelconque t, être regardé comme résultant d'une translation et d'une rotation déterminée ω autour d'un axe instantané OI passant par un point O choisi arbitrairement dans S. Coriolis a montré qu'à l'époque t l'accélération absolue γ de M est la résultante de trois autres : 1° l'accélération apparente γ_a; 2° l'accélération d'entraînement γ_e qu'aurait un point lié invariablement à S et coïncidant, à l'instant t, avec M; 3° une accélération complémentaire φ représentée en grandeur et en direction par le double de la vitesse que la rotation ω imprimerait à l'extrémité A d'un segment OA représentant la vitesse relative : φ est donc égal à $2\omega v_a \sin(\omega, v_a)$. L'une des démonstrations les plus simples de ce théorème est due à M. Gilbert : en différentiant deux fois par rapport au temps les relations qui donnent les coordonnées absolues de M en fonction de ses coordonnées relatives x, y, z, on voit que la projection de γ sur chacun des axes coordonnés est égale à la somme des projections de γ_a et de γ_e et de trois autres termes : il suffit de comparer ces termes avec ceux qui figurent dans la projection de la

vitesse pour reconnaître que leur somme représente la projection de la vitesse communiquée par la rotation ω à un point dont les coordonnées relatives seraient

$$2\frac{dx}{dt}, \quad 2\frac{dy}{dt}, \quad 2\frac{dz}{dt}.$$

Il résulte de ce théorème de Coriolis que l'accélération relative est la résultante de l'accélération absolue et des accélérations γ_e et φ prises en sens contraires et recevant alors les noms d'*accélération d'inertie d'entraînement* et d'*accélération centrifuge composée*. On a l'égalité géométrique

$$\overline{\gamma_a} = \overline{\gamma} - \overline{\gamma_e} - \overline{\varphi}.$$

Ce corollaire permet de déterminer directement, par rapport à un système de comparaison S, le mouvement relatif d'un point M, de masse m, soumis à l'action d'une force connue F : ce mouvement est identique au mouvement absolu d'un point M', de masse m, dont la position par rapport à un système S' superposable à S, mais fixe, serait à chaque instant la même que celle de M dans S. Or, la force F' capable de communiquer à M' le mouvement que nous venons de considérer est représentée par $m\gamma_a$; c'est donc la résultante de trois forces, $m\gamma$, $-m\gamma_e$, $-m\varphi$: la première est la force F qui agit réellement sur M; la deuxième F_1, appelée *force d'inertie d'entraînement*, est égale et opposée à la force qu'il faudrait appliquer à une masse m pour lui faire conserver, dans la suite des temps, la même position par rapport à S que M occupe à l'époque t; la troisième F_2 est la *force centrifuge composée*, égale à $2m\omega v_a \sin(\omega, v_a)$; elle est perpendiculaire à l'axe instantané de rotation et à la vitesse relative, et si, comme en Astronomie, l'observateur dirigé suivant l'axe représentatif de la rotation voit celle-ci s'effectuer de droite à gauche, le même observateur verra F_2 dirigée vers la droite de v_a.

Ainsi, le mouvement relatif peut se déterminer comme un mouvement absolu à condition de joindre aux forces qui agissent sur le mobile les deux forces fictives ou apparentes F_1 et F_2. Si l'on prend pour S un système d'axes rectangulaires $Oxyz$, F pourra être déterminée par ses composantes X, Y, Z; les composantes X_1, Y_1, Z_1 de F_1 se détermineront directement dans chaque cas particulier; celles de F_2 seront, en appelant p, q, r les composantes de ω,

$$2m\left(r\frac{dy}{dt}-q\frac{dz}{dt}\right),$$

$$2m\left(p\frac{dz}{dt}-r\frac{dx}{dt}\right),$$

$$2m\left(q\frac{dx}{dt}-p\frac{dy}{dt}\right),$$

et l'on aura pour les équations du mouvement relatif

$$m\frac{d^2x}{dt^2}=X+X_1+2m\left(r\frac{dy}{dt}-q\frac{dz}{dt}\right),\quad \ldots,$$

Il faut remarquer que la force centrifuge composée s'annule dans trois cas : quand il y a équilibre relatif, quand le mouvement de S est une simple translation et quand la vitesse apparente est parallèle à l'axe instantané.

Les théorèmes généraux de la Dynamique s'appliquent aux mouvements relatifs à condition d'adjoindre les deux forces apparentes aux forces réelles. Dans le théorème des forces vives, la force centrifuge composée disparaît, car son travail est nul, puisqu'elle est toujours perpendiculaire à la vitesse relative.

177. *Équilibre relatif du régulateur à boules de Farcot.* — Cet appareil consiste essentiellement en un

arbre vertical OA (*fig.* 23) tournant avec une vitesse uniforme ω, et soudé à une tige horizontale AC, à l'extrémité de laquelle est articulée la barre CS qui porte l'une des boules; cette droite doit rester dans le plan mobile OAC. En un point H de la tige CS s'articule une autre tige HB

Fig. 23

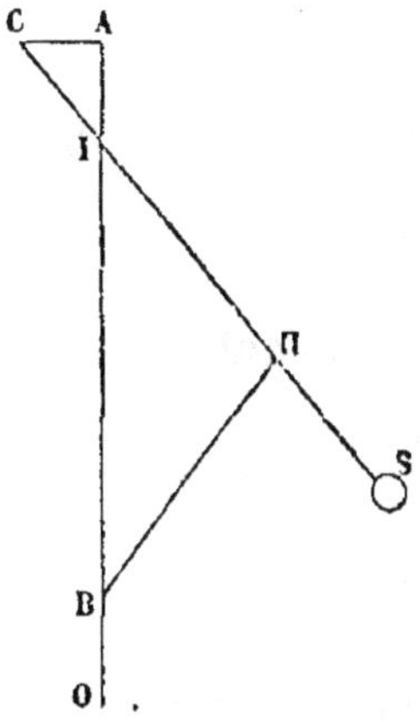

dont l'extrémité B glisse le long de la tige OA et, à l'aide de leviers, modère plus ou moins la force motrice suivant qu'elle est plus ou moins élevée, c'est-à-dire suivant que la tige CS fait un angle plus ou moins grand avec la verticale. Il y a une autre tige, symétrique de CS par rapport à OA, qui est aussi reliée à la glissière B. Soient a, l les longueurs AC, CS, θ l'angle de CS avec la verticale.

Admettons qu'on puisse négliger le poids des tiges et traiter les boules S comme des points matériels : pour que le système soit en équilibre relatif, il faut et il suffit que le poids mg d'une boule S et la force d'inertie d'entraînement F_1 qu'on doit lui supposer appliquée se fassent équilibre en tenant compte de ce que S est assujetti à rester sur un cercle U dont le centre est en C. Le mouvement d'entraînement est ici un mouvement uniforme sur un cercle dont l'axe est OA; F_1 est donc une force centrifuge dirigée suivant la perpendiculaire PS abaissée de S sur OA et égale à $m\omega^2$PS. Égalons à zéro la somme des projections de F_1 et de mg sur la tangente à U; il vient, en supposant S et C de part et d'autre de OA,

$$m\omega^2(l \sin\theta - a)\cos\theta - mg\sin\theta = 0,$$

ou

$$(1) \qquad l\cos\theta - a\cot\theta - \frac{g}{\omega^2} = f(\theta) = 0.$$

La figure suppose θ compris entre α et $\pi - \alpha$, α étant le plus petit arc positif dont le sinus est $\frac{a}{l}$; pour ces valeurs limites, $f(\theta)$ est négatif aussi bien que pour $\theta = \frac{\pi}{2}$; d'ailleurs, la dérivée

$$f'(\theta) = \frac{a - l\sin^3\theta}{\sin^2\theta}$$

s'annule quand θ atteint la valeur β dont le sinus est $\sqrt[3]{\frac{a}{l}}$. On trouve facilement que si $f(\beta)$ est positif, ou si

$$l^{\frac{2}{3}} - a^{\frac{2}{3}} > \left(\frac{g}{\omega^2}\right)^{\frac{2}{3}},$$

l'équation (1) a deux racines admissibles, l'une entre α et β, l'autre entre β et $\frac{\pi}{2}$; si l'inégalité est renversée, l'appareil ne peut plus être en équilibre relatif dans les conditions où il doit fonctionner.

Soit θ_1 une racine de l'équation (1) : si l'on donne à ω une variation infiniment petite $\delta\omega$, la valeur de θ qui convient à l'équilibre varie d'une quantité $\delta\theta$ déterminée par l'équation (1)

$$\delta\theta = \frac{2g\sin^2\theta_1\,\delta\omega}{(a - l\sin^3\theta_1)\omega^3};$$

$\delta\theta$ sera infiniment plus grand que $\delta\omega$ et, par conséquent, l'appareil extrêmement sensible si $l \sin^3\theta_1$ est égal à a, et θ_1 à β. Je dis dans ce cas que si, l'appareil étant en équilibre relatif, on imagine une parabole ayant OA pour axe et orthogonale à CS en S, C sera le centre de courbure correspondant. En effet, la sous-normale relative au point S est

$$l\cos\theta_1 - a\cot\theta_1 = l\cos\theta_1 - l\cos\theta_1\sin^2\theta_1 = l\cos^3\theta_1;$$

l étant égale à la sous-normale divisée par le cube du cosinus de l'angle de la normale avec l'axe est précisément le rayon de courbure de la parabole.

178. *Déterminer le mouvement d'un point* M, *non pesant, enfermé dans un tube rectiligne qui tourne avec une vitesse constante autour d'une droite* OZ *qu'il rencontre à angle droit; le tube exerce une force de frottement proportionnelle à sa réaction normale.*

Nous allons chercher le mouvement de M par rapport à trois axes dont l'un, OX, n'est autre que l'axe du tube, un autre est OZ, et le troisième perpendiculaire à OX et à OZ. La force d'inertie d'entraînement $m\omega^2 x$, est dirigée suivant OM; la force centrifuge composée, $2m\omega\frac{dx}{dt}$, est parallèle à OY, égale et opposée à la réaction normale du tube. On peut supposer que ω soit positif et que $\frac{dx}{dt}$ le soit au début du mouvement; l'équation de ce mouvement est alors

$$(1) \qquad \frac{d^2x}{dt^2} = \omega^2 x - 2f\omega\frac{dx}{dt}.$$

Son intégrale est de la forme

$$x = \mathrm{A}e^{(\sqrt{1+f^2}-f)\omega t} + \mathrm{B}e^{-(\sqrt{1+f^2}+f)\omega t}.$$

Les constantes A et B se déterminent à l'aide des valeurs initiales a et $c\omega$ de x et de v, et, si l'on représente $\sqrt{1+f^2}$ par n, on trouve

$$x = \left\{ [c+(n+f)a]\, e^{n\omega t} - [c-(n-f)a]\, e^{-n\omega t} \right\} \frac{e^{-f\omega t}}{2n},$$

$$\frac{dx}{dt} = \left\{ [(n-f)c+a]\, e^{n\omega t} + [(n+f)c-a]\, e^{-n\omega t} \right\} \frac{\omega e^{-f\omega t}}{2n}.$$

c est supposé > 0 ; s'il en est de même pour a, M marche toujours dans le même sens ; c'est encore ce qui a lieu si $a < 0$ et $(n-f)c + a > 0$; mais, si cette dernière inégalité est renversée, M s'arrête pour une valeur négative de x, puis revient sur ses pas et s'éloigne indéfiniment : dans cette seconde période, l'équation (1) n'est plus applicable ; il faudrait y changer f en $-f$.

179. *Mouvement d'un point pesant* M *renfermé dans un tube rectiligne qui tourne avec une vitesse constante* ω *autour d'un axe horizontal; pression sur le tube* (Agrégation, 1850).

Cherchons le mouvement de M par rapport à un système d'axes rectangulaires mobiles auxquels le tube soit lié invariablement, l'axe des x coïncidant avec l'axe de rotation, et l'axe des z avec la perpendiculaire commune à cette droite et au tube.

Soient a la plus courte distance OA ; φ l'angle du tube avec OX ; r la distance AM du mobile au point où le tube coupe OZ ; m la masse de M. Si l'on commence à compter le temps à partir du moment où OA est en sens contraire de la pesanteur, le poids du mobile aura pour composantes

$$X = 0, \quad Y = -mg \sin\omega t, \quad Z = -mg\cos\omega t.$$

Les composantes de la force d'inertie d'entraînement sont

$$X_1 = 0, \quad Y_1 = m\omega^2 y = m\omega^2 r \sin\varphi, \quad Z_1 = ma\omega^2 ;$$

enfin la force centrifuge composée sera parallèle à l'axe des z, égale à $2m\omega\frac{dr}{dt}\sin\varphi$, et, en supposant φ aigu et positif, du même sens que OZ quand $\frac{dr}{dt}<0$. On pourra décomposer Y et Y_1 en deux forces, les unes suivant l'axe du tube, les autres perpendiculaires ; les deux premières sont les seules forces tangentielles et ont pour somme $(Y+Y_1)\sin\varphi$.

L'équation différentielle du mouvement est donc

$$m\frac{d^2r}{dt^2}=m\omega^2r\sin^2\varphi-mg\sin\omega t\sin\varphi;$$

c'est une équation linéaire à second membre, dont l'intégrale est

$$r=\mathrm{A}e^{\omega t\sin\varphi}+\mathrm{B}e^{-\omega t\sin\varphi}+\frac{g\sin\varphi}{\omega^2(1+\sin^2\varphi)}\sin\omega t.$$

On détermine A et B par les valeurs initiales de r et de $\frac{dr}{dt}$:

$$\mathrm{A}+\mathrm{B}=r_0,\quad (\mathrm{A}-\mathrm{B})\omega\sin\varphi+\frac{g\sin\varphi}{\omega(1+\sin^2\varphi)}=r'_0.$$

En général, A est différent de zéro, et le mouvement finit par avoir lieu toujours dans le même sens et avec une vitesse de plus en plus grande. Si A et B étaient nuls, ce qui exigerait

$$r_0=0,\quad r'_0=\frac{g\sin\varphi}{\omega(1+\sin^2\varphi)},$$

le mouvement serait simplement oscillatoire.

La pression exercée sur le tube est égale à la somme géométrique des composantes, normales au tube, de la pesanteur et des forces apparentes ; sa projection sur OZ est

$$m\omega^2a-mg\cos\omega t-2m\omega\frac{dr}{dt}\sin\varphi;$$

sa projection sur le plan des xy, estimée suivant la direction qui fait avec OX l'angle $\varphi + 90°$, est

$$m\omega^2 r \sin\varphi \cos\varphi - mg \sin\omega t \cos\varphi.$$

Si A est différent de zéro, ces projections augmentent indéfiniment avec le temps.

Il est remarquable que le mouvement relatif ne dépende point de a; la force centrifuge augmente avec cette quantité, mais non pas sa projection sur l'axe du tube. En supposant $\varphi = \frac{\pi}{2}$, on aura le cas d'un tube qui décrit un plan vertical en tournant autour d'un point du plan; il n'y a pas de simplification essentielle.

180. *Mouvement relatif d'un point pesant assujetti à rester sur un plan incliné* P *qui tourne avec une vitesse constante* ω *autour d'une verticale.*

Je prends pour axe des z l'axe de rotation, pour origine le point O où cette droite perce le plan, pour axe des x l'horizontale OH du plan; l'axe des y sera horizontal et perpendiculaire à ZOH.

Soient i l'inclinaison constante du plan P sur l'horizon, N sa réaction comptée positivement au-dessus de la surface, 1 la masse du mobile M; il suffit d'écrire les équations générales du mouvement relatif

$$(1)\qquad \frac{d^2x}{dt^2} = \omega^2 x + 2\omega \frac{dy}{dt},$$

$$(2)\qquad \frac{d^2y}{dt^2} = \omega^2 y - \text{N}\sin i - 2\omega \frac{dx}{dt}, \quad \frac{d^2z}{dt^2} = \text{N}\cos i - g.$$

Si l'on remplace z par $y \operatorname{tang} i$ et qu'on élimine N entre les équations (2), on a une équation qui, avec (1), indique comment se meut la projection horizontale de M :

$$(3)\qquad \frac{d^2y}{dt^2} = \omega^2 y \cos^2 i - g \sin i \cos i - 2\omega \frac{dx}{dt} \cos^2 i.$$

Pour intégrer les équations simultanées (1), (3), on pose

$$x = e^{rt}, \quad y = \lambda e^{rt} + \frac{g}{\omega^2} \operatorname{tang} i,$$

r et λ étant des constantes qui vérifieront les équations

$$r^2 = \omega^2 + 2r\omega\lambda, \quad \lambda r^2 = \lambda\omega^2 \cos^2 i - 2r\omega \cos^2 i.$$

On en tire

$$(4) \qquad \lambda = \frac{r^2 - \omega^2}{2r\omega} \quad \text{et} \quad r^4 - (1 - 3\cos^2 i)\, r^2\omega^2 + \omega^4 \cos^2 i = 0.$$

Cette équation admet quatre racines, deux à deux égales et de signes contraires; r^2 sera réel quand $\cos^2 i$ sera $< \frac{1}{9}$; les signes que prennent dans ce cas les coefficients de la seconde équation (4) prouvent que les deux valeurs de r^2 sont > 0, et les quatre de r réelles. Les intégrales du mouvement ont la forme

$$(5) \qquad \begin{cases} x = A e^{\alpha t} + A' e^{-\alpha t} + B e^{\beta t} + B' e^{-\beta t}, \\ y = \dfrac{g}{\omega^2} \operatorname{tang} i + \dfrac{\alpha^2 - \omega^2}{2\alpha\omega} (A e^{\alpha t} - A' e^{-\alpha t}) + \ldots . \end{cases}$$

En général, x et y augmentent indéfiniment, à moins que A et B ne soient nuls; faisons dans les équations précédentes et leurs dérivées A, B et t nuls :

$$x_0 = A' + B', \quad y_0 = \frac{g \operatorname{tang} i}{\omega^2} - A' \frac{\omega^2 - \alpha^2}{2\alpha\omega} - B' \frac{\omega^2 - \beta^2}{2\beta\omega},$$

$$x'_0 = -A'\alpha - B'\beta, \quad y'_0 = A' \frac{\omega^2 - \alpha^2}{2\omega} + B' \frac{\omega^2 - \beta^2}{2\omega}.$$

En éliminant A′ et B′ entre ces quatre équations, on aura deux conditions auxquelles doivent satisfaire les données initiales du problème pour que ce mouvement particulier ait lieu; le mobile tendra vers le point E pour lequel

$$x = 0, \quad y = \frac{1}{\omega^2} g \operatorname{tang} i, \quad z = \frac{g}{\omega^2};$$

ce point serait d'ailleurs une position d'équilibre relatif.

Quand $\cos^2 i > \frac{1}{9}$, les racines de l'équation (4) sont imaginaires, et les intégrales du mouvement, avec des constantes réelles, prennent la forme

$$(6)\quad \left\{\begin{aligned} x &= e^{\alpha t}(\mathrm{A}\cos\beta t + \mathrm{B}\sin\beta t) + e^{-\alpha t}(\mathrm{A}'\cos\beta t + \mathrm{B}'\sin\beta t),\\ y &= \frac{g}{\omega^2}\operatorname{tang} i + \frac{e^{\alpha t}}{2\omega}\left[\left(\mathrm{A}\alpha + \mathrm{B}\beta - \omega^2\,\frac{\mathrm{A}\alpha - \mathrm{B}\beta}{\alpha^2+\beta^2}\right)\cos\beta t\right.\\ &\qquad \left. + \left(\mathrm{B}\alpha - \mathrm{A}\beta - \omega^2\,\frac{\mathrm{B}\alpha + \mathrm{A}\beta}{\alpha^2+\beta^2}\right)\sin\beta t\right] + \ldots \end{aligned}\right.$$

En général, A et B ne sont pas nuls, et, pour des valeurs très grandes de t, les parties principales de x et y sont de la forme

$$x = a e^{\alpha t}\cos(\beta t + h), \quad y = a' e^{\alpha t}\cos(\beta t + h');$$

elles définissent un mouvement en spirale : le rayon vecteur augmente indéfiniment, et l'angle polaire croît de 2π dans le temps $\frac{2\pi}{\beta}$. Si A et B sont nuls, le mobile tend vers la même position limite que dans le premier cas, mais il n'y arrive qu'après une infinité de circonvolutions.

Le cas de $\cos^2 i = \frac{1}{9}$ se déduirait des formules (5) par la méthode que d'Alembert applique à l'intégrale d'une équation linéaire dans le cas où l'équation caractéristique a des racines égales. On peut aussi faire tendre dans les formules (6) β vers zéro, $\cos\beta t$ vers 1, $\sin\beta t$ vers βt, et poser

$B\beta = C$, $B'\beta = C'$; on trouve à la limite, α étant $\frac{1}{\sqrt{3}}$,

$$x = (A + Ct)e^{\alpha t} + (A' + C't)e^{-\alpha t},$$
$$y = \frac{g}{\omega^2}\operatorname{tang} i + \left[A\alpha + C - \frac{\omega^2}{\alpha^2}(A\alpha - C) + C\,\frac{\alpha^2 - \omega^2}{\alpha}\,t\right]\frac{e^{\alpha t}}{2\omega}$$
$$+ \left[C' - A'\alpha + \frac{\omega^2}{\alpha^2}(A'\alpha + C') - C'\,\frac{\alpha^2 - \omega^2}{\alpha}\,t\right]\frac{e^{-\alpha t}}{2\omega}.$$

Le rayon vecteur augmente, en général, indéfiniment, mais sa direction tend vers une limite déterminée.

Le cas où $i = \frac{\pi}{2}$, c'est-à-dire où le plan contient l'axe de rotation, doit se traiter à l'aide des équations (1) et (2); comme y et ses dérivées sont évidemment nulles, elles se réduisent au système très simple

$$\frac{d^2x}{dt^2} = \omega^2 x, \quad N = -2\omega\frac{dx}{dt}, \quad \frac{d^2z}{dt^2} = -g.$$

Les intégrales sont, en tenant compte des circonstances initiales,

$$x = \frac{\omega x_0 + x'_0}{2\omega}\,e^{\omega t} + \frac{\omega x_0 - x'_0}{2\omega}\,e^{-\omega t}, \quad z = z_0 + z'_0 t - \frac{1}{2}gt^2.$$

La trajectoire relative a une branche infinie dont la tangente tend vers l'horizontalité, mais elle n'a pas d'asymptote.

181. *Un point matériel libre* M *est attiré vers un point* O *d'un plan horizontal par une force fonction de la distance* $F = \varphi(r)$; *il se meut de manière à se trouver constamment sur une spirale logarithmique* S *qui aurait son pôle en* O *et tournerait autour de ce point avec une vitesse constante* ω. *Déterminer la loi de la force* F *et la nature de la trajectoire.* (Paris, 1874.)

Il est naturel de traiter ce problème comme une question de mouvement relatif, bien qu'il soit possible et même plus court d'employer d'autres considérations. Si nous imaginons un plan horizontal qui tourne autour de O avec la vitesse ω, nous savons que la trajectoire relative est la spirale

$$r = ae^{\theta \cot \mu}.$$

L'axe polaire est le rayon vecteur initial OA, dont la longueur est a; et μ, $< \frac{\pi}{2}$, désigne l'angle sous lequel la courbe coupe ses rayons vecteurs. Supposons que la rotation ω ait lieu dans le sens où croît θ et que la masse de M soit l'unité; les forces apparentes sont $\omega^2 r$, dirigée suivant OM, et $2\omega \frac{ds}{dt}$, perpendiculaire à la tangente, de manière à faire avec OM l'angle $\frac{\pi}{2} - \mu$. Écrivons les composantes de l'accélération suivant OM et suivant sa perpendiculaire :

$$(1) \qquad \frac{d^2 r}{dt^2} - r\frac{d\theta^2}{dt^2} = \omega^2 r - \varphi(r) + 2\omega \sin\mu \frac{ds}{dt},$$

$$(2) \qquad \frac{1}{r}\frac{d}{dt} r^2 \frac{d\theta}{dt} = -2\omega \cos\mu \frac{ds}{dt};$$

mais $ds \cos\mu = dr$, et (2) donne

$$d.r^2\frac{d\theta}{dt} = -2\omega r\, dr, \quad r^2\left(\frac{d\theta}{dt} + \omega\right) = c;$$

c'est l'équation des aires par rapport à des axes fixes. Si l'on y remplace $r\,d\theta$ par $\operatorname{tang}\mu\, dr$, on en déduit

$$(3) \qquad r \operatorname{tang}\mu \frac{dr}{dt} + \omega r^2 = c, \quad \frac{dr}{dt} = \left(\frac{c}{r} - \omega r\right)\cot\mu,$$

$$\frac{d^2 r}{dt^2} = -\cot\mu\left(\frac{c}{r^2} + \omega\right)\frac{dr}{dt} = \frac{\cot^2\mu}{r}\left(\omega^2 r^2 - \frac{c^2}{r^2}\right).$$

L'équation (1) donne, en tenant compte de ce qui précède,

$$\varphi(r) = \omega^2 r + \cot^2\mu\left(\frac{c^2}{r^3} - \omega^2 r\right) + \frac{1}{r}\left(\frac{c}{r} - \omega r\right)^2 + 2\omega\left(\frac{c}{r} - \omega r\right)$$

$$= \frac{c^2}{\sin^2\mu}\,\frac{1}{r^3} - \omega^2 r \cot^2\mu.$$

L'action du point O se compose d'une attraction en raison inverse du cube de la distance et d'une répulsion proportionnelle à cette distance.

La loi du mouvement s'obtient en intégrant la seconde équation (3), où les variables se séparent :

$$2\omega t \cot\mu = \mathrm{L}\frac{c - a^2\omega}{c - r^2\omega}.$$

Pour avoir la trajectoire absolue, en y représentant par φ l'angle polaire, écrivons

$$\omega t = \varphi - \theta = \varphi - \operatorname{tang}\mu\,\mathrm{L}\frac{r}{a},$$

d'où

$$(4)\quad 2\varphi\cot\mu - \mathrm{L}\frac{r^2}{a^2} = \mathrm{L}\frac{c - a^2\omega}{c - r^2\omega},\qquad r^2 = \frac{a^2 c}{a^2\omega + (c - a^2\omega)e^{-2\varphi\cot\mu}}.$$

La seconde équation (3) montre que, si h est la valeur initiale de $\frac{dr}{dt}$,

$$c = ah\operatorname{tang}\mu + a^2\omega.$$

Quand $c > a^2\omega$ ou $h > 0$, φ peut varier, dans la courbe (4), de $-\infty$ à $+\infty$, r croissant alors de zéro à $\sqrt{\frac{c}{\omega}}$; h étant > 0, le mobile s'éloigne de son point de départ A pour tourner indéfiniment dans un cercle dont il s'approche de plus en plus.

Quand c est compris entre zéro et $a^2\omega$, φ ne peut varier que de la valeur négative qui annule le dénominateur (4) jusqu'à $+\infty$; r décroît de ∞ jusqu'à $\sqrt{\frac{c}{\omega}}$; la courbe est asymptotique à un cercle et à une droite qui passe par le pôle; mais c'est du côté du cercle que le mobile se dirigera.

Enfin, quand $c < 0$, φ peut varier de $-\infty$ jusqu'à la valeur positive qui annule le dénominateur, r allant de zéro à l'infini; mais le mobile ne décrit que la portion de courbe qui se rapproche du pôle.

Pour $c = 0$, la trajectoire est une droite, et pour $c = a^2\omega$ c'est un cercle; mais, malgré la variété des cas examinés, nous n'avons pas le mouvement le plus général que puisse produire la force $\varphi(r)$ dans toutes les circonstances.

182. *Un trièdre trirectangle* OXYZ *tourne avec une vitesse constante* ω *autour de son arête* OZ *qui est verticale, entraînant avec lui un plan* P *qui passe constamment par* OY *et fait avec* OXY *un angle* α *dont la tangente est* $\sqrt{\frac{3}{2}}$. *Deux points pesants,* A, B, *de masse* 1, *assujettis à rester, le premier sur* OX, *l'autre sur le plan* P, *s'attirent avec une force égale à* $2\omega^2$AB : *il n'y a pas de résistances passives. Mouvement des points* A, B *par rapport au trièdre : conditions pour que la trajectoire relative de* B *soit une parabole.* (Agrégation, 1882.)

Les forces d'inertie d'entraînement sont des forces centrifuges, perpendiculaires sur OZ et, comme les axes de comparaison tournent toujours autour de OZ, les expressions des composantes de la force centrifuge composée sont très simples. Si l'on désigne par u l'abscisse de A, par x, y, z les coordonnées de B, on a immédiatement les équations du mouvement relatif sous la forme

$$\frac{d^2u}{dt^2} = 2\omega^2(x-u) + \omega^2 u,$$

$$\frac{d^2x}{dt^2} = 2\omega^2(u-x) + \omega^2 x + 2\omega\frac{dy}{dt} - \mathrm{N}\sin\alpha,$$

$$\frac{d^2y}{dt^2} = -2\omega^2 y + \omega^2 y - 2\omega\frac{dx}{dt},$$

$$\frac{d^2z}{dt^2} = -g - 2\omega^2 z + \mathrm{N}\cos\alpha.$$

En ajoutant la seconde à la quatrième multipliée par $\tan g\alpha$, on forme une équation qui ne renferme plus N; il suffit d'y remplacer z par $x\,\tan g\alpha$, $\tan g\alpha$ par $\sqrt{\frac{3}{2}}$ et $g\,\tan g\alpha$ par h, pour avoir, après de simples réductions, les équation du mouvement relatif

(1) $$\frac{d^2u}{dt^2} = 2\omega^2 x - \omega^2 u,$$

(2) $$5\frac{d^2x}{dt^2} = 4\omega^2 u - 8\omega^2 x + 4\omega\frac{dy}{dt} - 2h,$$

(3) $$\frac{d^2y}{dt^2} = -\omega^2 y - 2\omega\frac{dx}{dt}.$$

Pour intégrer ces équations, je commence par éliminer, à l'aide de différentiations, y entre (2) et (3), puis x entre l'équation résultante et l'équation (1); on trouve

$$5\frac{d^6u}{dt^6} + 26\omega^2\frac{d^4u}{dt^4} + 21\omega^4\frac{d^2u}{dt^2} + 4h\omega^4 = 0.$$

On obtient sans aucune difficulté l'intégrale de cette équation :

(4) $$\left\{\begin{aligned} u = {} & \mathrm{C}\cos\omega t + \mathrm{C}'\sin\omega t \\ & + \mathrm{E}\cos\omega t\sqrt{\frac{21}{5}} + \mathrm{E}'\sin\omega t\sqrt{\frac{21}{5}} + 2\mathrm{F}t + 2\mathrm{F}' - \frac{2ht^2}{21}. \end{aligned}\right.$$

L'équation (1) nous donne alors la valeur de x

$$(5)\quad \begin{cases} x = -\frac{8}{5}\mathrm{E}\cos\omega t\sqrt{\frac{21}{5}} \\ \quad -\frac{8}{5}\mathrm{E}'\sin\omega t\sqrt{\frac{21}{5}} - \frac{ht^2}{21} + \mathrm{F}t + \mathrm{F}' - \frac{2h}{21\omega^2}. \end{cases}$$

Enfin, si j'élimine $\frac{d^2y}{dt^2}$ entre l'équation (3) et la dérivée de l'équation (2), je trouve

$$5\frac{d^3x}{dt^3} + 16\omega^2\frac{dx}{dt} - 4\omega^2\frac{du}{dt} + 4\omega^3 y = 0,$$

et je puis former l'expression de y

$$(6)\quad \begin{cases} y = \mathrm{C}'\cos\omega t - \mathrm{C}\sin\omega t + \mathrm{E}'\sqrt{\frac{21}{5}}\cos\omega t\sqrt{\frac{21}{5}} \\ \quad - \mathrm{E}\sqrt{\frac{21}{5}}\sin\omega t\sqrt{\frac{21}{5}} + \frac{4ht}{21\omega} - \frac{2\mathrm{F}}{\omega}. \end{cases}$$

Les constantes introduites par l'intégration se déterminent à l'aide des valeurs initiales de x, y, u et de leurs dérivées premières; mais, quelles que soient ces constantes, il est bien remarquable que les valeurs absolues de x, y, u augmentent toujours indéfiniment. Dans le cas général, le mouvement de la projection de B résulte de trois autres :

1° Un mouvement sur une parabole du second degré;

2° Un mouvement oscillatoire, dont la période est $\frac{2\pi}{\omega}$, sur une parallèle à OX;

3° Un mouvement elliptique dont la période est $\sqrt{\frac{5}{21}}\frac{2\pi}{\omega}$.

Pour que le mouvement de B soit simplement parabolique, il faut que les constantes C, C′, E, E′ s'annulent;

les intégrales (4), (5), (6) deviennent

$$u = -\frac{2ht^2}{2I} + 2Ft + 2F', \tag{7}$$

$$x = -\frac{ht^2}{2I} + Ft + F' - \frac{2h}{2I\omega^2}, \quad y = \frac{4ht}{2I\omega} - \frac{2F}{\omega}. \tag{8}$$

Si, dans les équations (7) et (8) et leurs dérivées relatives au temps, on fait $t = 0$, il vient

$$(9) \quad \begin{cases} u_0 = 2F', & x_0 = F' - \dfrac{2h}{2I\omega^2}, & y_0 = -\dfrac{2F}{\omega}, \\ u'_0 = 2F, & x'_0 = F, & y'_0 = \dfrac{4h}{2I\omega}. \end{cases}$$

Pour que ces équations, ne renfermant que deux arbitraires F et F', soient compatibles, il doit exister quatre relations entre les données initiales :

$$u_0 = 2x_0 + \frac{4h}{2I\omega^2}, \quad u'_0 = 2x'_0 = -\omega y_0, \quad y'_0 = \frac{4h}{2I\omega}.$$

Si l'on élimine t entre les équations (8) et si l'on remplace F, F' par les valeurs tirées des deux premières équations (9), on trouve pour l'équation de la parabole décrite par la projection de B

$$y^2 - y_0^2 = \frac{16h}{2I\omega^2}(x_0 - x);$$

l'axe de cette parabole est toujours OX et son paramètre est le même dans tous les cas.

On pourrait intégrer les équations (1), (2), (3) en formant une série de combinaisons intégrables, ou en négligeant d'abord $2h$, cherchant des intégrales particulières de la forme

$$u = e^{rt}, \quad x = \lambda e^{rt}, \quad y = \mu e^{rt},$$

et faisant varier les constantes pour tenir compte de $2h$; on trouve pour déterminer r une équation qui a deux racines nulles et, au point de vue de l'Analyse, je recommande ce calcul au Lecteur.

183. *Mouvement apparent d'un point pesant à la surface de la Terre.*

Dans les questions d'équilibre ou de mouvement relatif des corps naturels à la surface de la Terre, on peut ne pas s'inquiéter du mouvement de translation autour du Soleil; d'autre part, l'attraction terrestre et la force d'inertie d'entraînement correspondant au mouvement diurne se composent en une seule force, le poids du corps; si donc on tient compte de la pesanteur, on n'aura plus qu'une force apparente à introduire, la force centrifuge composée.

Prenons pour axe des x la tangente à la méridienne dirigée vers le sud, pour axe des y la tangente au parallèle menée du côté de l'est, pour axe des z la verticale ascendante; l'axe ω de la rotation diurne est dirigé vers le nord et égal à $\frac{2\pi}{86164} = 0{,}0000729$; ses composantes suivant les axes coordonnées sont, λ désignant la latitude boréale de l'origine A,

$$p = -\omega\cos\lambda, \quad q = 0, \quad r = \omega\sin\lambda.$$

Les équations du mouvement relatif d'un point deviennent

$$(1) \qquad \begin{cases} m\dfrac{d^2x}{dt^2} = X + 2m\omega\sin\lambda\dfrac{dy}{dt}, \\ m\dfrac{d^2y}{dt^2} = Y - 2m\omega\left(\sin\lambda\dfrac{dx}{dt} + \cos\lambda\dfrac{dz}{dt}\right), \\ m\dfrac{d^2z}{dt^2} = -mg + Z + 2m\omega\cos\lambda\dfrac{dy}{dt}. \end{cases}$$

Cherchons le mouvement d'un point libre soumis à la seule action de la pesanteur : soient a, b, c les composantes de sa vitesse initiale : les équations (1), dans lesquelles on supposera X, Y, Z nulles, admettent pour intégrales premières

$$(2)\qquad \frac{dx}{dt} = a + 2\omega y \sin\lambda,$$

$$(3)\qquad \frac{dy}{dt} = b - 2\omega(x\sin\lambda + z\cos\lambda),$$

$$(4)\qquad \frac{dz}{dt} = c - gt + 2\omega y \cos\lambda.$$

Les résultats obtenus en intégrant ces équations par approximations successives sont trop connus pour que je les reprenne : je vais seulement interpréter géométriquement les intégrales rigoureuses. Posons

$$x\sin\lambda + z\cos\lambda = \xi, \quad z\sin\lambda - x\cos\lambda = \zeta;$$

ξ, y et ζ sont les coordonnées du mobile M quand on prend pour axes : 1° la projection de Ax sur un plan parallèle à l'équateur, 2° Ay, 3° la parallèle à l'axe du monde menée par A vers le pôle nord. On ajoutera membre à membre les équations (2) et (4), après les avoir multipliées par $\sin\lambda$ et $\cos\lambda$ ou par $-\cos\lambda$ et $\sin\lambda$, et on aura, pour déterminer le mouvement,

$$\frac{d\xi}{dt} = \alpha - gt\cos\lambda + 2\omega y, \quad \frac{dy}{dt} = b - 2\omega\xi, \quad \frac{d\zeta}{dt} = \gamma - gt\sin\lambda.$$

Les intégrales sont, en supposant ξ, y, ζ nuls pour $t=0$,

$$\xi = \left(\frac{b}{2\omega} - \frac{g\cos\lambda}{4\omega^2}\right)(1 - \cos 2\omega t) + \frac{\alpha}{2\omega}\sin 2\omega t,$$

$$y = \frac{gt\cos\lambda - \alpha}{2\omega} + \left(\frac{b}{2\omega} - \frac{g\cos\lambda}{4\omega^2}\right)\sin 2\omega t + \frac{\alpha}{2\omega}\cos 2\omega t,$$

$$\zeta = \gamma t - \frac{1}{2}gt^2\sin\lambda.$$

Les parties non périodiques de ξ, y, ζ correspondraient à un mouvement parabolique, les parties périodiques à un mouvement circulaire : on peut donc dire que M parcourt d'un mouvement uniforme un cercle parallèle à l'équateur, tandis que le centre de ce cercle décrit une parabole située dans un plan parallèle à l'axe du monde et à la ligne est-ouest. La projection de M sur l'équateur décrit une cycloïde raccourcie ou allongée suivant que l'on a

$$(a^2+b^2)\omega + bg\cos\lambda \gtrless 0$$

Les résultats précédents ne s'appliquent point, dans la pratique, à des mouvements d'une grande étendue, car, dans ce cas, on ne peut plus regarder la pesanteur comme constante en grandeur et en direction. Si la Terre agissait comme une sphère formée de couches concentriques et homogènes, le mouvement absolu d'un point au-dessus de la surface terrestre serait analogue à celui d'une planète et le mouvement relatif qu'on en déduirait aisément s'écarterait bien vite de celui que nous avons décrit.

184. Pour un point qui pénètre à l'intérieur du globe, dans un puits, par exemple, le mouvement relatif peut s'obtenir aisément si l'on regarde la Terre comme un ellipsoïde homogène. Menons par le centre de la Terre des axes parallèles à $A\xi$, Ay, $A\zeta$, et soient X, Y, Z les coordonnées de M par rapport à ces axes. Les composantes de l'attraction de l'ellipsoïde sur un point intérieur sont, on le sait, de la forme $-p^2X$, $-p^2Y$, $-q^2Z$ et les équations du mouvement relatif sont

$$\frac{d^2X}{dt^2} = -(p^2-\omega^2)X + 2\omega\frac{dY}{dt},$$

$$\frac{d^2Y}{dt^2} = -(p^2-\omega^2)Y - 2\omega\frac{dX}{dt},$$

$$\frac{d^2Z}{dt^2} = -q^2Z.$$

L'intégrale de la dernière est bien connue et on peut élégamment intégrer les deux premières en les ajoutant après avoir multiplié tous les termes de la seconde par i, ce qui donne

$$\frac{d^2(X+iY)}{dt^2} + 2\omega i\frac{d(X+iY)}{dt} + (p^2-\omega^2)(X+iY) = 0,$$

équation linéaire dont on sait former l'intégrale : les constantes arbitraires sont déterminées par les circonstances initiales et l'on n'a qu'à séparer les parties réelles et les imaginaires pour avoir X et Y. Dans le cas simple où M part sans vitesse du point A dont les coordonnées sont X_0, o, Z_0, on trouve

$$X = \frac{X_0}{2p}[(p+\omega)\cos(p-\omega)t + (p-\omega)\cos(p+\omega)t],$$
$$Y = \frac{X_0}{2p}[(p+\omega)\sin(p-\omega)t - (p-\omega)\sin(p+\omega)t],$$
$$Z = Z_0 \cos qt.$$

On aura immédiatement les coordonnées ξ, y et ζ, qui ne sont autres que $X - X_0$, Y, $Z - Z_0$, et si on les développe suivant les puissances de t, on trouve

$$(5)\quad \begin{cases} \xi = -\dfrac{p^2-\omega^2}{2}X_0\left(t^2 - \dfrac{p^2+3\omega^2}{12}t^4 + \ldots\right), \\ y = \dfrac{p^2-\omega^2}{3}X_0(\omega t^3 + \ldots), \quad \zeta = -\dfrac{1}{2}q^2 Z_0\left(t^2 - \dfrac{q^2t^4}{12} + \ldots\right). \end{cases}$$

Mais $-(p^2-\omega^2)X_0$ et $-q^2 Z_0$ sont précisément les composantes du poids en A, et l'on a

$$(p^2-\omega^2)X_0 = g\cos\lambda, \quad q^2 Z_0 = g\sin\lambda.$$

Si l'on remplace p^2 et q^2 par leurs valeurs dans les équations (5), on aura ξ, y et ζ en fonction de quantités connues et on pourra revenir aux coordonnées x, y, z, pour lesquelles on trouvera

$$x = \left(\omega^2 + \frac{g\cos\lambda}{4X_0} - \frac{g\sin\lambda}{4Z_0}\right)\frac{g\sin 2\lambda}{12}t^4 + \ldots,$$

$$y = \frac{1}{3}g\omega t^3\cos\lambda + \ldots,$$

$$z = -\frac{1}{2}gt^2 + \left(\omega^2 + \frac{g\cos^3\lambda}{X_0} + \frac{g\sin^3\lambda}{Z_0}\right)\frac{gt^4}{6} + \ldots.$$

La valeur de x peut se simplifier : si l'on désigne par R et e le demi grand axe et l'excentricité de la méridienne terrestre, on trouve, en partant de l'équation de la normale à l'ellipse,

$$\frac{\cos\lambda}{X_0} - \frac{\sin\lambda}{Z_0} = -\frac{e^2}{R(1-e^2)}\sqrt{1 - e^2\sin^2\lambda};$$

$\frac{ge^2}{R}$ diffère peu de $2\omega^2$ et la valeur de x devient

$$x = \frac{1}{24}g\omega^2 t^4 \sin 2\lambda + \ldots.$$

Pour une hauteur de chute h on a une déviation orientale

$$\varepsilon = \frac{2}{3}\omega h\sqrt{\frac{h}{g}}\cos\lambda,$$

et une déviation australe

$$\sigma = \frac{\omega^2 h^2}{6g}\sin 2\lambda.$$

Les expériences de Reich, qui ont donné, pour un corps tombant librement, une déviation orientale moyenne très voisine de ε, ont accusé une déviation australe un peu plus grande, tandis que σ est alors insensible; M. Gilbert a appelé l'attention sur cette anomalie et sur les écarts énormes que présentent les résultats obtenus par Reich. Il faut bien remarquer que l'écart entre l'extrémité B du fil à plomb suspendu en A et le point de chute C d'un mobile partant de A doit être $> \sigma$. J'ai examiné la question dans les *Nouvelles Annales* (1883), mais on peut en rendre compte en quelques mots : prenons sur la normale en A une longueur $AH = h$; au point H, la direction de la pesanteur n'est plus AH comme en A, mais elle s'est rapprochée de l'équateur d'un angle sensiblement égal à AOH ; la mesure de l'angle OAH est environ $\frac{1}{2}e^2 \sin 2\lambda$ et, en prenant les arcs pour les sinus, on a

$$AOH = \frac{h}{R} OAH = \frac{he^2}{2R} \sin 2\lambda = \frac{h}{g} \omega^2 \sin 2\lambda;$$

AB prend la direction de la pesanteur en H ou en B, et le point B vient à une distance $\frac{h^2\omega^2}{g} \sin 2\lambda$ au nord de H et BC est égal à 7σ, mais c'est encore incomparablement moindre que la déviation observée par Reich et de nouvelles expériences seraient désirables.

EXERCICES.

1. Déterminer, en se fondant sur le théorème de Coriolis, les composantes, suivant le rayon vecteur et sa perpendiculaire, de l'accélération d'un point qui se meut dans un plan.

2. Montrer que la suraccélération d'un point animé de deux mouvements est la résultante des cinq grandeurs suivantes :

1° La suraccélération relative;

2° Celle d'entraînement;

3° $3\omega^2 v_a \sin(\omega, v_a)$, située dans un plan parallèle à l'axe de la rotation instantanée d'entraînement ω et à la vitesse relative v_a, mais orthogonale à v_a;

4° $3 v_a \gamma_\omega \sin(\gamma_\omega, v_a)$ perpendiculaire sur v_a, et sur l'accélération angulaire γ_ω;

5° $3\omega\gamma_a \sin(\omega, \gamma_a)$ perpendiculaire sur ω et sur γ_a. (RESAL.)

On pourra employer la méthode de M. Gilbert, rappelée n° 176 et on invoquera le théorème de Rivals sur les accélérations dans un solide.

3. Soient AA′ une horizontale qui tourne avec une vitesse constante ω autour d'une verticale fixe OZ; déterminer les positions d'équilibre relatif d'une barre pesante et homogène dont les extrémités P, Q sont assujetties à rester, l'une sur OZ, l'autre sur AA′.

(Caen, 1881.)

Soient : 1 la masse de la barre, $2c$ sa longueur, θ son angle avec OZ, φ l'angle de sa projection horizontale avec AA′, $2a$ la plus courte distance de AA′ à OZ.

Les forces d'inertie d'entraînement ont une résultante $\omega^2 c \sin\theta$ dont le point d'application est aux $\frac{2}{3}$ de PQ. On écrit les six équations d'équilibre avec les réactions et on trouve deux solutions :

$$1^\circ \quad \varphi = \frac{\pi}{2}, \quad \sin\theta = \frac{a}{c};$$

$$2^\circ \quad \cos\theta = \frac{3g}{4c\omega^2}, \quad \text{si } \frac{3g}{4\omega^2} < \sqrt{c^2 - a^2}.$$

4. Mouvement relatif de la barre considérée à l'exercice précédent, en supposant que AA′ rencontre OZ. (Bordeaux, 1880.)

$$\frac{d\theta^2}{dt^2} - \theta_0'^2 = (\cos\theta - \cos\theta_0)\left[\frac{3g}{2c} - \omega^2(\cos\theta + \cos\theta_0)\right].$$

On remarquera le cas où PQ s'écarte peu d'une position d'équilibre.

5. Mouvement d'un point pesant enfermé dans un tube circulaire tournant avec une vitesse constante ω autour d'un de ses diamètres, qui est vertical : discussion complète en supposant que le point soit d'abord immobile par rapport au tube.

Dans le cas particulier, θ mesurant l'écart avec la verticale descendante,

$$\frac{d\theta^2}{dt^2} = \omega^2(\cos\theta - \cos\alpha)\left(\frac{2g}{\omega^2 R} - \cos\alpha - \cos\theta\right),$$

si $\frac{2g}{\omega^2 R} - \cos\alpha = k$ est > 1, θ varie de α à $-\alpha$; pour $k = 1$, θ arrive à zéro après un temps infini; si $k < 1$, le mobile oscille de part et d'autre de la position d'équilibre sans atteindre la verticale du centre.

6. Mouvement d'un point M posé sur un plan horizontal par-

faitement poli et attaché par une tige de masse négligeable à un point A qui parcourt uniformément une circonférence située dans le plan donné. Cas où le rayon est égal à AM et le point M, à l'instant initial, est en repos absolu sur le prolongement du rayon OA. (Caen, 1879.)

On peut chercher le mouvement relatif à des axes de direction constante passant par A; si $AM = a$ fait l'angle θ avec OA_0, on a

$$a\frac{d^2\theta}{dt^2} = R\omega^2\sin(\omega t - \theta);$$

on pose, pour intégrer,

$$\theta = \omega t + \theta_1.$$

Si $R = a$ et $v_0 = a(\omega + \theta'_0) = 0$, $\frac{d\theta_1}{dt} = 2\omega\cos\frac{1}{2}\theta_1$.

7. Mouvement d'une bille pesante enfermée dans un tube droit qui tourne autour d'un de ses points dans un plan vertical; il y a frottement et résistance de l'air proportionnelle à la vitesse. (Lille, 1885.)

$$\frac{d^2r}{dt^2} = g\cos\omega t + \omega^2 r - 2k\frac{dr}{dt} - 2f\omega\frac{dr}{dt},$$

tant que $\frac{dr}{dt} > 0$; l'équation ne conviendra pas toujours.

8. Mouvement d'un point non pesant sur une parabole qui tourne uniformément autour de son axe et dont le foyer attire le mobile proportionnellement à la distance. (Besançon, 1884.)

9. Mouvement d'un point M non pesant enfermé dans un tube droit horizontal animé d'un mouvement hélicoïdal uniforme autour d'une verticale OZ qui attire M proportionnellement à la distance. (Grenoble, 1885.)

10. Une bille pesante M est enfermée dans un tube rectiligne OA qui peut tourner autour d'une verticale OV avec laquelle il fait un angle constant θ; comment doit varier la vitesse ω avec laquelle tourne le plan AOV pour que OM soit de la forme $k(t+\alpha)^2$, k et α étant constantes? Quel serait le mouvement de M si les conditions initiales étaient quelconques? (Agrégation, 1879.)

OM doit satisfaire à l'équation

$$\frac{d^2r}{dt^2} - \omega^2 r \sin^2\theta - g\cos\theta = 0; \tag{1}$$

elle est vérifiée par $r = k(t+\alpha)^2$ si $\omega^2 = \dfrac{2k - g\cos\theta}{k\sin^2\theta(t+\alpha)^2}$. Après avoir remplacé ω^2 par cette valeur dans (1), on posera, pour intégrer dans le cas général, $r = k(t+\alpha)^2 + \rho$, d'où

$$\frac{d^2\rho}{dt^2} - \frac{2k - g\cos\theta}{k(t+\alpha)^2}\rho = 0, \quad \rho = A(t+\alpha)^{m'} + B(t+\alpha)^{m''},$$

m', m'' racines de l'équation $m(m-1) = \dfrac{2k - g\cos\theta}{k}$.

11. Un plan P tourne avec une vitesse constante ω autour d'un axe OZ qu'il rencontre en O et avec lequel il fait un angle α dont le sinus est $\frac{1}{3}$; déterminer, dans le plan P, le mouvement d'un point M non pesant, attiré vers O par une force $m\omega^2$OM. (Caen, 1885).

On peut prendre des axes analogues à ceux du n° 180, ou prendre pour axes la projection Ox de OZ sur P, Oy perpendiculaire à Ox dans le plan et Oz perpendiculaire au plan : alors

$$p = \omega\sin\alpha, \quad q = 0, \quad r = \omega\cos\alpha$$

et l'on trouve

$$\frac{d^2x}{dt^2} - \frac{2}{3}\omega\frac{dy}{dt} + \frac{8}{9}\omega^2 x = 0, \quad \frac{d^2y}{dt^2} + \frac{2}{3}\omega\frac{dx}{dt} = 0,$$

on intègre d'abord la seconde équation une fois et l'on calcule x.

12. Montrer qu'un point pesant lancé suivant la verticale ascendante et montant à une hauteur h éprouve vers l'ouest une déviation quadruple de la déviation orientale qu'il aurait en tombant d'une hauteur h.

13. Déterminer, en tenant compte de la rotation de la Terre, le mouvement relatif d'un point placé sur un plan horizontal parfaitement poli et lancé avec une vitesse v_0. (BOURGET.)

Le point parcourt uniformément un cercle de rayon $\frac{v_0}{2\omega \sin \lambda}$.

14. Montrer que, si l'on tient compte de la rotation diurne, le pendule sphérique ne peut jamais décrire un cercle horizontal.

L'équation des forces vives montre que la vitesse serait constante : x et y seraient de la forme $\rho \cos \mu t$, $\rho \sin \mu t$; si on les substitue dans les équations du mouvement, avec $dz = 0$, les deux premières donnent pour la réaction de la sphère une valeur constante, la troisième une valeur variable.

MOUVEMENT DES SYSTÈMES MATÉRIELS.

185. Pour connaître le mouvement que doit prendre, sous l'action de forces données, un système de points matériels assujettis à des liaisons plus ou moins nombreuses, il suffirait de déterminer le mouvement de chacun des points en adjoignant aux forces données celles qui représenteraient l'effet des liaisons : on aurait toujours autant d'équations que d'inconnues. Mais souvent un petit nombre de données suffisent pour déterminer la position du système considéré et on peut les obtenir en appliquant les théorèmes généraux, sur lesquels je vais seulement donner quelques explications : il s'agit, dans chaque cas, de choisir les variables propres à déterminer le plus simplement la position du système mobile et les théorèmes généraux dont l'application n'introduira pas d'inconnues inutiles.

Je signalerai d'abord le *principe* de d'Alembert qui ramène la Dynamique à la Statique : il conduit directement à deux théorèmes d'une grande importance sur les quantités de mouvement : je rappelle que la quantité de mouvement d'un point est une grandeur géométrique susceptible d'être représentée par un segment de droite égal à mv et dirigé suivant la vitesse, en sorte que l'on peut, par convention, appliquer à ces quantités les définitions et les opérations qui se rapportent aux forces.

Cela posé, la dérivée par rapport au temps de la somme

des projections des quantités de mouvement sur un axe est égale à la somme des projections des forces extérieures appliquées au système : la dérivée de la somme des moments par rapport à un axe est égale à la somme des moments des mêmes forces. Ces théorèmes fournissent précisément six équations distinctes qui correspondent aux six équations de l'équilibre. On en a donné quelques interprétations remarquables : celle qui se rapporte au mouvement du centre de gravité et au théorème des aires est bien connue ; M. Resal en a donné une autre, aussi élégante qu'avantageuse. Si l'on compose les forces extérieures comme des forces appliquées à un solide invariable, on a une résultante de translation R qui passe par un point O et un couple dont l'axe est une droite K ; soient OP et OG la résultante des quantités de mouvement transportées parallèlement à elles-mêmes en O et l'axe du couple résultant de cette translation comme s'il s'agissait de forces : les vitesses des points P et G sont respectivement représentées, en grandeur et en direction, par les droites R et K. On sait que l'axe OG est perpendiculaire au *plan du maximum des aires*.

Vient ensuite le théorème des forces vives qui suffit souvent pour déterminer le mouvement du système lorsque ce système est à liaisons complètes, c'est-à-dire que sa position dans l'espace peut être définie par la valeur d'une seule quantité. Mais ici les forces intérieures peuvent intervenir : si la distance de deux points qui s'attirent avec une force F croît de dr, si un glissement d'étendue dr a lieu entre deux parties du système en développant une force de frottement F, il se produit dans les deux cas un travail égal à $-F dr$, qui n'existe plus s'il n'y a point de frottement ou si la distance des points qui s'attirent ne varie pas.

Quand un solide tourne autour d'un axe OZ avec une

vitesse ω, sa force vive est égale au produit de ω^2 par le moment d'inertie autour de OZ; nous étudierons plus loin les moments d'inertie : il suffira, dans ce Chapitre, de savoir que, pour une droite homogène de masse M et de longueur $2a$, le moment d'inertie autour d'une perpendiculaire en son milieu est $\frac{1}{3}Ma^2$; le moment d'inertie d'un cylindre droit autour de son axe est $\frac{1}{2}MR^2$; enfin le moment d'inertie d'un corps quelconque autour d'une droite OZ est égal au moment autour de la parallèle à OZ menée par le centre de gravité C augmenté du produit de la masse du corps par le carré de la distance de C à OZ.

186. *Généralisation du théorème de Kœnig.*

D'après le théorème de Kœnig, la force vive d'un système matériel est égale à la force vive qui correspond au mouvement relatif à des axes de direction constante passant par le centre de gravité C, augmentée de la force vive d'une masse égale à la masse totale M et concentrée au point mobile C. M. Gilbert a déterminé les points A qu'on pourrait substituer au point C, dans le cas où le système mobile est un solide S. Soient x, y, z, v les coordonnées et la vitesse absolues d'un point de masse m appartenant au système; X, Y, Z, V celles du point A; x', y', z', v' les coordonnées et la vitesse de m relativement à des axes menés par A parallèlement aux axes fixes; α, β, γ les coordonnées relatives de C : on trouve, en ayant égard aux propriétés du centre de gravité,

$$\Sigma m v^2 = \Sigma m \left[\left(\frac{dx'}{dt} + \frac{dX}{dt}\right)^2 + \ldots\right]$$

$$= \Sigma m v'^2 + MV^2 + 2M\left(\frac{d\alpha}{dt}\frac{dX}{dt} + \frac{d\beta}{dt}\frac{dY}{dt} + \frac{d\gamma}{dt}\frac{dZ}{dt}\right).$$

Pour que le théorème de Kœnig s'étende au point A, il

faut et il suffit que la dernière parenthèse s'annule ou que V soit perpendiculaire à la vitesse relative u de C. Soient OM l'axe du mouvement hélicoïdal de S ou axe de Mozzi, AP la parallèle menée par A : u est normale au plan APC; ce plan doit donc contenir V; or V est la résultante d'une vitesse de glissement parallèle à AP et d'une vitesse normale au plan OMAP; la première composante étant dans le plan APC, la seconde doit y être également : donc les plans APC et APOM doivent être perpendiculaires. Le lieu du point A est un cylindre droit ayant pour génératrices opposées l'axe de Mozzi et la parallèle menée par le centre de gravité.

Le calcul conduit au même résultat. Soient p, q, r les composantes de la rotation instantanée de S, a, b, c celles de la vitesse absolue de C : les composantes de u seront $q\gamma - r\beta$, $r\alpha - p\gamma$, $p\beta - q\alpha$, et celles de V,

$$a - q\gamma + r\beta,\quad b - r\alpha + p\gamma,\quad c - p\beta + q\alpha.$$

La condition pour que le théorème de Kœnig s'applique au point A est donc

$$(1)\qquad \Sigma(q\gamma - r\beta)(a - q\gamma + r\beta) = 0.$$

Les coordonnées du point A, par rapport à des parallèles aux axes fixes menées par C, sont $-\alpha$, $-\beta$, $-\gamma$; l'équation (1) exprime donc que le lieu du point A dans S est une quadrique dans laquelle on reconnaîtra le cylindre de M. Gilbert. Un calcul analogue donne un hyperboloïde pour le lieu des points qui partagent la propriété du centre de gravité relative à la somme des moments des quantités de mouvement.

Principes des forces vives.

187. *Mouvement d'une chaîne pesante, très mince, mais non homogène, enfermée dans un tube dont la forme*

est celle d'une cycloïde située dans un plan vertical avec la base horizontale et le sommet en bas. (PUISEUX.)

Il suffit de connaître le mouvement d'un point de la chaîne, par exemple du point A qui est le centre de gravité quand la chaîne est en ligne droite. Le principe des forces vives va nous donner notre unique inconnue : d'ailleurs la réaction des parois du tube sur la chaîne est en chaque point normale au déplacement et son travail nul; la chaîne étant parfaitement flexible et inextensible, les forces intérieures ne donnent pas non plus de travail, et l'on ne doit tenir compte que du travail de la pesanteur.

Prenons pour axes des x et des y la tangente et la normale au point le plus bas de la cycloïde, et appelons a le rayon du cercle générateur, s l'arc de courbe à partir de l'origine; on sait que $s^2 = 8ay$. Soient r la valeur de s au point A, ε la densité au point M tel que l'arc MA soit égal à l, v la vitesse de la chaîne, m sa masse. Si l'on suppose la vitesse initiale nulle, le théorème des forces vives donne, les intégrales étant étendues à toute la chaîne,

$$\frac{1}{2} mv^2 = g\int \varepsilon\, dl (y_0 - y) = \frac{g}{8a}\int \varepsilon\, dl (s_0^2 - s^2).$$

Mais $s = r + l$, et l ne varie pas avec le temps; donc

$$\frac{1}{2} mv^2 = \frac{g}{8a}\int \varepsilon\, dl [r_0^2 - r^2 + 2l(r_0 - r)];$$

mais, A étant le centre de gravité de la chaîne rectifiée,

$$(1) \qquad \int l\varepsilon\, dl = 0, \quad \text{et} \quad \frac{1}{2} v^2 = \frac{g}{8a}(r_0^2 - r^2).$$

Le point A se meut donc comme s'il était isolé, et toute la chaîne participe à ce mouvement tautochrone bien connu.

Pour avoir la tension T en M, je considère la partie MP de la chaîne qui se trouve au-dessus : soient A' le point qui serait le centre de gravité de MP rectifié, arc $OA' = r'$, m' la masse de MP, l' la distance rectifiée d'un de ses points à A'. Appliquons le théorème des forces vives à un déplacement infiniment petit de MP; on a, en prenant l'intégrale le long de MP,

$$d\frac{1}{2}m'v^2 = -\mathrm{T}\,dr' + gd\int \varepsilon(y_0 - y)\,dl'$$
$$= -\mathrm{T}\,dr' + \frac{gm'}{8a}d(r_0'^2 - r'^2).$$

D'après la seconde équation (1),

$$d.\frac{1}{2}v^2 = -\frac{gr\,dr}{4a};$$

dr étant égal à dr', on a

$$\frac{m'gr}{4a} = \mathrm{T} + \frac{m'gr'}{4a}, \quad \mathrm{T} = m'g\frac{r - r'}{4a} = -m'g\frac{\mathrm{AA}'}{4a}.$$

La tension est indépendante du temps et toujours négative, c'est-à-dire que la chaîne tend partout à se replier et à se raccourcir.

La pression $\mathrm{N}\,dl$ exercée par un petit élément MM' sur le tube s'obtient en évaluant la force centripète pour cet élément; soient ρ le rayon de courbure de la cycloïde, α l'angle de ce rayon avec la verticale; la projection de la tension en M' sur la normale en M est sensiblement égale à $\mathrm{T}\frac{dl}{\rho}$; on aura donc

$$\varepsilon\,dl\frac{v^2}{\rho} = \mathrm{N}\,dl - g\varepsilon\,dl\cos\alpha + \mathrm{T}\frac{dl}{\rho}, \quad \mathrm{N} = \frac{\varepsilon v^2 - \mathrm{T}}{\rho} + g\varepsilon\cos\alpha.$$

N est toujours positif : c'est dire que le fil appuie toujours sur le côté concave du tube.

188. *Un fil flexible et inextensible est enroulé sur un cylindre mobile autour d'un axe horizontal, et porte à*

ses deux extrémités deux poids P *et* Q; *déterminer le mouvement du système en supposant que* P *et* Q *aient une vitesse initiale a, mais que les fils qui les soutiennent restent verticaux; on admet que l'air oppose au mouvement de* P *et de* Q *une résistance proportionnelle au carré de la vitesse.* (Paris, 1869.)

Soient P celle des deux masses qui descend d'abord; x la quantité dont elle est descendue au bout du temps t; p, q les masses de P et de Q, $2m$ la masse du cylindre, R son rayon, ω sa vitesse angulaire, $\frac{v^2}{c}$ la somme des forces résistantes que l'air oppose au mouvement de P et de Q. La force vive du cylindre est $\int \omega^2 r^2 \, dm$, ou ω^2 multiplié par le moment d'inertie par rapport à l'axe, c'est-à-dire $2m \times \frac{1}{2} R^2 \omega^2 = m R^2 \omega^2$; mais, puisque le fil s'enroule sans glisser sur le cylindre, $R\omega$ est égale à la vitesse commune v de P et Q, et la force vive du cylindre est mv^2. Appliquons le théorème du travail à un déplacement infiniment petit du système :

$$(1) \qquad d\frac{1}{2}(p+q+m)v^2 = g(p-q)\,dx - \frac{v^2}{c}\,dx.$$

Supposons $p > q$, et faisons

$$cg(p-q) = k^2, \quad p+q+m = \mu;$$

on aura

$$\frac{1}{2}\frac{c\mu\, d.v^2}{k^2 - v^2} = dx, \quad L\frac{k^2 - v^2}{k^2 - a^2} = -\frac{2x}{c\mu}, \quad v^2 = k^2 + (a^2 - k^2)e^{-\frac{2x}{c\mu}}.$$

Si $a < k$, v croît constamment, pour devenir égal à k quand x est infini; si au contraire $a > k$, la vitesse décroîtra pour devenir égale à k à la limite : le mouvement aura lieu indéfiniment dans le même sens, tant du moins que le permet la longueur du fil. On peut avoir x en fonction du temps, car la dernière équation donne évidemment

$$dt = dx\left[k^2 + (a^2 - k^2)e^{-\frac{2x}{c\mu}}\right]^{-\frac{1}{2}},$$

$$\frac{kt}{c\mu} = \mathrm{L}\,\frac{ke^{\frac{x}{c\mu}} + \sqrt{k^2 e^{\frac{2x}{c\mu}} + a^2 - k^2}}{k + a},$$

$$(k + a)e^{\frac{kt}{c\mu}} + (k - a)e^{-\frac{kt}{c\mu}} = 2ke^{\frac{x}{c\mu}}.$$

Revenons à l'équation (1) dans le cas où $p < q$, et faisons $cg(p - q) = -k^2$; on aura

$$\frac{c\mu\, d.v^2}{k^2 + v^2} = -2\,dx, \quad v^2 = (a^2 + k^2)e^{-\frac{2x}{c\mu}} - k^2.$$

La vitesse est d'abord égale à a, mais elle va en diminuant et s'annule quand

$$(a^2 + k^2)e^{-\frac{2x}{c\mu}} = k^2, \quad x = \frac{c\mu}{2}\,\mathrm{L}\,\frac{a^2 + k^2}{k^2}.$$

On sépare les variables comme précédemment, et l'on trouve

$$dt = e^{\frac{x}{c\mu}}dx\left[a^2 + k^2 - k^2 e^{\frac{2x}{c\mu}}\right]^{-\frac{1}{2}},$$

d'où

$$\frac{kt}{c\mu} = \arcsin\frac{ke^{\frac{x}{c\mu}}}{\sqrt{a^2 + k^2}} - \arcsin\frac{k}{\sqrt{a^2 + k^2}}.$$

La valeur de x pour laquelle v s'annule rend le premier terme du second membre égal à $\frac{\pi}{2}$, et l'on a pour le temps que P mettra à descendre

$$t = \frac{c\mu}{k}\arccos\frac{k}{\sqrt{a^2 + k^2}}.$$

A partir de ce moment, c'est Q qui descendra; on ne pourra plus employer les formules précédentes, mais la quantité dont Q descend se calcule par les formules du premier cas, en changeant p en q, et faisant $a = 0$.

Supposons en dernier lieu $p = q$; l'équation (1) devient

$$\frac{d.v^2}{v^2} = -\frac{2\,dx}{c\mu}; \quad \text{d'où} \quad v = ae^{-\frac{x}{c\mu}};$$

la vitesse diminue indéfiniment, mais elle ne s'annule que pour x infini; en remplaçant v par sa valeur, il vient

$$e^{\frac{x}{c\mu}}\,dx = a\,dt, \quad t = \frac{c\mu}{a}\left(e^{\frac{x}{c\mu}} - 1\right).$$

La tension de l'un des cordons se calcule en appliquant l'équation du travail au déplacement infiniment petit d'une des masses qui le terminent. Soit le cordon qui porte le poids P, on a

$$d.pv^2 = 2\,pg\,dx - 2\mathrm{T}\,dx - 2\frac{v^2}{c'}\,dx.$$

La valeur de T s'obtient aisément, mais n'a rien de remarquable.

189. *Un fil inextensible et sans masse passe sur deux très petites poulies* A *et* B *situées sur une horizontale, et porte à ses extrémités deux poids égaux* P. *Au milieu de* AB *on pose sur le fil un poids* Q, *et on l'abandonne sans vitesse initiale. Quel est le mouvement du système? Cas où* Q *est beaucoup plus petit que* P.

Le poids Q tend à suivre la verticale de son point de départ, et, comme l'action du fil est symétrique par rapport à cette verticale, rien n'en fera dévier le mobile. Soient donc z la quantité dont il descend et x celle dont montent en même temps les poids P, $AB = 2a$, q la masse de Q,

p celle de P. Le théorème des forces vives donne immédiatement

$$2p\frac{dx^2}{dt^2}+q\frac{dz^2}{dt^2}=2g(qz-2px).$$

Or x est égal à l'accroissement de la distance de Q à la poulie A :

$$x=\sqrt{a^2+z^2}-a,\quad z=\sqrt{x^2+2ax},\quad dz=\frac{(x+a)dx}{\sqrt{x^2+2ax}}.$$

Remplaçons z dans l'équation des forces vives :

$$(1)\quad \left[2p+q\frac{(a+x)^2}{2ax+x^2}\right]\frac{dx^2}{dt^2}=2g\left[q\sqrt{x^2+2ax}-2px\right].$$

x est d'abord >0 pour que $\sqrt{x^2+2ax}$ soit réel; mais, pour que le second membre de l'équation précédente reste positif, on doit avoir

$$(2)\qquad q^2(x^2+2ax)>4p^2x^2,\quad x(4p^2-q^2)<2aq^2.$$

Quand $2p$ est $<q$, l'inégalité est toujours satisfaite, et le mouvement se continue indéfiniment dans le même sens, et, quand x devient très-grand, on a sensiblement

$$(2p+q)\frac{dx^2}{dt^2}=2gx(q-2p);$$

c'est dire que le mouvement se rapproche du mouvement uniformément accéléré. Lorsque $2p>q$, x a une limite supérieure $\frac{2aq^2}{4p^2-q^2}$ à laquelle correspond la valeur

$$z=\frac{4apq}{4p^2-q^2}.$$

Pour étudier ce cas, il convient de transformer l'équation (1); or les inégalités précédentes montrent que $\frac{x}{2a+x}$

est compris entre zéro et $\frac{q^2}{4p^2}$. Posons donc

$$\frac{x}{2a+x} = \frac{q^2}{4p^2}u^2, \quad \frac{q}{2p} = \varepsilon,$$

d'où

$$x = \frac{2a\varepsilon^2 u^2}{1-\varepsilon^2 u^2}, \quad 2a + x = \frac{2a}{1-\varepsilon^2 u^2}, \quad dx = \frac{4a\varepsilon^2 u\,du}{(1-\varepsilon^2 u^2)^2}.$$

Substituant dans l'équation (1), il vient, après quelques réductions,

$$\frac{1+2\varepsilon(2+\varepsilon)u^2+\varepsilon^4 u^4}{(1-\varepsilon^2 u^2)^3(u-u^2)}\,a\varepsilon\frac{du^2}{dt^2} = g.$$

On ne peut effectuer la quadrature, mais on reconnaît que u partant de zéro croîtra jusqu'à 1 pour décroître ensuite jusqu'à zéro, revenir à 1, et ainsi de suite : la durée de ces oscillations est constante. Si l'on néglige les termes en ε^2, on a une valeur approchée de t en fonction de u :

$$dt = \sqrt{\frac{a\varepsilon}{g}}\,\frac{1+2\varepsilon u^2}{\sqrt{u-u^2}}\,du,$$

$$t = \sqrt{\frac{a\varepsilon}{g}}\left[\left(1+\frac{3\varepsilon}{4}\right)\arccos(1-2u) - \varepsilon\,\frac{2u+3}{2}\sqrt{u-u^2}\right].$$

La durée d'une demi-oscillation est

$$T = \pi\sqrt{\frac{a\varepsilon}{g}}\left(1+\frac{3}{4}\varepsilon\right).$$

La tension F du cordon se trouve en appliquant le théorème des forces vives à un déplacement infiniment petit de l'un des poids P;

$$d.p\frac{dx^2}{dt^2} = 2(F-pg)dx, \quad F = pg + \frac{d}{dx}\frac{1}{2}p\frac{dx^2}{dt^2}.$$

La dérivée de $\frac{dx^2}{dt^2}$ se déduit immédiatement de la valeur donnée par (1) : elle est d'ailleurs très-compliquée ; je dirai seulement qu'elle est nulle pour $x = 0$ et égale à

$$\frac{8pq^3g}{32p^3q + (4p^2 + q^2)^2},$$

quand x atteint son maximum.

190. *Une planche très-mince, de forme quelconque, est posée sur un cylindre droit horizontal sur lequel elle ne peut que rouler sans glisser; déterminer la loi de ses oscillations quand on l'écarte de sa position d'équilibre.*

On reconnaît d'abord que, dans la position d'équilibre, le centre de gravité G doit se trouver sur la génératrice de contact. En effet, le moment de la réaction du cylindre par rapport à cette droite étant nul, il en doit être de même du moment du poids ; cela exige, ou que G soit sur la génératrice, ou que la planche soit verticale. Or cette dernière position ne peut être une position d'équilibre ; car il faudrait que le coefficient de frottement sur le cylindre fût infini. Soit A le point du cylindre qui coïncide avec G dans la position d'équilibre. La planche roulant sur le cylindre sans glisser ni pivoter, le point G ne sort pas de la section droite menée par A et décrit une développante de cette section. Prenons pour axes l'horizontale et la verticale menées par le centre de cette section, et désignons par α l'angle du rayon OA avec la verticale, et par θ l'angle du même rayon avec celui qui va au point de contact variable I ; l'angle de ce rayon OI avec la verticale ascendante est $\alpha + \theta$.

Pour évaluer la force vive, cherchons celle qui correspondrait à une masse égale à la masse m de la planche accumulée en G. Le mouvement de cette planche est une rotation instantanée avec la vitesse $\frac{d\theta}{dt}$ autour de la génératrice I, et, comme IA $=$ Rθ, la première partie de la force vive est $m\mathrm{R}^2\theta^2\frac{d\theta^2}{dt^2}$. Il faut y joindre la force vive correspondant au mouvement relatif au centre de gravité, qui est encore un mouvement de rotation; si k est le rayon de gyration de la planche par rapport à l'axe mené en G parallèlement à la génératrice I, la seconde partie de la force vive est $mk^2\frac{d\theta^2}{dt^2}$. D'autre part, l'ordonnée du point G, qui fera connaitre le travail de la pesanteur, s'obtient en projetant OI et IG sur la verticale :

$$y = \mathrm{R}\cos(\theta + \alpha) + \mathrm{R}\theta\sin(\theta + \alpha).$$

L'équation des forces vives est donc, H désignant une constante,

$$(1)\quad m(\mathrm{R}^2\theta^2 + k^2)\frac{d\theta^2}{dt^2} = \mathrm{H} - 2mg\mathrm{R}[\cos(\theta + \alpha) + \theta\sin(\theta + \alpha)].$$

On ne peut effectuer l'intégration; mais, si l'on appelle ω la vitesse angulaire pour $\theta = 0$, il est facile de voir si la planche pourra devenir verticale. Avec cette donnée, l'équation (1) prend la forme

$$(\mathrm{R}^2\theta^2 + k^2)\frac{d\theta^2}{dt^2} = k^2\omega^2 + 2g\mathrm{R}[\cos\alpha - \cos(\theta + \alpha) - \theta\sin(\theta + \alpha)].$$

Le second membre décroît quand θ augmente de zéro à $\frac{\pi}{2} - \alpha$. Pour que la planche atteigne la verticale, il faut donc

$$k^2\omega^2 + 2g\mathrm{R}\left(\cos\alpha + \alpha - \frac{\pi}{2}\right) \geqq 0.$$

Quand cette inégalité n'est pas vérifiée, la planche s'arrête pour une valeur de θ égale à β; l'équation (1) peut s'écrire

$$(2)\quad \left\{ \begin{aligned} (R^2\theta^2 + k^2)\frac{d\theta^2}{dt^2} = 2Rg[&\cos(\beta+\alpha) + \beta\sin(\beta+\alpha) \\ &- \cos(\theta+\alpha) - \theta\sin(\theta+\alpha)]. \end{aligned} \right.$$

Pour que le second membre reste positif, il faut que θ varie entre β et une valeur comprise entre zéro et $-\beta$, car, pour $\theta = 0$, la quantité entre crochets est > 0, comme étant supérieure à

$$\cos(\beta+\alpha) + \sin\beta\sin(\beta+\alpha) - \cos\alpha,$$

c'est-à-dire à $(1 - \cos\beta)\cos(\beta+\alpha)$; pour $\theta = -\beta$, elle devient

$$2\beta\sin\alpha\cos\beta - 2\sin\alpha\sin\beta < 0.$$

Il est remarquable dans tous les cas que le mouvement ne dépende pas de la forme de la planche, mais seulement de k^2. Quand β est très-petit, et par suite θ, on peut développer $\frac{d\theta^2}{dt^2}$ par la formule de Taylor, et, en se bornant aux termes principaux, avoir

$$k^2\frac{d\theta^2}{dt^2} = Rg(\beta^2 - \theta^2)\cos\alpha, \quad \theta = \beta\cos\frac{t\sqrt{Rg\cos\alpha}}{k};$$

les petites oscillations sont isochrones entre elles et à celles d'un pendule de longueur $\frac{k^2}{R\cos\alpha}$. En observant le temps d'une de ces oscillations, on peut en déduire soit R, soit k.

Si l'on veut calculer la réaction normale N et la réaction tangentielle T du cylindre, on projettera sur OI et sur la tangente en I l'accélération du centre de gravité multipliée par m; ces projections sont égales aux projections correspondantes du poids mg, augmentées de N sur OI, de T sur la tangente. A l'époque t, la vitesse de G est égale à $R\theta\frac{d\theta}{dt}$ et parallèle à OI; à l'époque $t+dt$, elle est

$$R\left(\theta\frac{d\theta}{dt}+d.\theta\frac{d\theta}{dt}\right),$$

et fait l'angle $d\theta$ avec OI. La différence entre les projections de ces vitesses, divisée par dt, donne les projections de l'accélération, et l'on trouve

$$mR\left(\frac{d\theta^2}{dt^2}+\theta\frac{d^2\theta}{dt^2}\right)=N-mg\cos(\theta+\alpha),$$

$$mR\theta\frac{d\theta^2}{dt^2}=T+mg\sin(\theta+\alpha).$$

$\frac{d^2\theta}{dt^2}$ s'obtient en différentiant l'équation (2) par rapport au temps, et divisant ensuite par $2\frac{d\theta}{dt}$.

Quand on ne suppose pas le glissement absolument impossible, il faut, pour que le mouvement ait lieu comme il a été dit, que T reste $< f$N; sinon il y a glissement, et le problème est tout différent.

Mouvement du centre de gravité.

191. *Une chaîne homogène, attachée à une masse m en l'une de ses extrémités* A, *est en partie pelotonnée sur un point* B *d'un plan horizontal; on a communiqué à m une certaine vitesse v_0, de manière qu'une portion de la chaîne s'est déroulée; cette portion est en ligne droite et dans le prolongement de la vitesse du point* A. *On admet que la portion restante se déroule sans effort, et l'on demande le mouvement du point* A. (*Smith's prize*, 1870, *solved by professor Cayley*.)

Le mouvement cherché est évidemment rectiligne. Soient x la distance de A à B à l'époque t, v la vitesse de A, a la valeur initiale de x, μ la masse de l'unité de longueur de la chaîne, $a+b$ sa longueur totale. Puisque la chaîne se déroule sans résistance, la projection de la quantité de mouvement sur la direction AB sera constante; donc

$$v(\mu x + m) = v_0(\mu a + m), \tag{1}$$

et, comme $v = \frac{dx}{dt}$, on intègre immédiatement

$$\mu x^2 + 2mx - \mu a^2 - 2ma = 2(\mu a + m)v_0 t.$$

Cette équation donne le temps que la chaîne met à se dérouler :

$$\frac{\mu(2ab + b^2) + 2mb}{2(\mu a + m)v_0}.$$

L'équation (1) montre que, après ce temps, la vitesse est $v_0 \frac{\mu a + m}{\mu(a+b) + m}$; la force vive correspondante est

$$v_0^2 \frac{(\mu a + m)^2}{\mu(a+b) + m} = v_0^2(\mu a + m)\left[1 - \frac{\mu b}{\mu(a+b) + m}\right].$$

Ce n'est qu'une portion de la force vive initiale; la perte est due aux petits chocs que produisaient les divers éléments de la chaîne passant d'une vitesse nulle à une vitesse finie; elle est d'autant moindre que la masse terminale m est plus grande.

La tension au point C, qui est à la distance c de l'extrémité A de la chaîne, se calcule en appliquant le théorème des forces vives à un petit déplacement de CA :

$$d(\mu c + m)v^2 = -2\mathrm{T}\,dx, \quad \mathrm{T} = \frac{\mu(\mu c + m)(\mu a + m)^2}{(\mu x + m)^3} v_0^2.$$

Quand toute la chaîne est déroulée, il est évident que le mouvement devient rectiligne et uniforme, la tension nulle.

192. *Une tige rigide dont la masse est négligeable porte à ses extrémités* A *et* B *deux masses égales à* m : *la masse* A *est assujettie à glisser sur une droite* PQ *parfaitement polie faisant l'angle* i *avec l'horizon. Mouvement du système en supposant la position et la vitesse initiales de* B *données dans le plan vertical qui passe par la droite* PQ ; *pression exercée sur* PQ *et tension de* AB.

Je prends pour axe des x PQ, et pour axe des y une perpendiculaire située dans le même plan vertical et dirigée vers le bas ; je pose $AB = 2a$, je désigne son milieu par C et son angle avec l'axe des y par θ ; j'appelle x l'abscisse de C ; quant à son ordonnée, c'est $y = a\cos\theta$.

Le centre de gravité C du système se meut comme un point de masse $2m$, auquel serait appliquée une force verticale $2mg$ et une force $-N$ parallèle à OY ; les équations de son mouvement sont donc

$$(1) \qquad \frac{d^2x}{dt^2} = g\sin i, \quad 2m\frac{d^2y}{dt^2} = 2mg\cos i - N.$$

La première s'intègre immédiatement :

$$\frac{dx}{dt} = c + gt\sin i, \quad x = x_0 + ct + \frac{1}{2}gt^2\sin i.$$

La projection de C sur PQ a donc un mouvement uniformément accéléré. Quant à θ, on peut le déduire du théorème des forces vives. La force vive du système est celle qui correspond à la masse $2m$ concentrée en C, plus celle qui correspond au mouvement relatif autour de C. La seule force qui donne du travail est la pesanteur, et son travail est le même que si toute la masse était réunie en C : si donc

α et ω sont les valeurs initiales de θ et de $\frac{d\theta}{dt}$, on aura

$$
\begin{aligned}
2m\left(\frac{dx^2}{dt^2}+a^2\sin^2\theta\frac{d\theta^2}{dt^2}+a^2\frac{d\theta^2}{dt^2}\right) \\
= 2m(c^2+a^2\omega^2\sin^2\alpha+a^2\omega^2) \\
+4mg[(x-x_0)\sin i+a(\cos\theta-\cos\alpha)\cos i].
\end{aligned}
$$

Remplaçons x et $\frac{dx}{dt}$ par leurs valeurs; tout ce qui dépend de ces quantités disparaît ([1]), et il vient, en divisant par $2ma$,

$$(2)\qquad a(1+\sin^2\theta)\frac{d\theta^2}{dt^2}=a(1+\sin^2\alpha)\omega^2+2g\cos i(\cos\theta-\cos\alpha).$$

Posons $a(1+\sin^2\alpha)\,\omega^2-2g\cos i\cos\alpha=2gh\cos i$, on aura

$$(2)\qquad a\frac{d\theta^2}{dt^2}=2g\cos i\,\frac{\cos\theta+h}{1+\sin^2\theta}.$$

Nous n'avons pas eu à dire dans quel sens on comptait les valeurs positives de θ; l'équation (2) montre que le mouvement relatif autour de C est symétrique par rapport à une droite perpendiculaire à PQ, et l'on peut supposer que θ soit d'abord croissant. La constante h ne saurait être inférieure à -1; mais elle peut être $\gtrless 1$. Si $h>1$, $d\theta$ ne pourra s'annuler, en sorte que θ croîtra indéfiniment, les révolutions relatives de AB se faisant dans un temps constant. La trajectoire du point B sera une courbe sinueuse,

---

([1]) Cette réduction pouvait se prévoir; car, si l'on cherche le mouvement relatif à deux axes dont l'un coïnciderait avec PQ, l'autre lui serait perpendiculaire et passerait par C, les forces apparentes qu'il faudrait introduire seraient deux forces $-mg\sin i$, parallèles à PQ, appliquées à A et B; mais ces forces se réduiraient à une seule $-2mg\sin i$, appliquée en C, égale et directement opposée à la résultante des actions de la pesanteur estimées suivant PQ.

comprise entre deux droites parallèles à PQ, à une distance $2a$, de part et d'autre; mais les points de rencontre de la courbe avec PQ deviennent de plus en plus espacés.

La valeur $h = 1$ ne permet pas d'intégrer l'équation (2); mais, en l'adoptant, θ croîtra jusqu'à π, pour n'y arriver qu'après un temps infini.

Quand $h < 1$, on peut le faire égal à $-\cos\beta$, et θ oscillera entre les valeurs β et $-\beta$ pendant des intervalles égaux, mais plus longs que ceux d'un pendule simple, de longueur a, oscillant entre les mêmes limites. Quand β est très petit, on peut, dans la formule (2), négliger les termes du deuxième ordre par rapport à ceux qu'on a dans chaque membre, et, se rappelant que $h = -\cos\beta$, on a

$$\frac{d\theta}{\sqrt{\beta^2 - \theta^2}} = dt\sqrt{\frac{g\cos i}{a}}, \quad t = \sqrt{\frac{a}{g\cos i}}\,\text{arc}\sin\frac{\theta}{\beta};$$

les oscillations très petites sont isochrones avec celles du pendule de longueur $\frac{a}{\cos i}$.

On peut aller jusqu'à la limite, -1, de h. Son expression montre que cela exige une double condition, $\omega = 0$, $\alpha = 0$, c'est-à-dire que, à l'origine, AB soit perpendiculaire sur PQ et animée d'une vitesse de translation parallèle à cette droite. Dans ce cas, θ doit rester constamment nul; AB est toujours perpendiculaire à PQ, et se déplace d'un mouvement uniformément accéléré.

La pression exercée sur la droite PQ est donnée par la seconde équation (1)

$$N = 2m\left(g\cos i - \frac{d^2y}{dt^2}\right) = 2m\left(g\cos i + a\cos\theta\frac{d\theta^2}{dt^2} + a\sin\theta\frac{d^2\theta}{dt^2}\right).$$

L'équation (2) donne $\frac{d\theta}{dt}$; en différentiant ses deux membres et divisant par $\frac{d\theta}{dt}$, on trouve

$$a\frac{d^2\theta}{dt^2} = -g\cos i\sin\theta\frac{2+\cos^2\theta+2h\cos\theta}{(1+\sin^2\theta)^2}.$$

Substituant dans la valeur de N et réduisant,

$$N = 2mg\cos i\frac{\cos^2\theta+2h\cos\theta+2}{(1+\sin^2\theta)^2}.$$

Le numérateur est positif quand $\cos\theta$ l'est lui-même, puisque $h > -1$. Si on le regarde comme un trinôme du deuxième degré en $\cos\theta$, on trouve que les deux valeurs qui pourraient l'annuler ont pour produit 2; l'une au moins est inadmissible, et, pour que l'autre soit acceptable, elle doit être comprise entre zéro et -1; le numérateur doit être négatif pour $\cos\theta = -1$, ce qui donne $h > \frac{3}{2}$. C'est donc seulement quand la rotation relative autour de C est continue et assez rapide que N peut devenir négatif.

La tension F de la barre AB s'obtient en exprimant que N est la résultante du poids de A estimé suivant OY et de la composante de F suivant la même direction; on a ainsi

$$N = mg\cos i + F\cos\theta,$$

d'où

$$F = \frac{N - mg\cos i}{\cos\theta} = mg\cos i\frac{4h+6\cos\theta-\cos^3\theta}{(1+\sin^2\theta)^2}.$$

Le numérateur diminue quand θ croît de 0 à π; si $h < 1$, θ ne peut augmenter que jusqu'à la valeur β, dont le cosinus est $-h$; or, pour cette valeur, le numérateur est $\cos\beta(2-\cos^2\beta)$; si donc $\beta < \frac{\pi}{2}$, F est toujours positif;

quand β est $> \frac{\pi}{2}$, F devient nul et négatif. Il en sera de même quand h sera > 1, mais $< \frac{5}{4}$. En résumé, F ne peut devenir négatif que si h est compris entre zéro et $\frac{5}{4}$.

193. *Sur un plan horizontal, parfaitement poli, repose un parallélépipède rectangle; dans la section verticale médiane, on a creusé un canal de forme connue dans lequel peut glisser sans frottement une petite masse m. On suppose que le prisme soit d'abord immobile et qu'on laisse tomber m en un point connu du canal, et l'on demande le mouvement du système, en admettant que le prisme aura un mouvement de translation parallèle au plan du canal; cas où ce canal est une cycloïde dont le sommet est au point le plus bas, et où l'on néglige le carré du rapport de la masse m à la masse* M *du prisme.* (Paris, 1871.)

Prenons des axes coordonnés dans le plan du canal, l'origine au point de départ de m, OX horizontal, OY dans le sens de la pesanteur; les coordonnées relatives du point m sont liées par l'équation du canal $f(x, y) = 0$. Considérons, au contraire, des axes fixes qui auraient coïncidé avec les axes mobiles à l'origine du mouvement, et désignons par x_1 la quantité dont le point O du prisme s'est déplacé horizontalement; les coordonnées absolues de m sont $x + x_1$ et y. Cela posé, le problème n'a que deux inconnues, x_1, et l'une des quantités x, y ou un paramètre qui les détermine. Or le système du prisme et de m n'est soumis qu'à l'action de la pesanteur et à la réaction verticale du plan fixe; le centre de gravité, d'abord immobile, restera sur une verticale, ce qui donne, après une simplification évidente,

$$M x_1 + m(x + x_1) = 0. \tag{1}$$

Le théorème des forces vives fournit la seconde équation

nécessaire

$$M\frac{dx_1^2}{dt^2}+m\left(\frac{dx_1^2}{dt^2}+2\frac{dx}{dt}\frac{dx_1}{dt}+\frac{dx^2}{dt^2}+\frac{dy^2}{dt^2}\right)=2mgy.$$

Il suffit de remplacer $\frac{dx_1}{dt}$ par sa valeur obtenue en différentiant (1) pour avoir entre x, y et t une relation propre à déterminer en fonction de t le lieu occupé par m dans le canal; on trouve ainsi

$$(2)\qquad \frac{M}{M+m}\frac{dx^2}{dt^2}+\frac{dy^2}{dt^2}=2gy.$$

Connaissant x et y en fonction de t, on a x_1 à l'aide de l'équation (1), et le problème est résolu.

Lorsque le tube a la forme d'une cycloïde et que m part de l'un de ses points de rebroussement, on peut écrire

$$x=a(u-\sin u),\quad y=a(1-\cos u);$$

et, si l'on pose $m=M\varepsilon$, l'équation (2) devient

$$a\left[\frac{1}{1+\varepsilon}(1-\cos u)^2+\sin^2 u\right]\frac{du^2}{dt^2}=2g(1-\cos u).$$

Je divise par $1-\cos u$, et je sépare les variables :

$$(3)\qquad dt\sqrt{\frac{g}{a}}=\pm du\sqrt{1-\frac{\varepsilon}{1+\varepsilon}\sin^2\frac{1}{2}u}.$$

On est conduit à effectuer une intégrale elliptique de deuxième espèce ; mais la forme de l'équation montre que u, qui croît d'abord, ira jusqu'à 2π, sans dépasser cette limite si le tube est formé d'une seule branche de cycloïde ; du deviendra ensuite négatif, et u décroîtra jusqu'à zéro pour croître de nouveau. Le temps de ces oscillations est constant, et la moitié correspond à la descente, l'autre moitié à la montée de m. Les coordonnées absolues de ce point sont

$$x + x_1 = \left(1 - \frac{\varepsilon}{1+\varepsilon}\right) x = \frac{a}{1+\varepsilon}(u - \sin u), \quad y = a(1 - \cos u);$$

la trajectoire absolue est la cycloïde donnée, dont on aura réduit les abscisses dans le rapport de 1 à $1 + \varepsilon$. Le prisme a un mouvement oscillatoire en arrière, avec une amplitude égale à $\frac{2\pi a \varepsilon}{1+\varepsilon}$.

La pression exercée par m sur le prisme s'obtient en écrivant que c'est elle qui produit l'accélération horizontale du prisme. Comme elle fait, avec la partie positive de l'axe des x, l'angle $\pi - \frac{1}{2} u$, on aura

$$\begin{aligned} -\mathrm{N} \cos \frac{1}{2} u &= \mathrm{M} \frac{d^2 x_1}{dt^2} = -\frac{m}{1+\varepsilon} \frac{d^2 x}{dt^2} \\ &= -\frac{ma}{1+\varepsilon}\left[(1 - \cos u)\frac{d^2 u}{dt^2} + \sin u \frac{du^2}{dt^2}\right]; \end{aligned}$$

mais l'équation (3) peut s'écrire

$$\frac{1}{1+\varepsilon} \frac{du^2}{dt^2} = \frac{g}{a(1 + \varepsilon \cos^2 \frac{1}{2} u)};$$

d'où

$$\frac{2}{1+\varepsilon} \frac{d^2 u}{dt^2} = \frac{g \varepsilon \sin \frac{1}{2} u \cos \frac{1}{2} u}{a(1 + \varepsilon \cos^2 \frac{1}{2} u)^2}.$$

Substituant dans N et réduisant, on trouve une valeur essentiellement positive

$$\mathrm{N} = mg \sin \frac{1}{2} u \frac{2 + \varepsilon + \varepsilon \cos^2 \frac{1}{2} u}{(1 + \varepsilon \cos^2 \frac{1}{2} u)^2}.$$

Quand on néglige le carré de ε, l'équation (3) devient intégrable :

$$(4)\quad dt\sqrt{\frac{g}{a}} = du\left(1 - \frac{1}{2}\varepsilon\sin^2\frac{1}{2}u\right), \qquad t\sqrt{\frac{g}{a}} = u - \frac{\varepsilon u}{4} + \frac{\varepsilon}{4}\sin u.$$

Le temps d'une oscillation est $4\pi\left(1 - \frac{\varepsilon}{4}\right)\sqrt{\frac{a}{g}}$. La seconde équation (4) donne, par le retour des suites,

$$u = t\sqrt{\frac{g}{a}} + \frac{\varepsilon}{4}t\sqrt{\frac{g}{a}} - \frac{\varepsilon}{4}\sin t\sqrt{\frac{g}{a}}.$$

On peut dire que c'est l'expression de la loi du mouvement. Les coordonnées x, y, x_1 s'obtiennent en remplaçant, dans leurs expressions, u par sa valeur et développant par la formule de Taylor suivant les puissances de ε.

Applications des trois théorèmes généraux.

194. *Étant donnés trois points matériels* A, B, C, *qui s'attirent en raison directe de leurs masses et en raison inverse du carré de leurs distances, chercher à quelles conditions doivent satisfaire leurs positions et leurs vitesses initiales pour que les trois points restent constamment en ligne droite ; quelles sont alors leurs trajectoires?* (Paris, 1858.)

Le système n'étant supposé soumis à l'action d'aucune force extérieure, son centre de gravité O se meut uniformément sur une droite, et le mouvement relatif par rapport à des axes de direction constante, menés par O, se traitera comme un mouvement absolu, sans que l'on ait à introduire de forces fictives. Dans ce mouvement relatif, le plan du maximum des aires reste invariable ; or, les trois mobiles restant sur une droite qui tourne autour du point O, le plan du maximum des aires est à chaque instant celui de deux positions infiniment voisines de la droite ABC ; il faut donc que cette droite reste dans un plan fixe, que nous prendrons pour plan de coordonnées, avec O pour pôle et la position initiale de ABC pour axe polaire.

Soient, à l'époque t, r, r_1, r_2 les rayons vecteurs de A, B, C; θ leur angle polaire commun; λ, μ, ν leurs masses respectives; le principe des aires est applicable à chacun des corps séparément et donne

$$r^2\, d\theta = a^2\, dt,\quad r_1^2\, d\theta = b^2\, dt,\quad r_2^2\, d\theta = c^2\, dt;$$

on en déduit

$$(1)\qquad \frac{r^2}{a^2} = \frac{r_1^2}{b^2} = \frac{r_2^2}{c^2}.$$

Les rayons vecteurs conservent des rapports constants, et les trajectoires sont des courbes homothétiques. Les vitesses seront toujours parallèles et leurs rapports seront les mêmes que ceux des distances des points au centre de gravité O, c'est-à-dire qu'ils seront invariables. Il faut donc que, à l'origine, A, B, C soient en ligne droite, animés de vitesses parallèles et proportionnelles à OA, OB, OC; il s'agit, bien entendu, des vitesses par rapport au centre de gravité.

Mais ce n'est pas tout : si je désigne par u^2 la valeur commune des rapports (1), on aura, a, b, c, u étant positifs,

$$r = \pm au,\quad r_1 = \pm bu,\quad r_2 = \pm cu.$$

Pour que le point O soit le centre de gravité, il faut que les trois points ne soient pas d'un même côté par rapport à O. Supposons que A et B soient d'un certain côté, C de côté opposé; on prendra $+$ pour les deux premiers signes et $-$ pour le troisième; on pourrait aussi prendre $r_2 = cu$, à condition d'adopter $\theta + \pi$ pour angle polaire de C. Pour que O soit centre de gravité, il faut

$$(2)\qquad \lambda a + \mu b - \nu c = 0.$$

L'équation des aires se réduit, pour les trois corps, à

$$u^2\,d\theta = dt.$$

Cherchons les composantes de l'accélération des trois points suivant leurs rayons vecteurs : en appelant f l'attraction des unités de masse à l'unité de distance, on a pour le point A

$$\frac{d^2 r}{dt^2} - r\frac{d\theta^2}{dt^2} = -\frac{f\mu}{(r-r_1)^2} - \frac{f\nu}{(r+r_2)^2},$$

ou

$$a\left(\frac{d^2 u}{dt^2} - u\frac{d\theta^2}{dt^2}\right) = -\frac{f}{u^2}\left[\frac{\mu}{(a-b)^2} + \frac{\nu}{(a+c)^2}\right].$$

On aurait de même pour B et C, B étant entre A et C

$$b\left(\frac{d^2 u}{dt^2} - u\frac{d\theta^2}{dt^2}\right) = -\frac{f}{u^2}\left[\frac{\nu}{(b+c)^2} - \frac{\lambda}{(a-b)^2}\right],$$

$$c\left(\frac{d^2 u}{dt^2} - u\frac{d\theta^2}{dt^2}\right) = -\frac{f}{u^2}\left[\frac{\lambda}{(a+c)^2} + \frac{\mu}{(b+c)^2}\right].$$

Pour que ces équations soient compatibles, on doit avoir

$$(3)\qquad \frac{\dfrac{\mu}{(a-b)^2} + \dfrac{\nu}{(a+c)^2}}{a} = \frac{\dfrac{\nu}{(b+c)^2} - \dfrac{\lambda}{(a-b)^2}}{b} = \frac{\dfrac{\lambda}{(a+c)^2} + \dfrac{\mu}{(b+c)^2}}{c}.$$

L'équation (2) est une conséquence de celles-ci ; car, si l'on y remplace a, b, c par les quantités proportionnelles (3), elle est identiquement satisfaite. D'ailleurs, en tenant compte de cette équation (2), on trouve que le système (3) se réduit à une seule équation, où n'entrent pas les masses,

$$(4)\qquad \frac{a}{(b+c)^2} - \frac{b}{(a+c)^2} + \frac{c}{(a-b)^2} = 0.$$

Étant données les positions initiales des trois corps, l'équation (2) permet d'en trouver le centre de gravité, et l'on peut s'assurer si la condition (4) est remplie. Dans ce cas, les trois mobiles décrivent des coniques homothétiques ayant O pour foyer commun, et les lois de leurs mouvements relatifs sont tout à fait analogues à celles du mouvement des planètes. Quant aux trajectoires absolues, ce sont des sortes d'hélices tracées sur des cylindres à base du second degré, courbes que M. Léopold Hugo a proposé de nommer *ovhélites*.

195. *Une barre* AB, *de poids* P, *de longueur* $2a$, *homogène, s'appuie par ses deux extrémités contre un plan horizontal et un plan vertical parfaitement polis; elle est dans un plan perpendiculaire à leur intersection en* O, *et primitivement maintenue en repos. Un animal* M, *de poids* Q, *peut se mouvoir le long de cette tige, qui lui fournira une réaction longitudinale pour accélérer son mouvement. Quelle doit être la loi de ce mouvement pour que* AB, *abandonnée à elle-même, ne glisse pas le long des plans qui la soutiennent? L'animal est d'abord immobile à l'extrémité supérieure* B *de la perche.* (W. Walton.)

On suppose que l'animal puisse se donner un mouvement continu. Soit x le chemin BM qu'il a parcouru, à l'époque t, sur la perche, l'angle de AB avec l'horizon étant α. Les réactions des plans d'appui se rencontrent en un point C, quatrième sommet du rectangle formé sur AOB. La dérivée du moment de la quantité de mouvement de l'animal et de la barre par rapport au point C est égale à la somme des moments des forces agissant sur le système. Le seul point en mouvement est M; les réactions des plans ont un moment nul; l'action que M reçoit de AB est une force intérieure, et l'on a

$$\frac{Q}{g} a \sin 2\alpha \frac{d^2x}{dt^2} = aP\cos\alpha + (2a - x)Q\cos\alpha$$

ou

$$\frac{d^2x}{dt^2} + \frac{gx}{2a\sin\alpha} = g\,\frac{P+2Q}{2Q\sin\alpha}.$$

Intégrons en tenant compte de ce que, pour $t = 0$, x et dx sont nuls,

$$x = \frac{P+2Q}{Q}\,a\left(1 - \cos t\sqrt{\frac{g}{2a\sin\alpha}}\right),$$

$$\frac{dx}{dt} = \frac{P+2Q}{Q}\sqrt{\frac{ag}{2\sin\alpha}}\,\sin t\sqrt{\frac{g}{2a\sin\alpha}};$$

M aura à parcourir un espace $2a\frac{P+2Q}{Q}$, ce qui ne peut s'interpréter qu'en supposant à AB un prolongement rigide, mais sans masse, au delà de A. Si P est négligeable par rapport à Q, le maximum de la vitesse est environ $\sqrt{\frac{2ag}{\sin\alpha}}$: pour $a = 2^{m}$, $\alpha = 60°$, c'est près de 7 mètres par seconde.

La réaction longitudinale de la barre sur M se calcule en écrivant que cette force avec la composante de Q produit l'accélération du mobile; il en résulte

$$F = \frac{Q}{g}\,\frac{d^2x}{dt^2} - Q\sin\alpha = \frac{P+2Q}{2\sin\alpha}\cos t\sqrt{\frac{g}{2\sin\alpha}} - Q\sin\alpha.$$

Cette force, d'abord positive, devient bientôt négative; le travail correspondant à la descente de M est d'ailleurs négatif. Puisque la force vive est nulle au commencement et à la fin, il faut que le travail de F soit égal et de signe contraire au travail du poids Q; ce travail est donc

$$-2a(P+2Q)\sin\alpha = \int F\,dx.$$

Pour avoir la réaction verticale exercée par le plan horizontal, il suffit de prendre les moments des forces extérieures et de la quantité de mouvement par rapport au point B; le moment de la quantité de mouvement est nul ainsi que sa dérivée par rapport à t, et l'on a

$$(Pa + Qx)\cos\alpha - 2aN\cos\alpha = 0, \quad N = \frac{Pa + Qx}{2a}.$$

La réaction du plan vertical se trouve d'une manière analogue :

$$N_1 = \frac{Pa + Q(2a - x)}{2a}\cot\alpha = \frac{P + 2Q}{2\tang\alpha}\cos t\sqrt{\frac{g}{2\sin\alpha}}.$$

196. *Une tige homogène* AB, *de masse* μ, *de longueur* $2a$, *est assujettie à tourner autour de son milieu* O *dans un plan horizontal; sur cette tige peut glisser un anneau* M, *de masse* m, *attiré vers* O *par une force proportionnelle à la distance. Déterminer le mouvement du système, connaissant, à l'origine du temps, la vitesse angulaire* ω *de la barre, la distance* c *de* M *à* O *et la vitesse* u *de glissement de* M *sur* AB. *Cas où* $\mu = 3m$, $c = a$, $u = 0$. (Paris, 1870.)

La position de la barre est déterminée à chaque instant par l'angle θ qu'elle fait avec sa direction initiale, et la position de M sera connue si l'on donne sa distance r au point O. Les forces extérieures sont l'attraction du point O sur l'anneau et sa réaction sur la barre; la somme des moments des quantités de mouvement par rapport à ce point est constante, ou, si l'on veut, la conservation des aires a lieu. Le moment de la quantité de mouvement de AB est

$$\frac{d\theta}{dt}\int r^2\,d\mu = \frac{1}{3}\mu a^2\frac{d\theta}{dt};$$

le principe des aires donne

$$(1) \qquad \left(mr^2 + \frac{1}{3}\mu a^2\right)\frac{d\theta}{dt} = \left(mc^2 + \frac{1}{3}\mu a^2\right)\omega.$$

L'équation des forces vives est aussi applicable; si l'attraction de O sur M est représentée par $k^2 mr$, son travail est $\frac{1}{2} k^2 m(c^2 - r^2)$, et l'on trouve

$$m\frac{dr^2}{dt^2} + \left(mr^2 + \frac{1}{3}\mu a^2\right)\frac{d\theta^2}{dt^2} - mu^2 - \left(mc^2 + \frac{1}{3}\mu a^2\right)\omega^2$$
$$= k^2 m(c^2 - r^2).$$

Éliminant $\frac{d\theta}{dt}$ entre les deux équations et séparant les variables, on trouve

$$(2)\ dt^2 = \frac{\left(mr^2 + \frac{1}{3}\mu a^2\right)dr^2}{\frac{1}{3}\mu a^2(u^2 + k^2c^2) - \omega^2c^2\left(mc^2 + \frac{1}{3}\mu a^2\right) + \left[m(u^2 + c^2\omega^2 + c^2k^2) + \frac{1}{3}\mu a^2(\omega^2 - k^2)\right]r^2 - mk^2r^4}.$$

On ne pourra pas effectuer l'intégration, mais les équations (1) et (2) donnent une idée très complète du mouvement ; la première montre que $d\theta$ ne peut s'annuler ni changer de signe : la tige tourne donc toujours dans le même sens et d'autant moins vite que r^2 est plus grand. Le dénominateur de la seconde doit rester positif, et pour cela r ne doit pas devenir infini. Il y a deux cas à distinguer selon le signe de la partie indépendante de r :

$$\mathrm{H} = \frac{1}{3}\mu a^2(u^2 + k^2c^2) - \omega^2c^2\left(mc^2 + \frac{1}{3}\mu a^2\right).$$

Pour $r = c$, le dénominateur $f(r)$ est égal à

$$\left(mc^2 + \frac{1}{3}\mu a^2\right)u^2, \quad > 0;$$

pour $r = \infty$, il est < 0 ; il y a toujours une racine r' comprise entre c et ∞, mais, pour $r = 0$, $f(r) = \mathrm{H}$. Si donc $\mathrm{H} < 0$, il y aura une racine $r'' < c$; le mobile M restera compris entre deux cercles, dont le centre est en O, et dont les rayons sont r', r'' ; la trajectoire sera formée d'une suite de branches superposables, allant d'un cercle à l'autre en les touchant aux points communs. Si $H > 0$, il n'y a pas de racine entre c et o; r à partir de r' pourra décroître jusqu'à zéro, et même prendre des valeurs négatives jusqu'à $-r'$; les branches dont se compose la trajectoire sont limitées au cercle de rayon r', et elles passent toutes à l'origine pour revenir toucher le cercle. Enfin, quand $H = 0$, r pourra croître jusqu'à r', et diminuer ensuite jusqu'à zéro, mais il n'y arrivera qu'après un temps infini, parce que le coefficient de dr contient r en facteur commun au dénominateur, ce qui rend infinie l'intégrale qui a zéro pour limite. D'ailleurs $\frac{d\theta}{dt}$ tend vers $\left(1 + \frac{3mc^2}{\mu a^2}\right)\omega$; la courbe décrite est une spirale asymptote au pôle.

Un cas très simple est celui où $r' = r''$; et, comme ils sont séparés par c, leur valeur commune est nécessairement c; $f(c)$ doit être nul, ce qui exige $u = 0$; ensuite le produit des racines de $f(r) = 0$ doit être c^4; donc

$$\omega^2 c^2\left(mc^2 + \frac{1}{3}\mu a^2\right) - \frac{1}{3}\mu a^2 k^2 c^2 = mk^2 c^4, \quad k^2 = \omega^2;$$

dans ce cas, l'anneau décrit un cercle d'un mouvement uniforme.

Cette discussion s'applique sans modification au cas particulier proposé; seulement une des racines de $f(r) = 0$ est c, ou a : nous n'avons qu'à récrire les équations (1) et (2) avec les simplifications de forme qui résultent des valeurs numériques adoptées; on a

$$\frac{d\theta}{dt} = \frac{2a^2\omega}{a^2 + r^2}, \quad dt = \frac{\pm\, dr\sqrt{a^2 + r^2}}{\sqrt{(k^2 - 2\omega^2)a^4 + 2a^2\omega^2 r^2 - k^2 r^4}}.$$

Quand $\omega = k$, la quantité sous le radical est $-k^2(r^2 - a^2)^2$; on voit que r doit toujours rester égal à a, et le lieu de M est un cercle. Si $k < \omega\sqrt{2}$, le lieu est une courbe lobée comprise entre deux cercles concentriques de rayons a et $a\sqrt{\frac{2\omega^2}{k^2}-1}$. Les branches passent à l'origine lorsque $k > \omega\sqrt{2}$. Enfin, pour $k = \omega\sqrt{2}$, la trajectoire est une spirale dont l'équation s'obtient en éliminant dt entre les deux équations du mouvement :

$$d\theta = \frac{\pm a^2\,dr\sqrt{2}}{r\sqrt{a^4-r^4}} = \pm\frac{2}{\sqrt{2}}\,\frac{a^2\,dr}{r^3}\left(\frac{a^4}{r^4}-1\right)^{-\frac{1}{2}}.$$

Il faut prendre le signe —, parce que r ne peut que décroître à partir de a; on peut mettre l'intégrale sous l'une ou l'autre forme

$$\theta\sqrt{2} = \mathrm{L}\left(\frac{a^2}{r^2}+\sqrt{\frac{a^4}{r^4}-1}\right), \quad \frac{1}{r^2} = \frac{1}{2a^2}\left(e^{\theta\sqrt{2}}+e^{-\theta\sqrt{2}}\right).$$

Cherchons la pression N de l'anneau sur la barre dans le cas particulier, qui du reste ne diffère pas essentiellement du cas général. L'accélération du mouvement angulaire de AB est due à cette pression. Si donc on prend par rapport à O le moment de cette force et la dérivée du moment des quantités de mouvement, on a

$$\mathrm{N}r = \frac{1}{3}\mu a^2\frac{d^2\theta}{dt^2}.$$

Mais

$$\frac{d^2\theta}{dt^2} = -\frac{4a^2\omega r}{(a^2+r^2)^2}\,\frac{dr}{dt} = \mp\frac{4a^2\omega r\sqrt{(k^2-2\omega^2)a^4+2a^2\omega^2r^2-k^2r^4}}{(a^2+r^2)^{\frac{5}{2}}};$$

donc

$$\mathrm{N} = \frac{4}{3}\,\frac{\mu a^4\omega}{(a^2+r^2)^{\frac{5}{2}}}\sqrt{(k^2-2\omega^2)a^4+2a^2\omega^2r^2-k^2r^4}.$$

Comme la tige a son centre de gravité immobile et

qu'elle est uniquement sollicitée par la pression N et la réaction du point O, cette réaction est égale et parallèle à N, mais de sens contraire.

197. *On donne un cône droit dont l'axe est vertical et le sommet en haut; un point pesant* M *assujetti à rester sur la surface convexe est attaché à un fil flexible, inextensible et sans masse qui passe dans un très petit trou* O *au sommet du cône, pour s'enrouler sur une poulie* C *et se terminer par un poids* M'; *trouver le mouvement du système en supposant que* M' *soit d'abord immobile, et que, par suite,* M *ait une vitesse horizontale c.* (Paris, 1872.)

Soient r la distance OM, θ l'angle dont a tourné le plan méridien qui contient cette droite, φ le demi-angle du cône, m, m', 2μ les masses de M, M' et de C. Le point M est sollicité par la pesanteur, la réaction du cône et la traction du fil; ces trois forces étant dans le plan méridien de M, leur moment par rapport à l'axe est nul, et l'intégrale des aires est applicable au mouvement de la projection de M sur un plan horizontal; a étant la valeur initiale de r, on a

$$(1) \qquad r^2 \sin\varphi \frac{d\theta}{dt} = ca;$$

Appliquons à tout le système le théorème des forces vives la pesanteur est la seule force extérieure ou intérieure qui donne un travail; la force vive de M est

$$mv^2 \text{ ou } m\left(\frac{dr^2}{dt^2} + r^2 \sin^2\varphi \frac{d\theta^2}{dt^2}\right),$$

celle de M' est $m'\frac{dr^2}{dt^2}$, et celle de la poulie est le produit de son moment d'inertie par le carré de sa vitesse angulaire

ω; R étant le rayon de la poulie, on a ainsi $\frac{1}{2}R^2 \times 2\mu\omega^2$; mais $R\omega$ est la vitesse d'un point de la circonférence sur laquelle s'enroule le fil, ou $\frac{dr}{dt}$ et l'on a en définitive

$$(m + m' + \mu)\frac{dr^2}{dt^2} + mr^2 \sin^2\varphi \frac{d\theta^2}{dt^2} - mc^2 = 2g(m\cos\varphi - m')(r - a).$$

En éliminant tour à tour dt et $d\theta$ entre cette équation et (1), on obtient deux équations propres à déterminer, l'une la trajectoire de m, l'autre la loi du mouvement :

$$(2) \quad \sin\varphi\, d\theta = \frac{\pm ac\, dr\sqrt{m + m' + \mu}}{r\sqrt{mc^2(r^2 - a^2) + 2gr^2(m\cos\varphi - m')(r - a)}}.$$

$$(3) \quad dt = \frac{\pm r\, dr\sqrt{m + m' + \mu}}{\sqrt{mc^2(r^2 - a^2) + 2g(m\cos\varphi - m')(r - a)r^2}}.$$

Quand m' est égal à $m\cos\varphi$, on peut intégrer ces équations : la première donne

$$r = a\,\text{séc}\left(\theta\sin\varphi\sqrt{\frac{m}{m + m' + \mu}}\right).$$

Il suffit de multiplier r par $\sin\varphi$ pour avoir en fonction de θ le rayon vecteur d'un point de la projection horizontale de la trajectoire du point M; c'est une courbe dont le rayon vecteur est $a\sin\varphi$ pour $\theta = 0$, et devient infini pour

$$\theta = \frac{\pi}{2\sin\varphi}\sqrt{\frac{m + m' + \mu}{m}};$$

ce lieu se déduit d'une ligne droite en augmentant les angles polaires de ses divers points dans un rapport constant; il y a une asymptote à distance finie du pôle.

Dans le cas particulier considéré, l'équation (3) donne,

pour la loi du mouvement,

$$t = \frac{1}{c}\sqrt{\frac{m+m'+\mu}{m}}\sqrt{r^2-a^2};$$

il faut un temps infini à M pour parcourir sa trajectoire; il est bien entendu qu'il sera arrêté si la longueur du fil est finie; mais cette impossibilité ne peut être prévue par nos équations, qui nous indiquent du moins l'époque où elle vient à se produire.

Revenons au cas général, et posons $r\sin\varphi=\rho$, $a\sin\varphi=\alpha$, $m+m'+\mu=\lambda$; l'équation (2) deviendra l'équation de la projection horizontale de la trajectoire :

$$(4)\qquad d\theta\sqrt{\sin\varphi} = \frac{\pm\,\alpha c\, d\rho\sqrt{\lambda}}{\rho\sqrt{(\rho-\alpha)[2g(m\cos\varphi-m')\rho^2+mc^2\sin\varphi(\rho+\alpha)]}}$$

Quand $m\cos\varphi - m' < 0$, la quantité entre crochets s'annule pour une valeur positive, β, de ρ et pour une valeur négative; $d\theta$ n'est réel que si ρ est compris entre α et β; la projection est donc comprise entre deux cercles de rayons α et β, qu'elle vient toucher alternativement. Ces deux cercles se confondent et le mouvement de M est uniforme quand $g(m'-m\cos\varphi)=mc^2\alpha$. Si de l'identité

$$2g(m\cos\varphi-m')\beta^2+mc^2\sin\varphi(\beta+\alpha)=0$$

on tire $2g(m\cos\varphi-m')$ pour le substituer dans (4), elle prend la forme

$$\sin\varphi\, d\theta = \pm\sqrt{\frac{\lambda}{m}}\,\frac{\alpha\beta\, d\rho}{\rho\sqrt{(\rho-\alpha)(\beta-\rho)}\sqrt{\alpha\beta+\rho(\alpha+\beta)}},$$

qu'il est aisé de ramener à la forme type des intégrales elliptiques de troisième espèce, en posant

$$\rho = \alpha\sin^2 u+\beta\cos^2 u.$$

Dans le cas où $m\cos\varphi - m' > 0$, la quantité entre crochets sous le radical (4) est positive pour toutes les valeurs positives de ρ; ce rayon vecteur doit donc être toujours $> \alpha$, et il grandit indéfiniment, mais cela exige un temps infini. Comme le coefficient de $d\rho$ a un dénominateur de l'ordre de $\rho^{\frac{5}{2}}$, l'intégrale prise de $\rho = \alpha$ à $\rho = \infty$ sera finie, et à ρ infini répond une valeur finie θ_1 de θ; j'ajoute que l'asymptote correspondante passe au pôle, car la distance de ce point à l'asymptote peut s'écrire

$$\lim \rho(\theta_1 - \theta) = \lim \frac{\theta_1 - \theta}{\frac{1}{\rho}} = \lim \frac{\frac{d\theta}{d\rho}}{\frac{1}{\rho^2}} = \lim \rho^2 \frac{d\theta}{d\rho}.$$

Or $\rho_2 \frac{d\theta}{d\rho}$ est nul pour ρ infini, puisque le numérateur est de degré inférieur au dénominateur.

Dans ce dernier cas, il peut se faire que la quantité entre crochets soit un carré parfait; on trouve alors

$$d\theta \sin\varphi = 2\alpha^{\frac{3}{2}} \sqrt{\frac{\lambda}{m}} \frac{d\rho}{\rho(2\alpha + \rho)\sqrt{\rho - \alpha}}.$$

On peut intégrer :

$$\frac{1}{2}\theta\sqrt{\frac{\lambda}{m}}\sin\varphi = \text{arc tang}\sqrt{\frac{\alpha}{\rho - \alpha}} - \frac{1}{\sqrt{3}}\,\text{arc tang}\sqrt{\frac{\rho - \alpha}{3\alpha}};$$

mais cette intégrale, tout en précisant la valeur de θ qui répond à une valeur donnée de ρ, ne nous montre pas les propriétés de la courbe plus nettement que son équation différentielle.

La tension du fil ne varie pas depuis le point M jusqu'à la poulie, elle serait donnée par l'expression de l'accélération de M suivant le rayon vecteur; mais il est plus facile de la calculer en appliquant le théorème des forces vives à un petit déplacement du système formé de C et du poids

M'. Les forces extérieures qui sollicitent ce système sont la tension T du fil COM et le poids de M'; le déplacement du point d'application est pour toutes deux dr; donc

$$d(m'+\mu)\frac{dr^2}{dt^2} = 2(\mathrm{T} - m'g)\,dr.$$

Mais l'équation (3) donne

$$(m+m'+\mu)\frac{dr^2}{dt^2} = mc^2 - mc^2\frac{a^2}{r^2} + 2g(m\cos\varphi - m')(r-a).$$

On n'a qu'à différentier, substituer et diviser par $2\,dr$:

$$(m+m'+\mu)\mathrm{T} = mg[(m'+\mu)\cos\varphi + m'] + m(m'+\mu)\frac{c^2a^2}{r^3}.$$

La tension du fil CM' est égale à $\mathrm{T} - \frac{1}{2}\frac{d}{dr}\mu\frac{dr^2}{dt^2}$. Quant à la pression N exercée par M sur le cône, on l'obtient en calculant la composante de la force qui sollicite M, estimée suivant la normale extérieure au cône;

$$-mr\sin\varphi\cos\varphi\frac{d\theta^2}{dt^2} = \mathrm{N} - mg\sin\varphi,$$

$$\mathrm{N} = m\sin\varphi\left(g - \frac{a^2c^2\cos\varphi}{r^3\sin^2\varphi}\right).$$

Ces calculs s'appliquent au cas où φ sera égal à 90 degrés, c'est-à-dire où le point M sera posé sur un plan horizontal.

198. *Mouvement d'une barre pesante et homogène* AB, *dont une extrémité* A *reste sur un plan horizontal, tandis que l'extrémité* B *suit une verticale. Il n'y a pas de frottement, et, à l'origine, la vitesse du point* B *est nulle. Cas particuliers.*

Prenons la verticale donnée pour axe des z, le sens positif étant de haut en bas, le plan horizontal pour plan XOY, et supposons l'axe des x dirigé vers la position initiale de A. Soient $2a$ la longueur de la barre, C son point milieu, θ l'angle COZ, ψ l'angle du plan COZ avec ZOX ou l'azimut du plan qui contient AB. Le triangle AOB étant rectangle, la médiane CO est égale à a, et l'angle de AB avec la verticale à θ.

Le théorème des aires s'applique à la projection du mouvement sur OXY. Si l'on désigne par dm la masse d'un élément M pris sur AB, par r la distance BM, la somme des moments des quantités de mouvement par rapport à OZ est

$$\int_{AB} r^2 \sin^2\theta \frac{d\psi}{dt}\, dm = \frac{4}{3} a^2 m \sin^2\theta \frac{d\psi}{dt};$$

ω étant la valeur initiale de $\frac{d\psi}{dt}$ et α celle de θ; on a donc

$$(1) \qquad \sin^2\theta \frac{d\psi}{dt} = \omega \sin^2\alpha.$$

Le théorème des forces vives nous donne une seconde équation; le travail des réactions est nul, et il ne reste que celui du poids mg appliqué en C. Quant à la force vive, on peut la décomposer en deux parties : 1° la force vive d'un point de masse m animé du même mouvement que le centre de gravité C; 2° la force vive qui correspond au mouvement de la barre relativement à des axes menés par C dans des directions fixes. Or, la vitesse absolue de C et la vitesse relative d'un point de la barre situé à la distance ρ de C sont égales au produit de a ou de ρ par $\sqrt{\frac{d\theta^2}{dt^2} + \sin^2\theta \frac{d\psi^2}{dt^2}}$; et comme, pour $t = 0$, θ' est nul et ψ' égal à ω, on trouve pour l'équation des forces vives

$$\left(ma^2 + \frac{1}{3} ma^2\right)\left(\frac{d\theta^2}{dt^2} + \sin^2\theta \frac{d\psi^2}{dt^2}\right) - \frac{4}{3} ma^2\omega^2 \sin^2\alpha$$
$$= 2mga(\cos\theta - \cos\alpha).$$

Éliminant dt, puis $d\psi$ entre cette équation et l'équation (1), on a tour à tour une équation de la trajectoire du point C et la loi du mouvement.

$$(2)\qquad \left\{\begin{aligned} 2a\omega^2 \sin^4\alpha \frac{d\theta^2}{d\psi^2} = \sin^2\theta(\cos\theta - \cos\alpha)[3g(1 - \cos^2\theta) \\ - 2a\omega^2 \sin^2\alpha(\cos\alpha + \cos\theta)], \end{aligned}\right.$$

$$(3)\qquad \left\{\begin{aligned} 2a \sin^2\theta \frac{d\theta^2}{dt^2} = (\cos\theta - \cos\alpha)[3g(1 - \cos^2\theta) \\ - 2a\omega^2 \sin^2\alpha(\cos\alpha + \cos\theta)]. \end{aligned}\right.$$

Le second membre de l'équation (3) est un polynôme du troisième degré en $\cos\theta$, négatif pour $\cos\theta = \pm 1$; comme il s'annule pour la valeur $\cos\alpha$, il s'annulera, en général, pour une autre valeur $\cos\beta$ aussi comprise entre $+1$ et -1. Pour que $\frac{d\theta}{dt}$ soit réel, il faut que θ reste compris entre α et β ; quand il variera de l'une de ces limites à l'autre, t et ψ croîtront de quantités constantes t_1 et ψ_1. Il est facile de voir si β est $\gtrless \alpha$: désignons par $f(\theta)$ la quantité entre crochets dans les équations (2) et (3) ; on a

$$f(\alpha) = (3g - 4a\omega^2 \cos\alpha) \sin^2\alpha ;$$

suivant que $f(\alpha)$ est $\gtrless 0$, on doit donner à θ des valeurs $\lesseqgtr \alpha$ et β sera lui-même $\lesseqgtr \alpha$.

Nous pouvons supposer que α représente la plus petite des limites entre lesquelles doit varier θ ; elle est nécessairement $< \frac{\pi}{2}$, et $\beta < \pi - \alpha$. Je dis que ψ_1 est $> \frac{\pi}{2}$. Si, dans l'équation (2), je remplace $3g$ par sa valeur tirée de l'identité $f(\beta) = 0$, j'en déduirai pour $d\psi$ la valeur

$$\psi = \frac{\pm \sin\alpha \sin\beta \, d\theta}{\sin\theta \sqrt{(\cos\theta - \cos\alpha)(\cos\beta - \cos\theta)} \sqrt{\cos\theta(\cos\alpha + \cos\beta) + 1 + \cos\alpha \cos\beta}}.$$

Mais on a

$$\cos\theta(\cos\alpha+\cos\beta)+1+\cos\alpha\cos\beta<1+2\cos\alpha\cos\beta+\cos^2\alpha,$$

$$\psi_1>\frac{1}{\sqrt{1+2\cos\alpha\cos\beta+\cos^2\alpha}}$$
$$\times\int_\alpha^\beta\frac{\sin\alpha\sin\beta\,d\theta}{\sin\theta\sqrt{(\cos\alpha-\cos\theta)(\cos\theta-\cos\beta)}}.$$

Pour calculer cette intégrale S, posons

$$\cos\theta=\cos\alpha\cos^2 u+\cos\beta\sin^2 u;$$

il vient

$$S=\int_0^{\frac{\pi}{2}}\frac{2\sin\alpha\sin\beta\,du}{1-(\cos\alpha\cos^2 u+\cos\beta\sin^2 u)^2}=\pi\cos\frac{\beta-\alpha}{2},$$

$$\psi_1>\frac{\pi\cos\frac{1}{2}(\beta-\alpha)}{\sqrt{1+2\cos\alpha\cos\beta+\cos^2\alpha}}$$

$$\psi_1>\frac{\pi}{2}\sqrt{\frac{2+2\cos\alpha\cos\beta+2\sin\alpha\sin\beta}{1+2\cos\alpha\cos\beta+\cos^2\alpha}},$$

et la quantité soumise au dernier radical est >1. Le calcul est tout semblable à celui de M. Puiseux pour la différence d'azimut de deux plans dans lesquels l'angle du pendule sphérique avec la verticale est maximum pour l'un, minimum pour l'autre.

Le point A décrit, sur le plan horizontal, une courbe qui vient toucher alternativement les cercles de rayons $2a\sin\alpha$ et $2a\sin\beta$; mais, si β est obtus, la courbe, en passant d'un cercle à l'autre, va encore toucher le cercle de rayon $2a$ qui enveloppe les deux premiers.

Lorsque $f(\alpha)$ est nul, c'est-à-dire lorsque

$$3g=4a\omega^2\cos\alpha,$$

θ ne peut prendre d'autre valeur que α : AB tourne d'un mouvement uniforme autour de OZ en décrivant un cône droit.

Les réactions de l'axe des z et du plan des xy se calculeront en exprimant que ces forces, appliquées en C avec le poids mg, sont égales à la masse multipliée par l'accélération du point C; mais les résultats sont bien compliqués.

Cas particuliers. — Supposons $\omega = 0$: la barre ne sort pas du plan vertical XOZ; le point C reste sur un cercle vertical, et la loi de son mouvement, aussi bien que celle du mouvement de AB, est donnée par l'équation (3), qui prend la forme

$$\frac{d\theta}{\sqrt{\cos\theta - \cos\alpha}} = \pm\, dt\sqrt{\frac{3g}{2a}};$$

θ diminue de α à $-\alpha$ pour revenir à α, et ainsi de suite; OC oscille comme un pendule de longueur $\frac{4}{3}a$. Soient Z et X les réactions du plan horizontal fixe et de l'axe OZ, x et z les coordonnées de C; on aura, par le théorème du mouvement du centre de gravité,

$$m\frac{d^2x}{dt^2} = X, \quad m\frac{d^2z}{dt^2} = Z + mg;$$

mais $x = a\sin\theta$, $z = a\cos\theta$, et l'équation du mouvement donne

$$\frac{d\theta^2}{dt^2} = \frac{3g}{2a}(\cos\theta - \cos\alpha), \quad \frac{d^2\theta}{dt^2} = -\frac{3g}{4a}\sin\theta.$$

Ces expressions permettent de calculer X et Z, et l'on

trouve

$$X = \frac{mg}{4}\sin\theta(6\cos\alpha - 9\cos\theta),$$

$$Z = \frac{mg}{4}(6\cos\alpha\cos\theta - 9\cos^2\theta - 1).$$

X est toujours de signe contraire à θ et Z toujours négatif.

Un autre cas simple est celui où l'on suppose la barre non pesante : en faisant $g = 0$ dans l'équation (2), on en tire

$$\frac{\sin\alpha\, d\theta}{\sin^2\theta\sqrt{\cos^2\alpha - \sin^2\alpha\cot^2\theta}} = d\psi, \quad \operatorname{tang}\alpha\cot\theta = \cos\psi.$$

La surface engendrée par la droite AB a pour équation

$$(x^2 + y^2\sin^2\alpha)(z + x\cot\alpha)^2 = 4a^2x^2\cos^2\alpha.$$

199. *Deux masses m, m', posées sur un plan horizontal, sont réunies par un fil flexible, de longueur invariable l, et qui passe dans un très petit anneau fixe O; la masse m est attirée vers O avec une intensité inversement proportionnelle au carré de la distance; on imprime à m, m' des vitesses connues, et l'on demande le mouvement qui en résultera; cas où la vitesse initiale de m' est nulle.* (Paris, 1873.)

Soient r, r' les distances Om, Om'; θ, θ' les angles de ces droites avec un axe fixe; a, a' les valeurs initiales de r, r'; ω, ω' celles de $\frac{d\theta}{dt}$, $\frac{d\theta'}{dt}$; u la vitesse initiale de glissement du fil sur le point fixe O. Le théorème des aires est applicable au mouvement de chaque point en particulier :

$$r^2\frac{d\theta}{dt} = a^2\omega, \quad r'^2\frac{d\theta'}{dt} = a'^2\omega';$$

on appliquera, au contraire, l'équation des forces vives au système entier, parce que le travail de la tension du fil disparaîtra, et, si l'on appelle $k^2 m$ l'attraction exercée sur m à l'unité de distance, on aura

$$m\left(\frac{dr^2}{dt^2}+r^2\frac{d\theta^2}{dt^2}-u^2-a^2\omega^2\right)$$
$$+m'\left(\frac{dr'^2}{dt^2}+r'^2\frac{d\theta'^2}{dt^2}-u^2-\omega'^2a'^2\right)=2k^2m\left(\frac{1}{r}-\frac{1}{a}\right).$$

Remplaçons $\frac{d\theta}{dt}$, $\frac{d\theta'}{dt}$ par leurs valeurs, et r' par $l-r$; nous aurons

$$(1)\quad\begin{cases}(m+m')\dfrac{dr^2}{dt^2}=(m+m')u^2+ma^2\omega^2\dfrac{r^2-a^2}{r^2}\\ \qquad\qquad+m'\omega'^2a'^2\dfrac{(l-r)^2-a'^2}{(l-r)^2}+2k^2m\left(\dfrac{1}{r}-\dfrac{1}{a}\right).\end{cases}$$

Le second membre est positif pour $r=a$, et, si ω et ω' ne sont pas nuls, il est négatif quand r est suffisamment voisin de o ou de l; il y a donc toujours deux valeurs, α et β, comprises entre o et l, et entre lesquelles r oscille, allant de l'une à l'autre dans un temps constant. La trajectoire de m sera formée d'arcs égaux compris entre les cercles de rayons α et β, qu'elle touche alternativement; celle de m' a une forme analogue entre les cercles de rayons $l-\alpha$ et $l-\beta$. Pour que α soit égal à β, il faut que leur valeur commune soit a, ce qui suppose $u=0$, et exige que $r=a$ annule la dérivée du second membre de l'équation (1); en observant que $a'=l-a$, cette condition donne

$$m\omega^2a-m'\omega'^2(l-a)-k^2\frac{m}{a^2}=0.$$

On pourra d'une infinité de manières satisfaire à cette relation, et alors les deux points se mouvront uniformément sur deux cercles.

Si l'on suppose $\omega = 0$, le second membre de l'équation (1) est > 0 pour les valeurs de r entre 0 et a; r aura une limite supérieure moindre que l; mais, après l'avoir atteinte, il décroîtra jusqu'à zéro, et, si m peut dépasser le point O, il s'échappera, et l'on aurait à étudier le mouvement de deux points liés par un fil et dont l'un est attiré vers O, problème plus difficile que celui qui vient d'être résolu.

Dans le cas particulier proposé, u et ω' sont nuls. Je reprends l'équation (1), en y remplaçant dt par $\frac{r^2 d\theta}{a^2\omega}$:

$$(2)\qquad d\theta\sqrt{\frac{m}{m+m'}} = \pm\frac{a^2\omega\,dr}{r^2\sqrt{a^2\omega^2 - 2\frac{k^2}{a} + 2\frac{k^2}{r} - \frac{a^4\omega^2}{r^2}}}.$$

Le radical s'annule pour $r = a$ et pour $r = r_1 = \frac{a^4\omega^2}{2k^2 - a^3\omega^2}$. Si $r_1 > 0$, r restera compris entre a et r_1, sinon il ira de a jusqu'à l'infini. On peut, du reste, intégrer la valeur de θ, et, en prenant les cosinus des deux membres, on trouve, pour la trajectoire de m,

$$\frac{1}{r} = \frac{k^2}{a^4\omega^2}\left[1 + \frac{a^2\omega^2 - k^2}{k^2}\cos\left(\theta\sqrt{\frac{m}{m+m'}}\right)\right].$$

Cette courbe est la transformée d'une conique ayant son foyer au pôle et où l'on aurait augmenté les angles polaires de tous les points dans le rapport de $\sqrt{m+m'}$ à $\sqrt{m}$. On trouvera la position de m en fonction du temps de la même façon que pour le mouvement des planètes; en général, cela revient à mettre dt dans l'équation (2) et à intégrer sa valeur

$$dt\sqrt{\frac{m}{m+m'}} = \frac{r\,dr}{\sqrt{\left(a^2\omega^2 - 2\frac{k^2}{a}\right)r^2 + 2k^2 r - a^4\omega^2}}.$$

Il est entendu que, si r dépasse l, m' traversera l'anneau O, et les conditions du problème seront tout autres.

200. *Mouvement d'une droite pesante assujettie à rester sur la surface, parfaitement polie, d'un hyperboloïde de révolution dont l'axe est vertical.*

Notre droite coïncidera successivement avec les diverses génératrices d'un système, et sa position sera connue si l'on donne l'angle ψ de sa projection sur le plan du cercle de gorge avec un diamètre OX de ce cercle, et la distance r comprise entre le milieu M de la droite et le point C, où sa direction perce le plan. Soient a le rayon du cercle de gorge, θ l'angle des génératrices avec l'axe de la surface, qu'on prend pour axe des z; l'angle de OC avec OX est, en comptant ψ dans un sens convenable, $\frac{\pi}{2}+\psi$, et les coordonnées rectangulaires de M seront

$$(1) \qquad \left\{ \begin{aligned} x &= r\sin\theta\cos\psi - a\sin\psi, \\ y &= r\sin\theta\sin\psi + a\cos\psi, \\ z &= r\cos\theta; \end{aligned} \right.$$

z et r sont positifs au-dessous du cercle de gorge.

Comme les réactions que la barre reçoit aux divers points où elle touche la surface sont dirigées suivant les normales correspondantes, leur moment par rapport à OZ est nul, et la somme des moments des quantités de mouvement est constante. Cette somme est égale au moment donné par la masse totale concentrée en M, plus celui qui correspond au mouvement relatif autour d'une verticale qui serait entraînée avec M; la première partie est

$$m\left(x\frac{dy}{dt}-y\frac{dx}{dt}\right)=m\left[(a^2+r^2\sin^2\theta)\frac{d\psi}{dt}-a\sin\theta\frac{dr}{dt}\right];$$

la seconde est, en appelant mk^2 le moment d'inertie de la barre par rapport à son milieu, $mk^2\sin^2\theta\frac{d\psi}{dt}$; donc

$$(2)\qquad (a^2+k^2\sin^2\theta+r^2\sin^2\theta)\frac{d\psi}{dt}-a\sin\theta\frac{dr}{dt}=\mu.$$

La force vive s'évalue comme il a déjà été fait, en deux parties : l'équation du travail est

$$\sin^2\theta\frac{dr^2}{dt^2}+(a^2+r^2\sin^2\theta+k^2\sin^2\theta)\frac{d\psi^2}{dt^2}$$
$$-2a\sin\theta\frac{dr}{dt}\frac{d\psi}{dt}-2gr\cos\theta=h.$$

Multiplions par $a^2+(r^2+k^2)\sin^2\theta$, élevons l'équation (2) au carré et retranchons membre à membre : on élimine $d\psi$, et il reste

$$(3)\ (r^2+k^2)\sin^4\theta\frac{dr^2}{dt^2}=(a^2+k^2\sin^2\theta+r^2\sin^2\theta)(h+2gr\cos\theta)-\mu^2.$$

Le second membre, étant du troisième degré, s'annule au moins pour une valeur de r; supposons que cela se présente à l'instant initial. Désignons par r_0 et ω les valeurs correspondantes de r et de $\frac{d\psi}{dt}$, et posons, pour abréger,

$$a=c\sin\theta,\quad 2g\cos\theta=\gamma\sin^2\theta;$$

les équations (2) et (3) prennent une forme simple, en donnant à h et à μ les valeurs qui rendent les deux membres identiques pour $t = 0$:

$$(4)\qquad (r^2+c^2+k^2)\frac{d\psi}{dt} - c\frac{dr}{dt} = (r_0^2+c^2+k^2)\omega,$$

$$(5)\qquad (r^2+k^2)\frac{dr^2}{dt^2} = (r-r_0)[\gamma(r^2+c^2+k^2)+(r_0^2+c^2+k^2)\omega^2(r+r_0)].$$

Si $r_0 > 0$, le trinôme entre crochets, $f(r)$, est > 0 pour toute valeur positive de r; on en conclut que r ne peut varier que de r_0 à ∞; mais, quand $r_0 < 0$, il peut arriver que $f(r)$ s'annule pour une ou deux valeurs de r plus grandes que r_0; dans le premier cas, qui répond à $f(r_0) < 0$, ou $\gamma + 2\omega^2 r_0 < 0$, r devra varier entre r_0 et la racine de $f(r) = 0$ qui est inférieure à r_0. Si les deux racines sont réelles et $> r_0$, r variera encore de r_0 à la plus petite, et la droite ne sortira pas d'une certaine zone comprise entre deux parallèles de l'hyperboloïde. Dans le cas où l'une des racines de $f(r) = 0$ est r_0, et quelle que soit la grandeur de l'autre racine, on a

$$\gamma + 2\omega^2 r_0 = 0;$$

M et tous les points de AB décrivent uniformément des parallèles. Quand $f(r)$ ne s'annule pas pour $r > r_0$, r va de r_0 à ∞. $\frac{d\psi}{dt}$ s'obtient en remplaçant, dans (4), $\frac{dr}{dt}$ par sa valeur tirée de (5) ; mais, quand r est très grand, on a sensiblement $dr = dt\sqrt{r\gamma}$, $r^2 d\psi = c\,dr$; donc ψ tend vers une limite finie, et le mouvement de M devient à peu près uniformément accéléré.

Quant $\omega = 0$, ou quand la barre part du repos, on peut intégrer (4) ;

$$\frac{\psi}{c}\sqrt{k^2+c^2} = \text{arc tang}\frac{r}{\sqrt{c^2+k^2}} - \text{arc tang}\frac{r_0}{\sqrt{c^2+k^2}};$$

on en déduit la forme de la trajectoire de M.

201. *Mouvement de deux points* A, A', *de masses* m, m', *assujettis à rester sur une circonférence dont le diamètre est égal à* a *et se repoussant avec une force égale à* $\frac{\lambda^2 a^4 mm'}{\overline{AA'}^3}$. (Caen, 1880.)

Soient 2θ, $2\theta'$ les angles des rayons OA, OA' avec une droite fixe OX; α, ω, ω' les valeurs initiales de $\theta'-\theta$, $\frac{d\theta}{dt}$, $\frac{d\theta'}{dt}$. Les réactions du cercle sont les seules forces extérieures agissant sur le système m, m' et leurs moments relatifs à O sont nuls : la somme des moments des quantités de mouvement par rapport à O est constante :

$$m\frac{d\theta}{dt}+m'\frac{d\theta'}{dt}=m\omega+m'\omega';$$

intégrant, on a, pour une direction convenable de OX,

$$(1)\qquad m\theta+m'\theta'=(m\omega+m'\omega')t.$$

Le théorème des forces vives donne encore

$$(2)\qquad m\frac{d\theta^2}{dt^2}+m'\frac{d\theta'^2}{dt^2}=m\omega^2+m'\omega'^2+\frac{\lambda^2 mm'}{\sin^2\alpha}-\frac{\lambda^2 mm'}{\sin^2(\theta'-\theta)}.$$

Si nous posons $\theta'-\theta=u$, nous aurons, eu égard à l'équation (1),

$$(3)\qquad \begin{cases} \theta=\dfrac{m\omega+m'\omega'}{m+m'}t-\dfrac{m'u}{m+m'}, \\ \theta'=\dfrac{m\omega+m'\omega'}{m+m'}t+\dfrac{mu}{m+m'}. \end{cases}$$

En substituant ces valeurs et leurs dérivées dans l'équation (2), celle-ci donne, après quelques réductions simples,

$$(4)\qquad \frac{du^2}{dt^2}=\frac{[(\omega'-\omega)^2\sin^2\alpha+\lambda^2(m+m')]\sin^2 u-\lambda^2(m+m')\sin^2\alpha}{\sin^2\alpha\sin^2 u}.$$

Posons encore

$$(\omega' - \omega)^2 \sin^2\alpha + \lambda^2(m + m') = \frac{\lambda^2(m + m')\sin^2\alpha}{\sin^2\beta};$$

l'équation (4) nous donnera

$$\frac{\lambda\, dt\sqrt{m + m'}}{\sin\beta} = \pm \frac{\sin u\, du}{\sqrt{\sin^2 u - \sin^2\beta}} = \pm \frac{\sin u\, du}{\sqrt{\cos^2\beta - \cos^2 u}};$$

$$\cos u = \cos\beta \cos\frac{\lambda\sqrt{m + m'}(t + h)}{\sin\beta};$$

l'angle u, ou $\theta' - \theta$, oscille entre β et $\pi - \beta$; sa valeur étant déterminée, les équations (3) font connaître complètement la loi du mouvement. Quant à la pression de m sur le cercle, elle est égale à la force centripète augmentée de la composante normale de la force répulsive :

$$N = 2ma\left(\frac{m\omega + m'\omega'}{m + m'} - \frac{m'}{m + m'}\frac{du}{dt}\right)^2 + \frac{\lambda^2 amm'}{\sin^2 u}.$$

202. *Un point* M, *de masse* m, *peut se mouvoir dans un tube rectiligne de masse égale posé sur un plan horizontal : on imprime au système un mouvement initial et on demande le mouvement ultérieur et la pression* N *de* M *sur le tube; il n'y a pas de résistances passives.* (Paris, 1887.)

Soient θ l'angle du tube avec une direction fixe, r la distance du centre de gravité C du système au point M ainsi qu'au centre O du tube, $2mk^2$ le moment d'inertie du tube autour d'une perpendiculaire menée par le point O. Le centre de gravité C prend un mouvement rectiligne et uniforme. Considérons ensuite le mouvement du système par rapport à des axes menés par C dans des directions fixes : la force vive du système et la somme des moments des quantités de mouvement par rapport à C restent constantes; on en conclut facilement deux relations de la forme

$$(r^2+k^2)\frac{d\theta}{dt}=\lambda,\quad \frac{dr^2}{dt^2}+(r^2+k^2)\frac{d\theta^2}{dt^2}=\mu^2,$$

d'où

$$dt=\pm\frac{dr\sqrt{r^2+k^2}}{\sqrt{\mu^2 r^2+\mu^2 k^2-\lambda^2}},$$

$$d\theta=\frac{\pm\lambda\,dr}{\sqrt{(r^2+k^2)(\mu^2 r^2+\mu^2 k^2-\lambda^2)}}.$$

La dernière équation représente la trajectoire relative et se discutera sans peine : ce serait la trajectoire absolue si C était d'abord immobile. Enfin, en considérant le moment de la quantité de mouvement du tube autour du point O, on a

$$\mathrm{N}=\frac{2mk^2}{r}\frac{d^2\theta}{dt^2}=-\frac{4\lambda mk^2}{(r^2+k^2)^2}\frac{dr}{dt}=\frac{\pm 4\lambda mk^2\sqrt{\mu^2 r^2+\mu^2 k^2-\lambda^2}}{(r^2+k^2)^{\frac{5}{2}}}.$$

EXERCICES.

1. Sur une table horizontale dépolie est étendu en ligne droite un bout d'une chaîne mince, homogène et parfaitement flexible, dont l'autre bout pend librement en dehors de la table : mouvement de la chaîne quand on l'abandonne à l'action de la pesanteur; tension.

La position de la chaîne peut être définie par la longueur x qui est en dehors de la table; l'équation des forces vives donne

$$d\frac{1}{2}l\frac{dx^2}{dt^2}=l\frac{d^2x}{dt^2}dx=gx\,dx-fg(l-x)\,dx.$$

2. Un fil sans masse porte à une de ses extrémités un poids P; il s'enroule sur un cylindre horizontal de poids 2μ, puis traîne à son autre extrémité un poids Q posé sur un plan horizontal dépoli : mouvement du système en admettant que l'air oppose une résistance égale à kv^2 et qu'entre le cylindre et le poids Q le fil est horizontal; tension du fil. (Toulouse, 1880.)

Soit x la quantité dont a marché le chariot; forces vives

$$d\Sigma\frac{1}{2}mv^2 = \frac{P+\mu+Q}{2g}d\frac{dx^2}{dt^2} = \left(P - fQ - k\frac{dx^2}{dt^2}\right)dx;$$

tension du fil attaché au chariot $\frac{Q}{g}\frac{d^2x}{dt^2} + fQ + k'v^2$.

3. Mouvement d'une barre pesante et homogène dont les extrémités A, B glissent sur deux droites situées dans un même plan vertical et inclinées à 45° sur l'horizon; pressions en A et B. (*Voir* la fin du n° 198.)

4. Une droite pesante et homogène peut tourner autour d'une de ses extrémités O dans un plan vertical P; l'autre extrémité A appuie sur l'hypoténuse d'un triangle rectangle ABC qui est mobile dans le plan P et dont un côté AB peut glisser sur une horizontale OX; il n'y a pas de résistances passives. Mouvement du système.

Il suffit de connaître l'angle AOX; théorème des forces vives.

5. Une tige homogène OA, mobile autour de O, est soutenue à l'autre extrémité A par un fil qui va passer sur une très petite poulie B et se termine par un poids Q qui pend librement; la droite OB est horizontale et égale à OA; mouvement du système abandonné à l'action de la pesanteur. (Nancy, 1884.)

P poids de OA, $2a$ sa longueur, θ son angle avec l'horizon, l longueur du fil, $BQ = x$: $l = x + 4a\sin\frac{1}{2}\theta$; intégrale des forces vives :

$$\frac{4}{3}a^2\frac{P}{g}\frac{d\theta^2}{dt^2} + \frac{Q}{g}\frac{dx^2}{dt^2} = 2Q(x - x_0) + 2Pa(\sin\theta - \sin\theta_0).$$

6. Un cylindre droit homogène est posé sur un plan incliné P sur lequel il ne peut que rouler sans glisser, ses génératrices restant horizontales; chercher le mouvement qu'il prendra sous l'influence de la pesanteur et d'une attraction exercée par un point O de P, proportionnelle aux masses et aux distances; réaction du plan. Position d'équilibre. (Paris, 1884.)

Soit x la distance de O à la génératrice de contact; force vive

$$\frac{3}{2}\left(\frac{dx^2}{dt^2} - x_0'^2\right) = 2g(x - x_0)\sin i + \lambda^2(x_0^2 - x^2).$$

Composante tangentielle de la réaction

$$X = \left(g \sin i - \lambda^2 x - \frac{d^2 x}{dt^2}\right) m = \frac{m}{3}(g \sin i - \lambda^2 x).$$

7. Oscillations d'un cylindre elliptique homogène posé sur un plan horizontal assez rugueux pour empêcher tout glissement. (Caen, 1881.)

Le moment d'inertie du cylindre autour de l'axe est $m\,\frac{a^2+b^2}{4}$; si le grand axe de l'une des sections droites fait l'angle φ avec l'horizon,

$$\left(\frac{a^2+b^2}{4} + \frac{a^4 \sin^2\varphi + b^4 \cos^2\varphi}{a^2 \sin^2\varphi + b^2 \cos^2\varphi}\right)\frac{d\varphi^2}{dt^2}$$
$$= 2g\left(h - \sqrt{a^2 \sin^2\varphi + b^2 \cos^2\varphi}\right);$$

quand φ est très petit, $\frac{d\varphi^2}{dt^2}$ diffère peu de $\frac{4g(a^2-b^2)}{b(a^2+5b^2)}(\varphi_0^2 - \varphi^2)$.

8. En deux points A, B d'une horizontale sont attachés deux fils de longueur l qui soutiennent les extrémités d'une droite pesante et homogène PQ; on écarte cette droite de sa position d'équilibre en ayant soin que son milieu reste sur la verticale qui passe par le milieu de AB; calculer le moment d'un couple capable de tenir la droite en équilibre et déterminer le mouvement qu'elle prendra si on l'abandonne à l'action de la pesanteur. (Poitiers, 1884.)

Soient $AB = 2a$, $PQ = 2c$, θ l'angle de AB avec PQ qui reste horizontale à la distance z au-dessous de AB :

$$l^2 = a^2 + c^2 - 2ac\cos\theta + z^2; \quad \frac{dz^2}{dt^2} + \frac{1}{3}c^2\frac{d\theta^2}{dt^2} = 2g(z - z_0);$$

le couple pour l'équilibre est horizontal : moment $\frac{mgac\sin\theta}{z}$.

9. Déterminer le mouvement relatif d'une droite pesante et homogène dont les extrémités sont assujetties à rester sur une circonférence qui tourne avec une vitesse constante ω autour de l'un de ses diamètres supposé vertical. (Paris, 1886.)

A la pesanteur on adjoint la force centrifuge; le travail de cette force pour une masse dm est $\frac{1}{2}\omega^2(x^2 - x_0^2)\,dm$; si la barre de longueur $2a$ fait l'angle θ avec l'horizon, l'intégrale des forces vives donne

$$\left(R^2 - \frac{2}{3}a^2\right)\frac{d\theta^2}{dt^2} = 2g\sqrt{R^2 - a^2}\cos\theta$$
$$+ \omega^2\left[(R^2 - a^2)\sin^2\theta + \frac{a^2}{3}\cos^2\theta\right] + h.$$

10. Mouvement de deux points pesants qui se repoussent avec une intensité réciproque au carré de la distance, les vitesses initiales étant nulles.

Le centre de gravité se meut verticalement et la droite qui joint les mobiles conserve une direction constante.

11. Sur un plan horizontal parfaitement poli est posé un prisme triangulaire qui ne peut prendre qu'un mouvement de translation dont la vitesse est perpendiculaire aux arêtes; deux poids, posés sur les faces obliques du prisme, sont réunis par un fil tout entier dans une section droite : mouvement du système; tension du fil.

On écrit que la vitesse horizontale du centre de gravité est constante, puis l'on applique le théorème des forces vives; le mouvement du prisme et les mouvements de glissement des poids sont uniformément variés.

12. Mouvement de trois points assujettis à rester sur un plan donné et s'attirant avec des intensités proportionnelles aux masses et aux distances. En supposant que les trois masses soient égales et qu'à l'instant initial les normales aux vitesses aillent passer au centre de gravité C, chercher les conditions pour que les trois trajectoires soient des ellipses égales. (Paris, 1884.)

C a un mouvement rectiligne et uniforme, et les trajectoires autour de ce point sont des ellipses; pour que les trajectoires absolues soient aussi des ellipses, il faut que C soit immobile et, dans le cas particulier proposé, les mobiles seront aux sommets d'un triangle équilatéral dont C est le centre, et leurs vitesses seront égales.

13. Calculer la perte de force vive dans le choc direct de deux sphères imparfaitement élastiques. (Navier.)

Soient m, m' les masses; u, u', v, v' les vitesses initiales et finales, V la vitesse du centre de gravité, e le coefficient d'élasticité; on a

$$v - V = e(V - u),\quad v' - V = e(V - u'),\quad V = \frac{mu + m'u'}{m + m'};$$

perte de force vive

$$\begin{aligned} & m(u^2 - v^2) + m'(u'^2 - v'^2) \\ & = m[(u - V)^2 - (v - V)^2] + m'[(u' - V)^2 - (v' - V)^2] \\ & = \frac{1 - e}{1 + e}[m(u - v)^2 + m'(u' - v')^2]. \end{aligned}$$

14. Une barre pesante et homogène OA, mobile autour de son extrémité O, qui est fixe, est d'abord en repos; on lui imprime une vitesse angulaire ω et, quand elle est dans le prolongement de sa position primitive, on rend le point O libre. Quel mouvement la barre va-t-elle prendre et que doit être ω pour que, à une certaine époque, la barre soit tout entière dans le plan horizontal qui passe par le point A_0? (Paris, 1884.)

A l'instant où la barre est rendue libre, sa vitesse angulaire est ω' ou $\sqrt{\omega^2 - \frac{6g}{l}}$; le milieu va décrire une parabole et la droite tournera avec la vitesse ω'; pour satisfaire à la condition proposée

$$\omega^2 = \frac{g}{l}\left[6 + \frac{(2k+1)^2}{12}\pi^2\right].$$

15. Mouvement de deux points qui s'attirent proportionnellement à leur distance et qui doivent rester sur deux cercles concentriques situés dans un même plan horizontal. (Paris, 1877.)

Suivre une marche analogue à celle du n° 201.

16. Une aiguille OA, de masse m, de longueur $2a$, peut tourner dans un plan vertical autour de son extrémité O : on demande suivant quelle loi doit se déplacer un insecte de masse m qui glisse le long de l'aiguille pour que celle-ci tourne avec une vitesse constante ω sous l'action de la pesanteur. Pour $t = 0$, l'insecte est en O, l'aiguille horizontale et animée de la vitesse angulaire ω. (W. WALTON.)

Théorème sur la dérivée de la somme des moments des quantités de mouvement : si r est le chemin parcouru à l'époque t,

$$g \sin \omega t = 2\omega^2\left(r - a\mathrm{L}\frac{a + r}{a}\right).$$

17. Étant donnés deux axes rectangulaires OX, OY, déterminer le mouvement d'une barre homogène AB de longueur $6a$, assujettie à se mouvoir dans le plan OXY, l'extrémité A restant sur

OX, et chacun des éléments de la barre étant attiré vers O par une force égale au produit de sa masse par sa distance au centre d'action : à l'instant initial, les abscisses de A et de B sont $-2a$ et o, la vitesse de A nulle, celle de B égale à $3a$. (Caen, 1883.)

On cherchera l'x du centre de gravité et l'on appliquera le théorème des forces vives; θ étant l'angle de AB avec la direction OY, on a

$$x = -a\cos t + a\sqrt{2}\sin t, \quad \frac{d\theta^2}{dt^2} = \frac{3\sin^2\theta}{1+3\sin^2\theta},$$

$$t = \frac{1}{\sqrt{3}} \mathrm{L} \frac{(\sqrt{8}+\sqrt{12})\sin\theta}{\cos\theta + \sqrt{1+3\sin^2\theta}} + \arccos\frac{\sqrt{6}\cos\theta + \sqrt{1+3\sin^2\theta}}{2\sqrt{3}}.$$

18. Quatre points ayant des masses égales forment les sommets d'un losange articulé dont les côtés sont rigides et sans masse; le système, soustrait à l'action de toute force extérieure, est assujetti à rester sur un plan fixe; on donne son mouvement initial et l'on demande son mouvement ultérieur. Si deux sommets se choquent, on les supposera dénués d'élasticité. Cas où les vitesses initiales des milieux de deux côtés opposés du losange sont nulles. (Caen, 1884.)

Le centre de gravité a une vitesse constante v : les diagonales tournent autour avec une vitesse constante ω; $r = a\cos ct$, $r_1 = a\sin ct$. Dans le cas particulier, $v = 0$, $c = \omega$.

19. Un tube circulaire de masse μ, mobile autour d'un de ses diamètres qui est vertical, renferme une petite masse pesante m : on imprime au système un mouvement connu et l'on demande le mouvement ultérieur.

Soient θ l'angle du rayon Om avec la verticale, ψ l'azimut du tube, α, ζ, ω les valeurs initiales de θ, θ', ψ'; les théorèmes des forces vives et des moments des mv donnent $\sin^2\theta\, d\psi = \omega\sin^2\alpha\, dt$ et

$$\frac{d\theta^2}{dt^2} = \zeta^2 + \omega^2\sin^2\alpha\frac{\sin^2\theta - \sin^2\alpha}{\sin^2\theta} + \mu\omega^2\frac{\sin^4\theta - \sin^4\alpha}{2m\sin^4\theta} + 2g\frac{\cos\theta - \cos\alpha}{R}.$$

20. Un tube rectiligne, mobile autour d'une verticale qu'il rencontre sous un angle donné, renferme une petite bille pesante; à l'instant initial, le tube est animé d'une vitesse de rotation donnée

et la vitesse relative de la bille est nulle; mouvement ultérieur du système. (Poitiers, 1885.)

21. Deux points A, B, de même masse, réunis par une tige rigide et de masse négligeable, sont assujettis à rester chacun dans un plan horizontal donné et attirés par un centre O avec une intensité proportionnelle à la distance. Mouvement du système; condition pour que A et B se meuvent comme si la tige AB n'existait pas. (Paris, 1878.)

Le milieu C de AB décrit une ellipse et AB tourne avec une vitesse constante autour de la verticale passant par C.

22. Deux points A, B de masse m sont réunis par une tige rigide et sans masse; A est attiré vers un point P par une force $m\lambda^2 AP$, B vers un point Q par une force $m\lambda^2 BQ$; étudier le mouvement du système AB; tension de la tige. (Paris, 1885.)

Le milieu C de AB se meut comme s'il était attiré proportionnellement à la distance par le milieu de PQ; cherchant alors les moments des attractions par rapport à trois axes passant par C, on voit qu'elles forment un couple situé dans le plan mené par AB et par CX parallèle à PQ; le moment du couple est

$$m\lambda^2 PQ \times CA \sin ACX;$$

le mouvement relatif est celui de la tige d'un pendule sphérique.

23. Deux points A, B, soustraits à l'action de toute force extérieure, sont liés par un fil sans masse qui passe dans un petit anneau O : A est assujetti à rester sur une droite donnée, B sur un plan qui passe par le point O; mouvement du système. (Marseille, 1880.)

24. Deux points A, B, réunis par un fil sans masse qui passe dans un très petit anneau O, se repoussent avec une intensité proportionnelle à la distance; A est assujetti à rester sur un plan P qui passe en O, B sur une droite OZ normale à P; mouvement du système. (Paris, 1881.)

Soient α, β les masses, $OA = r$, $AO + OB = l$; on a

$$r^2 \frac{d\theta}{dt} = C, \quad (\alpha + \beta)\frac{dr^2}{dt^2} + \alpha r^2 \frac{d\theta^2}{dt^2} = H - 2\lambda^2 \alpha\beta r(l - r).$$

25. Deux points pesants A, B sont réunis par un fil sans masse qui passe dans un petit anneau O; B est attiré, proportionnelle-

ment à la distance, par le point O et assujetti à rester sur un cylindre droit dont l'axe est la verticale du point O. On suppose A d'abord en repos, B animé d'une vitesse horizontale donnée et l'on demande le mouvement du système. (Grenoble, 1885.)

26. Sur un cylindre droit, homogène, vertical, de masse $6m$, s'enroule un fil qui, restant dans un plan horizontal, passe dans un petit anneau O, et se termine par une masse m attirée vers le point O par une force $m\frac{\lambda^2}{r^2}$; la masse m étant lancée normalement à r_0 avec la vitesse $\frac{\lambda}{\sqrt{2r_0}}$, trouver le mouvement du système. (Paris, 1865.)

27. Un tube rectiligne, mobile dans un plan horizontal autour de son milieu, contient de petites billes qui peuvent y glisser librement; le tube étant mis en mouvement, mais les vitesses relatives initiales des billes étant nulles, trouver le mouvement du système. (W. Walton.)

Les distances des billes au point fixe restent dans des rapports constants.

28. Mouvement de deux masses égales A, B, attirées vers un point C avec une intensité inversement proportionnelle au cube de la distance et fixées aux extrémités d'une droite de masse négligeable mobile autour de son milieu O; on suppose OC = OA.

AB étant égal à $2a$, l'attraction à $\frac{2m\mu a^4}{r^3}$, on trouve

$$d\psi = \frac{\pm\,\omega \sin^3\alpha\, d\theta}{\sin\theta\sqrt{(\mu-\omega^2\sin^4\alpha)(\sin^2\alpha-\sin^2\theta)+\zeta^2\sin^2\alpha\sin^2\theta}}.$$

A discuter. Pour $\mu = \zeta^2\sin^2\alpha + \omega^2\sin^4\alpha$, A, B décrivent des loxodromes.

29. Mouvement de deux points pesants A, B réunis par une tige sans masse de longueur l; A est assujetti à rester sur une sphère de rayon l, B sur le diamètre vertical de cette sphère. (Nancy, 1883.)

30. Mouvement de deux tiges OA, AB articulées en A et mobiles dans un plan horizontal, l'extrémité O de OA restant fixe;

les masses des tiges sont égales; AB a une longueur double de OA et son milieu C est attiré vers O par une force réciproque au cube de la distance; enfin, à l'instant initial, les tiges sont en repos et l'angle $OAB = 45°$. (Paris, 1885.)

Équation des forces vives et conservation de la somme des moments des quantités de mouvement autour de O.

MOUVEMENT D'UN CORPS SOLIDE.

Des moments d'inertie.

Étant donnés les moments principaux d'inertie A, B, C d'un corps quelconque relativement à un point O et ses rayons de gyration principaux a, b, c, on sait que le moment d'inertie I autour d'une droite OP qui fait avec les axes principaux d'inertie les angles α, β, γ et le rayon de gyration correspondant k ont pour valeurs

$$I = A\cos^2\alpha + B\cos^2\beta + C\cos^2\gamma,$$
$$k^2 = a^2\cos^2\alpha + b^2\cos^2\beta + c^2\cos^2\gamma.$$

On peut représenter OI par l'inverse du carré du demi-diamètre de l'ellipsoïde central dirigé suivant OP, k par la distance du point O au plan perpendiculaire sur OP et tangent à l'ellipsoïde réciproque ou ellipsoïde de Mac-Cullagh.

203. *Moments d'inertie de l'aire d'une ellipse autour de ses deux axes et de la normale à son plan, menée par le centre; cylindre elliptique.*

Soient α, β les demi-axes, A, B, C les moments demandés; on a

$$A = \int\int y^2\,dx\,dy, \quad B = \int\int x^2\,dx\,dy, \quad C = \int\int (x^2+y^2)\,dx\,dy.$$

Pour calculer A, j'intègre d'abord par rapport à x, et je trouve

$$A = 2\int_{-\beta}^{\beta} \frac{\alpha}{\beta}\,y^2\,dy\sqrt{\beta^2 - y^2}.$$

Posons $y = \beta \cos\varphi$, $dy = -\beta \sin\varphi\, d\varphi$, et nous aurons

$$A = 2\alpha\beta^3 \int_0^\pi \sin^2\varphi \cos^2\varphi\, d\varphi = \frac{1}{2}\alpha\beta^3 \int_0^\pi \sin^2 2\varphi\, d\varphi = \frac{1}{4}\pi\alpha\beta^3.$$

On en conclut immédiatement

$$B = \frac{1}{4}\pi\alpha^3\beta, \quad C = A + B = \frac{1}{4}\pi\alpha\beta(\alpha^2 + \beta^2).$$

Les rayons principaux de gyration sont $\frac{1}{2}\beta$, $\frac{1}{2}\alpha$, $\frac{1}{2}\sqrt{\alpha^2+\beta^2}$. Ce dernier serait le rayon de gyration d'un cylindre elliptique droit autour de son axe; quant au carré du rayon relatif au grand axe de la section moyenne du cylindre, c'est, en désignant la hauteur par $2h$,

$$\frac{1}{2\pi\alpha\beta h} \int_{-h}^{h} \pi\alpha\beta \left(\frac{1}{4}\beta^2 + z^2\right) dz = \frac{1}{4}\beta^2 + \frac{1}{3}h^2.$$

204. *Moment d'inertie d'un ellipsoïde homogène par rapport à ses axes et à la diagonale du parallélépipède rectangle circonscrit.*

Je désigne par α, β, γ les demi-axes et je pose

$$h = \int\int\int x^2 dx\, dy\, dz, \quad h' = \int y^2 dm, \quad h'' = \int z^2 dm.$$

Dans h, si on laisse x constant, l'intégrale relative à y et à z est l'aire de l'ellipse suivant laquelle l'ellipsoïde est coupé par le plan parallèle au plan yz à la distance x; donc

$$h = \int_{-\alpha}^{\alpha} \pi \frac{\beta\gamma}{\alpha^2}(\alpha^2 - x^2)x^2 dx = \frac{4}{15}\pi\alpha^3\beta\gamma.$$

On trouverait de même h' et h''; et, comme les moments principaux d'inertie sont $h' + h'', \ldots$, on en déduit les carrés des rayons de gyration

$$a^2 = \frac{\beta^2 + \gamma^2}{5}, \quad b^2 = \frac{\gamma^2 + \alpha^2}{5}, \quad c^2 = \frac{\alpha^2 + \beta^2}{5}.$$

Le carré du rayon relatif à la diagonale du parallélépipède circonscrit est

$$k^2 = \Sigma \frac{a^2 \alpha^2}{\alpha^2 + \beta^2 + \gamma^2} = \frac{2}{5} \frac{\beta^2\gamma^2 + \gamma^2\alpha^2 + \alpha^2\beta^2}{\alpha^2 + \beta^2 + \gamma^2}.$$

Le rayon de gyration d'une sphère autour d'un diamètre est $R\sqrt{\frac{2}{5}}$.

205. *Moment d'inertie d'un triangle* ABC *par rapport à diverses droites; conséquences pour un polygone régulier, une pyramide régulière, un polyèdre régulier.*

Prenons pour origine le centre de gravité O du triangle, pour axe des x la médiane OA, dont la longueur totale est m, pour axe des y une parallèle à BC; soit θ l'angle des axes; le moment d'inertie relatif à la médiane est

$$\begin{aligned} I &= \int_{-\frac{2m}{3}}^{\frac{m}{3}} dx \int y^2 \sin^3\theta \, dy \\ &= 2\int_0^m dx' \int_0^{\frac{\alpha x'}{2m}} y^2 \sin^3\theta \, dy = \frac{m\alpha^3 \sin^3\theta}{48}; \end{aligned}$$

α, β, γ sont les côtés du triangle; sa surface est $S = \frac{1}{2} m\alpha \sin\theta$; donc

$$I = \frac{1}{6} \frac{S^3}{m^2}.$$

Le moment d'inertie par rapport à OA, et, par analogie, les moments relatifs à OB et OC sont inversement proportionnels aux carrés de ces droites; l'ellipsoïde central en O coupe le plan du triangle suivant une ellipse E homothétique à l'ellipse E′ circonscrite à ABC et ayant son centre en O; le rapport de similitude est $m\sqrt{\frac{6}{S^3}} : \frac{2}{3}m = \frac{3}{S}\sqrt{\frac{3}{2S}}$; le demi-diamètre de E′ parallèle à BC est $\frac{\alpha}{\sqrt{3}}$; celui de E sera $\frac{3\alpha}{S\sqrt{2S}}$, et le moment d'inertie correspondant $I' = \frac{2S^3}{9\alpha^2}$.

Le moment d'inertie autour d'une perpendiculaire en O au plan du triangle sera

$$\iint (x^2 + y^2 + 2xy\cos\theta)\sin\theta\, dx\, dy$$

$$= \frac{I + I'}{\sin^2\theta} = \frac{1}{2} m\alpha \sin\theta \left(\frac{\alpha^2}{24} + \frac{m^2}{18}\right) = S\,\frac{\alpha^2 + \beta^2 + \gamma^2}{36}.$$

Le carré du rayon de gyration, relatif à une normale au plan menée par A, est

$$\frac{\alpha^2}{24} + \frac{m^2}{18} + \frac{4}{9} m^2 = \frac{1}{2} m^2 + \frac{1}{24}\alpha^2.$$

Considérons un polygone régulier de n côtés, dont l'apothème est m, l'aire S, le côté α et le rayon du cercle circonscrit R; par le centre de ce cercle, menons deux diamètres rectangulaires OX, OY et une perpendiculaire OZ; le moment d'inertie autour de OZ est la somme des moments des triangles ayant O pour sommet :

$$C = n\frac{S}{n}\left(\frac{m^2}{2} + \frac{\alpha^2}{24}\right) = S\left(\frac{R^2}{2} - \frac{\alpha^2}{12}\right).$$

A et B sont évidemment égaux ; or, d'après une propriété commune à toutes les figures planes, ils ont pour somme C : chacun d'eux est donc égal à $\frac{1}{2}$C

Soit maintenant une pyramide régulière dont la hauteur est h et dont la base a pour côté α, pour apothème m, pour aire S; le résultat précédent donne le moment d'inertie autour de la hauteur

$$C = \int_0^h \frac{Sx^4}{h^4}\left(\frac{m^2}{2} + \frac{\alpha^2}{24}\right) dx = \frac{Sh}{10}\left(m^2 + \frac{\alpha^2}{12}\right).$$

Le moment A autour d'une perpendiculaire quelconque à la hauteur menée par le sommet sera

$$\int_0^h \frac{Sx^2}{h^2}\left[\frac{x^2}{h^2}\left(\frac{m^2}{4} + \frac{\alpha^2}{48}\right) + x^2\right] dx = \frac{Sh}{20}\left(m^2 + \frac{\alpha^2}{12} + 4h^2\right).$$

On reconnaît facilement que, pour un polyèdre régulier homogène, l'ellipsoïde d'inertie relatif au centre de figure O est une sphère : les moments d'inertie autour d'une droite quelconque passant en O ont la même valeur μ.

Soient : α l'arête du polyèdre; h le rayon de la sphère inscrite; φ le nombre des faces; S l'aire d'une de ces faces; m son apothème : on a, en reprenant les valeurs précédentes de A et de C,

$$\mu = \frac{2}{3}\int (x^2 + y^2 + z^2)\, dm = \varphi\frac{2A + C}{3} = \frac{\varphi S h}{30}\left(2m^2 + \frac{\alpha^2}{6} + 4h^2\right).$$

206. *Moments d'inertie d'un tore autour de son axe et d'un diamètre de son équateur.*

Soient R le rayon du cercle générateur, a la distance de son centre à l'axe; x, y, z les coordonnées rectangulaires d'un point quelconque M, u sa distance au centre P du cercle générateur dans le plan duquel il est contenu, ψ l'azimut de ce plan, θ l'angle de PM avec l'axe du tore; le système de coordonnées u, ψ et θ est souvent utile quand on considère un tore, et donne

$$x = (a + u\sin\theta)\cos\psi, \quad y = (a + u\sin\theta)\sin\psi, \quad z = u\cos\theta.$$

On pourra découper le plan du cercle en petites surfaces

$u\,du\,d\theta$ qui, en tournant autour de OZ, engendrent des volumes $(a + u\sin\theta)\,u\,du\,d\theta\,d\psi$; on a pour le volume du tore

$$V = \int_0^{2\pi} d\psi \int_0^{2\pi} d\theta \int_0^{R} u\,du\,(a + u\sin\theta) = 2\pi^2 a R^2.$$

Le moment par rapport à l'axe du tore est, en intégrant entre les mêmes limites,

$$C = \iiint (a + u\sin\theta)^3 u\,du\,d\theta\,d\psi = 2\pi^2 a R^2 \left(a^2 + \frac{3}{4}R^2\right).$$

Les moments autour de OX et de OY sont

$$A = \iiint (y^2 + z^2)\,dx\,dy\,dz = B = \iiint (x^2 + z^2)\,dx\,dy\,dz = \frac{A + B}{2};$$

$$A = B = \frac{1}{2}\iiint [(a + u\sin\theta)^2 + 2u^2\cos^2\theta](a + u\sin\theta)\,u\,du\,d\theta\,d\psi$$

$$= 2\pi^2 a R^2 \left(\frac{1}{2}a^2 + \frac{5}{8}R^2\right).$$

207. *Déterminer, en l'un des sommets O d'un parallélépipède rectangle homogène, les moments principaux et les axes principaux d'inertie : double méthode.*

Soient 2α, 2β, 2γ les arêtes, ε la densité; on peut supposer que la masse du solide, $8\alpha\beta\gamma\varepsilon$, soit égale à l'unité. Au centre de gravité, les axes principaux sont les parallèles GX, GY, GZ aux arêtes et les moments principaux

$$a^2 = \frac{\beta^2 + \gamma^2}{3}, \quad b^2 = \frac{\gamma^2 + \alpha^2}{3}, \quad c^2 = \frac{\alpha^2 + \beta^2}{3}.$$

D'après un théorème dû à Binet et très élégamment démontré dans une des Notes de M. Darboux à la suite du *Cours de Mécanique* de Despeyrous, les axes principaux d'inertie en O sont les normales aux trois surfaces homofocales à l'ellipsoïde de Mac-Cullagh $\mathcal{E}$ relatif à G, qui passent par le point O. Une surface homofocale à $\mathcal{C}$ a une équation de la forme

$$(1) \qquad \frac{x^2}{a^2-\lambda}+\frac{y^2}{b^2-\lambda}+\frac{z^2}{c^2-\lambda}=1;$$

pour qu'elle passe au point O dont les coordonnées sont $-\alpha, -\beta, -\gamma$, il faut qu'on ait, en mettant pour a^2, b^2, c^2 leurs valeurs

$$(2) \qquad \frac{3\alpha^2}{\beta^2+\gamma^2-3\lambda}+\frac{3\beta^2}{\gamma^2+\alpha^2-3\lambda}+\frac{3\gamma^2}{\alpha^2+\beta^2-3\lambda}=1.$$

Cette équation est satisfaite pour trois valeurs réelles de λ : à l'une quelconque d'entre elles correspond une surface (1) dont la normale ON au point O est l'un des axes principaux cherchés ; le moment d'inertie correspondant k^2 est égal à $\lambda+\alpha^2+\beta^2+\gamma^2$ et l'on peut dire que les trois moments principaux cherchés sont les racines de l'équation

$$(3) \qquad \frac{3\alpha^2}{3\alpha^2+4\beta^2+4\gamma^2-3u}+\frac{3\beta^2}{3\beta^2+4\gamma^2+4\alpha^2-3u}+\ldots=1.$$

Les cosinus directeurs de l'axe ON autour duquel le moment d'inertie est $u=k^2$ sont proportionnels aux quantités

$$(4) \qquad \frac{\alpha}{3\alpha^2+4\beta^2+4\gamma^2-3k^2},\quad \frac{\beta}{3\beta^2+4\gamma^2+4\alpha^2-3k^2},\quad \frac{\gamma}{3\gamma^2+4\alpha^2+4\beta^2-3k^2}$$

et le problème est résolu aussi explicitement qu'on peut le demander dans le cas général où l'équation (3) ne peut être résolue que par la formule peu pratique de Cardan. Si l'on fait

$$\alpha^2=1,\quad \beta^2=3,\quad \gamma^2=6,$$

les racines de l'équation (3) sont 12, $\frac{22}{3}\pm\sqrt{31}$ et l'on peut se rendre compte des résultats numériques.

Nous allons résoudre le problème en considérant l'ellipsoïde d'inertie P relatif au point O : si l'on prend pour axes les trois arêtes qui se coupent en ce point, l'équation de P sera de la forme

$$Ax^2 + By^2 + Cz^2 - 2Dyz - 2Ezx - 2Fxy = 1,$$

en posant

$$A = \int_0^{2\alpha}\int_0^{2\beta}\int_0^{2\gamma}(y^2+z^2)\varepsilon\, dx\, dy\, dz = 4\frac{\beta^2+\gamma^2}{3}, \quad \ldots$$

et

$$D = \int_0^{2\alpha}\int_0^{2\beta}\int_0^{2\gamma} yz\varepsilon\, dx\, dy\, dz = \beta\gamma, \quad \ldots.$$

Les moments principaux d'inertie sont égaux aux inverses des carrés des axes de P, c'est-à-dire aux racines de l'équation en S qui, sous la forme donnée par Jacobi, est ici

$$\frac{1}{D^2\left(A+\frac{EF}{D}-S\right)} + \frac{1}{E^2\left(B+\frac{FD}{E}-S\right)} + \frac{2}{F^2\left(C+\frac{DE}{F}-S\right)} = \frac{1}{DEF};$$

il suffit de remplacer A, D par les valeurs données il n'y a qu'un instant, B, C, E, F par les valeurs analogues, pour voir que cette équation ne diffère de (3) que par le changement de u en S. On sait aussi que les cosinus directeurs des axes de P sont proportionnels à

$$\frac{1}{D\left(A+\frac{EF}{D}-S\right)} = \frac{3}{\beta\gamma(4\beta^2+4\gamma^2+3\alpha^2-3S)}, \quad \ldots,$$

et cela revient à dire qu'ils sont proportionnels aux fractions (4).

Si l'on suppose $\beta=\gamma$, $\mathcal{E}$ devient un ellipsoïde de révolution autour de GX et l'une des familles de surfaces orthogonales se réduit au système des plans méridiens : ce sera celle des hyperboloïdes à une ou à deux nappes suivant que β est $>\alpha$ ou $<\alpha$. L'un des axes principaux en O est normal au plan OGX et le moment d'inertie correspondant égal à $\frac{4\alpha^2+7\beta^2}{3}$; les deux autres moments principaux sont donnés par l'équation

$$\frac{3\alpha^2}{3\alpha^2+8\beta^2-3k^2}+\frac{6\beta^2}{4\alpha^2+7\beta^2-3k^2}=1,$$

d'où

$$k^2=\frac{1}{6}\left[4\alpha^2+9\beta^2\pm\sqrt{16\alpha^4+16\alpha^2\beta^2+49\beta^4}\right].$$

Quand α, β, γ sont égaux, le solide devenant un cube, P est un ellipsoïde de révolution autour de OG; le moment d'inertie autour de cette droite est $\frac{2}{3}\alpha^2$; les autres moments principaux sont égaux à $\frac{11}{3}\alpha^2$.

208. *Condition pour qu'une droite donnée* D *soit axe principal d'inertie en l'un de ses points* M : *applications.*

Rapportons le corps considéré à trois axes rectangulaires dont l'un, OX par exemple, coïncide avec D et soient x_1, y_1, z_1 les coordonnées du centre de gravité G, h l'abscisse du point M; on doit avoir

$$(1)\quad \Sigma my(x-h)=\Sigma mxy-\mathrm{M}hy_1=0,\quad \Sigma mzx-\mathrm{M}hz_1=0;$$

ces équations donnent pour h deux valeurs

$$(2)\qquad \frac{\Sigma mxy}{\mathrm{M}y_1},\quad \frac{\Sigma mxz}{\mathrm{M}z_1},$$

qui doivent être égales et finies. Quand y_1 et z_1 sont différents de zéro, il faut et il suffit que l'on ait

$$z_1\Sigma mxy=y_1\Sigma mzx$$

pour que D soit axe principal en un de ses points qui sera bien déterminé; si l'une des coordonnées, y_1 par exemple, est nulle, il faut et il suffit que le numérateur correspondant Σmxy soit nul. Enfin, quand y_1 et z_1 sont tous deux nuls, la droite D ne sera axe principal que si Σmxy et Σmxz s'annulent tous deux; mais alors elle sera axe principal en chacun de ses points.

Cherchons la condition pour qu'une arête AB d'un tétraèdre ABCD soit axe principal pour le solide en l'un de ses points. Prenons pour axe des x la droite AB, pour axe des y la perpendiculaire abaissée du milieu P de CD sur AB, pour axe des z une perpendiculaire aux deux autres axes. Le plan ABP, étant un plan diamétral, contient G et z_1 est nul : il faut donc que Σmxz soit aussi nul. Mais le tétraèdre peut être décomposé en éléments égaux, deux à deux situés sur une parallèle à CD à la même distance du plan diamétral ABP; leurs z sont égaux et de signes contraires; mais celui dont le z est positif aura une abscisse toujours plus grande ou toujours plus petite que celui dont le z est négatif et Σmxz ne sera pas nul; on n'échappera à cette conclusion que si la direction de CD est perpendiculaire à celle de AB, et c'est précisément la condition demandée.

Il y a une seconde manière de décider si une droite D est axe principal en l'un de ses points M : si on lui mène en ce point un plan perpendiculaire, ce plan sera tangent, en ce point même, à l'une des surfaces homofocales à l'ellipsoïde de Mac-Cullagh $\mathcal{E}$ relatif au centre de gravité. Or soient, par rapport aux axes principaux de G,

$$\frac{x^2}{a^2}+\frac{y^2}{b^2}+\frac{z^2}{c^2}=1, \quad \frac{x-p}{\alpha}=\frac{y-q}{\beta}=\frac{z-r}{\gamma}$$

les équations de $\mathcal{E}$ et de D : on trouve aisément que le lieu des points de contact des surfaces homofocales à $\mathcal{E}$ avec des plans perpendiculaires sur D peut être représenté par les équations

$$(b^2-c^2)\beta\gamma x+(c^2-a^2)\gamma\alpha y+(a^2-b^2)\alpha\beta z=0,$$
$$(\alpha x+\beta y+\gamma z)(\beta x-\alpha y)=(a^2-b^2)\alpha\beta;$$

c'est une hyperbole équilatère H située dans un plan P parallèle à D, ayant pour centre le point G et pour asymptote une parallèle à D : donc, pour que le point M existe, il faut et il suffit que D rencontre H et, pour cela, qu'elle ait un de ses points, par exemple le point p, q, r, dans le plan P :

$$(b^2-c^2)\beta\gamma p+(c^2-a^2)\gamma\alpha q+(a^2-b^2)\alpha\beta r=0;$$

alors D rencontrera l'hyperbole en un point unique à distance finie, à moins qu'elle ne passe en G, et nous savons ce qui arrive dans ce cas.

Cherchons enfin le cône formé par les droites D qui passent par un point donné O et sont des axes principaux en un de leurs points M, ce qui revient à dire qu'elles sont en ce point normales à l'une des surfaces homofocales de $\mathcal{E}$: une telle surface a pour équation

$$(1)\qquad \frac{(x-x_1)^2}{a^2-\lambda}+\frac{(y-y_1)^2}{b^2-\lambda}+\frac{(z-z_1)^2}{c^2-\lambda}=1,$$

quand on prend pour origine le point O et pour axes des parallèles aux axes principaux en G. Pour que la normale en un point (x, y, z) passe en O, il faut qu'on ait

$$(2)\qquad \frac{x}{\left(\dfrac{x-x_1}{a^2-\lambda}\right)}=\frac{y}{\left(\dfrac{y-y_1}{b^2-\lambda}\right)}=\frac{z}{\left(\dfrac{z-z_1}{c^2-\lambda}\right)}.$$

Multipliant haut et bas la première fraction par $x-x_1$, la seconde par $y-y_1$, la troisième par $z-z_1$ et combinant, on voit que chacune des fractions est égale, en vertu de (1), à $x(x-x_1)+y(y-y_1)+z(z-z_1)$; on peut aussi mettre les fractions (2) sous la forme

$$\frac{a^2-\lambda}{1-\dfrac{x_1}{x}}=\frac{b^2-\lambda}{1-\dfrac{y_1}{y}}=\frac{c^2-\lambda}{1-\dfrac{z_1}{z}}$$

et voir qu'elles sont égales aux fractions

$$\frac{a^2-b^2}{\frac{y_1}{y}-\frac{x_1}{x}}, \quad \frac{a^2-c^2}{\frac{z_1}{z}-\frac{x_1}{x}}.$$

Il suffit d'égaler ces valeurs deux à deux pour trouver que le lieu des points M est l'intersection des deux surfaces

$$(b^2-c^2)x_1yz+(c^2-a^2)y_1zx+(a^2-b^2)z_1xy=0,$$
$$(x^2+y^2+z^2-xx_1-yy_1-zz_1)(xy_1-yx_1)=(a^2-b^2)xy;$$

la première est un cône du second degré dont l'origine est le sommet : c'est le cône demandé.

Mouvement autour d'un axe fixe.

209. Considérons un système d'axes coordonnés rectangulaires et un solide dont deux points A et B sont fixés sur l'axe des z; le solide ne peut que tourner autour de OZ, et il est soumis en A et B aux réactions des appuis, dont nous désignerons les composantes par X_1, Y_1, Z_1, X_2, Y_2, Z_2. Il suffit d'écrire les théorèmes généraux sur l'accroissement des projections et des moments des quantités de mouvement du système, pour avoir six équations d'où l'on déduit le mouvement du corps et les réactions aux points fixes.

Soient a, b les z des points A, B; X, Y, Z les composantes d'une force extérieure appliquée au point (x, y, z): θ l'angle dont le corps a tourné à l'époque t; ω la vitesse angulaire $\frac{d\theta}{dt}$, et $\omega'=\frac{d\omega}{dt}$; x_1, y_1, z_1 les coordonnées du centre de gravité G, M la masse totale, $I=Mk^2$ le moment d'inertie autour de OZ, $\Sigma myz=\alpha$, $\Sigma mxz=\beta$. On a, en observant que chaque point décrit un cercle autour de OZ,

$$\frac{dx}{dt} = -\omega y, \quad \frac{d^2x}{dt^2} = -\omega^2 x - \omega' y;$$

$$\frac{dy}{dt} = \omega x, \quad \frac{d^2y}{dt^2} = -\omega^2 y + \omega' x, \quad \frac{d^2z}{dt^2} = 0;$$

et les équations du mouvement deviennent

$$(\mathrm{A}) \quad \left\{ \begin{array}{l} X_1 + X_2 + \Sigma X + M(\omega^2 x_1 + \omega' y_1) = 0, \\ Y_1 + Y_2 + \Sigma Y + M(\omega^2 y_1 - \omega' x_1) = 0, \\ Z_1 + Z_2 + \Sigma Z = 0, \\ a Y_1 + b Y_2 - \Sigma(yZ - zY) + \omega^2 \alpha - \omega' \beta = 0, \\ a X_1 + b X_2 - \Sigma(xZ - zX) + \omega^2 \beta + \omega' \alpha = 0, \\ M k^2 \omega' = \Sigma(xY - yX). \end{array} \right.$$

La dernière fait connaître la loi du mouvement; les première, deuxième, quatrième et cinquième, X_1, X_2, Y_1, Y_2; la troisième donne la somme $Z_1 + Z_2$, mais Z_1 et Z_2 ne peuvent être déterminés isolément, ce qui tient à l'hypothèse d'une rigidité absolue du corps mobile.

Supposons que les forces extérieures soient nulles ou se réduisent à un couple dont le plan est perpendiculaire sur AB : si cette droite est un axe principal d'inertie pour le centre de gravité, le solide tournera spontanément autour de AB sans qu'il soit nécessaire de fixer les deux points A et B. Si AB ne passe plus au centre de gravité, mais est axe principal d'inertie par rapport au point A, il suffira de fixer ce point, B restant libre, pour que le solide tourne indéfiniment autour de AB. Prenons dans ce cas le point A pour origine et faisons passer le plan des xz par le centre de gravité. La réaction R du point A aura pour composantes $-M\omega^2 x_1$ et $M\omega' x_1$: le couple N pourra être réalisé par une force $-$R appliquée en A et par une force R appliquée en un point P de coordonnées $\frac{k^2}{x_1}$, o, o : c'est le centre de percussion. Si le solide était uniquement sollicité par une force égale à R et appliquée en P, il pourrait tourner autour de OZ sans qu'aucun point de cet axe subît de pression.

210. *Un parallélépipède rectangle homogène pesant est fixé par les extrémités P, Q d'une de ses arêtes, qui est verticale : quelle vitesse faudrait-il lui donner pour que le point fixe inférieur Q n'éprouvât aucune pression?*

Soient $2c$ la longueur de PQ : si l'on prend cette arête pour axe des z et son milieu pour origine, α, β sont toujours nuls et les équations (A) deviennent

$$\begin{aligned}
&X_1 + X_2 + M(\omega^2 x_1 + \omega' y_1) = 0,\\
&Y_1 + Y_2 + M(\omega^2 y_1 - \omega' x_1) = 0,\\
&Z_1 + Z_2 - Mg = 0,\\
&c(Y_1 - Y_2) + M y_1 g = 0,\\
&c(X_1 - X_2) + M x_1 g = 0,\\
&\omega' = 0.
\end{aligned}$$

La vitesse angulaire conserve la valeur constante ω, et si l'on veut que $X_2 = Y_2 = 0$, on déduit des équations précédentes

$$X_1 + M x_1 \omega^2 = Y_1 + M y_1 \omega^2 = cY_1 + M y_1 g = cX_1 + M x_1 g = 0.$$

Pour qu'elles soient compatibles, il faut et il suffit que $c\omega^2 = g$; la réaction en P a pour composantes $-\frac{Mgx_1}{c}$, $-\frac{Mgy_1}{c}$, Mg; sa direction prolongée passe au centre du parallélépipède.

211. *Déterminer la forme d'un pendule composé, assujetti à certaines conditions, de façon à rendre minimum la longueur du pendule simple synchrone.*

Avec une quantité de matière donnée, on peut toujours former un pendule composé qui oscille aussi vite ou aussi lentement qu'on voudra; il suffit de lui donner la forme d'une très longue aiguille et de la faire osciller autour d'une parallèle à son axe qui en soit très voisine, ou d'une perpendiculaire à cet axe. Mais, si l'on impose certaines conditions à la forme du pendule, la longueur du pendule simple synchrone ne peut être inférieure à une certaine limite finie. On sait que, si a est la distance du centre de gravité G à l'axe de suspension supposé horizontal, k le rayon de gyration autour d'une parallèle à cet axe menée par G, la longueur du pendule simple synchrone est $l = a + \frac{k^2}{a}$; la forme du pendule étant donnée, l ne peut être minimum que si $a = k$; alors $l = 2k$, et l'on est ramené à former un corps de masse et d'espèce données, tel que son moment d'inertie, par rapport à un axe de direction donnée passant au centre de gravité, soit minimum. Il faut pour cela que, si l'on enlève ou qu'on ajoute une masse infiniment petite en des points quelconques de la surface, sans que cette surface cesse de remplir les conditions géométriques qui lui sont imposées, le moment d'inertie autour de l'axe donné éprouve une variation qui soit indépendante de l'endroit où l'on a retiré ou apporté de la matière : sinon, en enlevant de la matière aux points les plus sensibles pour la rapporter en d'autres moins sensibles, on diminuerait le moment d'inertie, qui, par suite, n'eût pas été minimum.

Supposons que le pendule cherché doive être un cylindre droit, d'épaisseur h et de masse m, oscillant autour d'une parallèle à ses génératrices, et menons la parallèle OX par le centre de gravité O. Si l'on veut retirer une petite quantité de matière sans changer la nature du pendule, il faut que cette petite masse soit répartie uniformément le long d'une génératrice : pour que la diminution correspondante du moment d'inertie soit constante, il faut que toutes les génératrices soient équidistantes de l'axe; la base du cylindre sera un cercle, et l'axe de suspension passera au milieu du côté du carré inscrit.

Demandons que le pendule soit de révolution autour d'un axe qui coupe à angle droit l'axe de suspension. Soit OX la parallèle à ce second axe par le centre de gravité : la masse dm qu'on enlève doit être répartie uniformément le long d'un parallèle de la surface; si r est le rayon, z la distance du plan du parallèle à l'axe, la variation du moment est

$$\left(z^2 + \frac{1}{2} r^2\right) dm.$$

Pour que ce soit une constante, il faut que l'équation de la surface soit

$$\frac{1}{2}(x^2 + y^2) + z^2 = c^2;$$

c'est un ellipsoïde de révolution aplati dont le volume, égal au volume donné, est $\frac{8}{3}\pi c^3$; et l'on a $k = c\sqrt{\frac{3}{5}}$.

212. *Une planche rectangulaire homogène et très mince est fixée aux extrémités* A *et* B *d'une de ses arêtes qui fait un angle i avec la verticale; mouvement de la planche quand on l'écarte de sa position d'équilibre; réaction des deux gonds.*

Je prends AB pour axe des z, son milieu O pour origine, la perpendiculaire à AB contenue dans le même plan vertical que cette droite pour axe des x et une perpendiculaire à ces deux droites pour axe des y; soient $2a$ la longueur AB, $2c$ la largeur de la planche. Le poids mg est appliqué au centre de gravité G, et ses composantes sont

$$X = mg\sin i, \quad Y = 0, \quad Z = -mg\cos i;$$

on a évidemment

$$\alpha = \Sigma myz = 0, \quad \beta = \Sigma mxz = 0.$$

J'appelle θ l'angle du plan de la porte avec ZOX et X_1, Y_1, Z_1, X_2, Y_2, Z_2 les composantes des réactions de A et de B.

Les équations générales deviennent

$$(1)\quad \begin{cases} X_1 + X_2 + mg\sin i + mc(\omega^2\cos\theta + \omega'\sin\theta) = 0, \\ Y_1 + Y_2 + mc(\omega^2\sin\theta - \omega'\cos\theta) = 0, \\ Z_1 + Z_2 - mg\cos i = 0, \\ a(Y_1 - Y_2) + cmg\cos i\sin\theta = 0, \\ a(X_1 - X_2) + cmg\cos i\cos\theta = 0, \end{cases}$$

$$\frac{4}{3}mc^2\omega' = -cmg\sin\theta\sin i.$$

La dernière donne, en multipliant par $\omega dt = d\theta$ et intégrant,

$$2c(\omega^2 - \omega_0^2) = 3g(\cos\theta - \cos\theta_0)\sin i.$$

Les oscillations sont isochrones à celles d'un pendule de longueur $\frac{4c}{3\sin i}$. Les premières équations (1) nous donneront X_1, X_2, Y_1, Y_2; mais, il est un peu plus simple de chercher les composantes des réactions dans le plan de la planche, parallèlement à OG, et suivant une normale à son plan; je désigne ces composantes par P_1, P_2, N_1, N_2 et je pose

$$\omega^2 = \frac{3g\sin i}{2c}(\cos\theta - h);$$

h est < -1 si la rotation est continue. On a d'ailleurs

$$P = X\cos\theta + Y\sin\theta, \quad N = Y\cos\theta - X\sin\theta;$$

si donc on ajoute la première et la deuxième équation (1), après les avoir multipliées par $\cos\theta$ et $\sin\theta$, ou par $-\sin\theta$ et $\cos\theta$, on a

$$P_1 + P_2 = -\frac{mg\sin i}{2}(5\cos\theta - 3h);$$

$$N_1 + N_2 = \frac{1}{4}mg\sin i\sin\theta.$$

Ajoutons au contraire la quatrième et la cinquième après avoir multiplié par $\frac{\sin\theta}{a}$ et $\frac{\cos\theta}{a}$, ou par $\frac{\cos\theta}{a}$ et $-\frac{\sin\theta}{a}$; on trouve

$$P_1 - P_2 = -\frac{cmg\cos i}{a}, \quad N_1 - N_2 = 0.$$

On peut ainsi calculer immédiatement les P et les N. Comme $N_1 = N_2$, sans que P_1 soit égal à P_2, les deux réactions n'ont pas de résultante, à moins que $\cos i$ ne soit nul, c'est-à-dire AB horizontal; alors

$$P_1 = P_2 = \frac{mg}{4}(3h - 5\cos\theta), \quad N_1 = N_2 = \frac{mg}{8}\sin\theta.$$

Si $\omega_0 = 0$ et $\theta_0 = \frac{\pi}{2}$, h est nul et $\frac{N_1}{P_1} = -\frac{1}{10}\tang\theta$; la tangente de l'angle de la réaction avec le plan de la porte est proportionnelle à $\tang\theta$.

213. *Oscillations d'une aiguille aimantée mobile autour d'un axe horizontal qui passe par son centre de gravité O; influence du frottement qui s'exerce sur l'axe quand l'aiguille oscille dans le plan du méridien magnétique.*

L'influence de la Terre sur une aiguille symétrique par rapport à son centre de gravité peut être représentée par l'action de deux forces F égales, parallèles et de sens contraires, appliquées en deux points P, P', symétriques par rapport à O; l'angle i de ces deux forces avec l'horizon est l'inclinaison, et le plan vertical qui leur est parallèle est le plan du méridien magnétique. F peut être remplacée par une composante verticale $F\sin i$, et une composante horizontale $F\cos i$; si donc l'axe de l'aiguille fait l'angle α avec le méridien magnétique, $F\cos i$ se décompose en deux autres, $F\cos i\sin\alpha$, dans le plan où peut se mouvoir l'aiguille, $F\cos i\cos\alpha$ parallèle à l'axe: l'aimant sera en équilibre quand l'angle i'

de P′P avec l'horizon est tel que

$$\cot i' = \sin \alpha \cot i.$$

Écartons PP′ d'un angle θ de sa position d'équilibre; si PP′ $= 2l$, l'aimant est soumis au couple

$$2Fl\sin\theta\sqrt{\sin^2 i + \cos^2 i \sin^2 \alpha};$$

en appelant mk^2 le moment d'inertie, on a

$$mk^2\omega' = -2Fl\sin\theta\sqrt{1 - \cos^2 i \cos^2 \alpha},$$

$$mk^2(\omega^2 - \omega_0^2) = 4Fl(\cos\theta - \cos\theta_0)\sqrt{1 - \cos^2 i \cos^2 \alpha}.$$

L'aiguille prend un mouvement pendulaire, d'où l'on déduit l'intensité des forces F. Supposons l'aiguille assujettie à rester dans le méridien: $\alpha = \frac{\pi}{2}$. Soient ρ le rayon de l'axe de suspension, $2a$ la distance des points d'appui, dont le milieu est en O; je prends cet axe pour axe des z, l'axe des y étant suivant la direction d'équilibre et l'axe des x perpendiculaire aux deux autres; et je désigne par θ l'angle de OP avec OY, le sens des angles positifs étant tel que pour OX, $\theta = -\frac{\pi}{2}$. Les composantes du poids sont $mg\sin i$, $mg\cos i$ et o, tandis que F est parallèle à OY. Par raison de symétrie, les points d'appui n'ont pas à fournir de réaction parallèle à OZ; leurs actions, égales entre elles, ont pour composantes X et Y; la force de frottement en chaque point d'appui est donc $\sin\varphi\sqrt{X^2 + Y^2}$. Comme $x_1, y_1, z_1, \alpha, \beta$ sont nuls, les troisième, quatrième et cinquième équations générales deviennent des identités, et les autres donnent, φ désignant l'angle de frottement,

$$2X + mg\sin i = 0, \quad 2Y + mg\cos i = 0,$$

$$mk^2\omega' = -2Fl\sin\theta + 2\rho\sin\varphi\sqrt{X^2 + Y^2}.$$

Le signe du dernier terme est pris en supposant que θ parte d'une valeur initiale positive λ pour décroître. On tire de nos équations

$$\frac{Y}{X} = \cot i, \quad 2\sqrt{X^2 + Y^2} = mg.$$

La réaction de chaque appui est toujours verticale et égale à la moitié du poids. L'équation du mouvement devient

$$mk^2\omega' = -2Fl\sin\theta + mg\rho\sin\varphi.$$

Pour que le mouvement naisse, il faut

$$2Fl\sin\lambda > mg\rho\sin\varphi;$$

s'il en est ainsi, intégrons en multipliant par $2\omega\,dt = 2\,d\theta$:

$$mk^2\omega^2 = 4Fl(\cos\theta - \cos\lambda) + 2mg\rho(\theta - \lambda)\sin\varphi.$$

Cette formule est applicable jusqu'à ce que θ ait atteint une valeur λ_1 pour laquelle ω s'annule. A cause de la petitesse de $\rho\sin\varphi$, λ_1 ne diffère pas beaucoup de $-\lambda$; écrivons que ω^2 s'annule pour $\theta = -\lambda + h$,

$$2Fl[\cos(\lambda - h) - \cos\lambda] - mg\rho(2\lambda - h)\sin\varphi = 0.$$

Développons $\cos(\lambda - h)$ par la formule de Taylor, et négligeons les termes du deuxième ordre :

$$2Flh\sin\lambda - 2mg\rho\lambda\sin\varphi = 0, \quad h = \frac{mg\rho\lambda\sin\varphi}{Fl\sin\lambda};$$

si λ est peu considérable, $\frac{\lambda}{\sin\lambda}$ diffère peu de 1, h est sensiblement constant, et l'on voit que l'amplitude des oscillations décroît suivant une progression arithmétique; quand le sinus de cette amplitude est devenu $< \frac{mg\rho\sin\varphi}{2Fl}$, l'aiguille s'arrête, faisant en général un petit angle avec OY.

Mouvement autour d'un point fixe.

214. Considérons un solide assujetti à tourner autour d'un point O et sollicité par des forces quelconques; le mouvement élémentaire est une rotation autour d'un axe instantané OI, et il suffirait de connaître la grandeur et la direction de la droite $OI = \omega$ qui représente cette rotation à chaque instant pour être ramené à une question de Calcul intégral. Menons trois axes rectangulaires fixes OX_1, OY_1, OZ_1; la somme des moments des quantités de mouvement par rapport à OX_1 est de la forme

$$p_1 \Sigma m(y_1^2 + z_1^2) - q_1 \Sigma m x_1 y_1 - r_1 \Sigma m x_1 z_1;$$

la dérivée par rapport au temps est égale à la somme des moments des forces extérieures, mais elle est difficile à calculer à cause des Σ qui y figurent et qui varient avec le temps. Aussi Euler a-t-il cherché les projections p, q, r de OI sur les axes principaux OX, OY, OZ relatifs au point O; ces axes sont mobiles, mais il suffit de connaître leur position à un instant donné pour avoir celle du corps.

Soient A, B, C les moments d'inertie principaux au point O : les moments des quantités de mouvement par rapport à OX, OY, OZ ont pour sommes respectives Ap, Bq, Cr; ces sommes sont égales aux projections de l'axe G du couple résultant des quantités de mouvement et l'on a

$$G^2 = A^2p^2 + B^2q^2 + C^2r^2;$$

le plan du couple lui-même, défini par l'équation

$$Apx + Bqy + Crz = 0,$$

est le plan diamétral conjugué de l'axe instantané OI par rapport à l'ellipsoïde central. Le moment d'inertie du solide autour de OI a pour valeur

$$\mu = A\frac{p^2}{\omega^2} + B\frac{q^2}{\omega^2} + C\frac{r^2}{\omega^2} = \frac{G}{\omega}\cos(G, \omega);$$

on en conclut que la somme $\mu\omega$ des moments des quantités de mouvement par rapport à OI est égale à la projection de G sur OI et que la force vive est $Ap^2 + Bq^2 + Cr^2$.

En exprimant que la vitesse de l'extrémité de l'axe $OK = G$ du couple des quantités de mouvement a ses projections sur OX, OY, OZ égales à celles de l'axe OR du couple résultant des forces extérieures, M. Resal obtient d'une façon très élégante les équations d'Euler :

$$(1) \qquad \begin{cases} A\dfrac{dp}{dt} + (C - B)qr = L, \\ B\dfrac{dq}{dt} + (A - C)rp = M, \\ C\dfrac{dr}{dt} + (B - A)pq = N. \end{cases}$$

En général, ces équations ne peuvent s'intégrer directement parce que L, M, N ne sont pas exprimés en fonction de p, q, r, mais en fonction des trois paramètres propres à définir la position du solide dans l'espace. Les paramètres qu'on emploie le plus souvent sont les trois angles d'Euler. Supposons qu'il faille une rotation positive de 90° autour de OZ pour amener OX sur OY, et ainsi de suite, et soit OU une moitié de l'intersection des plans OX_1Y_1 et OXY : nous appelons ψ l'angle dont il faut faire tourner OX_1 autour de OZ_1 dans le sens positif pour le faire coïncider avec OU, φ l'angle dont il faut faire tourner dans le sens positif OU autour de OZ pour l'amener sur OX, et θ l'angle dont OZ_1 doit tourner autour de OU pour coïncider avec OZ; ces trois angles peuvent prendre des valeurs quelconques. On établit en Cinématique les trois relations suivantes :

$$(2)\qquad \begin{cases} p = \sin\theta \sin\varphi \dfrac{d\psi}{dt} + \cos\varphi \dfrac{d\theta}{dt}, \\ q = \sin\theta \cos\varphi \dfrac{d\psi}{dt} - \sin\varphi \dfrac{d\theta}{dt}, \\ r = \cos\theta \dfrac{d\psi}{dt} + \dfrac{d\varphi}{dt}. \end{cases}$$

Ces relations permettent de transformer les équations (1) en un système de trois équations du second ordre entre ψ, φ, θ et t; on peut aussi conserver les six équations simultanées (1) et (2).

Quand deux des moments principaux, A et B par exemple, sont égaux, rien ne distingue, dans le plan de l'équateur de l'ellipsoïde central, les droites que nous avons prises pour axes des x et des y et l'on peut supposer qu'à un instant donné, φ soit nul. Dans cette hypothèse, les valeurs de p, q et celles de $\frac{dp}{dt}$, $\frac{dq}{dt}$ qu'on obtient en différentiant les deux premières équations (2) se réduisent à

$$\frac{d\theta}{dt},\ \sin\theta\frac{d\psi}{dt},\ \frac{d^2\theta}{dt^2}+\sin\theta\frac{d\varphi}{dt}\frac{d\psi}{dt},\ \sin\theta\frac{d^2\psi}{dt^2}+\cos\theta\frac{d\theta}{dt}\frac{d\psi}{dt}-\frac{d\theta}{dt}\frac{d\varphi}{dt}.$$

Portons ces valeurs dans les deux premières équations d'Euler où nous remplacerons L et M par des quantités P, Q pour rappeler qu'on prend les projections de l'axe OR sur OU et sur une perpendiculaire, puis réduisons les coefficients de A en tenant compte de la troisième équation (2); enfin écrivons la troisième équation d'Euler où le terme en A — B disparaît et nous aurons

$$(3)\qquad \begin{cases} A\left(\dfrac{d^2\theta}{dt^2} - \sin\theta\cos\theta\dfrac{d\psi^2}{dt^2}\right) + Cr\sin\theta\dfrac{d\psi}{dt} = P, \\ A\left(\sin\theta\dfrac{d^2\psi}{dt^2} + 2\cos\theta\dfrac{d\theta}{dt}\dfrac{d\psi}{dt}\right) - Cr\dfrac{d\theta}{dt} = Q, \\ C\dfrac{dr}{dt} = C\dfrac{d}{dt}\left(\cos\theta\dfrac{d\psi}{dt} + \dfrac{d\varphi}{dt}\right) = N. \end{cases}$$

Ces équations sont dues à M. Resal : comme l'instant t auquel elles se rapportent est quelconque, elles subsistent pendant toute la durée du mouvement et ont l'avantage de ne contenir φ que par ses deux premières dérivées.

Il va de soi que, si l'application des théorèmes généraux de la Dynamique peut fournir une ou plusieurs équations entre p, q, r, φ, ψ, θ et t, on aura le droit de les substituer à pareil nombre des équations (1) et (2) dont l'intégration pourra être facilitée par cette substitution. On sait que la force vive est égale à $Ap^2 + Bq^2 + Cr^2$.

Quant aux composantes de la réaction exercée en O sur le solide, on les calculera en exprimant que le centre de gravité se meut comme un point de masse M sollicité par cette réaction et par la résultante de translation des forces extérieures.

215. *Influence des forces extérieures sur la rotation du solide. Application.*

Bien que les axes OX, OY, OZ soient mobiles, on a vu en Cinématique que les valeurs de dp, dq, dr correspondant à un temps dt représentent les composantes de la vitesse de rotation acquise pendant ce temps suivant les droites qui, à l'instant t, coïncident avec OX, OY, OZ. Or les équations d'Euler montrent que ces composantes sont formées de deux parties :

$$1^\circ \qquad \frac{B-C}{A}qr\,dt, \quad \frac{C-A}{B}rp\,dt, \quad \frac{A-B}{C}pq\,dt,$$

$$2^\circ \qquad \frac{L}{A}dt, \quad \frac{M}{A}dt, \quad \frac{N}{A}dt;$$

les premières parties sont acquises sous l'influence seule de l'inertie, les secondes ont pour résultante la rotation $d\omega$ communiquée spécialement par les forces extérieures et l'on voit que l'axe de cette rotation élémentaire est dirigé suivant le diamètre de l'ellipsoïde central E conjugué au plan du couple résultant des forces extérieures. Soient R le moment de ce couple, i l'angle de son axe avec le diamètre OI conjugué à son plan par rapport à E : on a

$$\cos i = \frac{L}{R}\frac{L\,dt}{A\,d\omega} + \frac{M}{R}\frac{M\,dt}{B\,d\omega} + \frac{N}{R}\frac{N\,dt}{C\,d\omega} = \frac{d\omega}{R\,dt}\left[A\left(\frac{L\,dt}{A\,d\omega}\right)^2 + \ldots\right];$$

mais la quantité entre crochets est égale au moment d'inertie μ du solide autour de OI; $d\omega$ est donc égal à $\frac{R\cos i}{\mu}dt$.

Considérons, par exemple, un cube homogène mobile autour d'un de ses sommets O et cherchons le mouvement que lui communiquera, au bout d'un temps dt, une force F appliquée normalement au point M d'une des faces qui se coupent en O. Soient OA, OB, OC les arêtes, de longueur $2a$, qui aboutissent en O et supposons M situé dans la face OBC. Comme il nous suffit d'appliquer les résultats énoncés il n'y a qu'un instant, nous prendrons pour axes coordonnés les arêtes OA, OB, OC, et les résultats actuels seront plus faciles à discuter. Si la masse du cube est $3m$, on trouve pour l'équation de E

$$ma^2[8(x^2+y^2+z^2)-6(yz+zx+xy)]=1.$$

Soient o, b, c les coordonnées du point M; le plan du couple résultant de la translation de F en O a pour équation $cy - bz = 0$; son diamètre conjugué OI,

$$8x-3y-3z=0, \quad b(8y-3z-3x)+c(8z-3x-3y)=0,$$

a des cosinus directeurs déterminés par les équations

$$\frac{\alpha}{3b-3c}=\frac{\beta}{3b-5c}=\frac{\gamma}{5b-3c}=\frac{\alpha+\beta+\gamma}{11b-11c}=\frac{1}{\sqrt{43b^2+43c^2-78bc}};$$

ces cosinus définissent la direction de l'axe $d\omega$. Pour en calculer la grandeur, remarquons que le moment R est égal à $F\sqrt{b^2+c^2}$; puis les cosinus directeurs de OR étant 0, $-\frac{c}{\sqrt{b^2+c^2}}$, $\frac{b}{\sqrt{b^2+c^2}}$, on a

$$\cos i = \frac{5b^2+5c^2-6bc}{\sqrt{b^2+c^2}\sqrt{43b^2+43c^2-78bc}};$$

enfin, nous pouvons écrire

$$\begin{aligned}\mu &= ma^2[11(\alpha^2+\beta^2+\gamma^2)-3(\alpha+\beta+\gamma)^2]\\ &= 11\,ma^2\frac{43b^2+43c^2-78bc-33(b-c)^2}{43b^2+43c^2-78bc}\\ &= 22\,ma^2\frac{5b^2+5c^2-6bc}{43b^2+43c^2-78bc}.\end{aligned}$$

En substituant ces valeurs dans la formule générale, il se présente de grandes réductions et l'on trouve

$$d\omega = \frac{F\,dt}{22\,ma^2}\sqrt{43b^2+43c^2-78bc}.$$

On retrouverait les résultats précédents en égalant les moments des quantités de mouvement par rapport à OA, OB, OC aux moments de l'impulsion élémentaire de la force F.

216. *Remarques relatives au cas où il n'y a pas de forces extérieures.*

Lorsqu'il n'y a pas de forces extérieures ou que ces forces ont une résultante passant par le point fixe, le solide se meut suivant les lois que Poinsot a mises en lumière. L'axe du couple résultant des quantités de mouvement conserve une direction fixe dans l'espace, OK, et une grandeur constante G; la force vive H est aussi constante. L'ellipsoïde d'inertie E relatif au point O se déplace de manière à être toujours tangent à un plan Π, mené à une distance $\delta = \frac{\sqrt{H}}{G}$ du point fixe perpendiculairement à OK et que j'appellerai le *plan fixe;* j'appellerai aussi *pôle* le point de contact variable M de E avec Π. L'axe instantané de rotation est dirigé suivant OM et la vitesse angulaire du solide autour de cette droite est

$$(1) \qquad \omega = \text{OM}\sqrt{H} = \rho\sqrt{H},$$

OM étant égal à ρ; la projection de l'axe représentatif de cette rotation sur OK est

$$\omega \cos \text{MOK} = \frac{H}{G}.$$

Poinsot a reconnu que plusieurs quantités, qui dépendent du mouvement du solide, restent constantes. Signalons d'abord la somme des carrés des distances des sommets de E à l'axe OK :

$$2\sum\frac{1}{A}(1-\cos^2\text{KOX}) = 2\sum\frac{1}{A}\left(1-\frac{A^2p^2}{G^2}\right) = 2\sum\frac{1}{A} - \frac{2H}{G^2}.$$

En second lieu, prenons sur les axes principaux des longueurs $O\alpha$, $O\beta$, $O\gamma$ égales à $\sqrt{A}$, $\sqrt{B}$, $\sqrt{C}$: je dis que la somme des aires décrites par les projections de $O\alpha$, $O\beta$, $O\gamma$ sur le plan Π est proportionnelle au temps. En effet, la vitesse aréolaire de la projection du point α est égale à la moitié de la quantité de mouvement, par rapport à OK, d'une masse égale à l'unité et placée en α : les moments de cette quantité de mouvement par rapport à OX, OY, OZ étant o, Aq, Ar, son moment relatif à OK sera

$$Aq\,\frac{Bq}{G} + Ar\,\frac{Cr}{G} = \frac{AH - A^2p^2}{G};$$

on en conclut aisément que les aires considérées ont pour

somme

$$\frac{1}{2}\left(\frac{A+B+C}{G}H - G\right)t.$$

Nous supposerons toujours B compris entre A et C s'il n'est égal à l'une de ces limites : les différences A — B, B — C, A — C ont le même signe et l'on reconnaît que ce signe est celui des binômes $AH - G^2$ et $G^2 - CH$; mais on ne peut rien dire *a priori* du signe de $BH - G^2$; cette différence est $\gtrless 0$ suivant que $\frac{H}{G^2}$ est $\gtrless \frac{1}{B}$, c'est-à-dire suivant que la distance δ du plan fixe II au point O est supérieure ou inférieure au demi-axe moyen de E ; la connaissance des données initiales tranche la question dans chaque exemple. Pour réduire le nombre des cas à considérer dans la discussion du mouvement de Poinsot, nous admettrons qu'on ait choisi celui des moments principaux qu'on désigne par A de manière que le signe de $BH - G^2$ soit celui de A — B, A — C, B — C, $AH - G^2$, $G^2 - CH$.

Quand les six binômes précédents sont différents de zéro, p, q, r et les lignes trigonométriques de θ, φ, ψ s'expriment à l'aide de fonctions elliptiques du temps. Je ne reprendrai pas ici ces formules non plus que l'étude très facile de la polhodie ; je rappellerai seulement qu'avec nos conventions la partie utile de cette courbe est située tout entière d'un côté du plan des xy : les sommets m, m' qui sont dans le plan des yz correspondent au minimum de la distance OM et au maximum de l'angle MOZ ; les sommets n, n' situés dans le plan des zx correspondent au maximum de OM et au minimum de ZOM. Quand $BH - G^2$ est nul, la polhodie se compose de deux ellipses, mais le pôle M ne se déplace réellement que sur une moitié de l'une de ces courbes.

217. *Équation de l'herpolhodie; généralisation du mouvement de Poinsot.*

L'herpolhodie est la courbe U décrite par le pôle M dans le plan Π ; M. Darboux a fait connaître une méthode bien préférable à celle de Poinsot pour en trouver l'équation. Soient M, M_1 les positions du pôle aux époques t et $t+dt$, M' la position occupée, à l'instant t, par le point du solide qui doit venir coïncider avec M_1, P le point où la droite OK rencontre Π. Le cône (C) qui a pour sommet le point O et pour base la polhodie devant rouler sans glisser sur le cône fixe (C_1) qui a l'herpolhodie pour base, les triangles OMM_1, OMM' sont équivalents, leurs plans font un angle infiniment petit et PMM_1 est égal à la projection de OMM' sur le plan Π ou encore à la somme des projections des triangles ε_x, ε_y, ε_z suivant lesquels OMM' se projette sur les plans OYZ, OZX, OXY.

Déterminons la position du point M dans le plan Π par sa distance u au point P et par l'angle λ de PM avec un axe fixe PM_0 : le secteur PMM_1 a pour mesure $\frac{1}{2}u^2\,d\lambda$. Les coordonnées x, y, z du pôle dans le solide sont égales à $\frac{p\rho}{\omega}$, $\frac{q\rho}{\omega}$, $\frac{r\rho}{\omega}$ ou, (1) n° 216, à $\frac{p}{\sqrt{H}}$, $\frac{q}{\sqrt{H}}$, $\frac{r}{\sqrt{H}}$; on a donc

$$\varepsilon_x = \pm\frac{1}{2}(y\,dz - z\,dy) = \pm\frac{1}{2}\,\frac{q\,dr - r\,dq}{H};$$

mais les deux dernières équations d'Euler donnent ici

$$dq = \frac{C-A}{B}\,pr\,dt, \quad dr = \frac{A-B}{C}\,pq\,dt,$$

$$\pm\varepsilon_x = \frac{B(A-B)q^2 + C(A-C)r^2}{2BCH}\,p\,dt = \frac{AH-G^2}{2BCH}\,p\,dt.$$

On a donc, en additionnant les projections de ε_x, ε_y, ε_z sur Π,

$$(1) \qquad \pm u^2\,d\lambda = \sum \frac{Ap}{G}\,\frac{AH-G^2}{BCH}\,p\,dt = \frac{HJ^3-G^4}{ABCHG}\,dt,$$

en désignant $\Sigma A^3 p^2$ par J^3. On a d'ailleurs

$$(2) \qquad \Sigma A^2 p^2 = G^2, \quad \Sigma A p^2 = H, \quad \Sigma p^2 = H\rho^2 = H\left(u^2 + \frac{H}{G^2}\right).$$

Éliminant p^2, q^2, r^2 entre ces équations et celle qui définit J^3, on trouve

$$\begin{vmatrix} A^3 & B^3 & C^3 & J^3 \\ A^2 & B^2 & C^2 & G^2 \\ A & B & C & H \\ 1 & 1 & 1 & Hu^2 + \frac{H^2}{G^2} \end{vmatrix} = 0.$$

Si je développe par rapport aux éléments de la quatrième colonne, je puis diviser par $(B - C)$, $(C - A)$, $(A - B)$ et tirer de l'équation

$$J^3 = ABCHu^2 + \frac{ABCH^2}{G^2} - (BC + CA + AB)H + (A + B + C)G^2.$$

Substituant dans la dernière valeur (1) de $u^2\,d\lambda$, on voit aisément qu'elle prend la forme très simple

$$(3) \qquad u^2 \frac{d\lambda}{dt} = \pm \frac{Hu^2 + T}{G},$$

si l'on pose

$$(4) \qquad T = \frac{(AH - G^2)(BH - G^2)(CH - G^2)}{ABCHG^2}.$$

On a d'autre part, en se reportant aux équations d'Euler,

$$u\,du = \frac{p\,dp + q\,dq + r\,dr}{H} = \frac{pqr\,dt}{H} \sum \frac{B - C}{A};$$

mais on a identiquement

$$\sum \frac{B - C}{A} = \frac{(C - B)(A - C)(B - A)}{ABC};$$

les équations (2) donnent

$$p^2 = \frac{BCH}{(A-B)(A-C)}\left(u^2 - \frac{TA}{G^2 - AH}\right)$$

et l'on en déduit q^2 et r^2 par permutations tournantes. Eu égard à ces résultats, la valeur de $u\,du$ donne

$$(5)\qquad u\frac{du}{dt} = \pm\sqrt{-H\left(u^2 - \frac{TA}{G^2 - AH}\right)\left(u^2 - \frac{TB}{G^2 - BH}\right)\left(u^2 - \frac{TC}{G^2 - CH}\right)};$$

il suffit d'éliminer dt entre les équations (3) et (5) pour avoir l'équation de l'herpolhodie.

La vitesse aréolaire du pôle s'exprime par une fonction linéaire de u^2 et $u\frac{du}{dt}$ par la racine carrée d'un polynôme $F(u^2)$ du troisième degré en u^2; le coefficient de u^6 est essentiellement négatif et le terme constant est égal et de signe contraire au carré du terme constant dans la vitesse aréolaire; il en résulte, et l'on s'en assure en ajoutant les équations (3) et (5) après les avoir élevées au carré, que ρ^2 est une fonction bicarrée de u. Si j'appelle υ_1, υ_2, υ_3 les racines de $F(u^2)$ dans l'ordre où elles se présentent sous le radical (5), on a, en se rappelant nos conventions sur la grandeur de A, B, C,

$$\upsilon_3 < 0 < \upsilon_1 < \upsilon_2$$

et u^2 variera entre υ_1 et υ_2. L'herpolhodie est comprise entre deux cercles qu'elle va toucher alternativement, M. de Sparre a montré qu'elle n'a pas de points d'inflexion, mais la démonstration de ce curieux théorème nous entraînerait trop loin et je renverrai le lecteur à une *Note sur le mouvement d'un solide autour d'un point fixe* que j'ai publiée chez M. Gauthier-Villars en 1887.

Quand $AH - G^2$ ou $G^2 - CH$ s'annulent, l'herpolhodie se réduit à un point; si c'est $BH - G^2$, son équation ne dépend plus que des fonctions élémentaires : les équations (3) et (5) deviennent

$$\frac{d\lambda}{dt} = \sqrt{\frac{H}{B}}, \quad \frac{du}{dt} = u\sqrt{H(\alpha^2 - u^2)}, \quad \left[\alpha^2 = \frac{(A-B)(B-C)}{ABC}\right];$$

après avoir éliminé dt, on intègre aisément et il vient

$$\frac{\alpha}{u} = \frac{1}{2}\left(e^{\alpha\lambda\sqrt{B}} + e^{-\alpha\lambda\sqrt{B}}\right).$$

Voyons quelle est, dans le cas général, la position relative des cônes (C) et (C_1) ; le premier est du second degré et a pour axe OZ, le second est transcendant, mais partout concave vers OP, qui est pour lui comme une sorte d'axe. Considérons l'instant où la génératrice de contact passe au sommet n de la polhodie qui est dans le plan OXZ : une figure très simple montre que, suivant que OZ coïncide avec l'axe majeur ou avec l'axe mineur de E, c'est-à-dire suivant que A est $\gtrless$ C ou BH $\gtrless G^2$, la perpendiculaire OP abaissée sur le plan tangent à E au point n tombe en dehors de (C) ou bien à son intérieur entre On et OZ. Dans le premier cas, les deux cônes sont extérieurs l'un à l'autre; dans le second, ils sont situés du même côté de leur plan tangent commun; mais ZOn est le minimum de l'angle des génératrices de (C) avec OZ, tandis que POn est le maximum de l'angle des génératrices de (C_1) avec OP; et cependant ZOn est $>$ POn; il faut en conclure que le cône fixe (C_1) est tout entier à l'intérieur de (C) qui roule sur lui en l'enveloppant.

Quand le mouvement d'un point μ dans un plan est défini par des équations de la forme

$$(6) \qquad \begin{cases} u^2 \dfrac{d\lambda}{dt} = gu^2 + h, \\ u^2 \dfrac{du^2}{dt^2} = -k^2u^6 + lu^4 + mu^2 + n = \Phi(u^2), \end{cases}$$

n étant égal à $-h^2$, on peut se demander si la trajectoire V est une herpolhodie : il faut, pour qu'il en soit ainsi, qu'on puisse trouver pour A, B, C, G, H des valeurs qui rendent les équations (3) et (5) identiques à (6). On voit d'abord qu'il faut prendre $H = k^2$, $G = \pm \frac{k^2}{g}$, le signe $\pm$ étant choisi de telle sorte que G soit positif; on fera aussi $T = \frac{k^2 h}{g}$. Si alors on sait résoudre l'équation $\Phi(u^2) = 0$, on égalera les racines aux quantités υ_1, υ_2, υ_3 en évidence sous le radical (5) et l'on en déduira successivement A, B, C; sinon, on remplacera dans $\Phi(u^2)$ l'inconnue u^2 par $\frac{\varphi T}{G^2 - \varphi H}$ et l'on obtiendra une équation du troisième degré en φ ayant pour racines A, B, C.

Il n'arrivera pas toujours que les valeurs obtenues pour A, B, C puissent représenter les moments principaux d'un solide, quantités essentiellement positives et dont chacune est moindre que la somme des deux autres; s'il n'en est pas ainsi, V ne sera pas une véritable herpolhodie. Mais alors, soit S une quadrique définie, avec les valeurs trouvées pour A, B, C, par l'équation

$$Ax^2 + By^2 + Cz^2 = 1 :$$

si elle pivote autour de son centre O de manière à toucher en un point variable μ un plan fixe mené à la distance $\frac{\sqrt{H}}{G} = \frac{g}{k}$ du point O, l'axe instantané de rotation étant dirigé suivant $O\mu$ et égal à $k.\, O\mu$, le mouvement de S aura la plus grande analogie avec celui du solide de Poinsot et M. Darboux lui donne, dans une acception générale, le nom de *mouvement de Poinsot;* le lieu des points de contact μ est la ligne V et conserve le nom d'*herpolhodie;* il peut y avoir des points d'inflexion ou de rebroussement. Enfin les composantes de la rotation de S suivant ses axes satisfont à des équations de la forme

$$\frac{dp}{dt} = \frac{B - C}{A} qr, \quad \ldots,$$

qui deviennent une généralisation de celles d'Euler.

218. *Mouvement d'un anneau homogène* S *dont le centre* O *est immobile et coïncide avec celui d'un anneau fixe beaucoup plus grand que* S, *et dont les molécules sont attirées par celles du grand anneau suivant la loi de Newton; le mouvement initial de* S *est donné. Discussion.*

Prenons le centre O pour origine, les plans du grand et du petit anneau pour plans des $x_1 y_1$ et des xy : la position de S sera définie par les trois angles d'Euler. Soient M et m les masses des deux anneaux, R et a leurs rayons, f le coefficient de l'attraction : on a vu (n° 85) que les forces appliquées à S peuvent se réduire à un couple dont l'axe est dirigé suivant la ligne des nœuds OU et dont le moment est $\frac{3}{4} f\text{M}m \frac{a^2}{\text{R}^2} \sin\theta\cos\theta$, en négligeant les termes en $\frac{a^4}{\text{R}^4}$. Le moment d'inertie C est ma^2, A et B étant égaux chacun à la moitié de C; le mouvement de S peut être déterminé à l'aide des équations de M. Resal, qui, en posant

$$\frac{3f\text{M}}{2\text{R}^2} = \mu$$

et divisant par $\frac{1}{2} ma^2$, deviennent

$$\frac{d\theta'}{dt} - \psi'^2 \sin\theta\cos\theta + 2r\psi'\sin\theta = -\mu\sin\theta\cos\theta,$$

$$\sin\theta\frac{d\psi'}{dt} + 2\theta'\psi'\cos\theta - 2r\theta' = 0, \quad \frac{dr}{dt} = 0.$$

La dernière montre que r sera constant; la seconde s'intègre en multipliant tous ses termes par $\sin\theta$; et, si l'on désigne par α, ε, ζ les valeurs initiales de θ, θ', ψ', on trouve

$$(1) \qquad \psi' \sin^2\theta + 2r\cos\theta = \zeta\sin^2\alpha + 2r\cos\alpha;$$

cette intégrale exprime que la projection de G sur OZ_1 est nulle, puisque les composantes de G suivant OU, OV, OZ sont $A\theta'$, $A\psi'\sin\theta$ et Cr ou $2Ar$; on aurait pu l'écrire *a priori*, car la vitesse de l'extrémité de l'axe du couple des quantités de mouvement G est représentée par l'axe du couple résultant des forces extérieures; elle est donc perpendiculaire sur OZ_1, et la projection de G sur cette droite constante aussi bien que sur OZ.

Enfin, multiplions la première équation de M. Resal par $2\theta'$, la seconde par $2\psi'\sin\theta$ et ajoutons membre à membre : on peut intégrer les deux membres et il vient

$$\theta'^2 + \psi'^2\sin^2\theta = \varepsilon^2 + \zeta^2\sin^2\alpha + \mu(\cos^2\theta - \cos^2\alpha);$$

c'est l'intégrale des forces vives : si l'on y remplace ψ' par sa valeur tirée de l'équation (1), il vient, après de simples réductions,

$$(2) \quad \left\{ \begin{aligned} \theta'^2\sin^2\theta = {} & \varepsilon^2(1-\cos^2\theta) + (\cos\theta - \cos\alpha) \\ & \times \{ [\mu(1-\cos^2\theta) - \zeta^2\sin^2\alpha](\cos\theta + \cos\alpha) \\ & + 4r\zeta\sin^2\alpha - 4r^2(\cos\theta - \cos\alpha) \}. \end{aligned} \right.$$

Cette équation permet de déterminer θ en fonction de t; le second membre est un polynôme du quatrième degré en $\cos\theta$; si nous le désignons par $F(\cos\theta)$, nous aurons

$$F(\cos\alpha) = \varepsilon^2\sin^2\alpha$$

et

$$(3) \qquad F(\pm 1) = -(1 \mp \cos\alpha)^2(2r - \zeta\cos\alpha \mp \zeta)^2.$$

Écartons les cas particuliers dans lesquels $F(1)$ ou $F(-1)$ s'annule : nous pouvons supposer α compris entre o et π, et θ ne peut atteindre aucune de ces limites; quand on fait croître θ de α jusqu'à π ou quand on le fait décroître de α à zéro, on rencontre deux valeurs, θ_1 et θ_2, pour lesquelles $F(\cos\theta)$ s'annule et devient négatif; θ ne peut varier qu'entre θ_1 et θ_2 et, en général, il oscille d'une limite à l'autre dans un temps fini. Toutefois, si l'équation $F(\cos\theta) = 0$ admet une racine double $\cos\beta$ comprise entre $\cos\theta_1$ et $\cos\theta_2$, β deviendra une limite vers laquelle θ tendra indéfiniment sans jamais l'atteindre; en effet, dans notre hypothèse, l'équation (2) donne pour dt une valeur de la forme

$$(4) \qquad dt = \pm \frac{\sin\theta\, d\theta}{(\cos\beta - \cos\theta)\sqrt{F_1(\cos\theta)}}$$

et, si l'on intègre jusqu'à $\theta = \beta$, t devient infini. Dans tous les cas, une fois θ connu en fonction de t, l'équation (1) déterminera ψ.

Cherchons quelles doivent être les conditions initiales du mouvement pour que θ garde une valeur constante, qui ne sera autre que α : il faut évidemment que ε soit nul et que $\cos\alpha$ annule $F(\cos\theta)$; mais ce ne doit pas être une racine simple, car α se confondrait avec l'une des limites θ_1, θ_2 que θ ne doit pas franchir, et la valeur de dt tirée de (2) prendrait la forme

$$dt = \pm\sqrt{\frac{\sin\theta\, d\theta}{(\cos\theta - \cos\alpha)\, F_2(\cos\theta)}},$$

$F_2(\cos\alpha)$ n'étant pas nul; au bout d'un temps limité θ différerait de α d'une quantité finie. Si, au contraire, $\cos\alpha$ est racine multiple de $F(\cos\theta) = 0$, la valeur de dt prendra la forme (4), sauf le changement de β en α, et si l'on intègre à partir de α, il faudrait un temps infini pour que θ atteignît une valeur différente de cette limite; c'est donc la condition nécessaire et suffisante pour que θ ne varie pas; elle suppose que le coefficient de $\cos\theta - \cos\alpha$ dans l'équation (2) s'annule pour $\theta = \alpha$; les conditions initiales demandées sont donc

$$\varepsilon = 0, \quad (\mu - \zeta^2)\cos\alpha + 2r\zeta = 0;$$

si elles sont remplies, S aura un mouvement de précession uniforme.

On obtient encore des résultats simples quand on suppose l'axe OZ primitivement immobile, mais la vitesse r de rotation de l'anneau autour de cette droite extrêmement considérable. Pour peu que θ s'écarte de α, $F(\cos\theta)$ devient négatif; si donc on pose $\theta = \alpha - x$, x devra rester très petit et, dans les équations (1) et (2), après avoir fait $\varepsilon = \zeta = 0$, on pourra remplacer les autres termes par leur partie principale que donne la formule de Taylor : on aura

$$\psi' \sin\alpha = -2rx, \quad x'^2 = x(\mu \sin 2\alpha - 4r^2 x).$$

On voit que l'intégrale de la seconde équation peut se mettre sous la forme

$$x = \frac{\mu \sin 2\alpha}{8r^2}(1 - \cos 2rt);$$

en substituant dans la première équation, on en tire

$$\left(\psi - \psi_0\right)\sin\alpha = -\frac{\mu t \sin 2\alpha}{4r} + \frac{\mu \sin 2\alpha}{8r^2}\sin 2rt.$$

Soit P le point d'intersection de l'axe OZ avec une sphère dont le centre est en O et le rayon égal à l'unité : ce point décrit une épicycloïde sphérique engendrée par un cercle (c) de rayon $\frac{\mu \sin 2\alpha}{8r^2}$, roulant sur un cercle (c_1), lieu des points pour lesquels $\theta = \alpha$. Soient, à l'époque t, Q le point de contact des deux cercles, I le point d'intersection de la sphère avec l'axe instantané : la vitesse angulaire de S étant sensiblement égale à r, la vitesse du point P sera égale à rPI et normale à l'arc PI; mais, comme P appartient au cercle (c) qui roule sur (c_1) avec une vitesse angulaire égale à $2r$, sa vitesse a aussi pour valeur $2r$PQ et elle est normale à PQ; on en conclut que le point I s'obtient en prolongeant PQ d'une longueur égale; on peut regarder ce point comme le centre de courbure de l'épicycloïde en P; il a pour lieu une autre épicycloïde qui sera la directrice du cône (C_1). Quant au lieu (C) des axes instantanés par rapport à l'anneau, on voit aisément que c'est une portion de plan limitée par deux droites dont OZ est la bissectrice et dont l'angle est égal à $\frac{\mu \sin 2\alpha}{r}$. Ces résultats peuvent se vérifier par le calcul.

Revenons enfin aux cas que j'ai exclus au début, ceux dans lesquels $F(1)$ ou $F(-1)$ s'annulent : si ces deux quantités sont nulles à la fois, r et ζ seront aussi nuls, à moins que θ ne soit constamment égal à o ou à π, et l'anneau prendra un mouvement analogue à celui du pendule, la ligne des nœuds restant fixe. Supposons que $F(1)$ s'annule seul; on aura

$$(5) \qquad 2r = \zeta(1 + \cos\alpha).$$

On peut diviser l'équation (2) par $1 - \cos\theta$ et l'on en déduit

$$(6) \quad \left\{ \begin{aligned} (1+\cos\theta)\theta'^2 = (\varepsilon^2 + \mu\cos^2\theta - \mu\cos^2\alpha)(1+\cos\theta) \\ -2\zeta^2(1+\cos\alpha)(\cos\alpha - \cos\theta). \end{aligned} \right.$$

Soit $\Phi(\cos\theta)$ le second membre : il est positif pour $\theta = 0$ et pour $\theta = \alpha$, négatif pour $\theta = \pi$ et, dans tous les cas, θ ne pourra dépasser une certaine valeur θ_1 comprise entre α et π. Entre $\cos\alpha$ et 1, l'équation $\Phi(\cos\theta) = 0$ peut avoir deux racines ou n'en pas avoir; dans le premier cas, θ aura une limite inférieure θ_2 et, en général, oscillera entre θ_1 et θ_2; dans le second cas, θ variera depuis θ_1 jusqu'à $-\theta_1$, OZ ira coïncider un nombre infini de fois avec OZ_1. J'indiquerai un exemple numérique dans lequel nous saurons effectuer toutes les intégrations.

Soient $\alpha = \frac{\pi}{2}$, $r = \frac{\zeta}{2}$, $\mu = 8\zeta^2$: la condition (5) est satisfaite et l'on peut appliquer l'équation (6), qui donne successivement

$$(1 + \cos\theta)\theta'^2 = \zeta^2(8\cos^2\theta + 8\cos^3\theta + 2\cos\theta),$$

$$\zeta\, dt = \pm \frac{\cos\frac{1}{2}\theta\, d\theta}{\left(3 - 4\sin^2\frac{1}{2}\theta\right)\sqrt{1 - 2\sin^2\frac{1}{2}\theta}}.$$

On voit que θ doit commencer par décroître; si ζ est positif, on prendra d'abord le signe $-$ et l'on aura, en intégrant,

$$\cot^2\frac{1}{2}\theta = 1 + \frac{2}{3}\tan\!g^2\zeta t\sqrt{\frac{3}{2}}.$$

On trouve ensuite, en ayant égard à la valeur de $\cot\frac{1}{2}\theta$,

$$\frac{d\psi}{dt} = \frac{\zeta}{1 + \cos\theta} = \zeta\,\frac{3 + \tan\!g^2\zeta t\sqrt{\frac{3}{2}}}{3 + 2\tan\!g^2\zeta t\sqrt{\frac{3}{2}}},$$

$$\psi - \psi_0 = 2\zeta t - \operatorname{arc\,tang}\left(\sqrt{\frac{2}{3}}\tan\!g\,\zeta t\sqrt{\frac{3}{2}}\right).$$

On a enfin

$$\frac{d\varphi}{dt} = r - \cos\theta\frac{d\psi}{dt} = \frac{\zeta}{2}\tan\!g^2\frac{1}{2}\theta = \frac{d\psi}{dt} - \frac{\zeta}{2},$$

et l'intégration est immédiate. On voit que φ et ψ augmentent sans cesse. Le point de rencontre de OZ avec une sphère dont le centre est en O se meut d'abord tangentiellement au grand cercle C qui est dans le plan X_1OY_1, puis arrive sur OZ_1 et, après un temps $\frac{\pi}{\zeta}\sqrt{\frac{2}{3}}$, revient toucher C, son azimut ayant augmenté de $2\pi\sqrt{\frac{2}{3}}$.

219. *Sur le mouvement d'un solide de révolution* S, *homogème et pesant, fixé par un point* O *de son axe de figure : théorème de Jacobi.*

Prenons pour axe fixe OZ_1 la verticale ascendante, pour axe des z l'axe de figure. Soient m la masse de S; fma^2 et ma^2 ses moments d'inertie autour de OZ et autour d'une perpendiculaire quelconque menée à OZ par le point O; $m\mu a^2 \sin\theta$ le moment du couple R provenant de la translation du poids au point O. L'axe de ce couple est parallèle à l'intersection OU des plans OXY, OX_1Y_1; les projections de G sur OZ et sur OZ_1 sont donc constantes et l'on a

$$r = \varphi' + \psi' \cos\theta = n, \tag{1}$$

$$\psi' \sin^2\theta + fr\cos\theta = k; \tag{2}$$

le théorème des forces vives donne encore

$$\theta'^2 + \psi'^2 \sin^2\theta = 2\mu(h - \cos\theta); \tag{3}$$

n, h, k désignent des constantes. On tire des équations précédentes

$$\theta'^2 \sin^2\theta = 2\mu(h - \cos\theta)(1 - \cos^2\theta) - (k - fn\cos\theta)^2; \tag{4}$$

mais la discussion de ces équations, analogue à celle du n° 218, est bien connue. Je ne chercherai ici que les cônes (C) et (C_1) lieux des axes instantanés dans le solide et dans l'espace. Appelons pôle l'extrémité M de l'axe qui, à l'instant t, représente la rotation instantanée ω ; ses coordonnées relatives sont p, q, r. La dernière étant constante, le pôle décrit dans le solide une courbe V située dans un plan Π qui coupe normalement OZ en un point P tel que $OP = n$. Déterminons la position du point M dans le plan par des coordonnées polaires $PM = u$, $MPM_0 = \lambda$. On a

$$u^2 = p^2 + q^2 = \theta'^2 + \psi'^2 \sin^2\theta,$$

ou, ayant égard à l'équation (3),

$$(5) \qquad u^2 = 2\mu(h - \cos\theta), \qquad \cos\theta = h - \frac{u^2}{2\mu}.$$

Différentions la première, élevons au carré et tenons compte de l'équation (4); nous aurons

$$u^2 \frac{du^2}{dt^2} = 2\mu^3(h - \cos\theta)(1 - \cos^2\theta) - \mu^2(k - fn\cos\theta)^2.$$

Si l'on y remplace $\cos\theta$ par sa valeur (5), il vient

$$(6) \left\{ \begin{aligned} u^2 \frac{du^2}{dt^2} &= u^2\left[\mu^2 - \left(\mu h - \frac{u^2}{2}\right)^2\right] - \left[\mu(k - fnh) + \frac{1}{2} fnu^2\right]^2 \\ &= -\frac{1}{4} u^6 + \frac{4\mu h - f^2 n^2}{4} u^4 + \ldots - \mu^2(k - fnh)^2. \end{aligned} \right.$$

D'autre part, on a, pour la vitesse aréolaire du point M,

$$\frac{1}{2} u^2 \frac{d\lambda}{dt} = \frac{1}{2}\left(\frac{dq}{dt} - q\frac{dp}{dt}\right);$$

mais les deux premières équations d'Euler donnent

$$\frac{dp}{dt} = (1 - f)nq + \mu \sin\theta \cos\varphi, \qquad \frac{dq}{dt} = (f - 1)pn - \mu\sin\theta\sin\varphi;$$

on a donc

$$\begin{aligned} u^2 \frac{d\lambda}{dt} &= (f - 1)n(p^2 + q^2) - \mu\sin\theta(p\sin\varphi + q\cos\varphi) \\ &= (f - 1)nu^2 - \mu\psi'\sin^2\theta = (f - 1)nu^2 - \mu(k - fn\cos\theta), \end{aligned}$$

ou, en remplaçant $\cos\theta$ par sa valeur (4),

$$(6\ bis)\qquad u^2\frac{d\lambda}{dt} = -\frac{2-f}{2}nu^2 + \mu(fnh - k).$$

Les équations (6) et (6 *bis*) montrent (217) que V est une herpolhodie, dans l'acception générale du mot, et nous savons déterminer les éléments du mouvement de Poinsot correspondant; en particulier, l'identification donne $\frac{1}{4}$ pour la constante H des forces vives. Soit Γ le cône à base de polhodie qui, dans le mouvement de Poinsot considéré, roulerait sur le cône (C) dont la base est V et qu'on devrait supposer immobile : Γ tournerait autour de OM avec une vitesse égale à $\text{OM}\sqrt{\text{H}}$ ou à $\frac{\omega}{2}$.

Cherchons maintenant le lieu V_1 du point M dans l'espace. Soient x_1, y_1, z_1 ses coordonnées : on a d'abord

$$(7)\qquad x_1^2 + y_1^2 + z_1^2 = p^2 + q^2 + r^2 = n^2 + 2\mu(h - \cos\theta);$$

puis, z_1 étant égal à la somme des projections de θ', φ', ψ' sur OZ_1,

$$z_1 = \varphi'\cos\theta + \psi' = r\cos\theta + \psi'\sin^2\theta = k + (1-f)n\cos\theta.$$

L'élimination de $\cos\theta$ entre cette équation et (7) donne

$$(1-f)n(x_1^2 + y_1^2 + z_1^2) + 2\mu z_1 = (1-f)n(n^2 + 2\mu h) + 2\mu k.$$

La courbe V_1 est donc située sur une sphère; on l'obtiendrait en faisant pivoter l'herpolhodie V autour de O de manière qu'elle roule sur la sphère, mais elle est compliquée et je ne l'étudierai pas. Arrêtons-nous au cas de $f = 1$, l'ellipsoïde central au point O se réduisant à une sphère : z_1 est constamment égal à k, et V_1 est contenue dans un plan horizontal Π_1 qui coupe OZ_1 en un point fixe P_1;

soient $P_1M = u_1$, $MP_1M_{1,0} = \lambda_1$. On a

$$u_1^2 = u^2 + n^2 - k^2, \quad u_1 \frac{du_1}{dt} = u \frac{du}{dt};$$

si donc on se reporte à l'équation (6), si l'on y remplace u par sa valeur en u_1, h par $h_1 + \frac{k^2 - n^2}{2\mu}$ et f par 1, on aura

$$(8)\quad \left\{ \begin{aligned} u_1^2 \frac{du_1^2}{dt^2} &= (u_1^2 + k^2 - n^2)\left[\mu^2 - \left(\mu h_1 - \frac{u_1^2}{2}\right)^2\right] \\ &\quad - \left(\mu k - \mu n h_1 + \frac{n u_1^2}{2}\right)^2 \\ &= -\frac{1}{4} u_1^6 + \ldots - \mu^2 (n - k h_1)^2. \end{aligned} \right.$$

Nous sommes conduits à chercher la vitesse aréolaire; nous exprimerons, en suivant la méthode du n° 217 pour trouver l'herpolhodie, qu'elle est égale à la somme des projections, sur le plan Π_1, des vitesses aréolaires

$$\frac{1}{2}\left(q \frac{dr}{dt} - r \frac{dq}{dt}\right), \quad \frac{1}{2}\left(r \frac{dp}{dt} - p \frac{dr}{dt}\right), \quad \frac{1}{2}\left(p \frac{dq}{dt} - r \frac{dq}{dt}\right)$$

traitées comme des aires contenues dans les plans OYZ, OZX, OXY; ces plans font avec Π_1 des angles dont les cosinus sont $\sin\theta \sin\varphi$, $\sin\theta \cos\varphi$ et $\cos\theta$; les dérivées de p, q, r sont données par les équations d'Euler, qui se simplifient beaucoup quand $f = 1$, et l'on a

$$(9)\quad u_1^2 \frac{d\lambda_1}{dt} = \mu n - \mu k \cos\theta = \frac{1}{2} k u_1^2 + \mu(n - k h_1).$$

Les équations (8) et (9) ont une forme caractéristique et V_1 est encore une herpolhodie; on trouvera, comme pour V, que le cône Γ' qui, dans le mouvement de Poinsot correspondant, roulerait sur le cône (C_1) doit tourner avec la vitesse $\frac{\omega}{2}$ autour de la génératrice OM. Ainsi le mouvement de S, dans le cas de $f=1$, s'obtiendrait en le regardant comme lié à un cône (C) à base d'herpolhodie qui roulerait sur un cône fixe (C_1) de même nature.

Mais je dis que les cônes Γ, Γ' conjugués à (C) et à (C_1) dans les deux mouvements de Poinsot sont identiques. Pendant que (C) roule sur (C_1), imaginons que Γ et Γ' se déplacent de manière à garder, l'un par rapport à (C), l'autre par rapport à (C_1), les positions déterminées par les règles de Poinsot; les quatre cônes se toucheront constamment suivant une même génératrice. Soient m, c, c_1, γ, γ' les points où une sphère dont le centre est en O et le rayon égal à l'unité coupe la génératrice OM et celles qui doivent coïncider à l'instant $t+dt$; ds la longueur des arcs mc, mc_1, $m\gamma$, $m\gamma'$; R, R_1, ρ, ρ' les rayons de courbure principaux des quatre cônes au point m, R et ρ' étant comptés positivement en sens contraire de R_1, ρ dans le même sens : les angles dont tournent (C) relativement à (C_1), Γ' à (C_1), Γ à (C) étant $\omega\,dt$, $\frac{1}{2}\omega\,dt$, $\frac{1}{2}\omega\,dt$, on a, comme on l'a vu en Cinématique (n° 120),

$$\frac{ds}{R}+\frac{ds}{R_1}=\omega\,dt,\quad \frac{ds}{R_1}+\frac{ds}{\rho'}=\frac{\omega\,dt}{2},\quad \frac{ds}{R}+\frac{ds}{\rho}=\frac{\omega\,dt}{2}.$$

L'élimination de R et de R_1 donne $\rho=-\rho'$; c'est dire que ρ et ρ' sont égaux et dirigés dans le même sens; les éléments $Om\gamma$, $Om\gamma'$ de Γ et de Γ' qui se correspondent sont égaux et ont la même courbure; cette égalité ayant constamment lieu, les deux cônes sont superposables; les herpolhodies V et V_1 correspondent à une même polhodie et sont dites conjuguées. *Le solide se meut de telle sorte qu'il existe un autre solide animé à chaque instant, par rapport au solide donné et par rapport à des axes fixes, d'un mouvement de Poinsot.*

C'est le théorème de Jacobi, établi pour le cas de $f=1$.

Quand f a une valeur quelconque, imaginons un système S′ d'axes OX′Y′Z′ se mouvant de manière que OZ′ coïncide toujours avec OZ et que OX′, OY′ fassent avec OX, OY des angles égaux à $(f-1)nt$. Les angles θ et ψ qui servent à définir la position de S conviennent à S′, mais l'angle φ doit être remplacé par $\Phi = \varphi + (f-1)nt$; le mouvement de S′ est déterminé par les équations (2), (3) et par l'équation

$$\Phi' + \psi' \cos\theta = fn. \qquad (1\ bis)$$

Si l'on pose $fn = n'$, on voit que ce mouvement est de même espèce que celui de S dans le cas de $f = 1$; quant au mouvement du solide tel que je le considère maintenant, il peut être défini en disant que S est animé d'un mouvement de rotation uniforme par rapport à S′ tandis que S′ se meut suivant la loi de Jacobi. On peut montrer que le cône Γ qui est animé d'un mouvement de Poinsot dans l'espace absolu et relativement à S′ possède aussi un mouvement de Poinsot relativement à S, ce qui établit le théorème de Jacobi dans le cas de f quelconque; mais, pour la démonstration de ce dernier point, je renverrai à la Note XVII de M. Darboux au *Cours de Despeyrous*.

220. *Rechercher les couples capables de communiquer à un solide le mouvement résultant de deux mouvements de Poinsot associés.*

Soit S un solide donné, mobile autour d'un point fixe O pour lequel l'ellipsoïde d'inertie est quelconque : nous allons chercher le couple R qu'il faudrait faire agir sur S pour que ce solide se meuve comme s'il était lié à un cône (C) qui aurait pour base une herpolhodie V, et qui roulerait sur un cône (C_1) ayant pour base une autre herpolhodie V_1 suivant une loi telle qu'un cône Γ ayant pour directrice une polhodie U puisse être animé d'un mouvement de

Poinsot par rapport à (C) et par rapport à (C_1). Nous supposerons que R dépende seulement de la position de S et que l'un des axes principaux au point O soit perpendiculaire au plan Π qui contient V.

Je dis d'abord qu'à une polhodie U correspondent toujours deux herpolhodies V, V_1. Soit μ le mouvement de Poinsot caractérisé par U et V : à l'instant t, le cône Γ qui a pour directrice U est animé, autour d'une génératrice OM, d'une rotation dont les composantes p', q', r' suivant les axes de Γ sont liées au temps par des équations de la forme

$$(1)\quad \frac{dp'}{dt} = \frac{\mathfrak{B} - \mathfrak{C}}{\mathfrak{A}} q'r', \quad \frac{dq'}{dt} = \frac{\mathfrak{C} - \mathfrak{A}}{\mathfrak{B}} r'p', \quad \frac{dr'}{dt} = \frac{\mathfrak{A} - \mathfrak{B}}{\mathfrak{C}} p'q'.$$

Attribuons maintenant à Γ un mouvement μ' tel qu'à l'instant t le cône tourne autour de OM avec une vitesse dont les composantes soient $-p'$, $-q'$, $-r'$; je dis que μ' est encore un mouvement de Poinsot. Il suffit, pour le démontrer, de trouver des quantités $\mathfrak{A}'$, $\mathfrak{B}'$, $\mathfrak{C}'$ telles qu'on ait

$$\frac{d(-p')}{dt} = \frac{\mathfrak{B}' - \mathfrak{C}'}{\mathfrak{A}'}(-q')(-r'), \quad \ldots ;$$

or on reconnaît que ces équations sont compatibles avec les équations (1) si l'on a

$$\frac{\mathfrak{A}'}{\mathfrak{A}(\mathfrak{B} + \mathfrak{C} - \mathfrak{A})} = \frac{\mathfrak{B}'}{\mathfrak{B}(\mathfrak{C} + \mathfrak{A} - \mathfrak{B})} = \frac{\mathfrak{C}'}{\mathfrak{C}(\mathfrak{A} + \mathfrak{B} - \mathfrak{C})}.$$

Les rapports de $\mathfrak{A}'$, $\mathfrak{B}'$, $\mathfrak{C}'$ étant seuls déterminés, on peut choisir les valeurs absolues de manière que $\mathfrak{A}'p'^2 + \ldots$ soit égal à $\mathfrak{A}p'^2 + \ldots$; la polhodie dans le mouvement μ' sera symétrique de U et l'herpolhodie une courbe V' ; mais on peut évidemment leur substituer U et la courbe V_1, symétrique de V' par rapport au point O, ce qui établit la proposition.

Nous dirons que les mouvements μ, μ' sont associés. Si, pendant que Γ roule sur le cône fixe (C_1) suivant les règles du mouvement μ', il entraîne le cône (C) qui lui correspond dans le mouvement μ, leur position relative étant constamment celle que prévoit la théorie de Poinsot, le mouvement du cône (C) résultera des mouvements μ, μ'; la rotation instantanée à l'époque t aura pour composantes $-2p'$, $-2q'$, $-2r'$. L'angle POP_1 des perpendiculaires aux plans de V et de V_1 aura un cosinus de la forme

$$-\frac{\mathcal{A}p'}{G}\frac{\mathcal{A}'p'}{G'}-\frac{\mathcal{B}q'}{G}\frac{\mathcal{B}'q'}{G'}-\frac{\mathcal{C}r'}{G}\frac{\mathcal{C}'r'}{G'};$$

mais, ω étant la vitesse de rotation de (C), on a

$$\omega^2=4\Sigma p'^2,\quad H=\Sigma\mathcal{A}p'^2,\quad G^2=\Sigma\mathcal{A}^2p'^2;$$

on en conclut, en éliminant p'^2, q'^2, r'^2, que $\cos POP_1$ est une fonction linéaire de ω^2.

Soient maintenant OX, OY, OZ les trois axes principaux de S au point O, le dernier coïncidant avec OP; A, B, C les moments principaux d'inertie; p, q, r les composantes de la rotation ω suivant les axes principaux; nous choisirons les axes fixes de manière que OZ_1 coïncide avec OP_1 et nous définirons la position de S à l'aide des angles θ, φ, ψ. Par hypothèse, les projections de ω sur OZ et sur OZ_1 sont constantes :

$$(1)\qquad r=h,\quad r\cos\theta+p\sin\theta\sin\varphi+q\sin\theta\cos\varphi=k.$$

Nous avons aussi vu que ω^2 doit être une fonction linéaire de $\cos\theta$ et, comme r est constant, nous pourrons écrire

$$(2)\qquad p^2+q^2=2D\cos\theta+2E.$$

Si nous posons, pour abréger,

$$F=\sqrt{2D\cos\theta+2E-\frac{(k-h\cos\theta)^2}{\sin^2\theta}},$$

les équations (1) et (2) nous donneront

$$p = \sin\varphi \frac{k - h\cos\theta}{\sin\theta} + F\cos\varphi,$$

$$q = \cos\varphi \frac{k - h\cos\theta}{\sin\theta} - F\sin\varphi.$$

D'autre part, si nous différentions les équations (1) et (2) en tenant compte des relations qui existent entre φ', ψ', θ' et p, q, r, il se fait de grandes réductions et il reste

$$\frac{dr}{dt} = 0, \quad \sin\varphi \frac{dp}{dt} + \cos\varphi \frac{dq}{dt} = 0,$$

$$p \frac{dp}{dt} + q \frac{dq}{dt} = D\sin\theta(q\sin\varphi - p\cos\varphi),$$

d'où l'on tire

$$\frac{dp}{dt} = -D\sin\theta\cos\varphi, \quad \frac{dq}{dt} = D\sin\theta\sin\varphi.$$

Cela posé, les équations d'Euler donnent immédiatement les moments des couples composants du couple cherché :

$$L = -AD\sin\theta\cos\varphi + (C - B)h\left(\frac{k - h\cos\theta}{\sin\theta}\cos\varphi - F\sin\varphi\right),$$

$$M = BD\sin\theta\sin\varphi + (A - C)h\left(\frac{k - h\cos\theta}{\sin\theta}\sin\varphi + F\cos\varphi\right),$$

$$N = (B - A)\left[(D\cos\theta + E - F^2)\sin 2\varphi + F\frac{k - h\cos\theta}{\sin\theta}\cos 2\varphi\right].$$

Si A, B, C sont égaux, le couple obtenu est de la même forme que celui qui agit dans le cas d'un solide pesant et ce couple détermine toujours un mouvement résultant de deux mouvements de Poinsot; quand A, B, C sont différents, un pareil mouvement ne se produit que si les conditions initiales sont choisies d'une manière convenable.

221. *Soit* S *un cône droit, homogène, dont le sommet* O *est immobile et dont chaque élément* m *est attiré vers* *un point fixe* F *par une force égale au produit de* mF *par une constante* ω^2 *et par la masse de* m; *la hauteur* OH *de* S *est égale à* a, *le rayon de base à* $2a$, OF *à* $\frac{8}{5}a$; *enfin, à un instant donné*, FOH *est droit et* S *tourne avec la vitesse* $\omega\sqrt{2}$ *autour de la bissectrice de cet angle. Déterminer le mouvement ultérieur du cône et la réaction du point fixe; montrer que l'extrémité de l'axe* OM *qui représente la rotation instantanée décrit dans le solide et dans l'espace deux herpolhodies et chercher les quadriques correspondantes; indiquer la position relative des cônes décrits par l'axe instantané.*

(Agrégation, 1887).

Prenons trois axes fixes OX_1, OY_1, OZ_1 et trois axes mobiles avec le cône, OX, OY, OZ, OZ_1 coïncidant avec OF, OZ avec OH : la position de S peut être définie par les angles θ, φ, ψ.

On cherche d'abord les moments principaux d'inertie en O et l'on trouve aisément qu'ils sont égaux entre eux et au produit de $\frac{6}{5}a^2$ par la masse μ de S. On sait d'ailleurs que les attractions données ont une résultante R appliquée au centre de gravité G et représentée par $\mu\omega^2$GF. Le couple provenant de la translation de cette force en O a son axe dirigé suivant l'intersection OU des plans OXY, OX_1Y_1 et son moment est égal à

$$-\mu\omega^2 \mathrm{GF.OG} \sin \mathrm{OGF} = -\mu\omega^2 \mathrm{OG.OF} \sin \mathrm{GOF} = -\frac{6}{5}\mu a^2 \omega^2 \sin\theta.$$

Nous pouvons obtenir les trois équations du mouvement en exprimant que les projections, sur OZ et sur OZ_1, de l'axe du couple des quantités de mouvement sont constantes et en appliquant le théorème des forces vives : les constantes qui figurent dans les trois équations se déduisent aisément des conditions initiales et l'on trouve, après de simples réductions,

$$(1)\qquad r = \frac{d\varphi}{dt} + \cos\theta\,\frac{d\psi}{dt} = \omega,$$

$$(2)\qquad \sin^2\theta\,\frac{d\psi}{dt} + r\cos\theta = \omega,$$

$$(3)\qquad \frac{d\theta^2}{dt^2} + \sin^2\theta\,\frac{d\psi^2}{dt^2} = \omega^2 + 2\,\omega^2\cos\theta.$$

De la seconde équation on tire, eu égard à la première,

$$\frac{d\psi}{dt} = \frac{\omega}{1 + \cos\theta}$$

et, si l'on substitue cette valeur dans (3), on en déduit

$$(4)\qquad \frac{d\theta^2}{dt^2} = \omega^2\,\frac{\cos\theta(2 + \cos\theta)}{\cos^2\frac{1}{2}\theta};$$

en posant $\sin\frac{1}{2}\theta = u$, on aurait le temps au moyen d'une intégrale elliptique de première espèce; mais l'équation (4) suffit pour montrer que θ décroît depuis $\frac{\pi}{2}$ jusqu'à $-\frac{\pi}{2}$ pour revenir à $\frac{\pi}{2}$, et ainsi de suite; au contraire, ψ augmente constamment et sans limite. Sur une sphère décrite du point O comme centre avec a pour rayon, le point H aura une trajectoire formée en général d'une infinité de boucles qui toucheront le grand cercle situé dans le plan OX_1Y_1 et s'entrecouperont au point qui est sur la partie positive de OZ_1. L'équation (1) donne enfin

$$\frac{d\varphi}{dt} = \omega - \frac{\omega\cos\theta}{1 + \cos\theta} = \frac{\omega}{1 + \cos\theta} = \frac{d\psi}{dt};$$

on peut faire en sorte que φ et ψ s'annulent pour $t = 0$; ces deux angles resteront toujours égaux entre eux.

Les équations (1), (2), (3) auraient pu se déduire des équations de M. Resal et aussi, en se rappelant les relations qui existent entre p, q, r et φ, ψ, θ, des équations d'Euler, lesquelles se réduisent à la forme suivante

$$(5)\quad \frac{dp}{dt} = -\omega^2 \sin\theta \cos\varphi, \quad \frac{dq}{dt} = \omega^2 \sin\theta \sin\varphi, \quad \frac{dr}{dt} = 0.$$

J'engage le lecteur à faire les calculs et je passe à la recherche de la réaction E exercée par le point fixe : sa projection sur un axe quelconque s'obtient en retranchant la projection de l'attraction R sur cet axe du produit de μ par l'accélération du centre de gravité estimée suivant la même droite. On a, par exemple,

$$E_{x_1} = \mu \frac{d^2 x_1}{dt^2} - R_{x_1}, \quad x_1 = \frac{3}{4} a \sin\theta \sin\psi, \quad \ldots;$$

les équations (2), (4) et leurs dérivées feraient connaître les dérivées de θ et de ψ dont on aurait besoin. On aura plus vite les composantes de E suivant OX, OY, OZ si l'on se rappelle les formules de Rivals qui expriment les composantes de l'accélération d'un point lié invariablement au système OXYZ, soit, en appelant Ω la vitesse de rotation du cône,

$$\gamma_x = p(px + qy + rz) - \Omega^2 x + z\frac{dq}{dt} - y\frac{dr}{dt}, \quad \ldots.$$

Remplaçons x, y, z par les coordonnées 0, 0, $\frac{3}{4}a$ de G, $\frac{dp}{dt}$, $\frac{dq}{dt}$, $\frac{dr}{dt}$ par leurs valeurs (5) et, après cela, faisons $\varphi = 0$: nous aurons les projections de l'accélération du centre de gravité sur OU, sur la droite OV perpendiculaire à OU dans le plan des xy, et sur OZ :

$$\gamma_u = \frac{3}{4} a\omega \frac{d\theta}{dt},$$

$$\gamma_v = \frac{3}{4} a\omega \sin\theta \left(\frac{d\psi}{dt} + \omega\right),$$

$$\gamma_z = -\frac{3}{4} a(\psi'^2 \sin^2\theta + \theta'^2).$$

Les composantes de l'attraction R sont

$$R_u = 0, \quad R_v = \frac{8}{5}\mu a \omega^2 \sin\theta, \quad R_z = \mu a \omega^2\left(\frac{8\cos\theta}{5} - \frac{3}{4}\right);$$

on a donc

$$E_u = \mu\gamma_u - R_u = \frac{3}{4} a\omega \frac{d\theta}{dt} = \frac{3}{4}\mu a \omega^2 \frac{\sqrt{\cos^2\theta + 2\cos\theta}}{\cos\frac{1}{2}\theta}.$$

$$E_v = -\frac{\mu\omega^2 a \sin\theta}{20}\,\frac{2 + 17\cos\theta}{1 + \cos\theta}, \quad E_z = -\frac{31}{10}\mu\omega^2 a \cos\theta.$$

Cherchons maintenant la ligne V décrite dans le solide par l'extrémité M de l'axe OM qui représente la rotation instantanée : les coordonnées relatives de M sont p, q, r; r restant égale à ω, V est située dans un plan Π qui coupe orthogonalement OZ en un point fixe P à la distance ω du point O. Faisons $PM = u$, $MPM_0 = \lambda$ et voyons comment varient ces coordonnées : on a d'abord

$$u^2 = p^2 + q^2 = \frac{d\theta^2}{dt^2} + \sin^2\theta \frac{d\psi^2}{dt^2} = \omega^2(1 + 2\cos\theta),$$

$$(6) \qquad \cos\theta = \frac{u^2 - \omega^2}{2\omega^2}.$$

Différentions la valeur de u^2 et reportons-nous à l'équation (4); nous aurons

$$u^2 \frac{du^2}{dt^2} = \omega^4 \sin^2\theta \frac{d\theta^2}{dt^2} = 2\omega^6(1 - \cos\theta)\cos\theta(2 + \cos\theta)$$

ou, en mettant pour $\cos\theta$ sa valeur (6),

$$(7) \qquad u^2 \frac{du^2}{dt^2} = \frac{1}{4}(3\omega^2 - u^2)(u^2 - \omega^2)(3\omega^2 + u^2).$$

La forme connue de cette équation nous conduit à calculer la vitesse aréolaire du point M : les équations d'Euler (5) nous donnent

$$p\frac{dq}{dt} - q\frac{dp}{dt} = \omega^2 \sin\theta(p\sin\varphi + q\cos\varphi)$$

ou, ce qui revient au même,

$$u^2 \frac{d\lambda}{dt} = \omega^2 \sin^2\theta \frac{d\psi}{dt} = \omega^3(1-\cos\theta),$$

et, en mettant pour $\cos\theta$ sa valeur (6),

$$u^2 \frac{d\lambda}{dt} = \frac{1}{2}\omega(3\omega^2 - u^2). \tag{8}$$

Les équations (7) et (8) ont une forme caractéristique: le point M décrit une herpolhodie et, en identifiant ces équations aux équations (5) et (3) du n° 217, nous aurons les éléments du mouvement de Poinsot correspondant. On trouve d'abord, en égalant les coefficients de u^6 dans les valeurs de $\frac{du^2}{dt^2}$, $H = \frac{1}{4}$; puis, par les valeurs de $u^2 \frac{d\lambda}{dt}$,

$$\pm \frac{H}{G} = -\frac{\omega}{2}, \quad \pm \frac{T}{G} = \frac{3}{2}\omega^3, \quad G = \frac{1}{2\omega}, \quad T = -\frac{3}{4}\omega^2.$$

Enfin, si υ désigne l'une des valeurs de u^2 qui annulent $\frac{du}{dt}$ et si l'on pose

$$\upsilon = \frac{T\rho}{G^2 - \rho H}, \quad \text{d'où} \quad \frac{1}{\rho} = \frac{T + H\upsilon}{G^2\upsilon} = \omega^2\left(1 - \frac{3\omega^2}{\upsilon}\right),$$

$\frac{1}{\rho}$ sera égal au carré d'un demi-axe de la quadrique qui roule sur le plan fixe Π; aux valeurs ω^2, $3\omega^2$, $-3\omega^2$ de υ correspondent pour $\frac{1}{\rho}$ les valeurs $-2\omega^2$, 0, $2\omega^2$. La quadrique cherchée est un hyperboloïde à deux nappes infiniment aplati et la polhodie sera un arc de l'hyperbole équilatère $z^2 - x^2 = 2\omega^2$.

L'herpolhodie V est comprise entre deux cercles qui ont P pour centre, ω et $\omega\sqrt{3}$ pour rayons; elle touche le premier tandis qu'elle rencontre le second à angle droit et, en ces points de rencontre, elle présente un rebroussement. Lorsqu'une courbe plane pivote autour d'un point situé dans son plan, pour rouler sur un plan fixe, on reconnaît sans peine, en se servant de l'expression $\frac{r\,dr}{dp}$ du rayon de courbure, que ce rayon, en un point de la courbe de contact, est égal à celui de la roulante au point correspondant, multiplié par le cosinus de l'angle que son plan fait avec le plan fixe. Il résulte de là que V n'a aucun point d'inflexion; cette courbe ressemble à une hypocycloïde.

Le rayon vecteur PM tourne constamment dans le sens positif; sa longueur croît depuis ω jusqu'à $\omega\sqrt{3}$, pour revenir à ω et ainsi de suite. OM varie entre $\omega\sqrt{2}$ et 2ω, ce qui limite l'arc d'hyperbole qui joue le rôle de polhodie. Quand OM est égal à 2ω, θ est nul et le plan de l'hyperbole perpendiculaire au plan II.

Dans l'espace, les coordonnées du point M sont respectivement égales à la somme des projections de $\frac{d\theta}{dt}$, $\frac{d\varphi}{dt}$, $\frac{d\psi}{dt}$ sur OX_1, OY_1, OZ_1:

$$p_1 = \cos\psi\frac{d\theta}{dt} + \sin\theta\sin\psi\frac{d\varphi}{dt},$$

$$q_1 = \sin\psi\frac{d\theta}{dt} - \sin\theta\cos\psi\frac{d\varphi}{dt},$$

$$r_1 = \frac{d\psi}{dt} + \cos\theta\frac{d\varphi}{dt}.$$

Nous avons dit que les angles φ et ψ sont toujours égaux; cela posé, il suffit de se reporter aux formules (2) du n° **214** pour voir qu'on a constamment

$$p_1 = p, \qquad q_1 = -q, \qquad r_1 = r;$$

il en résulte que le lieu du point M dans l'espace est une herpolhodie V_1 égale à V, mais décrite en sens contraire, On peut donner au solide S le mouvement qu'il prend réellement en le liant à un cône qui a le point O pour sommet, V pour base, et en faisant rouler ce cône sur un cône fixe ayant V_1 pour base. Ces deux cônes sont à chaque instant symétriques par rapport à leur plan tangent commun : ils coïncident momentanément quand la génératrice commune passe par un point de rebroussement de V et de V_1.

Mouvement quelconque d'un solide.

222. On cherche d'abord le mouvement du centre de gravité, puis le mouvement relatif à des axes de direction constante dont l'origine coïncide avec ce centre; ce mouvement s'obtiendra comme celui d'un solide autour d'un point fixe, et en ne tenant compte que des forces extérieures, parce que les forces apparentes disparaissent. Veut-on, par exemple, connaître le mouvement d'un solide pesant, abandonné dans l'espace, et dont les molécules soient attirées vers un centre fixe proportionnellement à la distance (Paris, 1867): les attractions et la pesanteur ont une résultante unique appliquée au centre de gravité; rien de plus facile que de reconnaître que ce centre décrit alors une ellipse; quant au solide, il tourne autour de son centre de gravité comme autour d'un point fixe quand il n'y a pas de forces extérieures; ce mouvement relatif s'effectue donc suivant les lois données par Poinsot.

223. *Mouvement d'un cylindre pesant homogène, abandonné sans vitesse initiale sur un plan incliné dépoli, de manière que ses génératrices restent toujours horizontales; on tient compte de la résistance au roulement.*

On peut réduire le cylindre à sa section médiane, par rapport à laquelle tout est symétrique; les réactions du plan pourront être remplacées par une force dont la composante normale est N, et la composante tangentielle H, dirigée dans le sens montant. La résistance au roulement se traduit par ce fait que la réaction N s'exerce à une petite distance δ en avant du point de contact géométrique, et qu'elle a, par rapport à l'axe du cylindre, un moment $-N\delta$, en vertu duquel elle tend à diminuer la vitesse de rotation. Soient i l'angle du plan avec l'horizon, m la masse du cylindre, a son rayon, $f = \operatorname{tang}\varphi$ le coefficient de frottement, x la longueur parcourue parallèlement au plan par le centre de gravité, θ l'angle dont le cylindre a tourné autour de son axe, cette rotation constituant le mouvement relatif; on a l'équation du mouvement du centre de gravité et celle du mouvement autour de l'axe :

$$m\frac{d^2x}{dt^2} = mg\sin i - \text{H}, \quad \frac{1}{2}ma^2\frac{d^2\theta}{dt^2} = \text{H}a - \text{N}\delta.$$

D'ailleurs, N est égal à $mg\cos i$, puisque le centre de gravité ne se déplace pas dans le sens de la normale au plan. Pour qu'il y ait roulement, il faut à la fois

$$(1) \qquad mg\sin i > \text{H}, \quad a\text{H} > \text{N}\delta > mg\delta\cos i.$$

Comme la limite extrême de H est $fmg\cos i$, pour que la seconde inégalité puisse avoir lieu, il faut $f > \frac{\delta}{a}$, ce qui est le cas ordinaire dans la pratique. Quand $f < \frac{\delta}{a}$, il ne peut naître de mouvement de rotation; si alors $\operatorname{tang} i < f$, le centre de gravité restera lui-même en repos; si $\operatorname{tang} i > f$, on aura un glissement simple

$$\frac{d^2x}{dt^2} = g(\sin i - f\cos i), \quad x = \frac{1}{2}g(\sin i - f\cos i)t^2, \quad \theta = 0.$$

Soit maintenant $f > \frac{\delta}{a}$: pour que les deux inégalités (1) puissent être satisfaites, il faut $\operatorname{tang} i > \frac{\delta}{a}$; sinon il y a encore arrêt; au contraire, si cette inégalité est vérifiée, il peut y avoir roulement simple ou roulement compliqué de glissement. Pour qu'il y ait roulement simple, il faut qu'on ait

$$\frac{dx}{dt} = a\frac{d\theta}{dt}, \quad \frac{d^2x}{dt^2} = a\frac{d^2\theta}{dt^2};$$

on peut alors déduire des équations du mouvement

$$\frac{d^2x}{dt^2} = \frac{2}{3}\left(g\sin i - \frac{\delta}{a}g\cos i\right), \quad \mathrm{H} = \frac{1}{3}mg\left(\sin i + 2\frac{\delta}{a}\cos i\right).$$

Mais H doit être $< fmg\cos i$: il faut donc

$$\operatorname{tang} i < 3f - 2\frac{\delta}{a};$$

si cela a lieu, le centre du cylindre prend un mouvement uniformément accéléré, l'accélération étant réduite à peu près dans le rapport de 2 à 3, parce qu'une partie de la pesanteur sert à accélérer le mouvement de rotation. Quand $\operatorname{tang} i$ sera supérieur à $3f - 2\frac{\delta}{a}$, H sera égal à sa limite $fmg\cos i$, et l'on aura roulement avec glissement :

$$\frac{d^2x}{dt^2} = g(\sin i - f\cos i), \quad a\frac{d^2\theta}{dt^2} = g\cos i\left(f - \frac{\delta}{a}\right);$$

il est remarquable que le mouvement du centre de gravité soit indépendant de δ dès qu'il y a glissement.

224. *Déterminer le mouvement d'une sphère homogène, posée sur un plan horizontal assez rugueux pour empêcher tout glissement; les molécules de la sphère sont attirées vers un point O du plan avec une force proportionnelle à la distance; on néglige la résistance au roulement.* (Question de Licence généralisée.)

Je prends le point O pour origine, le plan donné pour plan des xy, une verticale pour axe des z; soient x, y, a

les coordonnées du centre S de la sphère, m sa masse; les attractions de O sur les divers points de la sphère ont une résultante appliquée en S, et dont les projections sur les axes sont $-\mu^2 mx$, $-\mu^2 my$, $-\mu^2 ma$. Au point de contact C de la sphère et du plan, la sphère éprouve une réaction dont les composantes sont X, Y, Z; on a, pour le mouvement du centre de gravité,

$$(1)\qquad \left\{ \begin{aligned} m\frac{d^2x}{dt^2} &= -m\mu^2 x + X, \\ m\frac{d^2y}{dt^2} &= -m\mu^2 y + Y, \\ 0 &= mg + m\mu^2 a - Z. \end{aligned} \right.$$

Pour étudier le mouvement autour de S, on pourra mener par ce point des axes Sx_1, Sy_1, Sz_1 parallèles aux axes fixes, sans être obligé de prendre des axes liés au corps mobile; cela tient à ce que toute droite passant au centre d'une sphère est axe principal, et le moment d'inertie correspondant invariable. Soient p, q, r les composantes de la rotation autour de Sx_1, Sy_1, Sz_1 : X, Y sont les seules forces dont le moment ne soit pas nul, et le théorème sur les moments des quantités de mouvement donne trois nouvelles équations :

$$(2)\qquad \frac{2}{5}ma^2\frac{dp}{dt} = aY,\quad \frac{2}{5}ma^2\frac{dq}{dt} = -aX,\quad \frac{dr}{dt} = 0.$$

Il faut encore deux équations pour pouvoir déterminer nos inconnues x, y, X, Y, Z, p, q, r; on les obtient en écrivant que la vitesse du point C est nulle; ses projections sur OX et OY sont les sommes des projections de la vitesse d'entraînement et de la vitesse relative par rapport au système $Sx_1y_1z_1$; on a donc

$$(3)\qquad \frac{dx}{dt} - aq = 0,\quad \frac{dy}{dt} + ap = 0.$$

Ces équations permettent de remplacer les deux premières du système (2) par les suivantes :

$$(4)\qquad \frac{2}{5}m\frac{d^2y}{dt^2} = -Y,\quad \frac{2}{5}m\frac{d^2x}{dt^2} = -X;$$

éliminant X et Y entre ces équations et les deux premières du groupe (1), on a

$$(5)\qquad \frac{d^2x}{dt^2} + \frac{5}{7}\mu^2 x = 0,\quad \frac{d^2y}{dt^2} + \frac{5}{7}\mu^2 y = 0.$$

Ce système connu montre que le point S, ainsi que le point C, décrit une ellipse dont le centre est sur OZ; comptons le temps à partir du passage à l'un des sommets, et supposons qu'on ait alors $y = 0$, $x = c$, $v = h$: les intégrales du mouvement seront

$$x = c\cos\mu t\sqrt{\frac{5}{7}},\quad y = \frac{h}{\mu}\sqrt{\frac{7}{5}}\sin\mu t\sqrt{\frac{5}{7}}.$$

Les équations (3) donnent ensuite

$$p = -\frac{h}{a}\cos\mu t\sqrt{\frac{5}{7}},\quad q = -\frac{c\mu}{a}\sqrt{\frac{5}{7}}\sin\mu t\sqrt{\frac{5}{7}};$$

quant à r, c'est une constante. Il résulte de ces formules que, si l'on mène par l'origine une droite qui, à chaque instant, représente en grandeur et en direction l'axe de la rotation instantanée, le lieu des extrémités de cette droite sera une ellipse horizontale.

Les équations (4) et (5) nous donnent les composantes horizontales de la réaction du plan

$$X = -\frac{2}{5}m\frac{d^2x}{dt^2} = \frac{2}{7}\mu^2 mx,\quad Y = \frac{2}{7}\mu^2 my.$$

La résultante de ces deux forces est dirigée suivant OC et égale à $\frac{2}{7}\mu^2 m\,\mathrm{OC}$; pour que le mouvement ait lieu sans glissement, comme on l'a supposé, il faut qu'elle soit inférieure à Z multiplié par le coefficient de frottement :

$$\frac{2}{7}\mu^2 \mathrm{OC} < f(g + \mu^2 a).$$

Si l'inégalité n'est pas toujours vérifiée, il y a glissement, et le problème devient plus compliqué.

225. *Mouvement d'une sphère homogène, posée sur un plan horizontal dépoli, qui tourne uniformément autour d'une verticale.* (WALTON.)

Prenons pour axe des z l'axe de rotation, et pour axes des x et des y deux droites rectangulaires, fixes dans l'espace, et passant par le point où OZ perce le plan. Le problème est analogue au précédent, si ce n'est que μ est nul, et que la vitesse de C, au lieu d'être nulle, est égale à celle du point du plan qui coïncide avec lui. Le système (3) sera remplacé par le suivant :

$$\frac{dx}{dt} - aq = -\omega y, \quad \frac{dy}{dt} + ap = \omega x.$$

Le système (5), donné par l'élimination de p, q, X, Y, devient

$$7\frac{d^2x}{dt^2} + 2\omega\frac{dy}{dt} = 0, \quad 7\frac{d^2y}{dt^2} - 2\omega\frac{dx}{dt} = 0.$$

Intégrant,

$$7\frac{dx}{dt} + 2\omega y = 7x'_0 + 2\omega y_0, \quad 7\frac{dy}{dt} - 2\omega x = 7y'_0 - 2\omega x_0.$$

Posons $y - y_0 - \frac{7}{2}\frac{x'_0}{\omega} = y_1$, $x - x_0 + \frac{7}{2}\frac{y'_0}{\omega} = y_1$, ce qui revient à transporter l'origine en un point connu A : on aura

$$7\frac{dx_1}{dt} + 2\omega y_1 = 0, \quad 7\frac{dy_1}{dt} - 2\omega x_1 = 0.$$

L'intégration de ces équations ou leur interprétation géométrique prouve que le point C décrit un cercle dont le centre est en A, avec une vitesse angulaire $\frac{2}{7}\omega$; sa trajectoire apparente sur le plan sera épicycloïdale; X et Y ont une résultante constamment dirigée vers A et de grandeur invariable.

Forces instantanées.

226. On appelle *force instantanée* une force très grande F qui agit pendant un temps excessivement court θ, mais dont l'impulsion $\int_0^\theta F\,dt$ est finie; c'est cet élément qu'on introduit dans le calcul sous le nom de *percussion* et qu'on peut représenter par un segment rectiligne dont la direction est celle de F. Quand on cherche l'effet de forces instantanées sur un système matériel, on regarde leurs directions comme constantes et l'on néglige, pendant le temps très court où se produit la percussion, les déplacements des points du système et l'action des forces ordinaires. La projection, sur un axe, de la quantité de mouvement communiquée au système est égale à la somme des projections des percussions, et son moment par rapport à un axe est égal à la somme des moments des percussions.

Quand le système est un solide S de masse M, le centre de gravité O acquiert une vitesse égale à la résultante des percussions divisée par M; en même temps, S reçoit un mouvement de rotation dont l'axe est dirigé suivant le diamètre OI de l'ellipsoïde central conjugué au plan du couple résultant de la translation des percussions au point O; la vitesse de la rotation est égale à la projection de l'axe du couple sur OI divisée par le moment d'inertie autour de OI. Le mouvement résultant pour S est en général un mouvement hélicoïdal; si la translation acquise est perpendiculaire sur OI, le mouvement acquis est une simple rotation autour d'une parallèle à OI, laquelle est axe principal d'inertie au pied de la perpendiculaire abaissée du centre O sur sa direction.

227. *Une barre homogène* OA, *de masse* m, *de longueur* $2a$, *peut tourner sur un plan horizontal autour de son extrémité* O, *qui est fixe; en* A *est articulée une barre égale* AB, *qui se meut aussi sans frottement sur le plan horizontal. Les deux barres étant primitivement en ligne droite et en repos, on applique, en un point* S *de* AB, *une percussion perpendiculaire* P : *déterminer le mouvement initial des deux barres et les réactions qui se produisent en* O *et en* A *au moment du choc.*

Soient OX la droite qui coïncide d'abord avec OAB, s la distance AS, α, β les vitesses angulaires de OA et de AB après le choc; le moment de la percussion par rapport à O est égal à la somme des moments des quantités de mouvement des deux barres. Pour calculer la partie de cette somme fournie par AB, je remarque que son centre de gravité a pour vitesse $2a\alpha + a\beta$; le moment de la quantité de mouvement, en y supposant la masse concentrée, est $3ma(2a\alpha + a\beta)$; il faut y ajouter la somme correspondant au mouvement relatif autour de ce centre, $\frac{1}{3}ma^2\beta$. On a

$$(1) \qquad \frac{4}{3}ma^2\alpha + 3ma^2(2\alpha + \beta) + \frac{1}{3}ma^2\beta = P(2a + s).$$

La somme des moments des quantités de mouvement de AB par rapport à A est égale au moment de la percussion P, car la réaction de OA en A a un moment nul :

$$(2) \qquad ma^2(2\alpha + \beta) + \frac{1}{3}ma^2\beta = Ps.$$

Les équations (1) et (2) donnent les vitesses angulaires

initiales

$$\alpha = \frac{3P}{14ma^2}(4a - 3s), \quad \beta = \frac{3P}{14ma^2}(8s - 6a).$$

Rien de plus facile que de discuter ces formules. Par exemple, pour que α et β soient égaux ou que les barres restent d'abord en ligne droite, il faut $s = \frac{10}{11}a$. La percussion Q, que AB reçoit en A par suite de sa liaison avec OA, s'obtient en exprimant la vitesse acquise par le centre de gravité de AB :

$$(2\alpha + \beta)a = \frac{P + Q}{m}, \quad Q = \frac{3s - 4a}{7a}P = -\frac{2}{3}ma\alpha.$$

La percussion R, que reçoit O, se déduit de la vitesse du centre de gravité de OA :

$$a\alpha = -\frac{1}{m}(Q + R), \quad R = -\frac{1}{3}ma\alpha = \frac{1}{2}Q.$$

Pour avoir le mouvement ultérieur du système, on exprime que la force vive et la somme des moments des quantités de mouvement par rapport à O restent constantes; θ étant l'angle AOX, ψ le supplément de l'angle OAB, on trouve, après des calculs assez simples,

$$\frac{d\psi^2}{dt^2} = \frac{7(\beta - \alpha)^2 - 12(4\alpha^2 + 3\alpha\beta + \beta^2)(1 - \cos\psi)}{16 - 9\cos^2\psi},$$

$$\frac{d\theta}{dt} = \frac{11\alpha + 5\beta - (2 + 3\cos\psi)\psi'}{2(5 + 3\cos\psi)}.$$

La discussion générale du mouvement est compliquée. Quand α est égal à β, on voit que ψ doit rester constamment nul et que θ croît proportionnellement au temps.

228. *Une barre très mince se meut sur un plan horizontal parfaitement poli; le centre instantané de rotation coïncide avec l'un de ses points,* A, *lorsqu'elle ren-*

contre un obstacle fixe M; *déterminer la grandeur de la percussion et le mouvement ultérieur de la barre.*

(Agrégation, 1872.)

Soient v, v' les vitesses du centre de gravité O avant et après le choc; ω, ω' les vitesses de rotation correspondantes; $m\mathrm{K}^2$ le moment d'inertie autour de O; x l'abscisse OM, comptée positivement à droite du point O, $-a$ l'abscisse du point A; v est perpendiculaire à la barre et égale à $a\omega$. Après le choc, en supposant la barre dépourvue d'élasticité, M reste momentanément en repos et est centre instantané de rotation; v' est perpendiculaire sur AO et égale à $-\omega' x$. Le moment de la quantité de mouvement par rapport à M est constant :

$$(1) \qquad \left\{ \begin{array}{l} -mvx + m\mathrm{K}^2\omega = -mv'x + m\mathrm{K}^2\omega', \\ m\omega(\mathrm{K}^2 - ax) = m\omega'(\mathrm{K}^2 + x^2); \end{array} \right.$$

d'où

$$\omega' = \frac{\mathrm{K}^2 - ax}{\mathrm{K}^2 + x^2}\omega, \qquad v' = \frac{vx(ax - \mathrm{K}^2)}{a(\mathrm{K}^2 + x^2)}.$$

Soit B le point conjugué de A, à droite de O, et tel que $\mathrm{OA} \times \mathrm{OB} = \mathrm{K}^2$; quand M est à droite de B, ω' est de sens contraire à ω, v' de même signe que v; quand M est entre O et B, ω' est de même signe que ω, v' de signe contraire à v; il y a une sorte de réflexion. En discutant la valeur de v', on trouve qu'elle est maximum ou minimum, égale à $\left(a \pm \sqrt{a^2 + \mathrm{K}^2}\right)\frac{v}{2a}$ pour $x = -a \pm \sqrt{a^2 + \mathrm{K}^2}$. La grandeur de la percussion reçue par l'obstacle est mesurée par la variation de la quantité de mouvement de la barre projetée sur une perpendiculaire,

$$\mathrm{P} = m(v - v') = \frac{\mathrm{K}^2 mv(x + a)}{x^2 + \mathrm{K}^2}.$$

Elle atteint un maximum $\frac{1}{2} m\omega \left(a + \sqrt{a^2 + K^2}\right)$ pour $x = \sqrt{a^2 + K^2} - a$.

Si l'on avait supposé la barre parfaitement élastique, il aurait fallu adjoindre à l'équation (1) la condition que la force vive reste constante :

$$v^2 + K^2\omega^2 = v'^2 + K^2\omega'^2,$$

et l'on aurait pu calculer v' et ω', qui, dans les deux cas, restent invariables après le choc.

229. *Étant donné un système en équilibre grâce à certaines liaisons, on suppose que quelques-unes de ces liaisons viennent à être détruites instantanément, et l'on propose de calculer les réactions qui représentent les liaisons restantes aussitôt après la rupture de l'équilibre.*

Ces questions se rattachent aux forces instantanées. M. W. Besant en a traité plusieurs dans le tome IV du *Journal de Cambridge;* il prend les équations du mouvement du système aussitôt après la rupture des liaisons, en y négligeant les termes de l'ordre du carré des vitesses; ainsi, pour le mouvement dans un plan, on réduit les composantes de l'accélération suivant le rayon vecteur et sa normale à $\frac{d^2 r}{dt^2}$ et à $r\frac{d^2\theta}{dt^2}$; on traite comme nulle l'accélération centripète, etc.

Considérons une planche elliptique dont le plan est vertical et dont les foyers, situés à la même hauteur, sont soutenus par deux chevilles; on en retire une, et l'on demande la pression P supportée par l'autre immédiatement après. Soit ω la vitesse angulaire du disque après un temps très court; l'accélération du centre peut être regardée comme simplement tangentielle et dirigée vers le bas;

$$m\frac{dv}{dt} = mae\frac{d\omega}{dt} = mg - P.$$

Prenons le moment de la quantité de mouvement autour du point fixe :

$$mgac = (a^2e^2 + K^2)\, m\frac{d\omega}{dt} = ma^2\frac{2+3e^2}{4}\frac{d\omega}{dt};$$

éliminant $\frac{d\omega}{dt}$, nous aurons

$$P = \frac{2-e^2}{2+3e^2}mg.$$

Elle est inférieure ou supérieure à la charge d'équilibre $\frac{1}{2}mg$, selon que $e^2 \gtrless \frac{2}{5}$.

Soit encore un fil dont les extrémités A et D sont fixes, et qui porte deux masses m, m' attachées en B et C, de manière que BC soit horizontal; on coupe la partie CD, et l'on demande les tensions initiales T, T' des cordons AB et BC. Le point B décrit un arc de cercle normal à AB; on peut regarder d'abord son accélération suivant AB comme nulle, et l'accélération totale γ comme perpendiculaire à ce rayon. Si donc θ est l'angle de AB avec la verticale, on a

$$T - T'\sin\theta - mg\cos\theta = 0, \quad m\gamma = mg\sin\theta - T'\cos\theta.$$

L'accélération relative de C par rapport à B est tout entière perpendiculaire à CB; son accélération totale, qui est la résultante de la précédente et de l'accélération de B, aura $\gamma\cos\theta$ pour projection sur CB; $T' = m'\gamma\cos\theta$. On tire de cette relation et des deux premières

$$T = \frac{m(m+m')g\cos\theta}{m+m'\cos^2\theta}, \quad T' = \frac{mm'g\sin\theta\cos\theta}{m+m'\cos^2\theta};$$

la vitesse initiale de C sera dirigée suivant la résultante de T' et de $m'g$.

230. *Un parallélépipède rectangle homogène S, dont la masse est égale à 3, les arêtes à $2a$, $4a$, $8a$, peut se mouvoir librement, mais il est soustrait à l'action de toute force extérieure et d'abord en repos : une sphère Σ, de masse 1, animée d'une vitesse de translation U parallèle aux arêtes moyennes de S, vient choquer en M une face F perpendiculaire à ces arêtes. Trouver le mouvement que prennent, aussitôt après le choc, S et Σ supposés parfaitement élastiques : mouvement ultérieur de S quand M coïncide avec un sommet de F.*

(Agrégation, 1886.)

Par le centre de S avant le choc menons trois axes, OX parallèle aux petites arêtes, OY aux arêtes moyennes, OZ aux grandes arêtes. Les déplacements des deux solides pendant le choc étant négligeables, F doit être considérée comme restant normale à OY et les forces élastiques qui agissent sur Σ ne changeront point la direction de sa vitesse, mais après le choc la grandeur de cette vitesse deviendra u; le centre de gravité du parallélépipède prendra une vitesse v aussi parallèle à OY, tandis que S lui-même sera animé d'une rotation dont les composantes suivant OX, OY, OZ seront P, Q, R.

OX, OY, OZ sont les axes principaux de S en O et les moments d'inertie correspondants sont $20a^2$, $17a^2$, $5a^2$; soient x, $-2a$ et z les coordonnées du point M.

Pour déterminer les cinq inconnues propres à définir le mouvement après le choc, exprimons que ce phénomène n'altère ni la somme des projections des quantités de mouvement sur OY, ni la somme de leurs moments par rapport à OX, OY, OZ, ni la force vive :

$$3v + u = U,$$

$$20a^2 P - uz = -Uz, \quad 17a^2 Q = 0, \quad 5a^2 R + ux = Ux,$$

$$3v^2 + 20a^2 P^2 + 17a^2 Q^2 + 5a^2 R^2 + u^2 = U^2.$$

Des quatre premières équations on tire

$$(1.)\quad v = \frac{U-u}{3},\quad P = -z\frac{U-u}{20a^2},\quad Q = 0,\quad R = x\frac{U-u}{5a^2}.$$

Substituant ces valeurs dans la cinquième équation, on peut tout diviser par $U - u$ et l'on trouve

$$U - u = \frac{120a^2 U}{80a^2 + 12x^2 + 3z^2};$$

de cette valeur, on déduit immédiatement celles de u, v, P, R et il est facile de les discuter. Dans le cas particulier proposé, faisons $x = a$, $z = -4a$ et nous aurons

$$u = \frac{U}{7},\quad v = \frac{2U}{7},\quad P = \frac{6U}{35a},\quad Q = 0,\quad R = \frac{6U}{35a};$$

la quantité de mouvement de la sphère diminue de $\frac{6U}{7}$; c'est la mesure de la percussion.

Le mouvement initial de S résulte d'un mouvement de translation parallèle à U et d'une rotation $\omega = \frac{6U\sqrt{2}}{35a}$ autour de la bissectrice de ZOX; la force vive H est égale à $\frac{25}{2}a^2\omega^2$ et l'axe G du couple résultant des quantités de mouvement à $a^2\omega\sqrt{\frac{425}{2}}$; il est dans le plan OXZ et fait avec OZ un angle ζ dont la tangente est 4. Le mouvement ultérieur de S est celui d'un solide abandonné à lui-même : le centre de gravité O possède un mouvement rectiligne et uniforme et S prend autour de ce centre un mouvement de Poinsot. Menons par ce point trois axes de direction constante, OZ_1 parallèle à l'axe G, OX_1 parallèle à la direction primitive de OY, OY_1 perpendiculaire aux deux autres; désignons par OX', OY', OZ' les axes principaux d'abord confondus avec OX, OY, OZ et par

p, q, r les composantes de la rotation suivant OX′, OY′, OZ′. On aura, en passant en revue les formules du mouvement de Poinsot,

$$20p^2 + 17q^2 + 5r^2 = \frac{25\omega^2}{2}, \quad 400p^2 + 289q^2 + 25r^2 = \frac{425\omega^2}{2},$$

$$\frac{dq}{dt} = -\frac{15pr}{17}.$$

On est dans le cas particulier de $BH - G^2 = 0$ et si l'on pose, pour abréger, $\mu = \frac{\omega}{\sqrt{34}}$, on aura

$$q = 5\mu \frac{1 - e^{6\mu t}}{1 + e^{6\mu t}}, \quad p = r = \frac{2\mu\sqrt{17}e^{3\mu t}}{1 + e^{6\mu t}}.$$

Les formules propres à déterminer les trois angles d'Euler sont bien connues et deviennent ici

$$\cos\theta = \frac{2e^{3\mu t}}{\sqrt{17}(1 + e^{6\mu t})}, \quad \operatorname{tang}\varphi = \frac{8e^{3\mu t}}{\sqrt{17}(1 - e^{6\mu t})}$$

$$d\psi = 17\mu \frac{5(1 + e^{6\mu t})^2 - 4e^{6\mu t}}{17(1 + e^{6\mu t})^2 - 4e^{6\mu t}} dt.$$

L'intégration de cette différentielle n'est pas bien difficile et donne

$$\psi = 5\mu t + \operatorname{arc\,tang} \frac{1 - e^{6\mu t}}{4 + 4e^{6\mu t}}.$$

Les composantes p et r sont toujours égales et tendent vers zéro; l'axe instantané est toujours dans le plan bissecteur des plans OY′Z′, OX′Y′ et tend à se confondre avec OY′; θ part de ζ pour arriver à $\frac{\pi}{2}$ et φ varie de $-\frac{\pi}{2}$ à zéro; donc OZ′ et OX′ se rapprochent indéfiniment du plan OX_1Y_1 et OY′ de OZ_1; ψ croît indéfiniment et $\frac{d\psi}{dt}$ tend vers 5μ; le mouvement de S se rapprochera de plus en plus d'une rotation uniforme autour de OZ_1 qui tend à coïncider avec l'axe moyen; c'est le mouvement qu'on obtiendrait en faisant rouler le plan qui contient la polhodie sur le cône qui a pour base l'herpolhodie et qui admet OZ_1 comme génératrice asymptote.

EXERCICES.

1. Un secteur sphérique à une base, de densité ε, a son demi-angle au sommet égal à θ: moments d'inertie principaux au centre de la sphère.

$$2\pi\varepsilon R^5 \frac{2 - 3\cos\theta + \cos^3\theta}{15}, \quad \pi\varepsilon R^5 \frac{4 - 3\cos\theta - \cos^3\theta}{15}.$$

2. Une lentille homogène, d'épaisseur $2a$, de diamètre $2b$, est limitée par deux calottes sphériques égales : calculer les rayons principaux de gyration au centre. (W. WALTON.)

$$\frac{a^4 + 5a^2b^2 + 10b^4}{10(a^2 + 3b^2)}, \quad \frac{7a^4 + 15a^2b^2 + 10b^4}{20(a^2 + 3b^2)}.$$

3. Un pendule est formé d'une tige rigide, de masse négligeable, dont un point O est le point de suspension, et de deux sphères : l'une, de rayon a, a son centre à une distance donnée c du point O; l'autre, de rayon b, a son centre à une distance inconnue x du point fixe. Déterminer x de manière à rendre minima la longueur du pendule synchrone, les deux sphères ayant la même densité.

$$5b^3x^2 + 10a^3cx - 5a^3c^2 - 2a^5 - 2b^5 = 0.$$

4. Déterminer, en partant des formules d'Euler, le mouvement d'une tige très mince dont un point est fixe; retrouver les résultats connus relatifs au pendule conique.

5. Mouvement d'une sphère pesante et homogène à l'intérieur d'un cylindre droit dont les génératrices sont horizontales et la surface dépolie, en négligeant la résistance au roulement et supposant que la sphère parte du repos. Soient a, R les rayons de la sphère et du cylindre, α l'inclinaison du plan tangent commun au point de départ : si $\tang\alpha < \frac{7}{2}f$, il y a roulement et le centre se meut comme un pendule de rayon $7\frac{R-a}{5}$; sinon, la sphère glisse et le centre se meut comme un point sur un cercle dépoli.

6. Déterminer le mouvement d'un treuil horizontal soumis à l'action de deux poids P, P', en tenant compte du frottement des tourillons, mais négligeant le poids et la roideur des cordes.

R, R' rayons des roues sur lesquelles agissent les cordes portant P et P', ρ rayon des tourillons, p poids du treuil, k son rayon de gyration autour de l'axe, φ angle de frottement :

$$\frac{PR^2 + P'R'^2 + pk^2 + (P'R' - PR)\rho \sin\varphi}{g} \frac{d\omega}{dt}$$
$$= PR - P'R' - (P + P' + p)\rho \sin\varphi.$$

7. Un cube homogène, soustrait à l'action de toute force extérieure et d'abord en repos, peut tourner autour de son sommet O qui est fixe : une sphère S, animée d'une vitesse u perpendiculaire à l'une des faces qui se coupent en O, vient choquer cette face en son milieu C. Trouver le mouvement que vont prendre les deux corps, supposés parfaitement élastiques. (Caen, 1883.)

Soient M et m les masses du cube et de S, $2a$ l'une des arêtes : après le choc, le cube tourne avec la vitesse $\frac{6mu\sqrt{2}}{(6m + 11M)a}$ autour d'une droite menée perpendiculairement à OC dans la face choquée; c'est un axe permanent de rotation. S prend la vitesse $\frac{6m - 11M}{6m + 11M}u$.

8. Un solide homogène S, de masse 1, est limité par une surface de révolution autour d'un axe OM : le point O est fixe et, seul parmi tous les points de S, M est sollicité par une force extérieure; cette force, perpendiculaire à une droite donnée OZ, tend à en éloigner le point M et a pour valeur $\frac{\omega^2 OM}{\sin^3 MOZ}$; les moments d'inertie de S autour de OP et d'une perpendiculaire passant en O sont égaux à $\overline{OM}^2$ et à $3\overline{OM}^2$. Trouver le mouvement du point M sachant qu'à l'instant initial MOZ est égal à 60°, M en repos et S animé d'une vitesse angulaire 2ω autour de OM. (Caen, 1885.)

Les angles θ et ψ d'Euler peuvent définir la position de M et l'on a

$$\cos\theta = \frac{1}{2}\cos\frac{\omega t\sqrt{2}}{3},$$

$$2\psi = \sqrt{3}\,\text{arc tang}\left(\sqrt{\frac{2}{3}}\,\text{tang}\,\frac{\omega t\sqrt{2}}{3}\right) - \text{arc tang}\left(\sqrt{2}\,\text{tang}\,\frac{\omega t\sqrt{2}}{3}\right).$$

9. Une barre homogène et très mince AB est en repos sur un plan horizontal poli, lorsqu'une petite sphère, parfaitement élastique, animée d'une vitesse u, perpendiculaire sur AB, vient la choquer à une distance x de son milieu G. Mouvement du système après le choc. (Caen, 1880.)

m et M étant les masses de la sphère et de la barre, $AB = 2a$, la sphère et le point G auront, dans la direction de u, les vitesses constantes v, V, et AB tournera autour de G avec la vitesse ω :

$$v = \frac{2mx^2 - (M+m)a^2}{3mx^2 + (M+m)a^2}u, \quad V = \frac{2ma^2u}{3mx^2 + (M+m)a^2}, \quad \omega = \frac{3Vx}{a^2}.$$

10. Déterminer le mouvement que peut prendre sur un plan horizontal une plaque mince dont chaque élément dm est attiré vers une droite OX du plan par une force égale au produit de $\lambda^2\,dm$ par la distance de l'élément à OX. (Paris, 1886.)

Les coordonnées du centre de gravité G seront de la forme

$$x_1 = at + b, \quad y_1 = p\cos\lambda t + q\sin\lambda t;$$

soient A, B les moments d'inertie de la plaque autour des axes principaux menés par G dans son plan, θ l'angle du premier de ces axes avec OX :

$$(A+B)\frac{d^2\theta}{dt^2} = -\lambda^2 \int y(x - x_1)\,dm = \lambda^2(A-B)\sin\theta\cos\theta.$$

11. Mouvement d'une sphère homogène qui glisse sur un plan horizontal dépoli. (Coriolis, *Théorie mathématique du jeu de billard.*)

On se reportera au n° **224** et à ses notations : X, Y sont les composantes de la force de frottement fmg; leur rapport est égal à celui de $\frac{dx}{dt} - aq$ à $\frac{dy}{dt} + ap$ et l'on trouvera qu'il est constant; X et Y le sont eux-mêmes et le centre de la sphère décrit une parabole jusqu'à ce qu'il n'y ait plus qu'un roulement simple.

EQUATIONS GÉNÉRALES DE LA MÉCANIQUE.

Principes des travaux virtuels.

231. Nous allons étudier très rapidement certaines équations générales auxquelles les géomètres ont ramené la résolution de tous les problèmes de Mécanique ; c'est une méthode moins directe que l'emploi des considérations mécaniques proprement dites, mais elle est remarquable par sa généralité et sa puissance. On peut dire que toute la Statique est comprise dans le principe des travaux virtuels, énoncé par Bernoulli : *dans un système en équilibre, la somme des travaux des forces qui y sont appliquées est nulle pour tout déplacement virtuel des points du système, compatible avec les liaisons*. Toutefois, lorsque quelques points du système sont simplement posés sur des surfaces, et qu'on leur donne un déplacement virtuel du côté où ils sont libres, la somme des travaux virtuels devient négative. On emploie indifféremment dans cet énoncé les mots de *travail virtuel, moment virtuel, vitesse virtuelle*.

Soient δx, δy, δz les projections rectangulaires du déplacement virtuel infiniment petit donné à l'un des points du système ; X, Y, Z les composantes de la force qui sollicite ce point : on a

$$(1) \qquad \Sigma(X\,\delta x + Y\,\delta y + Z\,\delta z) = 0,$$

la somme s'étendant aux n points qui forment le système donné et δx, δy, δz étant tels que les liaisons soient respectées.

Quand celles-ci s'expriment par des équations

$$F_1(x, y, z, x_1, \ldots) = 0, \qquad F_2 = 0, \qquad \ldots, \qquad F_k = 0,$$

on a, i prenant toutes les valeurs depuis 1 jusqu'à k,

$$(2) \qquad \frac{\partial F_i}{\partial x}\delta x + \frac{\partial F_i}{\partial y}\delta y + \frac{\partial F_i}{\partial z}\delta z + \frac{\partial F_i}{\partial x_1}\delta x_1 + \ldots = 0.$$

On peut tirer de là k variations en fonction des autres, et, les substituant dans (1), on égale à zéro les coefficients de celles qui restent, en nombre $3n - k$. Il revient au même d'ajouter à (1) les équations (2) multipliées respectivement par des indéterminées $\lambda_1, \lambda_2, \ldots$, et d'annuler les coefficients de toutes les variations ; on a le même résultat que si on rendait tous les points libres en appliquant au point x, y, z, par exemple, k forces dont les composantes soient de la forme $\lambda_i \frac{\partial F_i}{\partial x}, \lambda_i \frac{\partial F_i}{\partial y}, \lambda_i \frac{\partial F_i}{\partial z}$.

Quand la position du système est déterminée par des variables $q_1, q_2, \ldots, q_r$, on peut transformer (1) en fonction de ces variables, et annuler le coefficient de chaque variation indépendante. Enfin, en donnant des déplacements virtuels convenablement choisis, on peut obtenir des équations particulières d'équilibre contenues dans l'équation (1), et faciles à former.

232. *Position d'équilibre d'un point* M *placé sur un plan incliné* P, *et attiré vers un point* O *proportionnellement à la distance ; pression sur le plan.*

Prenons O pour origine, avec un axe des z vertical ; soit l'équation du plan P

$$x \cos\alpha + z \sin\alpha - p = 0 ;$$

l'équation des travaux virtuels est évidemment

$$-\mu^2 x\,\delta x - \mu^2 y\,\delta y - (\mu^2 z + mg)\,\delta z = 0.$$

J'ajoute $\lambda(\cos\alpha\,\delta x + \sin\alpha\,\delta z)$ au premier membre, et j'annule le coefficient de chaque variation :

$$-\mu^2 x + \lambda \cos\alpha = 0, \qquad \mu^2 y = 0, \qquad -\mu^2 z - mg + \lambda \sin\alpha = 0.$$

Ces équations avec celle de P donnent les coordonnées de la position d'équilibre et la valeur λ de la pression, qui est normale au plan,

$$\lambda = \mu^2 p + mg \sin\alpha; \quad x = \frac{\lambda\cos\alpha}{\mu^2}, \quad y = 0, \quad z = \frac{\lambda \sin\alpha - mg}{\mu^2}.$$

233. *Une tige* AB *de poids* P *repose sur une cheville horizontale* C *et s'appuie par son extrémité inférieure* A *contre un mur vertical; il n'y a pas de frottements. Déterminer la position d'équilibre et les réactions.*

On connaît la distance $OC = c$ de la cheville au mur, et la distance $AM = a$ du centre de gravité de la barre à son extrémité inférieure; il s'agit de trouver l'angle θ de AB avec la verticale. Le plan vertical qui contient la tige doit être perpendiculaire au mur : faisons remonter A le long de ce mur; la seule force qui donne un travail virtuel est la pesanteur qui agit en M ; la hauteur de M au-dessus de OC, $a\cos\theta - c\cot\theta$, ne doit pas changer :

$$\frac{c}{\sin^2\theta} - a\sin\theta = 0, \qquad \sin\theta = \sqrt[3]{\frac{c}{a}}.$$

Pour avoir la réaction R de la cheville, supprimons cet appui, introduisons la force R et faisons tourner AB de $\delta\theta$ autour de A ;

$$aP\sin\theta\,\delta\theta - \frac{Rc}{\sin\theta}\,\delta\theta = 0, \qquad R = \frac{aP}{c}\sin^2\theta = P\sqrt[3]{\frac{a}{c}} = \frac{P}{\sin\theta}.$$

La réaction N du mur s'obtient à l'aide d'une translation virtuelle horizontale ;

$$N\,\delta x - R\cos\theta\,\delta x = 0, \qquad N = R\cos\theta = P\cot\theta.$$

234. *Trois points* A, B, C, *assujettis à rester sur un*

cercle, se repoussent avec une intensité proportionnelle à la distance : positions d'équilibre.

Soient α, β, γ les trois masses, R le rayon ; on a

$$BC = 2R \sin A;$$

pour une variation δBC, le travail virtuel des forces exercées par les masses B et C l'une sur l'autre sera

$$2f\beta\gamma R \sin A \times \delta(2R \sin A) = 2fR^2\beta\gamma \sin 2A\, \delta A;$$

l'équation du travail est, en divisant par $2fR^2\alpha\beta\gamma$,

$$(1) \qquad \frac{\sin 2A}{\alpha}\delta A + \frac{\sin 2B}{\beta}\delta B + \frac{\sin 2C}{\gamma}\delta C = 0;$$

mais $A + B + C = \pi$, $\delta C = \delta A + \delta B$; donc

$$\frac{\sin 2A}{\alpha} = \frac{\sin 2B}{\beta} = \frac{\sin 2C}{\gamma}.$$

$2A + 2B + 2C = 2\pi$; construisons un triangle dont les côtés soient α, β, γ : ses angles seront les suppléments de $2A$, $2B$, $2C$; mais cette solution n'est possible que si

$$\alpha < \beta + \gamma, \quad \beta < \gamma + \alpha, \quad \gamma < \alpha + \beta.$$

L'équation (1) peut toujours être satisfaite en posant $\sin 2A = \sin 2B = \sin 2C = 0$, deux des angles $2A$ et $2B$ étant égaux à π, et le troisième à zéro ; on a une disposition d'équilibre qui convient dans tous les cas.

234. *Condition d'équilibre du genou.* (Paris, 1860.)

Le genou se compose essentiellement de deux barres OA, AB articulées en A ; l'extrémité O est articulée en un point d'une droite fixe OX, tandis que l'autre extrémité B est assujettie à glisser sur OX. Une force F dans le plan OAB agit sur un point C de OA, tandis qu'une autre force R pousse le point B dans le sens XO ; étant donné l'angle φ de F avec OA, il s'agit de trouver la force R qui peut lui faire équilibre.

Soient θ l'angle AOX, et $OB = x$; si l'on donne à x l'accroissement δx, à θ l'accroissement $\delta\theta$, l'équation du travail devient

$$-F \times OC \sin\varphi\,\delta\theta - R\,\delta x = 0.$$

D'ailleurs on a, par la Géométrie,

$$\overline{AB}^2 = \overline{OA}^2 + x^2 - 2x\,OA\cos\theta,$$
$$x\,\delta x - OA(\cos\theta\,\delta x - x\sin\theta\,\delta\theta) = 0;$$

éliminons δx et $\delta\theta$ entre cette équation et celle du travail virtuel, et nous aurons

$$\frac{R}{F} = \frac{OC(x - OA\cos\theta)\sin\varphi}{x \times OA\sin\theta};$$

la machine est d'autant plus puissante que θ est plus petit; dans les appareils à frapper les monnaies $OA = AB = OC$, $\varphi = \frac{\pi}{2} - \theta$; alors $R = \frac{F}{2}\cot\theta$.

235. *On imagine une pile triangulaire de boulets sphériques parfaitement polis, dont la base serait retenue par trois murs verticaux formant prisme triangulaire; déterminer la pression exercée contre chaque mur.*

Soient n le nombre des boulets qui forment un côté de la tranche inférieure, a leur rayon; écartons virtuellement tous les boulets de la tranche inférieure de manière que la distance des centres de deux globes contigus deviennent $2(a+\varepsilon)$, et que le centre O du triangle circonscrit à la base ne bouge pas. Les côtés du triangle formé par les centres des boulets qui sont au périmètre de la tranche inférieure augmentent de $2(n-1)\varepsilon$, et chacun de ses côtés doit s'avancer à l'encontre du mur de $\frac{n-1}{\sqrt{3}}\varepsilon$; si donc on remplace la fixité des appuis par l'adjonction d'une force F qui produise le même effet, au recul des parois correspondra un travail virtuel $-(n-1)\varepsilon F\sqrt{3}$. D'autre part, soient D le centre d'un boulet de la deuxième tranche reposant sur trois de la première dont les centres sont A, B, C; I le centre de ABC; la hauteur de D au-dessus du plan ABC était d'abord $\sqrt{4a^2-\overline{AI}^2}$; AI augmentant de $\delta AI = \frac{2\varepsilon}{\sqrt{3}}$, la distance de D à ABC diminue de

$$\frac{\overline{AI}\delta\overline{AI}}{\sqrt{4a^2-\overline{AI}^2}} = \frac{2\varepsilon}{\sqrt{6}};$$

telle est la quantité dont chaque tranche se rapproche de celle qui la supporte. En tenant compte de l'abaissement des diverses tranches et du nombre de leurs boulets, en appelant P le poids de l'un d'eux, on a le travail virtuel de la pesanteur

$$\frac{2P\varepsilon}{\sqrt{6}}\left[\frac{n(n-1)}{2} + 2\frac{(n-1)(n-2)}{2} + \ldots \right.$$
$$\left. + i\frac{(n-i+1)(n-i)}{2} + \ldots + (n-1)\right]$$
$$= \frac{P\varepsilon}{\sqrt{6}}\sum_{i=1}^{i=n-1}\left[n(n+1)i-(2n+1)i^2+i^3\right]$$
$$= \frac{(n-1)n(n+1)(n+2)}{12}\frac{P\varepsilon}{\sqrt{6}}.$$

En égalant ce travail au travail résistant des parois, on en tire

$$F = \frac{n(n+1)(n+2)}{36\sqrt{2}}P.$$

Pour une pile à base carrée, on a, dans des circonstances analogues,

$$F = \frac{n^2(n+1)}{24\sqrt{2}}P.$$

236. *Un point pesant* M *est attiré vers deux points* A *et* B *proportionnellement à la distance; il est porté par une tige sans masse qui peut tourner autour du point* O, *milieu de* AB : *positions d'équilibre; reconnaître si l'équilibre est stable ou instable.*

Pour décider de la stabilité de l'équilibre d'un système, on peut supposer les divers points légèrement écartés de leurs positions d'équilibre, chercher les forces auxquelles ils sont alors soumis et la nature de leurs mouvements, en se bornant aux termes principaux des équations que l'on obtient; on voit si les points tendent à osciller autour de leurs positions d'équilibre ou à s'en écarter de plus en plus. Mais Lagrange a établi une règle qui suffit souvent : supposons que le travail correspondant à un déplacement virtuel quelconque du système soit la variation exacte δV d'une fonction dite *fonction des forces :* quand V passe par un maximum, il y a équilibre stable; quand il est minimum, l'équilibre est instable.

Dans le cas proposé, nous admettrons que, pour l'équilibre, M doit être dans le plan vertical qui contient AB. Appelons θ l'angle dont OM a tourné en partant de la direction OA et commençant par passer en dessous; a les distances OA, OB; c la longueur OM, λ et μ les attractions de A et de B sur M à l'unité de distance, P le poids de M; on a pour expression générale du travail virtuel

$$\begin{aligned}\delta V &= -\lambda \mathrm{AM}\,\delta \mathrm{AM} - \mu \mathrm{BM}\,\delta \mathrm{BM} + P\delta(c\sin\theta)\\ &= Pc\cos\theta\,\delta\theta - \frac{1}{2}\delta\left(\lambda\overline{\mathrm{AM}}^2 + \mu\overline{\mathrm{BM}}^2\right);\end{aligned}$$

mais $\overline{\mathrm{AM}}^2 = a^2 + c^2 - 2ac\cos\theta$, $\overline{\mathrm{BM}}^2 = a^2 + c^2 + 2ac\cos\theta$; donc

$$\delta V = [a(\mu - \lambda)\sin\theta + P\cos\theta]c\,\delta\theta;$$

δV s'annule pour $\tang\theta = \dfrac{P}{a(\lambda - \mu)}$; on a deux valeurs de θ,

α et $\pi + \alpha$. Pour savoir si l'équilibre est stable, comme la fonction V existe et ne dépend que d'une variable, prenons

$$\delta^2 V = [a(\mu - \lambda)\cos\theta - P\sin\theta]c\,\delta\theta^2 = [a(\mu-\lambda)\cot\theta - P]c\sin\theta\,\delta\theta^2;$$

la parenthèse se réduit à $-\frac{a^2}{P}(\mu - \lambda)^2 - P$ pour les valeurs de θ répondant à l'équilibre. Si donc on prend $\theta = \alpha < \pi$, $\delta^2 V$ est < 0, V maximum, équilibre stable; pour $\theta = \pi + \alpha$, V minimum, équilibre instable.

Principe de d'Alembert.

237. Dans tout système en mouvement, il y a à chaque instant équilibre, en vertu des liaisons, entre les forces qui agissent sur les différents points du système et les forces d'inertie. On peut donc appliquer l'équation du travail virtuel à l'ensemble de ces deux espèces de forces et l'on a

$$(1)\quad \sum\left[\left(X - m\frac{d^2x}{dt^2}\right)\delta x + \left(Y - m\frac{d^2y}{dt^2}\right)\delta y + \left(Z - m\frac{d^2z}{dt^2}\right)\delta z\right] = 0;$$

la somme s'étend à tous les points du système, pour plusieurs desquels X, Y, Z peuvent être nuls; δx, δy, δz sont les composantes rectangulaires d'un déplacement virtuel quelconque compatibles avec les liaisons *telles qu'elles existent à l'instant indivisible t*; si donc l'une de ces liaisons est exprimée par une équation de la forme

$$F(t, x, y, z, x_1, \ldots) = 0,$$

on devra traiter t comme une constante quand on la différentiera pour en déduire la relation qu'elle établit entre les variations

$$F'_x\,\delta x + F'_y\,\delta y + F'_z\,\delta z + F'_{x1}\,\delta x_1 + \ldots = 0;$$

on opérera ensuite comme au n° 231.

L'équation (1) contient implicitement toute la Dynamique et fournit une méthode générale pour la solution des divers problèmes : le lecteur pourra l'appliquer à plusieurs des questions traitées dans les Chapitres précédents; je me bornerai ici à trois exemples nouveaux.

238. *Un point matériel M est renfermé dans un tube circulaire horizontal dont le centre reste fixe et dont le rayon augmente proportionnellement au temps; le point ayant une vitesse initiale donnée, déterminer sa trajectoire et sa pression sur le tube.*

Le rayon du tube peut être représenté par $r = a + bt$; la pesanteur est la seule force extérieure qui agisse, et l'équation de d'Alembert devient, en prenant l'axe du cercle pour axe des z,

$$(1) \qquad -m\frac{d^2x}{dt^2}\delta x - m\frac{d^2y}{dt^2}\delta y - \left(mg + m\frac{d^2z}{dt^2}\right)\delta z = 0.$$

Les coordonnées du mobile sont assujetties aux relations

$$(2) \qquad x^2 + y^2 = (a + bt)^2, \qquad z = 0.$$

Prenons les variations, en regardant t comme constant :

$$x\,\delta x + y\,\delta y = 0, \qquad \delta z = 0.$$

Ajoutons à l'équation (1) ces équations multipliées respectivement par λ et λ', et égalons à zéro le coefficient de chaque variation : on aura

$$(3) \quad \lambda x = m\frac{d^2x}{dt^2}, \qquad \lambda y = m\frac{d^2y}{dt^2}, \qquad \lambda' = mg + m\frac{d^2z}{dt^2}.$$

Éliminant λ entre les deux premières, on obtient

$$x\frac{d^2y}{dt^2} - y\frac{d^2x}{dt^2} = 0, \qquad x\frac{dy}{dt} - y\frac{dx}{dt} = c^2.$$

On remplace x, y par les coordonnées polaires r, θ, et l'équation précédente devient

$$c^2 = r^2\frac{d\theta}{dt} = (a + bt)^2\frac{d\theta}{dt}.$$

Intégrant et faisant $\theta = 0$ pour $t = 0$, on trouve

$$\theta = \frac{c^2}{b}\left(\frac{1}{a} - \frac{1}{a+bt}\right), \qquad \frac{1}{a+bt} = \frac{1}{r} = -\frac{b}{c^2}\left(\theta - \frac{c^2}{ab}\right);$$

la trajectoire est une spirale hyperbolique dont l'asymptote fait l'angle $\frac{c^2}{ab}$ avec l'axe polaire, et le pôle est à l'origine.

Les équations (3) font connaître l'action du tube sur le mobile. Comme $z = 0$, on a d'abord $\lambda' = mg$; puis, en combinant les deux premières,

$$\lambda\left(x\frac{dx}{dt} + y\frac{dy}{dt}\right) = m\left(\frac{dx}{dt}\frac{d^2x}{dt^2} + \frac{dy}{dt}\frac{d^2y}{dt^2}\right) = \frac{d}{dt}\left(\frac{1}{2}mv^2\right)$$

ou, en tenant compte de ce qui précède,

$$\lambda r\frac{dr}{dt} = \frac{d}{dt}\frac{1}{2}m\left(b^2 + \frac{c^4}{r^2}\right) = -\frac{mc^4}{r^3}\frac{dr}{dt}, \qquad \lambda = -\frac{mc^4}{r^4}.$$

La pression exercée sur le cercle sera égale et de sens contraire à la force qu'on vient de calculer ; elle a une composante verticale égale au poids de M, et une composante $\frac{mc^4}{r^3}$ dirigée suivant le prolongement de OM.

239. *On donne deux petits poids égaux,* A, B, *assujettis à rester, le premier sur un plan incliné* P, *le second sur une verticale* D, *et s'attirant proportionnellement à* *la distance; déterminer leurs mouvements sans tenir compte du frottement. Cas particulier : l'angle i de* P *avec l'horizon a pour sinus* $\frac{3}{4}$, *les positions initiales de* A *et* B *sont celles qui conviendraient à l'équilibre, et la vitesse initiale de* A *est telle que ses projections sur une horizontale et sur une ligne de pente de* P *soient égales chacune à la vitesse initiale c de* B. (Paris, 1874.)

Je prends pour origine le point d'intersection de D et de P, pour axe des x la ligne de plus grande pente qui y passe, pour axe des y une horizontale de P, et pour axe des z une normale au plan dirigée en dessous; je suppose les masses de A et de B égales à l'unité, et j'appelle μ^2 leur attraction à l'unité de distance; les coordonnées de A sont x, y, o, celles de B x', o, z'. Il est facile d'écrire l'équation de d'Alembert, où manquent δz et $\delta y'$, qui sont nuls;

$$(1)\quad \left\{\begin{aligned} &\left[\mu^2(x'-x)+g\sin i-\frac{d^2x}{dt^2}\right]\delta x-\left(\mu^2 y+\frac{d^2y}{dt^2}\right)\delta y\\ &\quad+\left[\mu^2(x-x')+g\sin i-\frac{d^2x'}{dt^2}\right]\delta x'\\ &\qquad+\left(g\cos i-\mu^2 z'-\frac{d^2z'}{dt^2}\right)\delta z'=0.\end{aligned}\right.$$

Au lieu de prendre la relation $z'=x'\cot i$, que la figure rendrait évidente, il vaut mieux considérer la distance $OB=r$, qui donne $x'=r\sin i$, $z'=r\cos i$, $\delta x'=\sin i\,\delta r$, $\delta z'=\cos i\,\delta r$. Égalons à zéro les coefficients de δx, δy et δr dans l'équation (1), et nous aurons les équations générales du mouvement

$$(2)\quad \left\{\begin{aligned} &\frac{d^2x}{dt^2}=\mu^2(r\sin i-x)+g\sin i,\qquad \frac{d^2y}{dt^2}=-\mu^2 y,\\ &\qquad\frac{d^2r}{dt^2}=g+\mu^2(x\sin i-r).\end{aligned}\right.$$

Soient α, β, ρ les valeurs de x, y, r qui conviendraient à l'équilibre; on peut les calculer à l'aide de l'équation du travail virtuel, qui n'est autre que l'équation (1), où l'on aurait supprimé $\frac{d^2x}{dt^2}, \dots$; on en conclut un système d'équations correspondant au système (2) :

$$(3)\quad \mu^2(\rho \sin i - \alpha) + g \sin i = 0, \quad \beta = 0, \quad \mu^2(\alpha \sin i - \rho) + g = 0.$$

Ces équations donnent α, β et ρ. Posons

$$x = \alpha + x_1, \quad y = \beta + y_1, \quad r = \rho + r_1,$$

et retranchons les équations (3) des équations (2);

$$\frac{d^2x_1}{dt^2} = \mu^2(r_1 \sin i - x_1), \quad \frac{d^2y_1}{dt^2} = -\mu^2 y_1, \quad \frac{d^2r_1}{dt^2} = \mu^2(x_1 \sin i - r_1).$$

On remplace la première et la dernière par celles qu'on obtient en les ajoutant ou en les retranchant membre à membre,

$$\frac{d^2(x_1 + r_1)}{dt^2} = -\mu^2(1 - \sin i)(x_1 + r_1),$$

$$\frac{d^2(x_1 - r_1)}{dt^2} = -\mu^2(1 + \sin i)(x_1 - r_1).$$

Toutes nos équations s'intègrent séparément, et donnent pour les inconnues qu'elles renferment des valeurs périodiques. Dans notre cas particulier, x_1, y_1, r_1 sont nuls à l'instant initial; leurs dérivées par rapport à t ont alors la valeur commune c, et, comme $1 - \sin i = \frac{1}{4}$, on trouve que les intégrales générales se réduisent à la forme

$$y_1 = \frac{c}{\mu} \sin \mu t, \quad x_1 + r_1 = \frac{4c}{\mu} \sin \frac{1}{2} \mu t, \quad x_1 - r_1 = 0.$$

L'équation de la trajectoire de A s'obtient en éliminant μt entre les valeurs de x_1 et de y_1 : $\mu^2 x_1^4 = 4c^2(x_1^2 - y_1^2)$.

Prenons des coordonnées polaires u et θ avec le point α, β pour pôle : on a

$$u^2 = \frac{2c^2 \cos 2\theta}{\cos^4 \theta};$$

c'est une courbe du quatrième ordre, qui ressemble à une lemniscate de Bernoulli.

240. *Déterminer le mouvement d'une chaîne homogène, flexible, très mince, mais pesante, placée sur deux plans inclinés dont l'intersection est horizontale, et devant rester dans un plan perpendiculaire à cette intersection.*

Soient OP, OQ les deux lignes de plus grande pente sur lesquelles glisse la chaîne; α, β leur angle avec l'horizon; l la longueur de la chaîne, ε la masse de l'unité de longueur, x la portion OA de chaîne dirigée suivant OP; la longueur OB, suivant OQ, sera égale à $l - x$. Pour un déplacement virtuel δx, la somme des travaux des forces d'inertie et de la pesanteur sera

$$\left[\varepsilon g x \sin\alpha - \varepsilon g(l - x)\sin\beta - l\varepsilon \frac{d^2 x}{dt^2}\right]\delta x.$$

Égalons ce travail à zéro, divisons par $\varepsilon \delta x$, et faisons $g(\sin\alpha + \sin\beta) = la^2$:

$$\frac{d^2 x}{dt^2} - a^2 x + g \sin\beta = 0.$$

Les intégrales sont

$$\frac{dx}{dt} = a(\mathrm{A}e^{at} - \mathrm{B}e^{-at}),$$

$$x - \frac{g\sin\beta}{a^2} = x - \frac{l\sin\beta}{\sin\alpha + \sin\beta} = \mathrm{A}e^{at} + \mathrm{B}e^{-at};$$

on peut toujours supposer, en prenant pour notre premier

plan incliné celui sur lequel la chaîne descend d'abord, que la valeur initiale de $\frac{dx}{dt}$ soit $v_0 > 0$; les constantes sont déterminées par les relations

$$\frac{v_0}{a} = A - B, \quad x_0 - \frac{l \sin\beta}{\sin\alpha + \sin\beta} = A + B,$$

On a toujours $A > B$. Si $A > 0$, la vitesse ne s'annule pas, et toute la chaîne passe sur OP; ensuite son mouvement devient uniformément accéléré; mais, si $A < 0$, la vitesse s'annule quand $Ae^{at} = Be^{-at}$; alors on a

$$x = \frac{l \sin\beta}{\sin\beta + \sin\alpha} - 2\sqrt{AB} < l.$$

La chaîne n'est pas tout entière sur OP; après s'être arrêtée, elle rebroussera chemin et continuera indéfiniment son mouvement sur OQ. La tension en O est à un instant quelconque

$$\varepsilon g x \sin\alpha - \varepsilon x \frac{d^2 x}{dt^2} = \frac{\varepsilon g x (l - x)(\sin\alpha + \sin\beta)}{l};$$

son maximum a lieu quand $x = \frac{l}{2}$, alors

$$T = \frac{1}{4} \varepsilon g l (\sin\alpha + \sin\beta).$$

Pour que la chaîne fût en équilibre, il faudrait avoir

$$x = \frac{l \sin\beta}{\sin\alpha + \sin\beta},$$

et la tension en O serait

$$\varepsilon g x \sin\alpha = \frac{\varepsilon g l \sin\alpha \sin\beta}{\sin\alpha + \sin\beta};$$

cette tension est moindre que la précédente.

Équations de Lagrange.

241. Soient $q_1, q_2, \ldots, q_n$, n quantités dont les valeurs peuvent déterminer à chaque instant la position des différents points d'un système matériel : les coordonnées x, y, z de chacun de ces points s'expriment par des fonctions connues de $q_1, q_2, \ldots, q_n$ pouvant aussi renfermer t explicitement, comme cela arrive lorsque les liaisons varient avec le temps. Pour déterminer le mouvement du système, on est conduit à transformer l'équation générale de la Dynamique,

$$(1)\qquad \left\{\begin{aligned} &\sum m\left(\frac{d^2x}{dt^2}\delta x + \frac{d^2y}{dt^2}\delta y + \frac{d^2z}{dt^2}\delta z\right) \\ &\quad = \sum (\mathrm{X}\,\delta x + \mathrm{Y}\,\delta y + \mathrm{Z}\,\delta z), \end{aligned}\right.$$

en remplaçant les x, y, z et leurs variations par leurs valeurs en fonction de t, des q_i et des δq_i. Le second membre, qui représente le travail correspondant à un déplacement virtuel du système, se transforme, par un calcul direct sur lequel il n'y a pas de remarque générale à présenter, en une expression de la forme $\mathrm{Q}_1\delta q_1 + \mathrm{Q}_2\delta q_2 + \ldots + \mathrm{Q}_n\delta q_n$; mais, au moyen d'un calcul tout à fait général, on peut obtenir pour le premier membre de l'équation (1) une transformée remarquable ; désignons par des lettres accentuées les dérivées totales relatives au temps : la demi-force vive T du système peut s'exprimer en fonction explicite de t, des q_i et des q'_i et l'équation (1) donne

$$(2)\qquad \sum_{i=1}^{i=n}\left(\frac{d}{dt}\frac{\partial \mathrm{T}}{\partial q'_i} - \frac{\partial \mathrm{T}}{\partial q_i} - \mathrm{Q}_i\right)\delta q_i = 0.$$

S'il existe p relations entre les q_i, on en pourra déduire les valeurs de p variations en fonction des $n-p$ autres et, après les avoir substituées dans l'équation (2), on égalera à zéro le coefficient de chacune des variations restantes; mais, le plus souvent, les variables $q_1, q_2, \ldots$ sont indépendantes et il faut égaler à zéro le coefficient de chacune des variations, ce qui conduit à un système de n équations simultanées du second ordre, de la forme

$$\frac{d}{dt}\frac{\partial T}{\partial q'_i} - \frac{\partial T}{\partial q_i} = Q_i;$$

ce sont les équations de Lagrange.

Quand il existe une fonction des forces, c'est-à-dire une fonction U de $x, y, z, x_1, \ldots$ dont les dérivées partielles $\frac{\partial U}{\partial x}, \frac{\partial U}{\partial y}, \frac{\partial U}{\partial z}, \frac{\partial U}{\partial x_1}, \ldots$ sont égales, en tenant compte des liaisons, aux composantes X, Y, Z, $X_1, \ldots$ des forces motrices, le second membre de l'équation (1) est une variation exacte δU; mais, U étant exprimé en fonction des q_i, on a

$$\delta U = \sum \frac{\partial U}{\partial q_i}\delta q_i;$$

il faut que Q_i soit égal à $\frac{\partial U}{\partial q_i}$ et les équations de Lagrange prennent la forme

$$\frac{d}{dt}\frac{\partial T}{\partial q'_i} - \frac{\partial T}{\partial q_i} = \frac{\partial U}{\partial q_i}. \tag{2}$$

La fonction U peut contenir t explicitement sans que cela change les résultats précédents, puisque, pour prendre les variations, on regarde t comme une constante.

Quand les expressions des $x, y, z, x_1, \ldots$ en fonction des q_i ne renferment pas t explicitement, T est une fonction homogène du second degré des q'_i; si, en même temps, il existe une fonction U ne contenant pas t, l'intégrale des forces vives existe et peut se déduire des équations (2).

242. L'emploi des équations de Lagrange constitue une méthode très générale pour la résolution des problèmes de Dynamique et j'engage le lecteur à l'appliquer à ceux qui ont été résolus dans les Chapitres précédents ; j'en reprendrai un seul, celui du n° 179. La position du mobile est déterminée par la valeur de r et les q_i se réduisent à cette unique inconnue. Prenons des axes fixes OX_1, OY_1, OZ_1 qui coïncident avec les axes mobiles du n° 179 quand OA est dirigé suivant la verticale ascendante : les coordonnées absolues de M s'expriment en fonction de t et de r par les formules

$$\begin{aligned} x_1 &= r\cos\varphi, \\ y_1 &= r\sin\varphi\cos\omega t - a\sin\omega t, \\ z_1 &= r\sin\varphi\sin\omega t + a\cos\omega t. \end{aligned}$$

On a donc

$$\begin{aligned} \mathrm{T} &= \frac{m}{2}(x_1'^2 + y_1'^2 + z_1'^2) \\ &= \frac{m}{2}(r'^2 - 2ar'\omega\sin\varphi + r^2\omega^2\sin^2\varphi + a^2\omega^2), \end{aligned}$$

$$\frac{\partial \mathrm{T}}{\partial r'} = m(r' - a\omega\sin\varphi), \qquad \frac{\partial \mathrm{T}}{\partial r} = mr\omega^2\sin^2\varphi.$$

Le travail virtuel de la seule force extérieure, le poids de M, est

$$\delta \mathrm{U} = -mg\,\delta z_1 = -mg\sin\varphi\sin\omega t\,\delta r,$$

et le mouvement est déterminé par l'équation

$$m\frac{dr'}{dt} - mr\omega^2\sin^2\varphi = -mg\sin\varphi\sin\omega t;$$

c'est précisément celle que l'on a discutée (179) : quant à la réaction du tube, elle ne nous est pas donnée par la méthode actuelle ; mais l'effet de cette méthode est justement de l'éliminer ; d'ailleurs, la connaissance du mouvement ne ferait que simplifier sa recherche ultérieure à l'aide des théorèmes généraux.

243. *Mouvement d'un parallélogramme articulé* ABCD *assujetti à se mouvoir dans un plan vertical autour d'un point fixe* O *situé au milieu du côté* AB : *les côtés sont des barres pesantes et homogènes;* AB, CD *ont pour longueur* $2a$, *pour masse* p ; BC *et* DA, *de longueur* $2b$, *ont chacun une masse égale à* q ; *enfin, il n'y a pas de résistances passives.* (Question de licence généralisée.)

La position du parallélogramme est déterminée par les angles θ et φ que la verticale descendante fait avec les droites AB, DC d'une part, BC, AD de l'autre. La force vive du côté AB est $\frac{1}{3}pa^2\theta'^2$; le théorème de Kœnig donne $\left(4b^2\varphi'^2+\frac{1}{3}a^2\theta'^2\right)p$ pour celle de CD ; soient E, F les milieux de BC et de AD : la somme des forces vives de ces deux droites s'obtiendra en ajoutant $\frac{2}{3}qb^2\varphi'^2$ à la force vive de deux masses égales à q et coïncidant avec les points E et F ; or le théorème de Kœnig donne encore pour cette force vive $2q(b^2\varphi'^2+a^2\theta'^2)$. On aura donc pour la force vive de tout le système

$$2\mathrm{T}=p\left(4b^2\varphi'^2+\frac{2}{3}a^2\theta'^2\right)+2q\left(a^2\theta'^2+\frac{4}{3}b^2\varphi'^2\right);$$

d'où

$$\frac{\partial \mathrm{T}}{\partial \theta'}=\frac{2p+6q}{3}a^2\theta',\qquad \frac{\partial \mathrm{T}}{\partial \varphi'}=4\frac{3p+2q}{3}b^2\varphi',\qquad \frac{\partial \mathrm{T}}{\partial \theta}=\frac{\partial \mathrm{T}}{\partial \varphi}=0.$$

Il existe une fonction des forces U égale au produit du poids total, $2(p+q)g$, par la distance du point O au-dessus du centre de gravité, situé au milieu de la médiane EF : on a donc

$$\mathrm{U}=2(p+q)gb\cos\varphi,\qquad \frac{\partial \mathrm{U}}{\partial \theta}=0,\qquad \frac{\partial \mathrm{U}}{\partial \varphi}=-2(p+q)gb\sin\varphi.$$

Les équations de Lagrange sont au nombre de deux :

$$\frac{d}{dt}\left(\frac{2p+6q}{3}a^2\theta'\right)=0,$$

$$\frac{d}{dt}\left(4\frac{3p+2q}{3}b^2\varphi'\right)=-2(p+q)gb\sin\varphi.$$

La première montre que θ'' est nul ou θ' constant; les côtés AB, CD tournent avec une vitesse constante : on a, d'autre part,

$$\frac{d^2\varphi}{dt^2}=-\frac{3}{2}\frac{p+q}{3p+2q}\frac{g}{b}\sin\varphi;$$

la direction des côtés BC, AD varie comme celle d'un pendule simple de longueur $\frac{6p+4q}{3p+3q}b$. On serait parvenu aux mêmes résultats en appliquant le théorème des forces vives et celui des moments des quantités de mouvement; mais on rencontre dans cette voie une discussion assez délicate dont la méthode de Lagrange a le grand avantage de nous dispenser.

244. *Un tube circulaire très mince est assujetti à rester dans un plan vertical et à rouler sans glisser sur une horizontale de ce plan; une petite bille* M *peut se mouvoir sans frottement à l'intérieur du tube. Déterminer le mouvement du système en supposant nulles les vitesses initiales du tube et de la bille.*

Je prends pour axe des x l'horizontale fixe, pour axe des y la verticale qui passe par le point de contact initial de l'anneau avec OX. Soient, à l'époque t, C le centre du cercle, CI le rayon, de longueur a, qui aboutit au point de contact avec OX, A le point de la circonférence qui a été le point de contact primitif, θ l'angle ICA, φ l'angle ICM; je suppose CM et CA situés de part et d'autre de CI. L'abscisse de C est $a\theta$; les coordonnées de M sont

$$(1)\qquad x=a(\theta+\sin\varphi),\qquad y=a(1-\cos\varphi);$$

m étant la masse de la bille, sa force vive est

$$m(x'^2+y'^2) = ma^2(\theta'^2+\varphi'^2+2\theta'\varphi'\cos\varphi).$$

Le mouvement élémentaire de l'anneau est une rotation autour de I avec la vitesse θ' ; μ désignant sa masse, le moment d'inertie par rapport à une perpendiculaire à son plan, menée au point I, est $2\mu a^2$; on a donc

$$T = \frac{1}{2} ma^2(\theta'^2+\varphi'^2+2\theta'\varphi'\cos\varphi)+\mu a^2\theta'^2.$$

Nos variables q sont ici θ et φ, et les dérivées partielles

$$\frac{\partial T}{\partial \theta'} = ma^2(\theta'+\varphi'\cos\varphi)+2\mu a^2\theta', \qquad \frac{\partial T}{\partial \theta} = 0,$$

$$\frac{\partial T}{\partial \varphi'} = ma^2(\varphi'+\theta'\cos\varphi), \qquad \frac{\partial T}{\partial \varphi} = -ma^2\theta'\varphi'\sin\varphi.$$

Comme le tube ne glisse pas sur OX, la force de frottement qui se développe en I ne produit pas de travail virtuel pour un déplacement compatible avec les liaisons, et δU se réduit ici à $-mg\,\delta y = -mga\sin\varphi\,\delta\varphi$. Les équations de Lagrange deviennent

$$\frac{d}{dt}[m(\theta'+\varphi'\cos\varphi)+2\mu\theta'] = 0, \qquad a\left(\frac{d\varphi'}{dt}+\cos\varphi\frac{d\theta'}{dt}\right)+g\sin\varphi = 0$$

On en déduit l'intégrale des forces vives ; α étant la valeur initiale de φ,

$$(2)\quad ma(\theta'^2+\varphi'^2+2\theta'\varphi'\cos\varphi)+2\mu a\theta'^2-2mg(\cos\varphi-\cos\alpha) = 0.$$

Quant à la première du groupe, elle s'intègre toujours ; mais, s'il n'y a pas de vitesses initiales, les intégrales se simplifient : on a d'abord

$$(3)\qquad m(\theta'+\varphi'\cos\varphi)+2\mu\theta' = 0;$$

une nouvelle intégration donne

$$(4)\qquad m(\theta+\sin\varphi)+2\mu\theta = m\sin\alpha.$$

Si l'on élimine θ' entre les équations (2) et (3), on trouve

$$(5)\qquad \theta' = -\frac{m\varphi'\cos\varphi}{m+2\mu},\qquad \varphi' = \pm\sqrt{\frac{2g}{a}\,\frac{(m+2\mu)(\cos\varphi-\cos\alpha)}{m\sin^2\varphi+2\mu}}$$

Il est évident que φ diminue d'abord : il décroîtra jusqu'à $-\alpha$; pendant ce temps, θ croît de zéro à $\theta_1 = \frac{2m\sin\alpha}{m+2\mu}$, x décroît de $a\sin\alpha$ à $\frac{m-2\mu}{m+2\mu}a\sin\alpha$; y va de $a(1-\cos\alpha)$ à zéro, puis revient à sa valeur primitive. Dans un intervalle de temps égal au premier, φ, θ, x, y varient dans un sens opposé, et l'on a une série d'oscillations. La trajectoire de M s'obtient en éliminant φ et θ entre les équations (1) et (4) :

$$\left(\frac{2\mu+m}{2\mu}\right)^2\left(x-\frac{ma\sin\alpha}{m+2\mu}\right)^2+(y-a)^2=a^2;$$

c'est une ellipse tangente à OX et dont le grand axe est vertical ; mais il n'y a de parcouru que l'arc au-dessous de la droite $y = a(1-\cos\alpha)$.

Quand on suppose $\mu = 0$, la seconde équation (5) donne

$$dt\sqrt{\frac{2g}{a}} = \pm\frac{\sin\varphi\,d\varphi}{\sqrt{\cos\varphi-\cos\alpha}};$$

on prend d'abord le signe — et on a l'intégrale

$$t\sqrt{\frac{g}{2a}} = \sqrt{\cos\varphi-\cos\alpha};$$

mais il se présente une singularité analogue à celle qu'on a rencontrée n° 128 : l'intégrale ne convient plus lorsque t dépasse la valeur $2\sqrt{\frac{a}{g}}\sin\frac{1}{2}\alpha$; il faut alors changer le signe du radical et la constante d'intégration.

245. *Un fil sans masse, fixé à l'une de ses extrémités* O, *porte deux petits poids* A, B, *attachés à des* *distances différentes du point* O ; *déterminer les oscillations du système, quand on l'écarte de sa position d'équilibre, de manière que les deux portions du fil restent tendues et ne sortent pas d'un plan vertical donné*. (Agrégation, 1844.)

Soient a et b les longueurs OA, AB ; φ et ψ les angles qu'elles font respectivement avec la verticale ; m, n les masses de A et de B : on a

$$2T = ma^2\varphi'^2 + n[a^2\varphi'^2 + b^2\psi'^2 + 2ab\varphi'\psi'\cos(\psi - \varphi)].$$

La pesanteur est la seule force qui donne un travail virtuel

$$\delta U = -mga\sin\varphi\,\delta\varphi - ng(a\sin\varphi\,\delta\varphi + b\sin\psi\,\delta\psi).$$

Les équations de Lagrange deviennent, après de simples réductions,

$$(m+n)a\frac{d^2\varphi}{dt^2} + nb\frac{d^2\psi}{dt^2}\cos(\psi - \varphi)$$
$$- nb\left(\frac{d\psi}{dt}\right)^2\sin(\psi - \varphi) + (m+n)g\sin\varphi = 0,$$
$$b\frac{d^2\psi}{dt^2} + a\frac{d^2\varphi}{dt^2}\cos(\psi - \varphi) - a\left(\frac{d\varphi}{dt}\right)^2\sin(\psi - \varphi) + g\sin\psi = 0.$$

On a l'intégrale des forces vives, mais on n'aperçoit pas d'autre intégrale première rigoureuse. Dans le cas des petites oscillations, en négligeant les termes du troisième ordre par rapport à φ, ψ, φ', ψ', φ'', ψ'', les équations deviennent

$$(1)\quad \begin{cases} (m+n)a\dfrac{d^2\varphi}{dt^2} + nb\dfrac{d^2\psi}{dt^2} + (m+n)g\varphi = 0, \\ b\dfrac{d^2\psi}{dt^2} + a\dfrac{d^2\varphi}{dt^2} + g\psi = 0. \end{cases}$$

Cherchons à y satisfaire par des valeurs $\varphi = e^{rt}$, $\psi = \lambda e^{rt}$:

on doit avoir $\lambda = \frac{-ar^2}{br^2+g}$, et

$$(2) \qquad (m+n)(ar^2+g)(br^2+g) - nabr^4 = 0.$$

L'équation en r^2 admet deux racines, l'une inférieure à $-\frac{g}{a^2}$ et à $-\frac{g}{b^2}$, l'autre supérieure à ces deux quantités, mais encore négative. Si ces racines sont $-r_1^2$, $-r_2^2$, le système (1) aura pour intégrales

$$\varphi = A\cos r_1 t + B\sin r_1 t + C\cos r_2 t + D\sin r_2 t,$$
$$\psi = \frac{ar_1^2}{g-br_1^2}(A\cos r_1 t + B\sin r_1 t) + \frac{ar_2^2}{g-br_2^2}(C\cos r_2 t + D\sin r_2 t).$$

Quand les vitesses initiales sont nulles, il en est de même de B et de D; et, si α et β sont les valeurs primitives de φ et ψ, on a, pour déterminer A et C,

$$A + C = \alpha, \qquad \frac{Aar_1^2}{g-br_1^2} + \frac{Car_2^2}{g-br_2^2} = \beta.$$

Pour que les deux portions du fil OAB oscillent comme des fils de pendules simples, il faut que A ou C s'annule; soit $C = 0$. Les conditions précédentes donnent alors

$$r_1^2 = \frac{\beta g}{a\alpha + b\beta};$$

substituant $-r_1^2$ à r^2 dans l'équation (2), on aurait

$$(m+n)a\alpha^2 + (m+n)(b-a)\alpha\beta - mb\beta^2 = 0.$$

Cette équation donne pour $\frac{\alpha}{\beta}$ deux valeurs réelles de signes contraires; la valeur positive est < 1; pour toutes deux,

$$\varphi = \alpha\cos r_1 t, \qquad \psi = \beta\cos r_1 t.$$

Les oscillations des deux fils se correspondent, mais leur

amplitude est différente ; leur durée

$$\frac{2\pi}{r_1} = 2\pi\sqrt{\frac{1}{g}\left(b + a\frac{\alpha}{\beta}\right)}$$

est comprise entre les durées d'oscillations des pendules simples de longueurs b et $a + b$ si l'on prend β de même signe que α ; elle sera inférieure à celle des oscillations du premier pendule quand α et β seront de signes contraires.

246. *Sur le gyroscope de Foucault.* — Les mouvements relatifs peuvent souvent être déterminés avec grand avantage au moyen des équations de Lagrange sans qu'on ait à introduire les forces fictives de Coriolis ; le gyroscope va nous en fournir un exemple. Il consiste en une sorte de tore dont le centre de gravité O est fixe à la surface de la Terre, mais qui peut tourner très facilement autour de ce point ; on lui communique une rotation très rapide autour de son axe de figure et il s'agit de savoir quel doit être son mouvement relatif pour l'observateur entraîné par le mouvement diurne.

Nous négligerons la masse des anneaux qui servent à suspendre le tore et nous admettrons que l'attraction du globe soit constante en grandeur et en direction dans le système mobile, en sorte qu'elle aura une résultante appliquée au point O : cette hypothèse, adoptée par Bour, est sans doute la plus conforme à la réalité, dit M. Gilbert à la fin de son beau Mémoire sur l'application des équations de Lagrange aux mouvements relatifs. Nous prendrons deux axes OX, OY fixes par rapport à la Terre et parallèles à l'équateur ; l'axe OZ sera dirigé suivant la partie boréale de l'axe du monde, et nous définirons la position du tore relativement à ces axes au moyen des trois angles d'Euler θ, φ, ψ. Soient encore OX′, OY′ deux axes qui coïncident d'abord avec OX, OY, mais qui conservent une direction fixe dans l'espace. La position du tore relativement à $OX'Y'Z$ peut être définie par les trois angles d'Euler dont les valeurs seront θ, φ et $\psi + \omega t$ en supposant que la rotation de OX vers OY se fasse de droite à gauche ; nous savons évaluer la force vive correspondant au mouvement du tore par rapport à $OX'Y'Z$; si nous y ajoutons la force vive d'une masse m appliquée en O et décrivant en un jour sidéral un cercle de rayon R autour de l'axe du monde, nous aurons, pour la force vive du gyroscope,

$$2T = mR^2\omega^2 + A[\theta'^2 + (\psi' + \omega)^2 \sin^2\theta] + C[\varphi' + (\psi' + \omega)\cos\theta]^2;$$

la signification des diverses lettres est évidente. La résultante des attractions étant appliquée au point fixe O, δU est nul et nous pouvons écrire les trois équations du mouvement :

$$(1)\quad A\frac{d\theta'}{dt} - A(\psi' + \omega)^2 \sin\theta\cos\theta + C[\varphi' + (\psi' + \omega)\cos\theta](\psi' + \omega)\sin\theta = 0$$

$$\frac{d}{dt}[A(\psi' + \omega)\sin^2\theta + C(\varphi' + \psi'\cos\theta + \omega\cos\theta)\cos\theta] = 0,$$

$$\frac{d}{dt}[\varphi' + (\psi' + \omega)\cos\theta] = 0.$$

Les deux dernières donnent, en désignant par n et k deux constantes,

$$(2)\qquad \varphi' + (\psi' + \omega)\cos\theta = n,$$

$$(3)\qquad A(\psi' + \omega)\sin^2\theta + Cn\cos\theta = k.$$

Si, dans l'équation (1), on remplace φ' et ψ' par leurs valeurs tirées de (2) et (3), elle prend la forme

$$A\frac{d\theta'}{dt} + \frac{(Cn - k\cos\theta)(k - Cn\cos\theta)}{A\sin^3\theta} = 0;$$

multipliant par $2\,d\theta$ et désignant par h une nouvelle constante, on a l'intégrale

$$(4)\qquad A\theta'^2 + \frac{(k - Cn\cos\theta)^2}{A\sin^2\theta} = h.$$

Les équations (2), (3), (4) déterminent rigoureusement le mouvement du gyroscope dans l'hypothèse où nous nous sommes placés ; on peut les intégrer dans tous les cas au moyen de fonctions élémentaires ; mais, pour simplifier la valeur des constantes, je supposerai θ'_0 et ψ'_0 nuls, θ_0 égal à α ; on a

$$n = \varphi'_0 + \omega\cos\alpha, \qquad k = A\omega\sin^2\alpha + Cn\cos\alpha, \qquad h = A\omega^2\sin^2\alpha.$$

L'équation (4) admet pour intégrale

$$(5)\quad \cos\theta = \cos\alpha + \frac{AC\omega n - A^2\omega^2\cos\alpha}{C^2n^2 + A^2\omega^2\sin^2\alpha}\sin^2\alpha\left(1 - \cos\frac{t\sqrt{C^2n^2 + A^2\omega^2\sin^2\alpha}}{A}\right)$$

d'autre part, l'équation (3) donne

$$(6)\qquad \psi' = -\frac{(\cos\theta - \cos\alpha)[Cn - A\omega(\cos\theta + \cos\alpha)]}{A\sin^2\theta},$$

et, en remplaçant $\cos\theta$ par sa valeur, on saura intégrer le second membre. Mais, si ω est très petit et n très grand, on pourra, sans erreur appréciable, tirer de l'équation (5)

$$\cos\theta = \cos\alpha + \frac{A\omega\sin^2\alpha}{Cn}\left(1 - \cos\frac{Cnt}{A}\right), \qquad \theta = \alpha - \frac{2A\omega\sin\alpha}{Cn}\sin^2\frac{Cnt}{2A},$$

et de l'équation (6)

$$\psi' = -\omega\left(1 - \cos\frac{Cnt}{A}\right), \qquad \psi = \psi_0 - \omega t + \frac{A\omega}{Cn}\sin\frac{Cnt}{A};$$

l'axe du gyroscope semble décrire d'un mouvement uniforme et rétrograde, en un jour sidéral, un cône droit autour de l'axe du monde.

Le gyroscope prend un mouvement beaucoup moins

lent quand on oblige l'axe à se mouvoir dans un plan P fixe par rapport à la Terre. Ce plan coupe sous un angle connu ζ le plan OXY considéré précédemment et nous pouvons supposer OY dirigé suivant l'intersection des deux plans ; l'axe OZ se projette sur P suivant une droite OM perpendiculaire sur OY et nous déterminerons la position de l'axe du gyroscope dans le plan P par l'angle μ qu'il fait avec OM. Un triangle rectangle facile à retrouver donne les valeurs de θ et de ψ en fonction de μ :

$$\operatorname{tang}\psi = -\cot\mu\cos\zeta, \qquad \cos\theta = \cos\mu\sin\zeta;$$

on déduit de ces relations

$$\psi' = \frac{\mu'\cos\zeta}{1-\cos^2\mu\sin^2\zeta} = \frac{\mu'\cos\zeta}{\sin^2\theta}, \qquad \theta' = \frac{\mu'\sin\mu\sin\zeta}{\sqrt{1-\cos^2\mu\sin^2\zeta}},$$

et, en substituant ces valeurs dans l'expression de $2T$, la force vive prend la forme

$$\begin{aligned} 2T = {} & mR^2\omega^2 + A[\mu'^2 + 2\omega\mu'\cos\zeta + \omega^2(1-\cos^2\mu\sin^2\zeta)] \\ & + C\left[\varphi' + \left(\frac{\mu'\cos\zeta}{1-\cos^2\mu\sin^2\zeta} + \omega\right)\cos\mu\sin\zeta\right]^2. \end{aligned}$$

$\dfrac{\partial T}{\partial\varphi'}$ est encore constant et l'on a

$$\varphi' + \left(\frac{\mu'\cos\zeta}{1-\cos^2\mu\sin^2\zeta} + \omega\right)\cos\mu\sin\zeta = n;$$

quant à l'équation

$$\frac{d}{dt}\frac{\partial T}{\partial\mu'} - \frac{\partial T}{\partial\mu} = 0,$$

elle se simplifie beaucoup si l'on tient compte du résultat précédent et donne

$$A\frac{d\mu'}{dt} - A\omega^2\sin^2\zeta\sin\mu\cos\mu + Cn\omega\sin\zeta\sin\mu = 0.$$

On peut écrire l'intégrale première et exprimer t à l'aide d'une quadrature relative à μ; mais, si l'on néglige le terme en ω^2, on voit que l'axe du gyroscope oscille par rapport à CM ou à son prolongement, selon que $n \gtrless 0$, comme la tige d'un pendule de longueur $\frac{Ag}{Cn\omega \sin\zeta}$ par rapport à la verticale; la durée d'une petite oscillation sera égale à $\pi \sqrt{\frac{A}{Cn\omega \sin\zeta}}$. Ce résultat a été vérifié par Foucault : si l'on prend pour le plan P l'horizon de l'observateur, ζ est égal à la colatitude; si l'on prend le méridien, $\zeta = 90°$.

Équations d'Hamilton et de Jacobi.

247. Quand il existe une fonction des forces U, pouvant contenir t implicitement, mais indépendante des q', les équations de Lagrange peuvent conduire à un système d'équations remarquables que Poisson a nommées *équations canoniques* et qu'Hamilton a étudiées le premier. Posons

$$(1) \qquad \frac{\partial T}{\partial q'_1} = p_1, \qquad \frac{\partial T}{\partial q'_2} = p_2, \qquad \ldots, \qquad \frac{\partial T}{\partial q'_n} = p_n.$$

les q'_i entrent linéairement dans ces équations et le déterminant Δ de leurs coefficients n'est jamais nul. En effet, supposons d'abord les liaisons indépendantes du temps : T et ses dérivées partielles sont des fonctions homogènes des q'_i; si Δ était nul, on pourrait annuler tous les $\frac{\partial T}{\partial q'_i}$ par des valeurs des q'_i dont quelques-unes ne seraient pas nulles; la force vive, égale à $\Sigma \frac{\partial T}{\partial q'_i} q'_i$, s'annulerait sans que tous les q'_i s'annulent, ce qui serait absurde. Quand les liaisons dépendent de t, T n'est plus homogène; mais imaginons un déplacement virtuel pour lequel on regarde t

comme une constante; la force vive correspondant à ce déplacement est fonction homogène des q'_i; ses dérivées partielles ne différeront des dérivées (1) que par des termes constants, et si Δ était nul, on pourrait annuler la force vive sans annuler tous les q', ce qui est aussi absurde dans un mouvement virtuel que dans un mouvement réel.

On peut donc toujours tirer des équations (1) les q'_i en fonction des p_i et, si l'on porte ces valeurs dans l'expression

$$K = p_1 q'_1 + p_2 q'_2 + \ldots + p_n q'_n - T,$$

K est une fonction de t, des q_i et des p_i qui se réduit à T quand les liaisons sont indépendantes du temps, et l'on trouve les relations

$$\frac{\partial K}{\partial q_i} = -\frac{\partial T}{\partial q_i}, \qquad \frac{\partial K}{\partial p_i} = q'_i = \frac{dq_i}{dt},$$

$\frac{\partial T}{\partial q_i}$ ayant dans la première le même sens que dans les équations de Lagrange; si l'on pose enfin

$$K - U = H,$$

H est une fonction connue de $t, q_1, \ldots, q_n, p_1, \ldots, p_n$ et l'on peut mettre les équations du mouvement sous la forme canonique

$$(2) \qquad \frac{dp_i}{dt} = -\frac{\partial H}{\partial q_i}, \qquad \frac{dq_i}{dt} = \frac{\partial H}{\partial p_i}, \qquad (i = 1, 2, 3, \ldots, n).$$

Considérons maintenant avec Jacobi l'équation

$$(3) \qquad \frac{\partial S}{\partial t} + H\left(t, q_1, \ldots, q_n, \frac{\partial S}{\partial q_1}, \ldots, \frac{\partial S}{\partial q_n}\right) = 0;$$

si l'on en connaît une intégrale complète S, renfermant n arbitraires $\alpha_1, \alpha_2, \ldots, \alpha_n$ autres que celle qu'on peut introduire par simple addition, les intégrales des équations

(2) pourront se mettre sous la forme

$$(4) \qquad \frac{\partial S_1}{\partial \alpha_1} = \beta_1, \quad \ldots, \quad \frac{\partial S_1}{\partial \alpha_n} = \beta_n,$$

$$(5) \qquad \frac{\partial S_1}{\partial q_1} = p_1, \quad \ldots, \quad \frac{\partial S_1}{\partial q_n} = p_n.$$

Pour éviter toute difficulté, il faut que les équations (5) soient bien distinctes ou qu'on en puisse tirer les valeurs de $\alpha_1, \alpha_2, \ldots, \alpha_n$ quels que soient $t, q_1, \ldots, q_n$; le déterminant fonctionnel

$$\begin{vmatrix} \frac{\partial^2 S_1}{\partial q_1 \partial \alpha_1} & \frac{\partial^2 S_1}{\partial q_1 \partial \alpha_2} & \cdots & \frac{\partial^2 S_1}{\partial q_1 \partial \alpha_n} \\ \cdots & \cdots & \cdots & \cdots \\ \frac{\partial^2 S_1}{\partial q_n \partial \alpha_1} & \frac{\partial^2 S_1}{\partial q_n \partial \alpha_2} & \cdots & \frac{\partial^2 S_1}{\partial q_n \partial \alpha_n} \end{vmatrix}$$

doit être différent de zéro.

Quand les liaisons et la fonction U ne dépendent pas explicitement du temps, il en est de même pour H; on simplifie l'intégration de l'équation (3) en posant

$$S = \Theta - ht,$$

h étant une constante, précisément celle des forces vives, et Θ une fonction de $q_1, q_2, \ldots, q_n$; l'équation (3) devient

$$(6) \qquad H\left(q_1, \ldots q_n, \frac{\partial \Theta}{\partial q_1}, \ldots, \frac{\partial \Theta}{\partial q_n}\right) - h = 0.$$

Soit Θ_1 une valeur de Θ qui satisfait à cette équation et qui contient $n-1$ arbitraires $\alpha_1, \alpha_2, \ldots, \alpha_{n-1}$ différentes de celle qu'on peut introduire par simple addition; les équations (4) et (5) qui formaient les intégrales du système canonique prennent la forme

$$\frac{\partial \Theta_1}{\partial \alpha_1} = \beta_1, \quad \ldots, \quad \frac{\partial \Theta_1}{\partial \alpha_{n-1}} = \beta_{n-1}, \qquad \frac{\partial \Theta_1}{\partial h} = t + \varepsilon,$$

$$\frac{\partial \Theta_1}{\partial q_1} = p_1, \quad \ldots, \quad \frac{\partial \Theta_1}{\partial q_n} = p_n.$$

On ne possède pas de méthode générale pour obtenir une intégrale complète de l'équation de Jacobi : dans les cas les plus connus, où l'on peut prendre l'équation (6), on peut mettre cette équation sous la forme

$$Q_1 + Q_2 + \ldots + Q_n = 0,$$

Q_i ne contenant que q_i et $\frac{\partial\theta}{\partial q_i}$; posons

$$Q_1 = \alpha_1, \quad \ldots, \quad Q_{n-1} = \alpha_{n-1}, \qquad Q_n = -(\alpha_1 + \ldots + \alpha_{n-1});$$

on a n équations différentielles ordinaires et si leurs intégrales sont θ_1, θ_2, ..., θ_n, il est clair qu'on peut prendre

$$\theta_1 = \theta_1 + \theta_2 + \ldots + \theta_n.$$

248. J'appliquerai d'abord la théorie précédente à un problème excessivement simple, mais qui permettra de former, d'intégrer toutes les équations et de se rendre bien facilement compte des détails : il s'agit de trouver le mouvement que la pesanteur imprime à une petite masse m. J'admettrai même que m ne doive pas sortir du plan vertical mené par sa vitesse initiale, en sorte que sa position sera déterminée par ses coordonnées $x = q_1$, $y = q_2$, l'axe des x étant horizontal, l'axe des y dans le sens de la pesanteur. On a

$$T = \frac{1}{2} m(q_1'^2 + q_2'^2);$$

introduisons les dérivées partielles p_1, p_2 : il vient

$$mq'_1 = p_1, \qquad mq'_2 = p_2, \qquad T = \frac{1}{2m}(p_1^2 + p_2^2);$$

il existe une fonction des forces $U = mgq_2$ et l'on a

$$H = T - U = \frac{1}{2m}(p_1^2 + p_2^2) - mgq_2.$$

Les équations canoniques sont

$$\frac{dp_1}{dt} = 0, \qquad \frac{dp_2}{dt} = mg, \qquad \frac{dq_1}{dt} = \frac{p_1}{m}, \qquad \frac{dq_2}{dt} = \frac{p_2}{m};$$

rien de plus simple que de former directement et d'interpréter les intégrales de ce système; mais cherchons-les par la méthode de Jacobi. H étant indépendant de t, on part de l'équation

$$\frac{1}{2m}\left[\left(\frac{\partial\Theta}{\partial q_1}\right)^2 + \left(\frac{\partial\Theta}{\partial q_2}\right)^2\right] - mgq_2 - h = 0;$$

on peut la mettre sous la forme

$$\left(\frac{\partial\Theta}{\partial q_1}\right)^2 - 2mh + \left(\frac{\partial\Theta}{\partial q_2}\right)^2 - 2m^2 gq_2 = 0.$$

Posons $\Theta = \theta_1 + \theta_2$,

$$\left(\frac{\partial\theta_1}{\partial q_1}\right)^2 - 2mh = 2m^2 g\alpha, \qquad \left(\frac{\partial\theta_2}{\partial q_2}\right)^2 - 2m^2 gq_2 = -2m^2 g\alpha;$$

on sait intégrer chacune de ces équations et, en ajoutant les intégrales, on aura

$$\theta_1 = q_1\sqrt{2m(h+mg\alpha)} + \frac{2}{3}m\sqrt{2g}(q_2-\alpha)^{\frac{3}{2}}.$$

Les intégrales (4) et (5) du système canonique deviennent

$$\frac{gm^{\frac{3}{2}}q_1}{\sqrt{2(h+mg\alpha)}} - m\sqrt{2g(q_2-\alpha)} = \beta, \qquad \frac{q_1\sqrt{m}}{\sqrt{2(h+mg\alpha)}} = t + \varepsilon,$$

$$\sqrt{2m(h+mg\alpha)} = p_1, \qquad m\sqrt{2g(q_2-\alpha)} = p_2;$$

la première représente la trajectoire, la seconde donne la loi du mouvement, les deux dernières font connaître les composantes $\frac{p_1}{m}$, $\frac{p_2}{m}$ de la vitesse.

249. *Mouvement d'un point* M *attiré vers deux centres fixes* F, F_1 *par des forces* $\frac{\mu}{r^2}$, $\frac{\mu_1}{r_1^2}$, r, r_1 *désignant les distances* MF, MF_1 *et la masse du mobile étant l'unité.*

Je supposerai d'abord la vitesse initiale V contenue dans le plan qui passe par FF_1 et par la position initiale A de M; le mobile ne sortira pas de ce plan et, si l'on prend pour axes des x et des y FF_1 et la perpendiculaire en son milieu, la position de M peut se déterminer à l'aide des coordonnées x, y; mais dans les équations différentielles auxquelles on est conduit, les variables ne se séparent pas. Il n'en est plus de même si l'on prend des coordonnées elliptiques, savoir les demi-axes focaux q, q_1 de l'ellipse et de l'hyperbole qui passent en M et dont F, F_1 sont les foyers. Soit $FF_1 = 2c$: on a

$$\frac{x^2}{q^2} + \frac{y^2}{q^2 - c^2} = 1, \qquad \frac{x^2}{q_1^2} - \frac{y^2}{c^2 - q_1^2} = 1, \qquad q_1^2 < c^2 < q^2;$$

on en déduit

$$x^2 = \frac{q^2 q_1^2}{c^2}, \qquad y^2 = \frac{(q^2 - c^2)(c^2 - q_1^2)}{c^2};$$

le carré d'une longueur infiniment petite est

$$(1) \qquad ds^2 = dx^2 + dy^2 = \frac{q^2 - q_1^2}{q^2 - c^2} dq^2 + \frac{q^2 - q_1^2}{c^2 - q_1^2} dq_1^2;$$

on a donc

$$T = \frac{1}{2} \frac{q^2 - q_1^2}{q^2 - c^2} q'^2 + \frac{1}{2} \frac{q^2 - q_1^2}{c^2 - q_1^2} q_1'^2,$$

$$p = \frac{q^2 - q_1^2}{q^2 - c^2} q', \qquad p_1 = \frac{q^2 - q_1^2}{c^2 - q_1^2} q_1',$$

$$T = \frac{1}{2} \frac{q^2 - c^2}{q^2 - q_1^2} p^2 + \frac{1}{2} \frac{c^2 - q_1^2}{q^2 - q_1^2} p_1^2.$$

La fonction des forces est ici $\frac{\mu}{r} + \frac{\mu_1}{r_1}$ et, comme on a

$$r + r_1 = 2q, \qquad r_1 - r = \pm 2q_1, \qquad r = q \mp q_1, \qquad r_1 = q \pm q_1,$$

il en résulte

$$U = \frac{\mu}{q \mp q_1} + \frac{\mu_1}{q \pm q_1};$$

on prend les signes supérieurs ou inférieurs suivant que M est du même côté que F ou que F_1 par rapport à OY ; on peut supposer qu'il soit d'abord du côté de F et, s'il traverse l'axe des y, on donnera à q_1 des valeurs négatives; q_1 pourra varier entre $-c$ et c et l'on se bornera aux signes supérieurs dans la valeur de U. On a donc, pour la fonction d'Hamilton,

$$H = T - U = \frac{1}{2}\frac{q^2 - c^2}{q^2 - q_1^2}p^2 + \frac{1}{2}\frac{c^2 - q_1^2}{q^2 - q_1^2}p_1^2 - \frac{\mu}{q - q_1} - \frac{\mu_1}{q + q_1}.$$

Sans écrire les équations canoniques, il nous suffira d'obtenir leurs intégrales par le théorème de Jacobi : on a l'équation

$$(2)\quad \frac{1}{2}\frac{q^2 - c^2}{q^2 - q_1^2}\left(\frac{\partial\theta}{\partial q}\right)^2 + \frac{1}{2}\frac{c^2 - q_1^2}{q^2 - q_1^2}\left(\frac{\partial\theta}{\partial q_1}\right)^2 - \frac{\mu}{q - q_1} - \frac{\mu_1}{q + q_1} - h = 0$$

qu'on peut écrire

$$(q^2 - c^2)\left(\frac{\partial\theta}{\partial q}\right)^2 - 2(\mu + \mu_1)q - 2hq^2$$
$$+ (c^2 - q_1^2)\left(\frac{\partial\theta}{\partial q_1}\right)^2 - 2(\mu - \mu_1)q_1 + 2hq_1^2 = 0.$$

Nous chercherons une intégrale complète de la forme $\theta + \theta_1$, θ étant une fonction de q, θ_1 une fonction de q_1 définies par les équations

$$(q^2 - c^2)\frac{d\theta^2}{dq^2} - 2(\mu + \mu_1)q - 2hq^2 = -2\alpha,$$

$$(c^2 - q_1^2)\frac{d\theta_1^2}{dq_1^2} - 2(\mu - \mu_1)q_1 + 2hq_1^2 = 2\alpha;$$

Θ_1 s'exprime au moyen de deux intégrales elliptiques

$$\Theta_1 = \int dq \frac{\sqrt{2hq^2 + 2(\mu + \mu_1)q - 2\alpha}}{\sqrt{q^2 - c^2}} + \int dq_1 \frac{\sqrt{2\alpha + 2(\mu - \mu_1)q_1 - 2hq_1^2}}{\sqrt{c^2 - q_1^2}};$$

les intégrales du problème sont donc

$$\frac{\partial\Theta_1}{\partial\alpha} = \beta, \qquad \frac{\partial\Theta_1}{\partial h} = t + \varepsilon, \qquad \frac{\partial\Theta_1}{\partial q} = p, \qquad \frac{\partial\Theta_1}{\partial q_1} = p_1,$$

mais nous discuterons seulement la première, qui représente la trajectoire; après l'avoir formée, il sera plus simple, pour l'étudier, d'en prendre la différentielle et l'on aura

$$(3) \quad \frac{dq}{\sqrt{(q^2 - c^2)[hq^2 + (\mu + \mu_1)q - \alpha]}} = \pm \frac{dq_1}{\sqrt{(c^2 - q_1^2)[\alpha + (\mu - \mu_1)q_1 - hq_1^2]}}.$$

Les constantes h et α se déduisent des circonstances initiales : si nous représentons par V, R, R_1, Q, Q_1 les valeurs initiales de v, r, r_1, q, q_1, l'intégrale des forces vives nous donne d'abord

$$h = T - U = \frac{1}{2}V^2 - \frac{\mu}{R} - \frac{\mu_1}{R_1}.$$

En second lieu, l'expression générale (2) de ds^2 montre que le rectangle compris entre deux ellipses et deux hyperboles infiniment voisines a pour côtés

$$dq\sqrt{\frac{q^2 - q_1^2}{q^2 - c^2}}, \qquad dq_1\sqrt{\frac{q^2 - q_1^2}{c^2 - q_1^2}};$$

l'angle ω sous lequel la trajectoire rencontre en M l'ellipse coordonnée qui y passe a pour tangente

$$\operatorname{tang}\omega = \frac{dq}{dq_1}\sqrt{\frac{c^2 - q_1^2}{q^2 - c^2}} = \sqrt{\frac{hq^2 + (\mu + \mu_1)q - \alpha}{\alpha + (\mu - \mu_1)q_1 - hq_1^2}},$$

en tenant compte de l'équation (3); il suffit d'appliquer cette formule à l'instant initial pour former une équation du premier degré en α.

Pour déterminer les limites entre lesquelles peuvent varier q et q_1 d'après l'équation (3), remarquons que $q^2 - c^2$ et $c^2 - q_1^2$ n'étant jamais négatifs, les trinômes

$$f(q) = hq^2 + (\mu + \mu_1)q - \alpha, \qquad \varphi(q_1) = \alpha + (\mu - \mu_1)q_1 - hq_1^2$$

doivent être de même signe; mais on a

$$f(q) + \varphi(q_1) = (q^2 - q_1^2)\left(h + \frac{\mu}{q - q_1} + \frac{\mu_1}{q + q_1}\right) = \frac{1}{2}(q^2 - q_1^2)v^2;$$

il faut donc que $f(q)$ et $\varphi(q_1)$ ne soient jamais négatifs. La trajectoire ne peut s'étendre à l'infini que si h est positif; mais elle peut affecter trop de formes pour que nous les discutions : cherchons seulement quelles doivent être les circonstances initiales pour qu'elle se réduise à une ellipse de foyers F et F_1. Il faut que $f(q)$ admette $(q - Q)^2$ pour diviseur, ce qui donne

$$\mu + \mu_1 = -2hQ, \qquad \alpha = -hQ^2;$$

la seconde condition détermine α et la première donne, en se rappelant la valeur de h,

$$V^2 = \frac{2\mu}{R} - \frac{\mu}{Q} + \frac{2\mu_1}{R_1} - \frac{\mu_1}{Q};$$

la valeur de V^2 est égale à la somme de celles qu'il faudrait lui attribuer si l'attraction de F ou celle de F_1 était seule en jeu; nous sommes ramenés au cas particulier du théorème de M. Bonnet que j'ai signalé au n° 149.

Si l'on suppose μ et μ_1 nuls, la trajectoire est évidemment une droite définie par une équation de la forme

$$Ax + By + C = 0, \qquad Aqq_1 + B\sqrt{(q^2 - c^2)(c^2 - q_1^2)} + Cc^2 = 0;$$

d'ailleurs l'équation (3) devient

$$\frac{dq}{\sqrt{(q^2-c^2)(hq^2-\alpha)}} = \frac{dq_1}{\sqrt{(q_1^2-c^2)(hq_1^2-\alpha)}};$$

c'est l'équation d'Euler et M. Appell signale le résultat précédent comme établissant d'une façon intéressante l'existence d'une intégrale algébrique pour cette équation.

Lorsque V n'est pas contenue dans le plan AFF_1, la trajectoire n'y est plus contenue elle-même : je conserve les coordonnées q, q_1 pour définir la position du point M dans le plan MFF_1 et je leur adjoins l'angle q_2 dont ce plan a tourné. Il faudra ajouter, à l'expression donnée pour T, le terme

$$\frac{1}{2}y^2 q_2'^2 = \frac{1}{2}\frac{(q^2-c^2)(c^2-q_1^2)}{c^2}q_2'^2,$$

et, par suite, au premier membre de l'équation (2), le terme

$$\frac{1}{2}\frac{c^2}{(q^2-c^2)(c^2-q_1^2)}\left(\frac{\partial\Theta}{\partial q_2}\right)^2.$$

La nouvelle équation de Jacobi ne contenant pas explicitement q_2, nous ferons un changement de variable analogue à celui par lequel nous avons introduit Θ au lieu de S : nous poserons

$$\Theta = \lambda q_2 + \Phi,$$

λ étant une constante et Φ une fonction de q et de q_1 seulement : l'équation devient

$$\frac{1}{2}\frac{q^2-c^2}{q^2-q_1^2}\left(\frac{\partial\Phi}{\partial q}\right)^2 + \frac{1}{2}\frac{c^2-q_1^2}{q^2-q_1^2}\left(\frac{\partial\Phi}{\partial q_1}\right)^2 + \frac{\lambda^2 c^2}{2(q^2-c^2)(c^2-q_1^2)} - \frac{\mu}{q-q_1} - \frac{\mu_1}{q+q_1} - h = 0;$$

multipliant par $2(q^2 - q_1^2)$ et observant que

$$\frac{q^2 - q_1^2}{(q^2 - c^2)(c^2 - q_1^2)} = \frac{1}{q^2 - c^2} + \frac{1}{c^2 - q_1^2},$$

nous ramènerons l'équation à la forme $Q + Q_1 = 0$; nous savons en trouver une intégrale complète Φ_1 et, en prenant $\Theta_1 = \Phi_1 + \lambda q_2$, nous en déduirons sans peine les intégrales du mouvement.

250. *Un point* M, *de masse* 1, *assujetti à rester sur un hyperboloïde*

$$\frac{x^2}{a^2} + \frac{y^2}{b^2} - \frac{z^2}{c^2} = 1,$$

où l'on suppose $b > a$, *est attiré vers le centre* O *par une force* $\omega^2 r$, r *désignant la distance* OM; *à l'instant initial, le mobile est à la distance* b *du centre sur l'hyperbole principale située dans le plan* OXZ *et sa vitesse* v_0 *est parallèle à* OY. *Mouvement du point* M; *discussion de sa trajectoire.* (Agrégation, 1888.)

La solution du problème repose sur des calculs assez connus du lecteur pour que je les indique brièvement. La position du point M sur l'hyperboloïde sera déterminée par les coordonnées elliptiques λ, μ que définissent bien les équations

$$\frac{x^2}{a^2 + \lambda} + \frac{y^2}{b^2 + \lambda} + \frac{z^2}{\lambda - c^2} = 1, \quad \frac{y^2}{b^2 - \mu} - \frac{x^2}{\mu - a^2} - \frac{z^2}{\mu + c^2} = 1,$$

quand on suppose $\lambda > c^2$ et $a^2 < \mu < b^2$. Partant de l'identité

$$(1) \quad \frac{x^2}{a^2 - u} + \frac{y^2}{b^2 - u} - \frac{z^2}{c^2 + u} - 1 = \frac{u(\lambda + u)(\mu - u)}{(a^2 - u)(b^2 - u)(c^2 + u)},$$

Binet en a déduit

$$(2) \quad \begin{cases} x^2 = \dfrac{a^2(\lambda + a^2)(\mu - a^2)}{(b^2 - a^2)(c^2 + a^2)}, \\[2ex] y^2 = \dfrac{b^2(b^2 + \lambda)(b^2 - \mu)}{(b^2 - a^2)(b^2 + c^2)}, \\[2ex] z^2 = \dfrac{c^2(\lambda - c^2)(\mu + c^2)}{(a^2 + c^2)(b^2 + c^2)}; \end{cases}$$

égalant encore les coefficients de u^2 quand on a chassé les dénominateurs, on a

$$(3)\qquad r^2 = x^2 + y^2 + z^2 = \lambda - \mu + a^2 + b^2 - c^2.$$

Nous pouvons former la fonction des forces

$$U = -\frac{1}{2}\omega^2 r^2 = -\frac{\omega^2}{2}(\lambda - \mu + a^2 + b^2 - c^2).$$

Pour calculer T, prenons les dérivées logarithmiques des équations (2) :

$$(4)\qquad \begin{cases} \dfrac{2x'}{x} = \dfrac{\lambda'}{\lambda + a^2} + \dfrac{\mu'}{\mu - a^2}, \\ \dfrac{2y'}{y} = \dfrac{\lambda'}{b^2 + \lambda} - \dfrac{\mu'}{b^2 - \mu}, \\ \dfrac{2z'}{z} = \dfrac{\lambda'}{\lambda - c^2} + \dfrac{\mu'}{\mu + c^2}; \end{cases}$$

donc, eu égard à l'orthogonalité des surfaces coordonnées,

$$\begin{aligned} T = {} & \frac{1}{8}\left[\frac{x^2}{(\lambda + a^2)^2} + \frac{y^2}{(\lambda + b^2)^2} + \frac{z^2}{(\lambda - c^2)^2}\right]\lambda'^2 \\ & + \frac{1}{8}\left[\frac{x^2}{(\mu - a^2)^2} + \frac{y^2}{(b^2 - \mu)^2} + \frac{z^2}{(c^2 + \mu)^2}\right]\mu'^2. \end{aligned}$$

Jacobi obtient les coefficients de λ'^2 et de μ'^2 en différentiant l'identité (1) par rapport à u et faisant dans le résultat u égal à $-\lambda$ ou à μ : on trouve

$$(5)\qquad T = \frac{\lambda(\lambda + \mu)\lambda'^2}{8(\lambda + a^2)(\lambda + b^2)(\lambda - c^2)} + \frac{\mu(\lambda + \mu)\mu'^2}{8(\mu - a^2)(b^2 - \mu)(c^2 + \mu)}$$

On forme, comme dans les problèmes précédents, la fonction H d'Hamilton, qui ne contient pas t explicitement; on est alors conduit à l'équation de Jacobi

$$\frac{2(\lambda+a^2)(\lambda+b^2)(\lambda-c^2)}{\lambda(\lambda+\mu)}\left(\frac{\partial\theta}{\partial\lambda}\right)^2$$
$$+\frac{2(\mu-a^2)(b^2-\mu)(c^2+\mu)}{\mu(\lambda+\mu)}\left(\frac{\partial\theta}{\partial\mu}\right)^2$$
$$+\frac{1}{2}\omega^2(\lambda-\mu)+\frac{1}{2}\omega^2(a^2+b^2-c^2)-h=0.$$

En multipliant par $\lambda+\mu$, on peut encore dédoubler l'équation en deux parties dont l'une ne renferme explicitement que λ, l'autre μ, et l'on trouve une intégrale complète formée de la somme de deux fonctions,

$$\theta_1=\int\frac{d\lambda\sqrt{\lambda(\alpha+2k\lambda-\omega^2\lambda^2)}}{2\sqrt{(\lambda+a^2)(\lambda+b^2)(\lambda-c^2)}}$$
$$+\int\frac{d\mu\sqrt{\mu(\omega^2\mu^2+2k\mu-\alpha)}}{2\sqrt{(\mu-a^2)(b^2-\mu)(c^2+\mu)}},$$

k désignant, pour abréger, la somme $h-\frac{1}{2}\omega^2(a^2+b^2-c^2)$.

Les équations du mouvement sont encore

$$\frac{\partial\theta_1}{\partial\alpha}=\beta,\qquad \frac{\partial\theta_1}{\partial k}=t+\varepsilon,\qquad \frac{\partial\theta_1}{\partial\lambda}=p_1,\qquad \frac{\partial\theta_1}{\partial\mu}=p_2.$$

Nous ne considérerons que la première, ou plutôt sa différentielle

$$(6)\quad\left\{\begin{aligned}&\frac{d\lambda\sqrt{\lambda}}{\sqrt{(\lambda+a^2)(\lambda+b^2)(\lambda-c^2)(\alpha+2k\lambda-\omega^2\lambda^2)}}\\&\quad=\pm\frac{d\mu\sqrt{\mu}}{\sqrt{(\mu-a^2)(b^2-\mu)(c^2+\mu)(\omega^2\mu^2+2k\mu-\alpha)}}\end{aligned}\right.$$

Les facteurs binômes qui figurent dans les dénominateurs sont essentiellement positifs; il faut donc que les deux trinômes

$$f(\lambda)=\alpha+2k\lambda-\omega^2\lambda^2,\qquad \varphi(\mu)=\omega^2\mu^2+2k\mu-\alpha$$

soient de même signe; or leur somme est

$$(\lambda+\mu)[2k-\omega^2(\lambda-\mu)];$$

h est la constante des forces vives et l'on a

$$(7) \qquad 2k = 2h - \omega^2(a^2+b^2-c^2) = v^2+\omega^2(\lambda-\mu),$$

$$f(\lambda)+\varphi(\mu) = (\lambda+\mu)v^2.$$

Cette somme est positive : $f(\lambda)$ et $\varphi(\mu)$ doivent être positifs; λ ne peut prendre que des valeurs comprises entre les racines l, l_1 de l'équation $f(\lambda)=0$; μ doit au contraire être pris en dehors des racines de $\varphi(\mu)=0$ et l'on voit que ces racines sont $-l$ et $-l_1$. Nous devons calculer l, l_1 et, pour cela, nous servir des conditions initiales : y_0 étant nul, μ_0 doit être égal à b^2; r_0 étant égal à b, l'équation (3) nous donne

$$\lambda_0 = c^2+b^2-a^2.$$

Un arc infiniment petit MM′ de la trajectoire est la diagonale d'un rectangle dont les côtés sont des éléments des lignes de courbure correspondant aux valeurs de λ et de μ qui conviennent au point M; l'expression (5) de T montre immédiatement que les carrés de ces côtés ont pour valeurs

$$ds_1^2 = \frac{\lambda(\lambda+\mu)\,d\lambda^2}{4(\lambda+a^2)(\lambda+b^2)(\lambda-c^2)},$$

$$ds_2^2 = \frac{\mu(\lambda+\mu)\,d\mu^2}{4(\mu-a^2)(b^2-\mu)(c^2+\mu)}.$$

Le rapport de ds_1 à ds_2 représente la tangente de l'angle ω que fait au point M la trajectoire avec la ligne sur laquelle λ est constant; mais, en vertu de l'équation (6), il se réduit à $\frac{\sqrt{f(\lambda)}}{\sqrt{\varphi(\mu)}}$. Or, au point de départ, ω est nul; il faut que $\varphi(\lambda)$ s'annule; l'une des racines l_1 est donc égale à λ_0; l'autre racine est

$$l = \frac{2k}{\omega^2} - l_1 = \frac{v_0^2}{\omega^2} - b^2,$$

$2k$ se déduisant de l'équation (7), appliquée à l'instant initial.

Nous pouvons écrire l'équation de la trajectoire sous forme explicite :

$$(7)\quad \left\{ \begin{aligned} &\frac{d\lambda\sqrt{\lambda}}{\sqrt{-(\lambda+a^2)(\lambda+b^2)(\lambda-c^2)(\lambda-\lambda_0)(\lambda-l)}} \\ &\quad = \pm \frac{d\mu\sqrt{\mu}}{\sqrt{(\mu-a^2)(b^2-\mu)(c^2+\mu)(\mu+\lambda_0)(\mu+l)}}. \end{aligned} \right.$$

Le paramètre μ, compris entre a^2 et b^2, est toujours $> -\lambda_0$, mais il doit aussi être au moins égal à $-l$; la forme de la trajectoire dépend de la grandeur de l. Si l'on a

$$l > c^2, \qquad v_0^2 > \omega^2(b^2 + c^2),$$

λ varie entre λ_0 et l, μ entre a^2 et b^2 : la trajectoire, comprise entre les lignes de courbure correspondant à $\lambda = \lambda_0$ et à $\lambda = l$ d'un même côté de l'ellipse de gorge, fait une infinité de fois le tour de l'hyperboloïde : elle se confond avec la ligne de courbure $\lambda = \lambda_0$ si $l = \lambda_0$,

$$v_0^2 = \omega^2(2b^2 + c^2 - a^2);$$

pour $l = c^2$, elle est asymptote à l'ellipse de gorge.

Quand l est compris entre c^2 et $-a^2$, μ peut encore prendre toutes les valeurs entre a^2 et b^2 et la trajectoire fait encore une infinité de tours sur la surface, mais elle coupe le cercle de gorge et est comprise entre les deux lignes de courbure correspondant à $\lambda = \lambda_0$. Le cas de $l = 0$, $v_0^2 = \omega^2 b^2$, est remarquable : la trajectoire est la section circulaire qui passe par la position initiale et on s'en rend compte directement; quant à l'équation (7), elle est vérifiée si l'on fait

$$\lambda = c^2 + \rho, \qquad \mu = a^2 + \rho, \qquad \lambda - \mu = c^2 - a^2,$$

ce qui est l'équation des sections circulaires.

Enfin, si l est compris entre $-a^2$ et $-b^2$, v_0^2 entre $\omega^2(b^2 - a^2)$ et zéro, μ doit varier entre $-l$ et b^2, λ entre λ_0 et c^2; la trajectoire est renfermée dans un quadrilatère curviligne formé par les lignes de courbure correspondant à $\lambda = \lambda_0$ et $\mu = -l$; elle est asymptote à l'hyperbole située dans le plan des yz pour $l = -a^2$; pour $l = -b^2$, le mobile ne sort pas du plan des xz.

EXERCICES.

1. Une barre pesante et homogène AB peut tourner autour de son extrémité A; l'autre extrémité est soutenue par un fil de longueur l qui passe sur une poulie O située verticalement au-dessus de A et se termine par un poids P : déterminer, dans un plan vertical passant par OA, une courbe C sur laquelle il faudrait faire glisser P pour que le système fût en équilibre indifférent; il n'y a pas de frottement.

Soient $AOP = \theta$, $OP = r$, $OA = a$, $AB = 2l$, Q le poids de la barre :

$$Qr^2 - 2(Ql - 2Pa\cos\theta)r = \text{const.}$$

2. Une barre pesante et homogène AB, de masse m, de longueur $2a$, s'appuie sur une horizontale OX et sur une verticale OY : chacun de ses éléments est attiré vers le point O par une force qui varie suivant la loi de Newton et qui serait égale au poids à la distance $\frac{a}{\sqrt{2}}$: positions d'équilibre, stabilité. (W. Walton.)

On calculera la fonction des forces

$$-\frac{mga}{4}\left\{4\sin\theta - \mathrm{L}\left[\cot\frac{\theta}{2}\operatorname{tang}\left(\frac{\theta}{2} \pm \frac{\pi}{4}\right)\right]\right\},$$

on prend le signe $\pm$ suivant que l'angle θ de AB avec l'horizon est $\gtrless 0$: tang θ est donnée par une équation du troisième degré.

3. Positions d'équilibre d'une planche carrée, de côté $2c$, soutenue par un fil de longueur $2l$, qui passe sur une cheville horizontale et dont les extrémités sont fixées en deux points situés sur un côté de la planche à la distance a du milieu de ce côté.

Si le côté auquel le fil est fixé fait l'angle θ avec l'horizon,

$$\delta U = 2P\sin\theta\left[\frac{a^2\cos\theta}{\sqrt{l^2 - a^2\cos^2\theta}} - c\right]\delta\theta;$$

la position correspondant à $\theta = 0$ est stable si c'est la seule qui convienne à l'équilibre : sinon, instable.

4. Mouvement d'un point pesant dans un plan qui tourne uniformément autour d'une de ses horizontales.

5. Déterminer la forme que peut prendre un fil pesant et homogène dont chaque point tourne avec une vitesse constante ω autour d'une verticale OZ, une extrémité du fil étant fixée en O.

(GILBERT.)

Équations d'équilibre entre les forces extérieures agissant sur un fil et les forces d'inertie :

$$d.T\frac{dx}{ds} + \left(X - \varepsilon\frac{d^2x}{dt^2}\right)ds = 0, \quad \ldots;$$

ici $x'' = -\omega^2 x$, $y'' = -\omega^2 y$, $z'' = 0$; si $\varepsilon = 1$,

$$d.T\frac{dx}{ds} = -\omega^2 x\,ds, \quad d.T\frac{dy}{ds} = -\omega^2 y\,ds, \quad d.T\frac{dz}{ds} = -g\,ds;$$

le fil est dans un plan qui tourne avec la vitesse ω autour de OZ, et la courbe qu'il décrit dans ce plan a pour équation

$$\left(T_0 - gz - \frac{x^2+y^2}{2}\omega^2\right)dz = g(l-s)ds.$$

6. Calculer, à l'aide des équations de Lagrange, les composantes de l'accélération suivant les normales à un système de surfaces triplement orthogonales dont les paramètres sont ρ_1, ρ_2, ρ_3.

La portion de normale comprise entre les surfaces ρ_i et $\rho_i + d\rho_i$ est égale à $\frac{d\rho_i}{\Delta_1\rho_i}$; soit $h_i = \frac{1}{\Delta_1\rho_i}$. La force vive d'un point de masse 1 est

$$2T = h_1^2\rho_1'^2 + h_2^2\rho_2'^2 + h_3^2\rho_3'^2;$$

soit J_i l'accélération suivant la normale à ρ_i : on a

$$\frac{d}{dt}(h_i^2 \rho_i') - \rho_1'^2 h_1 \frac{\partial h_1}{\partial \rho_i} - \rho_2'^2 h_2 \frac{\partial h_1}{\partial \rho_i} - \rho_3'^2 h_3 \frac{\partial h_3}{\partial \rho_i} = J_i h_i.$$

7. Mouvement de deux sphères homogènes pesantes dont les éléments s'attirent proportionnellement aux masses et aux distances : l'une, de poids 5, ne peut que rouler sur un plan horizontal; l'autre, de poids 21, est libre; à l'instant initial, les vitesses sont nulles et la composante verticale de l'attraction résultante est égale à 42. (Caen, 1880.)

Équations de Lagrange; la sphère libre décrit un arc de parabole; le mouvement est périodique.

8. Mouvement d'un point M assujetti à rester sur un cône et sollicité par deux forces : l'une égale à $\frac{mA}{\overline{OM}^3}$ est dirigée vers le sommet O, l'autre égale à $\frac{mB}{\overline{MN}^3}$ est dirigée suivant la perpendiculaire MN abaissée sur une droite fixe OZ; A et B sont des constantes.

2T est de la forme $r'^2 + Q\lambda'^2 r^2$, r étant la distance OM, λ un paramètre qui détermine chaque génératrice, Q une fonction de λ. Voir une Note que j'ai publiée en 1885 dans le *Journal de Liouville*.

9. Petites oscillations d'un tube étroit, de forme circulaire, pouvant tourner dans un plan vertical autour d'un de ses points O et renfermant dans son intérieur une bille pesante.

Soient μ, m les masses du tube et de la bille, C le centre du tube, θ l'angle de OC avec la verticale, φ le supplément de OCM :

$$T = \mu R^2 \theta'^2 + m R^2 \left(2\theta'^2 \cos^2 \frac{\varphi}{2} + \frac{1}{2} \varphi'^2 + 2\theta' \varphi' \cos^2 \frac{\varphi}{2} \right),$$

$$\delta U = -\mu g R \sin\theta\, \delta\theta - m g R [\sin\theta\, \delta\theta + \sin(\theta + \varphi)(\delta\theta + \delta\varphi)].$$

En négligeant les termes du troisième ordre en θ et φ, les équations de Lagrange deviennent linéaires.

10. Appliquer l'équation de Jacobi et les coordonnées elliptiques à la recherche des lignes géodésiques de l'ellipsoïde. — Voir n° 170.

11. Chaque élément d'un fil homogène est sollicité par une force dont les composantes sont $\frac{\partial U}{\partial x} ds$, $\frac{\partial U}{\partial y} ds$, $\frac{\partial U}{\partial z} ds$, en sorte que la ten-

sion est égale à $-(U + h)$; démontrer que les équations d'équilibre sont de la forme

$$\frac{\partial \theta_1}{\partial \alpha_1} = \beta_1, \quad \frac{\partial \theta_1}{\partial \alpha_2} = \beta_2, \quad \frac{\partial \theta_1}{\partial h} = s + \varepsilon.$$

θ_1 désignant une intégrale $f(x, y, z, \alpha, \beta, h)$ de l'équation

$$\left(\frac{\partial \theta}{\partial x}\right)^2 + \left(\frac{\partial \theta}{\partial y}\right)^2 + \left(\frac{\partial \theta}{\partial z}\right)^2 = (U + h)^2.$$

(APPELL, *Annales de la Faculté de Toulouse*, 1886.)

Démonstration analogue à celle du théorème de Jacobi : on trouve d'abord $\frac{\partial \theta_1}{\partial x} = (U + h)\frac{dx}{ds} = -T\frac{dx}{ds}, \ldots$; on différentie en tenant compte de ce que θ_1 est une intégrale et on arrive aux équations bien connues de l'équilibre.

12. Mouvement d'un point pesant sur un paraboloïde elliptique dont l'axe est vertical et le sommet au point le plus bas.

(DE SAINT-GERMAIN, *Journal de Liouville*, 1878.)

$\frac{x^2}{p} + \frac{y^2}{q} = 2z$ représentant la surface, on pose

$$\frac{x^2}{\lambda - p} + \frac{y^2}{\lambda - q} = \lambda - 2z, \quad \frac{x^2}{p - \mu} - \frac{y^2}{\mu - q} = 2z - \mu,$$

$q < \mu < p < \lambda$. Équation de Jacobi : trajectoire

$$\frac{d\lambda\sqrt{\lambda}}{\sqrt{-(\lambda - p)(\lambda - q)f(\lambda)}} = \pm \frac{d\mu\sqrt{\mu}}{\sqrt{(p - \mu)(\mu - q)f(\mu)}},$$

$$f(u) = gu^2 - (2h + gp + gq)u + \alpha.$$

$f(u) = 0$ a une racine supérieure à p, une entre p et q ; $-f(\lambda)$ et $f(\mu)$ doivent être positifs.

APPENDICE A LA CINÉMATIQUE.

EXERCICES SUR LE MOUVEMENT D'UN SOLIDE.

1. On fait rouler une courbe plane 1° sur une droite, 2° sur une courbe égale et constamment symétrique : les rayons de courbure des lieux décrits par un point M et la normale MI forment une progression harmonique; les rayons de courbure de l'enveloppe d'une droite et la normale IN forment une progression arithmétique.

Il suffit d'appliquer les formules de Savary.

2. Lieu du sommet d'une parabole qui roule sur une parabole égale et symétrique : enveloppe de l'axe; lieu du centre des accélérations en supposant que la parabole mobile ait une vitesse angulaire constante.

Premier lieu une cissoïde; le second défini par les équations

$$x = \frac{p}{2}\cot^2 u - 2p\cos^2 u, \quad y = 2p\cot u\cos^2 u;$$

le lieu des centres est la directrice de la parabole fixe.

3. Un segment de droite reste tangent à un cercle tandis qu'une de ses extrémités A glisse sur une tangente fixe à ce cercle : lieux du centre instantané dans l'espace et sur la figure mobile.

(Besançon, 1884.)

Deux paraboles égales ayant pour foyer, l'une le centre du cercle, l'autre le point A. — Voir n° 108.

4. Équation différentielle de l'épicycloïde engendrée par un point d'un cercle de diamètre b qui roule sur un cercle de rayon a ayant son centre fixe en O. Lieu décrit par O quand on fait rouler l'épicycloïde sur une droite fixe.

Si μ est l'angle de la tangente à l'épicycloïde avec r, on a

$$\frac{\cos^2\mu}{a^2} + \frac{\sin^2\mu}{(a+b)^2} = \frac{1}{r^2}, \quad r^2\frac{d\theta^2}{dr^2} = \frac{(a+b)^2}{a^2}\,\frac{r^2-a^2}{(a+b)^2-r^2};$$

pour passer au lieu de O, la première donne

$$\frac{y^2}{a^2}\frac{dy^2}{dx^2} + \frac{y^2}{(a+b)^2} = 1, \quad \text{ellipse.}$$

5. On considère le mouvement de la figure formée par une tangente à une spirale logarithmique et le rayon vecteur qui aboutit au point de contact : lieu des centres instantanés dans le plan fixe et sur la figure mobile; cercle des inflexions. (Paris, 1886.)

1° Une spirale égale à la proposée. 2° une droite. 3° $a = r\cot^2\mu$.

6. Une figure plane se mouvant dans son plan, trouver le lieu des points dont l'accélération, à un instant donné, va rencontrer un point donné. (Paris, 1885.)— Cercle.

7. Un cercle roule sur un cercle de rayon égal, de manière que sa vitesse angulaire soit constante : déterminer 1° l'accélération du point en contact avec le cercle fixe; 2° le centre des accéléra-

tions; 3° le lieu des points qui décrivent des courbes convexes d'aire donnée; 4° le centre de gravité du limaçon décrit par un point de la circonférence mobile en supposant la densité en chaque point proportionnelle à la courbure. (Paris, 1881, 1882.)

1° $\frac{1}{2}\omega^2 R$ — 3° cercle — 4° au centre du cercle fixe.

8. Une extrémité A d'une droite de longueur l se meut sur un cercle de centre O et de rayon a, pendant que l'autre extrémité B glisse sur une droite OX; lieux du centre instantané I dans le plan et par rapport à AB.

Si dans le plan $OI = r$, $IOX = \theta$; $(r^2 - 2ar)\cos^2\theta = l^2 - a^2$; relativement à AB, le lieu est une conchoïde de conique :

$$AI = \rho, \quad IAB = \omega; \quad l^2 - a\rho + l(a-\rho)\cos\omega = 0.$$

9. Lieu décrit par le pôle d'une spirale logarithmique qui roule sur un cercle (développante); par le centre d'une hyperbole équilatère qui roule sur une droite. (W. BESANT.)

10. Enveloppe d'une droite liée à une chaînette qui roule sur une droite (développante de parabole). (W. BESANT.)

11. Montrer que la normale au lieu C du sommet d'un angle droit circonscrit à une conique passe au centre de cette courbe; en déduire la nature de la courbe C. (CHASLES.)

12. Une droite se meut dans un plan de manière que ses extrémités glissent sur deux axes rectangulaires et que son milieu ait une vitesse constante : lieux des points dont l'accélération totale, tangentielle ou centripète, a une valeur donnée : — Un cercle, — Deux limaçons. (Caen, 1885.)

13. Un triangle isoscèle AOB tourne autour de son sommet O : montrer que la vitesse du point A estimée suivant OB et celle de B suivant OA sont égales et de signes contraires. (Paris, 1880.)

14. Dans un solide animé d'un mouvement quelconque, déterminer les points dont la vitesse passe en un point donné; cône dont les génératrices sont dirigées suivant ces vitesses. — Cône droit. (Paris, 1886.)

15. Sur une sphère de rayon 1, les extrémités A, B d'un arc de

grand cercle égal à $2a$ glissent sur deux arcs de grands cercles rectangulaires OP, OQ; déterminer le lieu des axes instantanés dans l'espace et par rapport à la figure mobile.

C étant le centre de la sphère, CO l'axe des z, on a pour le premier lieu

$$(x^2+z^2)(y^2+z^2)\cos^2 2a = z^4;$$

relativement à la figure mobile, l'axe des z étant bissecteur de ACB, et le plan de cet angle étant celui des yz,

$$y^2=(z^2\sin^2 a - x^2\cos^2 a)\cos 2a.$$

16. Les vitesses des divers points d'une droite mobile AB sont dirigées suivant les génératrices d'un paraboloïde; leurs projections sur AB sont égales. Déduire de la seconde propriété une relation nécessaire entre les directions α, β, γ des vitesses de trois points A, B, C d'un solide.

$$\cos(\alpha, AB)\cos(\beta, BC)\cos(\gamma, CA) = \cos(\alpha, CA)\cos(\beta, AB)\cos(\gamma, BC).$$

17. Soient OX, OY, OZ trois axes rectangulaires : un plan S, qui coupe toujours OZ au même point H, se meut de telle sorte que deux de ses points, A et B, glissent sur OX et sur OY; déterminer l'axe central pour une position quelconque de S.

Soient a, h les longueurs AB, OH, φ l'angle de OX avec la perpendiculaire abaissée de O sur AB : le mouvement élémentaire de S résulte de deux rotations, l'une égale à φ' autour de la parallèle à OZ menée par le quatrième sommet du rectangle construit sur OA et sur OB; l'autre, égale à $\frac{d}{dt}\,\text{arc tang}\,\frac{a\sin\varphi\cos\varphi}{h}$, autour de AB : on sait les composer.

18. On suppose que le centre de la Terre décrive uniformément un cercle autour du Soleil tandis que la Terre tourne avec une vitesse constante ω autour d'un axe de direction invariable passant par ce centre : déterminer les surfaces décrites par les axes de Mozzi dans la Terre et dans l'espace.

Soient a le rayon de l'écliptique, μ la vitesse angulaire de ce rayon, ε l'obliquité de l'écliptique : dans la Terre le lieu est un cylindre elliptique dont la base a pour axes $\frac{2\mu a}{\omega}$ et $\frac{2\mu a}{\omega}\cos\varepsilon$; dans l'espace, c'est un cylindre ayant pour base l'épicycloïde décrite par un point à la distance $\frac{\mu a}{\omega}\sin^2\frac{1}{2}\varepsilon$ du centre d'un cercle de rayon

$\frac{\omega-\mu}{\omega+\mu}\cdot\frac{\mu a}{\omega}\cos^2\frac{\varepsilon}{2}$ roulant sur un cercle de rayon $\frac{2\mu^2 a}{\omega^2+\omega\mu}\cos^2\frac{\varepsilon}{2}$.

19. Déterminer l'axe OI autour duquel il faudrait faire tourner un trièdre trirectangle OXYZ pour l'amener à coïncider avec un trièdre fixe $OX_1Y_1Z_1$, ainsi que l'angle Ω de la rotation (Cayley).

OI est le lieu des points dont les coordonnées x, y, z; $x_1 y_1, z_1$ sont égales et l'on trouve

$$\cos^2 IOX = \frac{1+\cos XOX_1 - \cos YOY_1 - \cos ZOZ_1}{3-\cos XOX_1 - \cos YOY_1 - \cos ZOZ_1},$$

$$4\cos^2\frac{1}{2}\Omega = 1+\cos XOX_1 + \cos YOY_1 + \cos ZOZ_1.$$

20. Lorsqu'une droite D d'un solide est tangente à la trajectoire d'un de ses points A, la droite conjuguée D' est tangente à la trajectoire d'un point B et la droite AB est orthogonale à l'axe central; les droites D, D' sont perpendiculaires l'une sur l'autre. Les vitesses des divers points de D sont contenues dans un plan P et tangentes à une parabole dont le foyer est le point B, *foyer cinématique* du plan P.

Les formules du n° 126 permettent d'obtenir ces résultats.

21. Quand le lieu des axes de Mozzi dans l'espace est une développable, il en est de même pour la surface qu'ils engendrent dans le solide; si ces surfaces ne sont pas cylindriques, l'hélice osculatrice à la trajectoire d'un point du solide est tracée sur un cylindre droit de rayon constant. (Cesaro, *Nouvelles Annales*, 1887.)

FIN.

3

13773 Paris. — Imp. GAUTHIER-VILLARS ET FILS, quai des Grands-Augustins, 55.

www.ingramcontent.com/pod-product-compliance
Lightning Source LLC
Chambersburg PA
CBHW031348210326
41599CB00019B/2691
* 9 7 8 2 0 1 2 6 2 3 0 4 0 *